纵向数据半参数模型

李高荣　杨宜平　著

科学出版社

北　京

内 容 简 介

纵向数据半参数模型目前是统计学和计量经济学研究的热门研究课题之一，并在生物学、医学、传染病学、经济学、金融学和遥感等领域有着广泛的应用. 本书共分 8 章，主要针对几种纵向数据半参数回归模型，重点阐述这些模型的估计方法、统计推断及渐近结果. 本书除介绍这些模型的发展动态，还特别详细介绍了一些最新研究成果，使读者对纵向数据统计模型的方法和统计思想有一个较为全面的了解，并起到抛砖引玉的作用.

本书适合理工院校数理统计专业、数学专业和计量经济学专业的高年级大学生、研究生、教师和一般科学技术人员使用. 另外，本书还可供各行各业应用统计科学工作者和医学、生物学、经济学、金融学、社会学、心理学和工业工程等专业人士参阅.

图书在版编目(CIP)数据

纵向数据半参数模型/李高荣，杨宜平著. —北京：科学出版社，2015.2

ISBN 978-7-03-043419-7

Ⅰ. ①纵… Ⅱ. ①李… ②杨… Ⅲ. ①数据模型–半参数模型 Ⅳ. ①O211.3

中国版本图书馆 CIP 数据核字(2015) 第 033295 号

责任编辑：王丽平／责任校对：邹慧卿
责任印制：张 倩／封面设计：陈 敬

科学出版社 出版
北京东黄城根北街 16 号
邮政编码：100717
http://www.sciencep.com

北京凌奇印刷有限责任公司 印刷

科学出版社发行 各地新华书店经销

*

2015 年 2 月第 一 版 开本：720 × 1000 1/16
2015 年 2 月第一次印刷 印张：18 3/4
字数：430 000

POD定价： 108.00元
(如有印装质量问题，我社负责调换)

前　言

纵向数据广泛应用于医学、生物学、社会学、金融学和经济学等诸多领域. 在社会学和经济学中, 纵向数据又称为面板数据. 纵向数据之所以得到如此广泛的应用, 是由于纵向数据是同一个个体按时间顺序测量得到的数据, 它将截面数据与时间序列数据结合到一起, 能很好地分析出个体随时间变化的趋势, 反映个体间的差异和个体内部的变化, 起到截面数据或者时间序列数据模型不可替代的作用. 但是纵向数据这种 “个体间独立、个体内相关” 的特点给统计分析提出一定的挑战. 统计学家都在寻找和发展纵向数据统计模型估计和统计推断的有效方法.

半参数回归模型是 20 世纪 80 年代发展起来的一种重要统计模型, 包含部分线性模型、单指标模型、部分线性单指标模型、变系数模型和可加模型等. 该类模型既含有参数分量, 又含有非参数分量, 可描述许多实际问题, 比单纯的参数模型和非参数模型有更大的适应性. 在理论上, 处理这类模型的方法融合了参数回归模型中常用的方法和近年发展起来的非参数方法, 但也并非这两类方法的简单叠加. 总之, 可以认为其复杂性和难度都超过了单一性质的回归模型. 而纵向数据的半参数建模和统计分析已经成为统计学和计量经济学研究的热门研究课题之一, 并在生物学、医学、传染病学、经济学、金融学和遥感等领域有着广泛的应用.

全书分为 8 章. 第 1 章绪论, 介绍纵向数据的定义、例子和纵向数据分析遇到的一些困难之处, 并对半参数回归模型进行简要的介绍. 第 2 章从指数族出发, 介绍广义线性模型的建立, 进一步推广到纵向数据广义线性模型的边际建模, 以及分析纵向数据广义线性模型的广义估计方程 (GEE) 方法、二次推断函数 (QIF) 方法、广义经验似然方法和惩罚变量选择方法, 重点介绍一种新的变量选择方法 —— 光滑门限广义估计方程变量选择方法. 第 3 章针对纵向数据部分线性模型, 首先介绍一些代表性研究成果, 然后对作者和其合作者近几年的研究成果进行详细的介绍, 如广义经验似然方法、测量误差模型修正的 QIF 方法和惩罚变量选择方法. 第 4 章介绍纵向数据单指标模型的四种经验似然方法, 并构造了指标参数向量的经验似然置信域. 第 5 章继续讨论单指标模型, 分别在独立数据和纵向数据下给出单指标模型中联系函数同时置信带的构造问题. 第 6 章对纵向数据部分线性单指标模型, 发展纠偏的经验似然方法、纠偏的 GEE 方法、纠偏的 QIF 方法, 以及纠偏的 GEE 和 QIF 变量选择方法. 第 7 章针对纵向数据变系数模型, 除了介绍已有的研究成果, 重点介绍纵向数据测量误差变系数模型的经验似然统计推断. 第 8 章对面板数据非参数和部分线性固定效应模型提出消除固定效应的方法, 并讨论模型中非参数函数同时置信带的构造问题.

本书第 2, 4, 5, 6, 8 章内容由李高荣负责撰写和整理, 第 1, 3, 7 章内容由重庆工商大学的杨宜平博士负责整理, 全书最后由李高荣定稿. 由于本书的时间比较仓促, 特别感谢杨宜平博士在本书撰写过程中既要照顾小孩, 又要完成本书的撰写和整理工作, 使得本书得以按计划完成并交稿.

在本书出版和修改过程中, 得到了许多老师、同事和研究生的帮助, 借本书出版之际, 对他们表示衷心的感谢. 首先特别感谢我的导师薛留根教授及香港浸会大学朱力行教授多年以来对我的关心和支持, 感谢他们在我博士研究生和博士后期间引导我进入统计学这个充满魅力的领域, 让我学到了许多统计思想和统计学的理论和方法. 也特别感谢合作者山东大学林路教授、香港浸会大学彭衡副教授和童铁军副教授、新加坡南洋理工大学练恒博士、南京信息工程大学来鹏博士、深圳大学张君博士、天津商业大学杨随根博士和师弟冯三营博士, 在与他们合作过程中, 我受益匪浅. 感谢北京工业大学的杨振海教授、王松桂教授、张忠占教授、程维虎教授、李寿梅教授、陈立萍副教授和谢琍副教授等各位老师多年来给予我的大力支持和帮助. 同时感谢硕士生杨秀娟和李海斌对本书的帮助, 并提出一些有益的建议.

本书的完成得到了国家自然科学基金 (11101014, 11471029, 11301569)、北京市自然科学基金 (1142002) 和北京市教育委员会科技计划面上项目 (KM201410005010) 的支持, 还特别得到了北京工业大学京华人才支持计划项目对本书的资助, 作者谨在此表示感谢.

最后感谢我的爱人和女儿李睿菡多年来对我科研工作的支持和理解, 特别是在本书撰写过程中她们在背后默默的支持和付出让我有足够的时间来完成本书. 在本书出版过程中, 得到了科学出版社领导和王丽平等编辑的支持和帮助, 在此一并表示感谢.

由于作者知识有限, 书中内容定有许多不足之处, 还恳请各位专家和同行及实际应用者多提宝贵意见, 敬请有关专家与广大读者批评指正.

李高荣
2014 年 8 月于北京工业大学

符 号 表

$\mathbb{R}$	实数集合
$\mathbb{R}^p$	p 维 Euclidean 空间
$\\|\cdot\\|$	Euclidean 模
i.i.d.	独立同分布
$=:$	“定义为” 或 “记为”
T	向量或矩阵的转置
$\mathrm{tr}(A)$	矩阵 A 的迹
$A\otimes B$	矩阵 A 和 B 的 Kronecker 乘积
$A^{\otimes 2}$	AA^{T}
$\mathrm{mineig}(A)$	矩阵 A 的最小特征值
$\mathrm{diag}(a_1,\cdots,a_n)$	由元素 $a_1,\cdots,a_n$ 组成的对角矩阵
$\xrightarrow{L}$	依分布收敛
$\xrightarrow{P}$	依概率收敛
a.s.	几乎处处收敛, 或者依概率 1 强收敛
$y=O(1)$	y 是有界变量
$y=o(1)$	y 是无穷小量
$\xi_n=o_P(\eta_n)$	对任一 $\varepsilon>0$, 有 $P\{\\|\xi_n\\|\geqslant\varepsilon\\|\eta_n\\|\}\to 0$
$\xi_n=o_P(1)$	ξ_n 依概率收敛到 0
$\xi_n=O_P(1)$	ξ_n 依概率有界
$f'(x)$	函数 $f(x)$ 的一阶导数
$K(\cdot)$	核函数
h和h_n	窗宽
$N(\mu,\Sigma)$	均值为 μ, 协方差阵为 Σ 的正态分布
χ_p^2	自由度为 p 的 χ^2 分布
$\\|\cdot\\|_p$	p 范数
$\mathrm{sgn}(t)=I(t>0)-I(t<0)$	符号函数
x_+	变量 x 的正部
$\\|g\\|_\infty$	对于任意的函数 $g(u)$, 定义 $\\|g\\|_\infty=\sup\limits_{u\in[0,1]}\|g(u)\|$
$\\|A\\|_\infty$	对任意的矩阵 $A(u)=(a_{ij}(u))_p$, 定义 $\\|A\\|_\infty=\left(\sum\limits_{i=1}^{p}\sum\limits_{j=1}^{p}\\|a_{ij}\\|_\infty^2\right)^{1/2}$

目　录

第1章　绪　　论

1.1　纵 向 数 据

1.1.1　纵向数据介绍及例子

纵向数据 (longitudinal data) 是指对同一组受试个体或者受试单元在不同时间点上重复观测若干次, 得到的由截面和时间序列融合在一起的数据 (Diggle et al., 2002).

纵向数据在实际中的例子很多, 广泛应用于医学、生物学、社会学、经济学和金融学等诸多领域, 反映了个体间的差异和个体内部的变化. 纵向数据综合了截面数据和时间序列数据的特点和优点, 同时随着计算机性能的飞速发展, 使得纵向数据的统计分析研究越来越受到人们的重视. 例如, 如果要研究儿童阅读能力随时间变化趋势的问题, 可以随机抽取一些儿童, 在不同年龄段对其阅读能力进行测试, 这样得到的数据就是纵向数据. 这些儿童的阅读能力, 随着年龄的增长均有提高, 但是每个儿童在进行观测时的初始阅读能力却不一样, 有些儿童在年龄较小时的阅读能力反而比有些年龄较大的儿童阅读能力要强. 也就是说, 纵向数据模型既考虑了个体间的差异 (初始的阅读能力不同), 也考虑了个体内部的变化 (阅读能力随着年龄的增长而提高). 这个例子也反映了纵向数据最大的特点: 对不同个体观测所得到的数据是独立的, 但是对同一个体观测所得到的数据往往具有相关性. 如果对此研究采用截面数据的方法进行分析, 就忽略了儿童的初始阅读能力, 从而使得分析出的结果违背了实际情况. 所以, 纵向数据是同一个体按时间顺序观测得到的, 它将截面数据和时间序列数据结合在一起, 能很好地分析出个体随时间变化的趋势, 反映了个体间的差异和个体内部的变化. 对比仅利用截面数据或者时间序列数据模型, 纵向数据模型有不可替代的作用, 有很高的应用价值. 同时随着计算机性能的飞速发展, 纵向数据的统计分析研究也越来越受到人们的重视.

首先介绍如下四个纵向数据的例子, 在本书中将会对这几个例子进行分析.

例 1.1.1 (多中心艾滋病群组研究)　Kaslow 等 (1987) 公布了一组来自于多中心艾滋病群组研究的数据. 该研究是计划在 1984~1991 年, 对 283 位 HIV(human immunodeficiency virus) 呈阳性的同性恋患者每半年进行一次定期检查, 记录他们看病的医院地址和感染的情况. 但是由于部分患者没有定期来检查或者因病情发作而不到半年就需要检查一次, 每位患者重复测量的次数不同. 每位患者在这 8 年内至少检查过 1 次, 最多检查过 14 次. 对于这组数据, 响应变量是 HIV 感染后患者血液内所含 CD4 细胞的比例, 协变量是患者的年龄、吸烟状况、HIV 感染前 CD4 细胞的比例及其交互作用. 大家感兴趣的问题是, 如何识别出真正对 HIV 感染后血液内 CD4 细胞比例的变化有影响的协变量, 以及进一步了解它们分别产生了怎样不同的影响.

例 1.1.2 (多发性硬化症临床试验) 多发性硬化症临床试验的数据集最初被 Petkau 等 (2004), Petkau 和 White (2003) 分析过, 并且在 Song (2007) 的专著中也被多次分析. 该实际数据集涉及一个纵向的临床试验, 用来评价复发缓解多发性硬化症 (MS) 中的干扰素 β-1b(IFNB) 的中和抗体的影响, 它是一种可破坏包围神经的髓鞘的疾病. 该数据集是来自英国哥伦比亚大学承担的 Betaseron 临床试验的磁共振成像 (MRI) 研究的子课题, 涉及 50 个复发缓解多发性硬化症患者, 每个患者每隔 6 周来大学进行一次治疗. 对于 17 个预定的治疗访问周期, 该数据集对每个患者包含 3 个响应变量, 分别是: ① 主动扫描 (active scan), 是一个二元响应变量, 如果上次进行基线扫描后本次治疗进行了扫描, 记录为 1, 否则为 0; ② 病情恶化情况 (exacerbation), 也是一个二元响应变量, 即指进行 MRI 扫描检查是否出现病情加重的情况, 病情加重用 1 表示, 否则用 0 来表示; ③ 疾病负担 (burden of disease), 一个正的连续型响应变量, 表示每次扫描后所有切片上 MS 病变的总面积 (单位: mm^2). 本数据记录了 7 个协变量或解释变量: 治疗 (Trt)、时间 (T, 单位: 周)、时间的平方、年龄 (Age)、性别 (Gender)、患病的持续年限 (Dur, 单位: 年) 和一个额外的基线协变量扩大残疾状态等级 (EDSS) 评分. 50 个患者被随机分成 3 个治疗组, 具体分配为 17 个患者服用安慰剂 (placebo) 进行治疗、17 个患者服用低剂量 (low dosage) 药剂治疗, 还有 16 个患者服用高剂量 (high dosage) 药剂治疗. 该数据集中不仅存在缺失数据, 而且为非平衡纵向数据. MS 临床试验的主要目的是研究药物治疗对减轻疾病症状的影响.

例 1.1.3 (癫痫病发作数据) 这是一个临床随机对照试验, 通过将一种新研发的抗癫痫的药物与能降低癫痫病发作频率的安慰剂进行比较, 来考察该新研发药物的疗效, 见参考文献 Thall 和 Vail (1990), Wang 等 (2005b). 研究者将新药和安慰剂随机的分给 59 位患者服用, 其中 28 个患者服用安慰剂, 31 个患者服用新研发的抗癫痫药物. 在接下来的 8 周内, 每两周对患者进行一次定期检查, 记录在这两周内癫痫发作的次数 (表 1.1.1 中 Y_1, Y_2, Y_3, Y_4). 同时, 在进入试验之初, 研究者会记录每位患者的基本情况, 包括年龄 (Age)、进入试验初期未服药前癫痫的发作次数 (表 1.1.1 中 Base)、试验中服用的药物 (表 1.1.1 中 Trt, 其中 0 表示服用安慰剂, 1 表示服用新药) 等. 对于这组数据, 响应变量是患者每两周的发病次数, 协变量是基于患者的基本情况得到的各种指标, 包括年龄的对数和基准癫痫病数 (除以 4 后取对数). 对于该数据的研究, 大家非常关心的一个科学问题是药物是否有助于减少癫痫发作率. 对该问题的研究可参考文献 Thall 和 Vail (1990), Wang 等 (2005b), Bai 等 (2009), Pang 和 Xue (2012), Yang 等 (2014c).

表 1.1.1 癫痫病发作数据

ID	Y_1	Y_2	Y_3	Y_4	Trt	Base	Age	ID	Y_1	Y_2	Y_3	Y_4	Trt	Base	Age
104	5	3	3	3	0	11	31	103	0	4	3	0	1	19	20
106	3	5	3	3	0	11	30	108	3	6	1	3	1	10	30
107	2	4	0	5	0	6	25	110	2	6	7	4	1	19	18
114	4	4	1	4	0	8	36	111	4	3	1	3	1	24	24
116	7	18	9	21	0	66	22	112	22	17	19	16	1	31	30
118	5	2	8	7	0	27	29	113	5	4	7	4	1	14	35
123	6	4	0	2	0	12	31	117	2	4	0	4	1	11	27
126	40	20	23	12	0	52	42	121	3	7	7	7	1	67	20
130	5	6	6	5	0	23	37	122	4	18	2	5	1	41	22
135	14	13	6	0	0	10	28	124	2	1	1	0	1	7	28
141	26	12	6	22	0	52	36	128	0	2	4	0	1	22	23
145	12	6	8	4	0	33	24	129	5	4	0	3	1	13	40
201	4	4	6	2	0	18	23	137	11	14	25	15	1	46	33
202	7	9	12	14	0	42	36	139	10	5	3	8	1	36	21
205	16	24	10	9	0	87	26	143	19	7	6	7	1	38	35
206	11	0	0	5	0	50	26	147	1	1	2	3	1	7	25
210	0	0	3	3	0	18	28	203	6	10	8	8	1	36	26
213	37	29	28	29	0	111	31	204	2	1	0	0	1	11	25
215	3	5	2	5	0	18	32	207	102	65	72	63	1	151	22
217	3	0	6	7	0	20	21	208	4	3	2	4	1	22	32
219	3	4	3	4	0	12	29	209	8	6	5	7	1	41	25
220	3	4	3	4	0	9	21	211	1	3	1	5	1	32	35
222	2	3	3	5	0	17	32	214	18	11	28	13	1	56	21
226	8	12	2	8	0	28	25	218	6	3	4	0	1	24	41
227	18	24	76	25	0	55	30	221	3	5	4	3	1	16	32
230	2	1	2	1	0	9	40	225	1	25	19	8	1	22	26
234	3	1	4	2	0	10	19	228	2	3	0	1	1	25	21
238	13	15	13	12	0	47	22	232	0	0	0	0	1	13	36
101	11	14	9	8	1	76	18	236	1	4	3	2	1	12	37
102	8	7	9	4	1	38	32								

例 1.1.4(荷尔蒙纵向数据) 纵向荷尔蒙数据是收集了 34 个健康妇女在一个月经周期的尿样, 每隔一天试验尿的孕激素. 在 34 个参与者中, 每个妇女按时提供 11~28 次观测, 共得到 492 个观测值, 平均每个妇女进行 14.5 次观测. He 等 (2002) 与薛留根和朱力行 (2007) 对该荷尔蒙纵向数据利用部分线性模型进行拟合, 他们

考虑响应变量为孕激素值的对数, 两个协变量分别为年龄 (Age) 和体重指数 (BMI).

从上面 4 个例子中, 可以看出纵向数据是同一个体在不同时刻的多次重复观察而得到的数据集, 对于每个个体, 都得到一个变量集. 但是, 它又不同于一般意义上的多元统计数据. 在多元统计分析中, 每一个个体也得到一个变量, 但是这个变量是同一个体多个指标的一次观察得到的向量, 并无重复的含义. 因此纵向数据一个显著的特点是 “个体间独立、个体内相关”, 有的文献中也称为 “组间独立、组内相关”. 对于这些纵向数据分析最大的挑战就是需要考虑同一观测个体的不同次观测之间的相关性.

对比截面数据的研究, Song (2007) 指出纵向数据的研究具有以下 3 个方面的挑战:

(1) 由于纵向数据的概率机制非常复杂, 并很难表示出来, 所以纵向数据分析是一个非常具有挑战的问题. 在大部分情况下, 纵向数据的极大似然推断要么不存在, 要么太复杂而使得数值计算很难实施. 为了解决这个困难, Liang 和 Zeger (1986) 提出了分析纵向数据非常流行的广义估计方程 (generalized estimating equations, GEE) 方法, GEE 方法不要求指定数据的概率模型, 是拟似然方法的一种推广 (详见第 2 章的讨论), 且 GEE 方法仅仅要求指定数据的一阶矩和二阶矩, 并把纵向数据中的组内相关参数作为讨厌参数;

(2) 纵向数据中常存在缺失数据, 这也使得纵向数据分析变得非常困难. 主要原因是纵向数据中的缺失模式比截面数据中的更加复杂. 例如, 在截面数据中, 每个个体只有一个样本点, 如果这个数据点缺失, 在数据分析时把这个个体删掉就可以了. 但对于纵向数据, 在一个时间点上的数据缺失并不意味着整个个体就完全没有信息, 因为在其他时间点上仍然有测量数据被记录. 进一步, 对于纵向数据中缺失情况时遇到的缺失机制的表示和组内相关结构等问题, 给统计分析也提出了许多新的机遇和挑战;

(3) 当纵向数据时间序列的长度很大时, 纵向数据的建模模式或回归分析等成为统计分析的一个主要任务. 在目前文献中, 大部分纵向数据的文献都是集中在重复测量的次数有限的情形, 而当重复次数趋于无穷大时, 在这种情况下, 如果纵向数据的组内相关结构不再是讨厌参数时, 发展相应的统计推断方法也成为纵向数据分析的一个具有挑战的任务.

1.1.2 纵向数据的表示

考虑来自 n 个个体的数据, 其中第 i $(i=1,\cdots,n)$ 个个体有 m_i 次观测, 总的观测次数为 $N=\sum_{i=1}^{n} m_i$. 设 Y_{ij} 和 (X_{ij},t_{ij}) 分别表示对第 i 个个体进行第 j 次观测 $(j=1,\cdots,m_i)$ 所得到的响应变量和协变量的观测值, 这里 $X_{ij}=$

$(x_{ij,1},\cdots,x_{ij,p})^{\mathrm{T}}\in\mathbb{R}^p$, t_{ij} 表示观测时间. 在更一般的集合中, t_{ij} 不一定表示时间, 但一定是模型中非参数部分依赖于时间的协变量. 所有的观测数据构成一个纵向数据集, 表示为

$$\{(X_{ij},Y_{ij},t_{ij}),i=1,\cdots,n,j=1,\cdots,m_i\}.$$

该纵向数据集合如表 1.1.2 所示.

表 1.1.2 纵向数据表示表格

个体	重复测量	响应变量	协变量			
1	1	Y_{11}	$x_{11,1}$	$\cdots$	$x_{11,p}$	t_{11}
1	2	Y_{12}	$x_{12,1}$	$\cdots$	$x_{12,p}$	t_{12}
$\vdots$	$\vdots$	$\vdots$	$\vdots$		$\vdots$	$\vdots$
1	m_1	Y_{1m_1}	$x_{1m_1,1}$	$\cdots$	$x_{1m_1,p}$	t_{1m_1}
2	1	Y_{21}	$x_{21,1}$	$\cdots$	$x_{21,p}$	t_{21}
2	2	Y_{22}	$x_{22,1}$	$\cdots$	$x_{22,p}$	t_{22}
$\vdots$	$\vdots$	$\vdots$	$\vdots$		$\vdots$	$\vdots$
2	m_2	Y_{2m_2}	$x_{2m_2,1}$	$\cdots$	$x_{2m_2,p}$	t_{2m_2}
$\vdots$	$\vdots$	$\vdots$	$\vdots$		$\vdots$	$\vdots$
n	1	Y_{n1}	$x_{n1,1}$	$\cdots$	$x_{n1,p}$	t_{n1}
n	2	Y_{n2}	$x_{n2,1}$	$\cdots$	$x_{n2,p}$	t_{n2}
$\vdots$	$\vdots$	$\vdots$	$\vdots$		$\vdots$	$\vdots$
n	m_n	Y_{nm_n}	$x_{nm_n,1}$	$\cdots$	$x_{nm_n,p}$	t_{nm_n}

1.2 半参数模型

半参数回归模型是 20 世纪 80 年代发展起来的一种重要统计模型, 此模型介于参数回归模型和非参数回归模型之间. 在不少实际问题中, 要考察对象 Y(响应变量) 同影响 Y 的因素 X(解释变量或协变量) 之间的关系. 传统的线性模型当假设模型成立时, 其推断有较高的精度, 但当参数假定与实际背离时, 其拟合情况就很差. 若用非参数模型去处理, 则有可能会丢失有经验或历史资料得到的信息, 因而采用两者的混合, 即采用半参数回归模型. 这种模型既有参数分量, 又含有非参数分量. 在理论上, 处理这种模型的方法融合了参数回归模型中常用的方法和较近发展起来的非参数方法, 但并非这两类方法的简单叠加. 总之, 可以认为其复杂性和难度都超过了单一性质的回归模型. 在应用上, 这种模型可描述许多实际问题, 比单纯的参数模型和非参数模型有更大的适应性. 例如, 在生物学、医学、传染病学、经济学、金融学和遥感等领域有着广泛的应用.

半参数回归模型发展至今, 在解决实际问题中, 实际工作者和学者们提出了许多类型的半参数回归模型, 下面就涉及的几种半参数模型进行简要介绍.

1.2.1 非参数模型

假设 Y 为响应变量, X 为影响 Y 的协变量, 则非参数回归模型的形式为

$$Y = g(X) + \varepsilon, \tag{1.2.1}$$

其中 $g(x) = E(Y|X = x)$ 为未知的回归函数, ε 为模型误差, 且满足 $E(\varepsilon|X) = 0$.

非参数回归模型的优点是回归函数 $g(\cdot)$ 的任意形式, 而且模型的假设少, 可以很好地拟合实际数据. 但非参数回归模型的缺点是当 $X \in \mathbb{R}^p$, 且 X 的维数 p 较高时, 对非参数模型进行估计和统计推断会遇到所谓的 "维数灾祸" 问题. 在第 8 章讨论了面板数据非参数固定效应模型的同时置信带的构造问题. 非参数回归模型经常考虑 $p = 1$ 或 $p = 2$ 的情形, 即一元或者二元回归模型. 对于协变量更高维的情形, 即 $p \geqslant 3$ 时, 且协变量为 $X = (X_1, \cdots, X_p)^{\mathrm{T}}$, 考虑如下的线性模型

$$Y = \beta_0 + X_1\beta_1 + \cdots + X_p\beta_p + \varepsilon.$$

这时回归函数变为 $g(x) = E(Y|X = x) = \beta_0 + x_1\beta_1 + \cdots + x_p\beta_p$, 即模型退化为经典的线性回归模型. 如果响应变量 Y 为非高斯分布, 如泊松 (Poisson) 分布、伽马 (Gamma) 分布、二项 (binomial) 分布、指数 (exponential) 分布等, 可以考虑广义线性模型, 关于广义线性模型, 第 2 章给了较为详细的介绍, 并给出了纵向数据广义线性模型的一些估计方法的介绍.

在实际应用中, 为了保留参数模型的优点及非参数回归模型数据适应性的优点, 同时避免 "维数灾祸" 问题, 统计学者提出并发展了很多半参数回归模型, 如部分线性模型、单指标模型、部分线性单指标模型和变系数模型等, 这些模型已经广泛应用到了生物医学和计量经济学等领域中.

1.2.2 部分线性模型

部分线性模型假设响应变量 Y 依赖于 p 维协变量 X 和一维协变量 T, 且 Y 与 X 之间呈线性关系, Y 与 T 之间呈非线性关系, 其模型形式为

$$Y = X^{\mathrm{T}}\beta + g(T) + \varepsilon, \tag{1.2.2}$$

其中 $\{X^{\mathrm{T}}, T\}$ 可以是随机设计也可以是固定设计, $\beta = (\beta_1, \cdots, \beta_p)^{\mathrm{T}}$ 是未知参数向量, $g(\cdot)$ 是一元未知函数, ε 是期望为 0 的模型随机误差.

自 Engle 等 (1986) 在研究气象条件对电力需求影响这一实际问题时首次提出部分线性模型以来, 该模型已出现了一系列丰富的研究成果. 由于部分线性模型结

合了线性模型和非参数模型, 所以文献中对这种模型的处理方法一般都是融合了线性回归中常用的方法和近年来发展起来的非参数方法. 关于部分线性模型的研究可参考国内外文献, 如 Robinson (1988), Speckman (1988), Heckman (1986), Rice (1986), Green 和 Silverman (1994), Eubank 等 (1998), Hamilton 和 Truong (1997), Ma 等 (2006), Severini 和 Staniswalis (1994), 柴根象和洪圣岩 (1995), Härdle 等 (2000) 等.

近些年来, 对部分线性模型的研究一直是统计学界的一大热点, 其研究不断向各方面发展, 如对各种复杂数据, 在纵向数据、面板数据、删失数据、缺失数据、测量误差数据和相依混合序列数据等情形下的研究都取得了可喜的研究成果. 第 3 章对纵向数据部分线性模型进行了介绍, 并对纵向数据部分线性模型的一些估计方法进行了介绍, 进一步详细介绍了作者和其合作者近几年取得的研究成果. 此外, 第 8 章讨论了面板数据部分线性固定效应模型的同时置信带的构造问题.

1.2.3 单指标模型

为了避免非参数回归模型中协变量 X 在高维时遇到的 “维数祸根” 问题, 统计学家发展了一个单指标模型 (single-index model, SIM), 具体形式如下

$$Y = g(\beta^{\mathrm{T}} X) + \varepsilon, \tag{1.2.3}$$

其中 $g(\cdot)$ 是未知的联系函数, β 是未知的 p 维单指标系数向量, ε 为模型误差, 且满足 $E(\varepsilon|X) = 0$. 为了模型的可识别性, 需要假定 $\|\beta\| = 1$, 且 β 的第一个非零元素大于 0, 其中 $\|\cdot\|$ 表示 Euclidean 模.

单指标模型作为一种广义的回归模型, 是 20 世纪 80 年代中后期发展起来的一种重要的统计模型, 该模型在金融经济、生物医学等领域具有广泛的应用背景. 国内外自 20 世纪 80 年代末以来, 一些统计学者从不同的角度, 根据不同的假设条件, 对该模型进行了一定的研究, 并提出了一系列的研究方法. 第 4 章和第 5 章详细介绍了单指标模型研究的一些估计方法, 薛留根 (2012c) 在其专著的第 3 章中把单指标模型的各种方法进行了归纳介绍. 第 4 章和第 5 章重点讨论了作者和其合作者对纵向数据单指标模型取得的研究成果, 此处不再详述.

1.2.4 部分线性单指标模型

部分线性单指标模型考虑响应变量 Y 可能与 q 维解释变量 Z 之间是线性关系, 同时与 p 维解释变量 X 之间是非线性关系, 即把 p 维解释变量 X 投影到一个线性空间上, 然后在这个一维线性空间上拟合一个一元函数. 部分线性单指标模型的形式如下

$$Y = g(X^{\mathrm{T}}\beta) + Z^{\mathrm{T}}\theta + \varepsilon, \tag{1.2.4}$$

其中 θ 为 q 维未知参数向量, 刻画了 Y 与 Z 之间的线性关系, β 为 p 维未知参数向量, 刻画了 X 的线性组合, $g(\cdot)$ 为一元未知联系函数, 函数 $g(\cdot)$ 和线性组合 $X^{\mathrm{T}}\beta$ 刻画了 Y 与 X 之间的非线性关系, ε 为均值为 0 的随机误差.

部分线性单指标模型 (1.2.4) 是一个比较广泛的模型. 例如,

(1) 若 $Z=0$, 则模型 (1.2.4) 就退化为单指标模型 (1.2.3);

(2) 若 β 为一维变量, 则模型 (1.2.4) 就退化为部分线性模型 (1.2.2);

(3) 若 $Z=0$ 且 β 为一维变量, 则模型 (1.2.4) 就简化为一元非参数模型 (1.2.1);

(4) 若 $Z=0$, $g(\cdot)$ 为正态分布函数或 logistic 分布函数, 则模型 (1.2.4) 就成为 probit 模型或 logistic 模型;

(5) 若 $g(\cdot)=0$, 则模型 (1.2.4) 就成为经典的线性模型.

部分线性单指标模型对解释变量 X 使用降维方法, 避免了"维数灾祸"问题, 同时该模型又把参数模型和非参数模型有机地结合起来, 因此, 部分线性单指标模型有更大的适用性. 部分线性单指标模型不仅有实际的应用背景, 而且有广泛的应用前景, 在金融经济、计量经济学和生物数学等领域具有很大的应用价值. 该模型的研究已经成为目前统计界的热门课题之一.

第 6 章对纵向数据部分线性单指标模型的研究现状和取得的研究成果进行了详细的介绍.

1.2.5 变系数模型

在实际应用中, 对于经典的线性回归模型, 往往模型中的系数不是常数, 而是随着某个变量进行平滑变化. 因此, 很多统计学家研究如下的变系数模型

$$Y=X^{\mathrm{T}}\beta(U)+\varepsilon, \tag{1.2.5}$$

其中 $\beta(\cdot)=(\beta_1(\cdot),\cdots,\beta_p(\cdot))^{\mathrm{T}}$ 为 $p\times 1$ 的未知函数系数向量, X 和 U 为协变量, Y 为响量变量, ε 为模型误差且满足 $E(\varepsilon|X,U)=0$.

模型 (1.2.5) 形式上为线性模型结构, 实际上是一个非常一般的模型, 许多经典的模型都可以看成是变系数模型 (1.2.5) 的特殊情形. 例如, 当 $\beta(\cdot)\equiv\beta$ 为某个未知参数向量时, 模型 (1.2.5) 变成经典的线性模型. 当 $X=(1,\cdots,1)^{\mathrm{T}}$ 时, 则模型 (1.2.5) 退化为非参数可加模型 (Hastie and Tibshirani, 1990). 当模型中未知函数系数向量中部分分量恒等于未知常数, 这时模型变为部分线性变系数模型. 另外, 模型 (1.2.5) 还是非参数模型和半参数模型的推广形式, 因此该模型有较强的适应性, 并且有着广泛的应用背景. 目前已经有很多统计学者对变系数模型 (1.2.5) 进行了研究, 如 Fan 和 Zhang (1999), Cai (2002), Cai 等 (2000b), Cai 等 (2000a), Fan 和 Zhang (2000), Lu 和 Mao (2004), Honda (2004), Wang 和 Zhang (2009), Ip 等 (2009), Wang (2009), Wang 和 Xia (2009), Leng (2009) 等.

在纵向数据下, 许多文献考虑了变系数模型, 如 Bae 等 (2009), Wu 等 (1998), Hoover 等 (1998), Fan 和 Zhang (2000), Wu 和 Chiang (2000), Wu 等 (2000), Huang 等 (2002, 2004), Qu 和 Li (2006), Xue 和 Zhu (2007b) 等.

第 7 章介绍了纵向数据变系数模型的一些代表性的估计方法, 并重点介绍了协变量含测量误差时函数系数的逐点置信带的构造等问题.

第 2 章　纵向数据广义线性模型

Nelder 和 Wedderbum (1972) 在他们论文中首次提出了广义线性模型 (generalized linear models, GLMs) 的概念, McCullagh 和 Nelder (1989) 在他们专著中对广义线性模型及其应用进行了详细的介绍. 广义线性模型通过非高斯数据和非线性联系函数 (link function) 推广了传统的线性回归模型, 并且已经成为分组数据或纵向数据建模和数据分析的一个强有力工具, 特别是对纵向数据研究中经常遇到的重复测量和相关的非高斯数据, 如两点分布、二项分布或泊松分布型的响应变量数据类型等.

2.1　广义线性模型

2.1.1　指数族

在广义线性模型中, 响应变量将推广到其他的分布类型, 如泊松分布、伽马分布、二项分布、指数分布. 在广义线性模型中, 无论是连续型响应变量还是离散型响应变量, 均能表示为指数族的概率分布形式, 因此首先介绍指数族.

对于给定的未知参数 θ 和 ϕ, 以及已知的函数 $\psi(\cdot)$ 和 $c(\cdot,\cdot)$. 假设随机变量 Y 的概率分布有如下的指数形式

$$f(y) \equiv f(y|\theta,\phi) = \exp\{\phi^{-1}[y\theta - \psi(\theta)] + c(y,\phi)\}, \tag{2.1.1}$$

其中 θ 为自然参数 (natural parameter), ϕ 为尺度参数 (scale parameter). 因此, 把满足式 (2.1.1) 的函数族称为指数族. 事实上, 大部分的概率分布都可以表示成式 (2.1.1) 的形式, 如下面的 5 种分布.

1. **两点分布**

$$f(y;\pi) = \pi^y(1-\pi)^{1-y} = \exp\left\{y\ln\left(\frac{\pi}{1-\pi}\right) + \ln(1-\pi)\right\},$$

其中 $P(Y=1)=\pi, \theta = \ln\left(\dfrac{\pi}{1-\pi}\right), \phi = 1$ 和 $\psi(\theta) = \ln(1+\exp(\theta))$.

2. 二项分布

$$
\begin{aligned}
f(y;\pi) &= \begin{pmatrix} n \\ y \end{pmatrix} \pi^y (1-\pi)^{n-y} \\
&= \exp\left\{ y \ln\left(\frac{\pi}{1-\pi}\right) + n\ln(1-\pi) + \ln\begin{pmatrix} n \\ y \end{pmatrix} \right\},
\end{aligned}
$$

其中 π 表示成功的概率, $\theta = \ln\left(\dfrac{\pi}{1-\pi}\right), \phi = 1, \psi(\theta) = n\ln(1+\exp(\theta))$ 和 $c(y) = \ln\begin{pmatrix} n \\ y \end{pmatrix}$.

3. 泊松分布

$$
f(y;\mu) = \frac{\mu^y \exp(-\mu)}{y!} = \exp[y\ln(\mu) - \mu - \ln(y!)],
$$

其中 $\theta = \ln(\mu), \phi = 1, \psi(\theta) = \exp(\theta)$ 和 $c(y) = -\ln(y!)$.

4. 正态分布

$$
\begin{aligned}
f(y;\mu,\sigma^2) &= \frac{1}{\sqrt{2\pi\sigma^2}} \exp\left(-\frac{(y-\mu)^2}{2\sigma^2}\right) \\
&= \exp\left\{ \frac{1}{\sigma^2}\left(y\mu - \frac{\mu^2}{2}\right) - \frac{y^2}{2\sigma^2} - \frac{1}{2}\ln(2\pi\sigma^2) \right\},
\end{aligned}
$$

其中 $\theta = \mu, \phi = \sigma^2, \psi(\theta) = \theta^2/2$ 和 $c(y,\phi) = -[y^2/\phi + \ln(2\pi\phi)]/2$.

5. 伽马分布

$$
\begin{aligned}
f(y;\mu,\beta) &= \left(\frac{\beta}{\mu}\right)^\beta \frac{y^{\beta-1}\exp\left(-\dfrac{y\beta}{\mu}\right)}{\Gamma(\beta)} \\
&= \exp\left\{\beta[-y/\mu - \ln\mu] + (\beta-1)\ln(y) + \beta\ln(\beta) - \ln(\Gamma(\beta))\right\},
\end{aligned}
$$

其中 $\theta = -1/\mu, \phi = 1/\beta, \psi(\theta) = -\ln(-\theta)$ 和 $c(y,\phi) = (1/\phi - 1)\ln(y) - \dfrac{1}{\phi}\ln(\phi) - \ln(\Gamma(1/\phi))$.

从上面五个例子可以看到, $\psi(\theta)$ 是一个非常重要的函数, 它的导数可以产生均值和方差函数. 广义线性模型与一般线性模型不同, 其响应变量的方差与均值之间存在特定的函数关系. 响应变量的方差不再是某个固定的常数, 而是一个依赖于均值的函数关系. 这种具体的函数关系可通过对似然函数求微分获得, 其推导过程如下.

对于任意一个观测值 y, 令 $L(\theta,\phi;y) = f(y;\theta,\phi)$ 为任意一个似然函数. 对数似然函数 $\ln L(\theta,\phi;y)$ 的一阶微分形式为

$$U = \frac{\partial \ln L(\theta, \phi; y)}{\partial \theta} = \frac{y - \dfrac{\partial \psi(\theta)}{\partial \theta}}{\phi}. \tag{2.1.2}$$

上述函数 U 通常定义为得分函数 (score function). 对于一个完整的数据集, 为了获得参数的极大似然估计, 通常假定得分函数等于零, 从而获得相应的得分方程 (score equation), 通过求解得分方程可得参数的极大似然估计. 由一些标准的推导和在一定的正则条件下, 能够得到以下的具体关系

$$E(U) = 0, \quad \mathrm{Var}(U) = E(U^2) = E\left(-\frac{\partial U}{\partial \theta}\right). \tag{2.1.3}$$

由式 (2.1.2) 和式 (2.1.3), 容易得到随机变量 Y 的均值为

$$\mu = E(Y) = \psi'(\theta). \tag{2.1.4}$$

进一步由式 (2.1.2)~式 (2.1.4), 可得

$$\mathrm{Var}(U) = \phi^{-2}\mathrm{Var}(Y) = \phi^{-1}\frac{\partial^2 \psi(\theta)}{\partial \theta^2}. \tag{2.1.5}$$

因此可得随机变量 Y 的方差为

$$\sigma^2 = \mathrm{Var}(Y) = \phi\psi''(\theta).$$

可以看到, 均值和方差两者之间是有联系的, 即 $\sigma^2 = \phi\psi''(\theta) = \phi\psi''[\psi'^{-1}(\mu)] = \phi\nu(\mu)$, 其中 $\nu(\cdot) = \psi''[\psi'^{-1}(\cdot)]$ 为方差函数. 因此, 在实际问题研究中, 可以通过指定均值和方差进行建模, 即

$$\begin{aligned} E(Y) &= \mu, \\ \mathrm{Var}(Y) &= \phi\nu(\mu). \end{aligned}$$

常见分布的自然参数、尺度参数和方差函数如表 2.1.1 所示.

表 2.1.1 常见分布的尺度参数与方差函数

分布	自然参数 θ	尺度参数 ϕ	方差函数 $\nu(\mu)$
两点分布	$\ln\left(\frac{\pi}{1-\pi}\right)$	1	$\pi(1-\pi) = \exp(\theta)/(1+\exp(\theta))^2$
二项分布	$\ln\left(\frac{\pi}{1-\pi}\right)$	1	$n\pi(1-\pi) = n\exp(\theta)/(1+\exp(\theta))^2$
泊松分布	$\ln(\mu)$	1	$\mu = \exp(\theta)$
正态分布	μ	σ^2	1
伽马分布	$-1/\mu$	$1/\beta$	$\mu^2 = (-1/\theta)^2$
逆高斯分布	$1/\mu^2$	σ^2	$\mu^3 = (-2/\theta)^{3/2}$

2.1.2 广义线性模型

定义指数族的目的就是引出广义线性模型. 令 $Y_1, \cdots, Y_n$ 表示相互独立的观

测值, x_i 表示 p 维协变量向量, $i=1,\cdots,n$. 假设所有的 Y_i 都有属于指数族的概率函数 $f(y_i;\theta_i,\phi)$, 其中对每个观测值 Y_i 有不同的自然参数 θ_i, $i=1,\cdots,n$. 广义线性模型假定均值 μ_i 为协变量 x_i 的函数, 即给定协变量 x_i 条件下, Y_i 的均值为

$$\mu_i=E(Y_i|x_i)=g(\eta_i)=g(x_i^{\mathrm{T}}\beta), \tag{2.1.6}$$

其中 $g(\cdot)$ 为已知的函数, β 为 p 维的未知回归参数向量. 通常把 $h(\cdot)=g^{-1}(\cdot)$ 称为已知的联系函数 (link function). 在大部分实际应用中, 所谓的自然联系函数通常被使用, 即 $g(\cdot)=\psi'(\cdot)$, 等价于假设 $\theta_i=x_i^{\mathrm{T}}\beta$. 因此, 自然参数满足线性回归模型.

广义线性模型通过定义以下三个关键要素来完成其统计推断与计算, 其定义分别为: ① 线性回归预测 $\eta_i=x_i^{\mathrm{T}}\beta$; ② 均值 $\mu_i=\mu(\theta_i)=g(\eta_i)$; ③ 联系函数 $h(\mu_i)=\eta_i=x_i^{\mathrm{T}}\beta$. 下面举几个常见的广义线性模型, 针对不同的分布函数定义不同的联系函数, 可得到相应的广义线性模型. 一些常见的广义线性模型及其自然联系函数如表 2.1.2 所示.

表 2.1.2 广义线性模型的联系函数

模型	分布	联系函数 $\eta=h(\mu)$
线性模型	正态分布	$\eta=\mu$
logistic 回归模型	两点分布	$\eta=\ln(\pi/(1-\pi))$
probit 回归模型	二项分布	$\eta=\ln(\pi/(1-\pi))$
泊松回归模型	泊松分布	$\eta=\ln(\mu)$
伽马回归模型	伽马分布	$\eta=\mu^{-1}$
逆高斯回归模型	逆高斯分布	$\eta=\mu^{-2}$

由表 2.1.1 和表 2.1.2 可知, 假设 $Y_i\sim N(\mu_i,\sigma^2)$ 时, 自然联系函数为恒等函数, 得到经典的线性回归模型为 $\mu_i=x_i^{\mathrm{T}}\beta$. 假设 $Y_i\sim \mathrm{Bernoulli}(\pi_i)$ 时, 自然联系函数为 logit 联系函数, 导致经典的 logistic 回归模型, 即 $\ln(\pi_i/(1-\pi_i))=x_i^{\mathrm{T}}\beta$ 或者表示为

$$\pi_i=\frac{\exp(x_i^{\mathrm{T}}\beta)}{1+\exp(x_i^{\mathrm{T}}\beta)}.$$

假设 $Y_i\sim \mathrm{Poisson}(\mu_i)$ 时, 自然联系函数为对数函数, 导致经典的泊松回归模型, 即 $\ln\mu_i=x_i^{\mathrm{T}}\beta$.

2.1.3 极大似然估计

对于广义线性模型, 回归参数 β 采用极大似然估计方法进行估计. 假设 $y_1,\cdots,y_n$ 是 n 个相互独立的测量值, 由式 (2.1.1), 对数似然函数定义为

$$l(\beta,\phi)=\frac{1}{\phi}\sum_{i=1}^{n}[y_i\theta_i-\psi(\theta_i)]+\sum_{i=1}^{n}c(y_i,\phi). \tag{2.1.7}$$

对于对数似然函数 (2.1.7) 关于参数 β 求一阶导数, 并等于 0 获得似然得分方程为

$$S(\beta)=\sum_{i=1}^{n}\left(\frac{\partial\theta_i}{\partial\beta}\right)^{\mathrm{T}}[y_i-\psi'(\theta_i)]=0,$$

其中 $\partial\theta_i/\partial\beta$ 是 $1\times p$ 的导数向量. 因为 $\mu_i=\psi'(\theta_i)$, $\nu_i=\nu(\mu_i)=\psi''(\theta_i)$, 则有

$$\frac{\partial\mu_i}{\partial\beta}=\psi''(\theta_i)\frac{\partial\theta_i}{\partial\beta}=\nu_i\frac{\partial\theta_i}{\partial\beta}.$$

由上面两式, 则有下面的似然得分方程

$$S(\beta)=\sum_{i=1}^{n}\left(\frac{\partial\mu_i}{\partial\beta}\right)^{\mathrm{T}}\nu_i^{-1}(y_i-\mu_i)=0,$$

其中 $\mu_i=g(x_i^{\mathrm{T}}\beta)$, $g(\cdot)$ 为已知的函数, 且 $\partial\mu_i/\partial\beta$ 是 $1\times p$ 的导数向量. 一般地, 上面的得分方程可以通过一些数值算法进行求解, 如可以使用迭代的加权最小二乘方法、迭代的 Newton-Raphson 方法和迭代的 Fisher 得分方法等. 获得回归参数 β 的估计 $\hat{\beta}$ 后, 则可以得到均值和方差函数的估计分别为 $\hat{\mu}_i=g(x_i^{\mathrm{T}}\hat{\beta})$ 和 $\nu_i(\hat{\mu}_i)$. 这时, 可以通过矩估计方法得到尺度参数 ϕ 的估计. 在一些情况中, 尺度参数 ϕ 是已知的, 如 logistic 回归模型. 由 $\mathrm{Var}(Y_i)=\phi\nu_i$, 尺度参数 ϕ 的矩估计定义为

$$\hat{\phi}=\frac{1}{n-p}\sum_{i=1}^{n}(y_i-\hat{\mu}_i)^2/\nu_i(\hat{\mu}_i). \tag{2.1.8}$$

对于广义线性模型, 似然得分方程仅仅依赖于响应变量的均值和方差, 以及联系函数. 因此, Wedderburn (1974) 把极大似然估计方法推广到一般的估计方程, 提出拟似然方程方法. 拟似然方法放松了响应变量分布假定的条件, 只需要正确指定模型的均值, 对于给定的联系函数和方差函数, 即使方差函数不是指数族分布相对应的方差函数, 也可以通过解下面的拟似然方程获得回归参数 β 的拟似然估计 $\hat{\beta}$:

$$\sum_{i=1}^{n}\left(\frac{\partial\mu_i}{\partial\beta}\right)^{\mathrm{T}}V_i^{-1}(y_i-\mu_i(\beta))=0. \tag{2.1.9}$$

Wedderburn (1974) 证明对任给的权重 V_i, β 的拟似然估计 $\hat{\beta}$ 是相合的, 并且具有渐近正态性. 如果选取的权重 $V_i=\mathrm{Var}(Y_i)$ 时, 得到的拟似然估计在所有估计类中具有最小的渐近方差, 是最优的. 对于广义线性模型, 假定 $V_i=\mathrm{Var}(Y_i)=\phi\nu(\mu_i)$ 时, 这个最优的拟似然估计方程等价于指数族相应的似然得分方程. 拟似然方法最大的一个优点是, 即使错误指定方差函数, 即 $V_i\neq\mathrm{Var}(Y_i)$ 时, 仍然可证明所得到的拟似然估计是相合的.

2.2 纵向数据广义线性模型及方法

2.2.1 引言及模型介绍

从本节开始, 首先介绍边际纵向数据广义线性模型的一些估计方法. 假设 $Y_i = (y_{i1}, \cdots, y_{im_i})^{\mathrm{T}}$ 是第 i 个个体的响应变量的重复测量值, $X_i = (x_{i1}, \cdots, x_{im_i})^{\mathrm{T}}$ 表示第 i 个个体的 $m_i \times p$ 的协变量矩阵, 其中 $i = 1, \cdots, n$. 假设数据集来自于不同个体的测量是独立的, 而来自相同个体的测量之间是相关的. 类似于 2.1 节关于指数族的定义, 可以定义 y_{it} 的边际概率函数为

$$f(y_{it}) = \exp\{\phi^{-1}[y_{it}\theta_{it} - \psi(\theta_{it})] + c(y_{it}, \phi)\}, \tag{2.2.1}$$

其中 $i = 1, \cdots, n, t = 1, \cdots, m_i, \theta_{it} = h(\eta_{it}), \eta_{it} = \beta^{\mathrm{T}} x_{it}$, $\beta = (\beta_1, \cdots, \beta_p)^{\mathrm{T}}$ 是 p 维的未知回归参数向量, 且 $h(\cdot)$ 为已知的联系函数.

边际纵向数据广义线性模型通过以下 3 个关键要素来进行定义.

(1) 给定协变量 x_{it}, 响应变量 y_{it} 的条件均值定义为

$$\mu_{it} = E(y_{it}|x_{it}) = g(\beta^{\mathrm{T}} x_{it}), \quad i = 1, \cdots, n, \quad t = 1, \cdots, m_i, \tag{2.2.2}$$

其中 $g(\cdot) = h^{-1}(\cdot)$ 是已知的联系函数.

(2) 给定协变量 x_{it}, 响应变量 y_{it} 的条件方差定义为

$$\mathrm{Var}(y_{it}|x_{it}) = \phi\nu(\mu_{it}), \quad i = 1, \cdots, n, \quad t = 1, \cdots, m_i, \tag{2.2.3}$$

其中 $\nu(\cdot)$ 为方差函数, ϕ 是尺度参数.

(3) 给定协变量 x_{it}, 响应变量 $Y_i = (y_{i1}, \cdots, y_{im_i})^{\mathrm{T}}$ 的协方差矩阵 $\mathrm{Cov}(Y_i)$, 刻画的是第 i 个个体的组内相关结构, 该相关结构可以定义为讨厌参数向量 α 的函数, 也依赖于均值 $\mu_{it}, t = 1, \cdots, m_i$.

上面 3 部分把 2.1.2 节在独立数据的广义线性模型推广到了纵向数据情形, 由式 (2.2.2) 和式 (2.2.3) 分别定义的条件均值和条件方差对应的是标准的广义线性模型. 区别于独立数据下的广义线性模型, 纵向数据广义线性模型通过第 3 部分描述纵向数据相同个体组内重复测量的相关结构.

注意到模型 (2.2.2) 的似然函数是很难指定的, 特别对纵向数据这种相关的非高斯数据类型. Liang 和 Zeger (1986), Zeger 和 Liang (1986) 发展了广义估计方程 (GEE) 方法, 一种类似于拟似然的估计方法, 对模型中的未知参数 β 进行估计. GEE 最为重要的一个优点是即使纵向数据的组内工作相关结构被错误指定, GEE 方法仍然能够获得回归参数向量的相合估计. 但是如果纵向数据的组内工作相关

结构正确被指定时, 所构造的 GEE 估计是渐近有效的. Balan 和 Schiopu-Kratina (2005) 也研究了非常类似于 GEE 方法的伪似然方法, 并提出一个两步估计程序对 GEE 进行改进. 当协变量的维数随着样本量大小发散时, Wang (2011) 针对两点分布类型的纵向数据广义线性模型进一步发展了 GEE 方法, 并建立了 GEE 估计的渐近理论结果. 基于半参数拟似然回归, Chiou 和 Müller (2005) 提出了被估计的估计方程 (estimated estimating equations, EEE) 方法.

2.2.2 广义估计方程方法

由 Liang 和 Zeger (1986) 提出的开创性估计方法 —— 广义估计方程 (GEE) 方法已经成为处理纵向数据广义线性模型的一个流行的估计方法.

为了方便, 首先介绍一些概念. 令 $Y_i=(y_{i1},\cdots,y_{im_i})^{\mathrm{T}}$, $X_i=(x_{i1},\cdots,x_{im_i})^{\mathrm{T}}$, $\mu_i=(\mu_{i1},\cdots,\mu_{im_i})^{\mathrm{T}}$, $D_i=-\partial\mu_i/\partial\beta$ 是一个 $m_i\times p$ 矩阵. 定义下面的 GEE 为

$$U(\beta,\alpha)=\sum_{i=1}^{n}D_i^{\mathrm{T}}V_i^{-1}(Y_i-\mu_i)=0, \tag{2.2.4}$$

其中 $V_i=A_i^{1/2}R_i(\alpha)A_i^{1/2}$ 为工作协方差矩阵, A_i 是一个对角线元素为 $\phi\nu(\mu_{it})$ 的 $m_i\times m_i$ 的对角矩阵, $R_i(\alpha)$ 是一个 $m_i\times m_i$ 的工作相关矩阵, 其中 α 是一个 $q\times 1$ 讨厌参数向量, 而工作相关矩阵 $R_i(\alpha)$ 完全由参数向量 α 表示. 术语 "工作" 强调的 V_i 是正确协方差矩阵 $\Sigma_i=\mathrm{Cov}(Y_i)$ 的一个逼近. 工作相关矩阵暗示着 y_{it} 的边际方差, 假设 $\mathrm{Var}(y_{it})=\phi\nu(\mu_{it})$ 是正确的. 注意到如果 $R_i(\alpha)$ 是 Y_i 正确的相关矩阵时, V_i 将等于 Y_i 的协方差矩阵 $\mathrm{Cov}(Y_i)$. 值得注意的是, 不像拟似然方程 (2.1.9), 在 GEE 中工作协方差矩阵 V_i 不仅依赖于回归参数 β, 而且还依赖于纵向数据组内相关结构中的讨厌参数 α. 因此, 纵向数据组内相关结构给统计推断带来了一定的挑战.

由式 (2.2.4) 注意到, GEE 是独立数据情形时拟似然方程 (2.1.9) 在多元纵向数据时的推广. 因此, GEE 继承了拟似然方程的优点, 即 GEE 方法的主要优点是即使工作相关矩阵被错误指定, 产生的 GEE 估计仍然是一个相合估计. 如果取 $V_i=\mathrm{Cov}(Y_i)$ 时, 得到的 GEE 估计是最有效的估计. 如果联系函数是标准联系函数, 即对经典的线性模型, 则 $D_i=-A_iX_i$. Liang 和 Zeger (1986) 给出了一些常见的工作相关矩阵的情形: 如独立的相关结构, 即 $R=I$; 对称的可交换 (exchangeable) 的工作相关结构, 即 $R_{ij}=\rho\ (i\neq j)$; 一阶自回归 (AR(1)) 的工作相关结构, 即 $R_{ij}=\rho^{|i-j|}$, 其中 R_{ij} 表示矩阵 R 的第 (i,j) 个元素. Liang 和 Zeger (1986) 建议使用矩方法逼近工作相关矩阵 R, 即通过特定的矩估计方法对工作相关矩阵 R 的讨厌参数向量 α 进行估计.

GEE(2.2.4) 的解用 $\hat{\beta}$ 来表示, 称为 GEE 估计. 给定当前讨厌参数的估计 $\hat{\alpha}$ 和

$\hat{\phi}$, 可以给出下面估计 β 调整的 Fisher 得分迭代程序

$$\hat{\beta}^{\text{new}} = \hat{\beta}^{\text{old}} - \left\{ \sum_{i=1}^{n} D_i^{\text{T}}(\hat{\beta}^{\text{old}}) \widetilde{V}_i^{-1}(\hat{\beta}^{\text{old}}) D_i(\hat{\beta}^{\text{old}}) \right\}^{-1}$$
$$\times \left\{ \sum_{i=1}^{n} D_i^{\text{T}}(\hat{\beta}^{\text{old}}) \widetilde{V}_i^{-1}(\hat{\beta}^{\text{old}}) \Big(Y_i - \mu_i(\hat{\beta}^{\text{old}}) \Big) \right\}, \tag{2.2.5}$$

其中 $\widetilde{V}_i(\beta) = V_i(\beta, \hat{\alpha}\{\beta, \hat{\phi}(\beta)\})$. 在一定的正则条件下, Liang 和 Zeger (1986) 证明, 对于任给的工作协方差矩阵 V_i, 当 $n \to \infty$ 时, GEE 估计 $\hat{\beta}$ 是 β 的相合估计, 并且是渐近正态的, 即 $\sqrt{n}(\hat{\beta} - \beta)$ 依分布收敛到均值为 0, 协方差阵为 C_β 的渐近正态分布, 其中当 $n \to \infty$ 时, C_β 是下面公式的极限

$$n \left\{ \sum_{i=1}^{n} D_i^{\text{T}} V_i^{-1} D_i \right\}^{-1} \left\{ \sum_{i=1}^{n} D_i^{\text{T}} V_i^{-1} \text{Cov}(Y_i) V_i^{-1} D_i \right\} \left\{ \sum_{i=1}^{n} D_i^{\text{T}} V_i^{-1} D_i \right\}^{-1}.$$

明显地, 当 $V_i = \text{Cov}(Y_i)$ 时, 即正确指定组内相关结构时, 渐近方差达到了 Cramér-Rao 方差下界, 渐近协方差阵退化为

$$C_\beta = \lim_{n \to \infty} n \left\{ \sum_{i=1}^{n} D_i^{\text{T}} V_i^{-1} D_i \right\}^{-1}.$$

2.2.3 二次推断函数方法

实际应用中工作协方差矩阵 V_i 是未知的, 如果工作协方差矩阵 V_i 错误指定时, 讨厌参数向量 α 的矩估计使得回归系数 β 的 GEE 估计不再是最有效的估计. 为了提高 GEE 估计的效率, Qu 等 (2000) 提出一种新的估计方法 —— 二次推断函数 (quadratic inference function, QIF) 方法. 该方法主要思想是把工作相关矩阵的逆通过一些基矩阵的线性组合进行逼近, 即

$$R^{-1} \approx a_1 M_1 + a_2 M_2 + \cdots + a_k M_k, \tag{2.2.6}$$

其中 M_1 是单位矩阵, $M_2, \cdots, M_k$ 是一些对称的基矩阵, 这些基矩阵能够由工作相关矩阵 R 的结构来决定, 且 $a_1, \cdots, a_k$ 是一些常数系数, 可以看成是一些讨厌的未知参数. QIF 方法的优点是不需要估计这些讨厌参数 $a_1, \cdots, a_k$. 实际应用中, 需要选择基矩阵 $M_1, \cdots, M_k$. 常见工作相关矩阵逆的一些基矩阵的线性组合的逼近, 请见下面两个例子.

例 2.2.1 假定 $R(\alpha)$ 是一个可交换矩阵 (CS), 即其对角线元素为 1, 非对角线元素全为 α. 则逆矩阵 $R^{-1} = a_1 M_1 + a_2 M_2$, 其中 M_1 是一个单位矩阵, M_2 是一个对角线元素为 0、非对角线元素为 1 的基矩阵. 经计算可以得到 $a_1 = -[(m -$

$2)\alpha+1]/k_1$, $a_2=\alpha/k_1$, 其中 $k_1=(m-1)\alpha^2-(m-2)\alpha-1$. 这里 m 是工作相关矩阵 R 的维数. 当然这种表示方法并不是唯一的.

例 2.2.2 假定 $R(\alpha)$ 是一阶自回归矩阵 (AR(1)), 即 $R_{ij}=\alpha^{|i-j|}$, 则 R^{-1} 可以表示成 $a_1M_1+a_2M_2+a_3M_3$, 其中 M_1 是单位矩阵, M_2 是两条非主对角线元素为 1、其余元素都为 0 的矩阵, M_3 是除了角 (1, 1), (m,m) 上元素为 1、其余元素均为 0 的矩阵, 其中 m 是工作相关矩阵 R 的维数. 此时系数 $a_1=(1+\alpha^2)/k_2$, $a_2=-\alpha/k_2$, $a_3=-\alpha^2/k_2$, 其中 $k_2=1-\alpha^2$. R^{-1} 的一个更简单的近似可以只使用 M_1 和 M_2 的线性组合.

把式 (2.2.6) 代入到 GEE (2.2.4) 中, 得到下面的估计函数

$$\sum_{i=1}^{n}D_i^{\mathrm{T}}A_i^{-1/2}(a_1M_1+a_2M_2+\cdots+a_kM_k)A_i^{-1/2}(Y_i-\mu_i)=0. \tag{2.2.7}$$

为了获得回归系数 β 的估计, 首先定义扩展的 “广义得分函数” 为

$$U_n(\beta)=\frac{1}{n}\sum_{i=1}^{n}U_i(\beta)=\frac{1}{n}\begin{pmatrix}\sum_{i=1}^{n}D_i^{\mathrm{T}}A_i^{-1/2}M_1A_i^{-1/2}(Y_i-\mu_i)\\ \vdots\\ \sum_{i=1}^{n}D_i^{\mathrm{T}}A_i^{-1/2}M_kA_i^{-1/2}(Y_i-\mu_i)\end{pmatrix}. \tag{2.2.8}$$

容易发现估计函数 (2.2.7) 是扩展得分向量 (2.2.8) 的线性组合, 且 $U_i(\beta)$ 的维数是 $l=kp$, 并大于未知参数向量的个数. 这时, 可以使用 Hansen (1982) 提出的广义矩方法 (generalized method of moments, GMM) 得到参数向量 β 的估计. 基于扩展得分函数 $U_n(\beta)$, Qu 等 (2000) 定义了如下的二次推断函数

$$Q_n(\beta)=nU_n^{\mathrm{T}}(\beta)C_n^{-1}(\beta)U_n(\beta), \tag{2.2.9}$$

其中 $C_n(\beta)=\frac{1}{n}\sum_{i=1}^{n}U_i(\beta)U_i^{\mathrm{T}}(\beta)$. 这时极小化二次推断函数 $Q_n(\beta)$, 可得到 β 的 QIF 估计, 定义为

$$\hat{\beta}=\arg\min_{\beta}Q_n(\beta). \tag{2.2.10}$$

使用迭代的 Newton-Raphson 算法, 直到收敛, 于是可以得到 QIF 估计 $\hat{\beta}$. 迭代公式如下

$$\hat{\beta}^{(j+1)}=\hat{\beta}^{(j)}-[Q_n''(\hat{\beta}^{(j)})]^{-1}Q_n'(\hat{\beta}^{(j)}),$$

其中

$$\begin{aligned}Q_n'(\beta)&=2(U_n')^{\mathrm{T}}C_n^{-1}(\beta)U_n(\beta)-U_n^{\mathrm{T}}(\beta)C_n^{-1}(\beta)C_n'C_n^{-1}(\beta)U_n(\beta),\\ Q_n''(\beta)&=2(U_n')^{\mathrm{T}}C_n^{-1}(\beta)U_n'+o_P(1).\end{aligned}$$

这里 $U_n' = \partial U_n(\beta)/\partial\beta$ 是一个 $l \times p$ 的矩阵, $C_n' = (\partial C_n(\beta)/\partial\beta_1, \cdots, \partial C_n(\beta)/\partial\beta_p)$ 是一个三维数组.

在一定的正则条件下, 当 $n \to \infty$ 时, 可证明 QIF 估计 $\hat{\beta}$ 是 β 的相合估计, 并且是渐近正态的, 即 $\sqrt{n}(\hat{\beta}-\beta)$ 依分布收敛到均值为 0, 协方差阵为 Σ_{QIF} 的渐近正态分布, 其中渐近协方差矩阵 $\Sigma_{\text{QIF}} = (\Sigma_1^{\text{T}}\Sigma_0^{-1}\Sigma_1)^{-1}$, 且

$$\Sigma_1 = \lim_{n\to\infty}\left[\frac{1}{n}\sum_{i=1}^{n}\frac{\partial U_i(\beta)}{\partial\beta}\right], \qquad \Sigma_0 = \lim_{n\to\infty}\left[\frac{1}{n}\sum_{i=1}^{n}U_i(\beta)U_i^{\text{T}}(\beta)\right].$$

关于 QIF 方法的应用, 可参考文献 Qu 等 (2000), Qu 和 Li (2006), Song 等 (2009), Bai 等 (2008), Bai 等 (2009), Lai 等 (2013) 等. Qu 和 Lindsay (2003) 进一步发展了一种适应性的估计方程方法去更可靠的逼近工作相关矩阵的逆. 与 GEE 方法进行比较, QIF 方法具有以下优点: ① GEE 方法需要假定前两阶矩成立, 才能保证所得估计的相合性, 而 QIF 方法可以放松二阶矩的假定. 因此, QIF 方法的应用不需要比 GEE 更多的条件; ② QIF 方法包含有比参数更多的估计方程, 使得额外的自由度可以用来进行拟合优度检验; ③ Qu 等 (2000) 指出, 当正确指定工作相关矩阵时, QIF 方法关于参数的估计效果和 GEE 方法是同样有效的. 但是, 当错误指定工作相关矩阵的时候, QIF 方法要比 GEE 方法更有效. 这是由于 QIF 方法不需要估计相关结构中的讨厌参数, 通过 GMM 使得讨厌参数自动收缩到最优. 由于 QIF 方法所具有以上所介绍的优良性质, 该方法已成为处理纵向数据组内相关结构的重要工具之一.

2.2.4 经验似然推断

1. 经验似然的研究现状

既然多个章节中用到了经验似然方法, 为了使读者更好地对经验似然方法的发展有一个很好的了解, 此处对经验似然的主要成果做一些介绍.

由 Owen (1988) 提出的经验似然方法是基于独立同分布情形时数据驱动似然比函数的一种非参数统计推断方法, 该方法此后被 Owen (1990, 1991) 进一步发展, 并成为一种流行的统计方法. 与经典的或现代的统计方法比较, 经验似然方法有很多突出的优点, 并被许多统计学家应用到了各种统计模型的研究.

Chen (1993, 1994) 研究了线性模型的经验似然的高阶特性, 建立了 Bartlett 纠偏性并给出了纠偏因子. Kolaczyk (1994), Chen 和 Cui (2003) 和 Owen (1992) 分别把经验似然方法应用于广义线性模型和投影寻踪回归的研究. Wang 等 (2010a) 针对纵向数据线性模型, 考虑了纵向数据的组内相关结构, 提出了广义的经验似然方法, 他们把工作协方差矩阵的相合估计 plug-in 到广义经验对数似然比函数中, 证明了所得广义经验对数似然比统计量渐近收敛到了一个具有未知权重的自由度为

1 的 χ^2 变量的加权和. 为了改进这个结果, Li 和 Pan (2013) 把广义经验似然方法和 QIF 方法结合起来, 提出了一个新的经验似然方法, 证明了经验对数似然比统计量渐近收敛到一个标准的 χ^2 分布, 避免了估计未知权重.

Chen (1996) 与 Chen 和 Qin (2000) 分别发展了非参数密度估计和非参数回归的经验似然. Qin (1993) 应用经验似然于偏度抽样模型的统计推断. 到目前为止, 经验似然方法在半参数模型方面也取得了许多新的进展和突破. 例如, Qin 和 Lawless (1994) 应用经验似然到半参数模型中, 当估计方程数比参数数目大时, 他们通过解一般的非线性估计方程定义经验似然参数估计. Wang 和 Jing (1999), Shi 和 Lau (2000) 利用经验似然方法考虑了具有固定设计的部分线性模型, 构造了模型中未知参数的置信域. Xue 和 Zhu (2007a), You 等 (2006) 把经验似然方法按照纵向数据组间独立的特点, 提出了分组的经验似然方法研究了纵向数据部分线性模型. 但是他们没有考虑纵向数据组内相关结构, Li 等 (2008) 对纵向数据部分线性模型考虑了纵向数据的组内相关结构, 提出了广义的经验似然方法, 构造了模型中兴趣参数分量的置信域. Zhang 等 (2011b) 把经验似然方法应用于面板数据部分线性固定效应模型的研究, 构造了模型中参数分量的置信域.

Xue 和 Zhu(2006, 2005) 考虑了单指标模型和部分线性单指标模型, 提出了未知参数的两种经验对数似然比统计量, 即估计的经验对数似然比统计量和调整的经验对数似然比统计量, 在适当条件下, 证明了估计的经验对数似然比统计量依分布收敛于自由度为 1 的 χ^2 变量的加权和, 通过调整后的经验对数似然比统计量依分布收敛于标准 χ^2 分布. 在构造参数的置信域时, 这两种方法分别需要估计未知权重和调整因子, 这样会降低置信域的精度. 为了避免估计未知权重和调整因子, Zhu 和 Xue (2006) 在研究部分线性单指标模型时提出了一种纠偏的经验似然方法, 不仅可以使所构造的纠偏的经验对数似然比统计量渐近到标准 χ^2 分布, 而且还放宽了窗宽的选取范围避免欠光滑 (undersmoothing). 李高荣等 (2010) 和 Li 等 (2010a) 分别把这种纠偏的经验似然方法推广到纵向数据单指标模型和部分线性单指标模型. Li 等 (2010b), 进一步把经验似然方法推广到了更一般的单指标模型的研究.

You 和 Zhou (2006) 把经验似然方法应用于半参数变系数部分线性模型的统计推断. 当模型中参数分量的维数随着样本量发散趋于无穷大时, You 和 Zhou (2006) 的方法不能直接用于该模型的研究. Li 等 (2012a) 提出了纠偏的经验似然方法解决了这个问题. Xue 和 Zhu (2007b) 把经验似然方法用于纵向数据变系数模型的研究, Zhao 和 Xue (2009) 进一步把经验似然的方法推广到纵向数据半参数变系数部分线性测量误差模型的研究.

一些统计学者也把经验似然方法用于目前热点的高维数据模型的研究, Hjort 等 (2009) 证明, 当参数的维数 $p = o(n^{1/3})$ 时, 在一定正则条件下, 参数的经验对数似然比统计量渐近收敛到一个正态分布, 其中 n 表示样本量大小. Chen 等 (2009)

同样证明了经验对数似然比的渐近性质, 尽管他们的结果提高了 Hjort 等 (2009) 参数维数要求的条件, 但是付出的代价是要求非常强的条件满足, 他们要求观测数据的所有分量一致有界. Chang 等 (2013) 把边际经验似然比作为度量变量之间相关性的一个准则, 把经验似然方法用于超高维数据变量筛选的研究中.

实践中, 经常会遇到一些不完全数据, 如测量误差数据、删失数据和缺失数据等. 还会遇到一些复杂数据, 如组间独立而组内相关的纵向数据、panel 数据以及时间序列数据等相依数据. Hall 和 Scala (2001) 指出: 尽管经验似然有许多突出的优点, 但它很难应用到一些比较复杂数据或更复杂的模型中. 近年来一些统计学者在这些方面做了大量工作, 见参考文献 Wang 和 Rao (2002), Chen 和 Qin (1993), Baggerly (1998), DiCiccio 等 (1991), Kitamura (1997), Baggerly (1998), Liu 和 Chen (2010) 等.

上面概括了经验似然在各种统计模型及各种领域的一些应用, 关于经验似然及其应用更详细的介绍可参考 Owen (2001) 的专著*Empirical Likelihood*, 王启华 (2004) 关于经验似然的发展综述, 以及 Xue 和 Zhu (2010) 的专著*Empirical Likelihood in Nonparametric and Semiparametric Models*.

2. 纵向数据广义线性模型的经验似然方法

对于纵向数据分析, Xue 和 Zhu (2007b) 把经验似然方法应用到纵向数据变系数模型, 但是他们没有考虑纵向数据的组内相关结构. Li 等 (2008), 以及 Li 等 (2010a) 提出广义经验似然方法考虑纵向数据的组内相关结构, 但是仅仅在工作相关矩阵已知时证明了经验对数似然比的渐近结果. 当工作相关矩阵未知时, Wang 等 (2010a) 提出两种广义经验似然方法, 他们证明如果把工作相关矩阵的估计代入到经验对数似然比中, 得到的经验对数似然比统计量渐近收敛到具有未知权重的相互独立的 χ_1^2 变量的加权和. 这时, 经验似然方法需要调整或修正以便更好地适应于纵向数据分析. 而在许多实际应用中, 如何有效估计工作相关矩阵是一个具有挑战性的问题. Li 和 Pan (2013) 把经验似然方法和 QIF 方法进行结合, 发展了一种新的经验似然方法. 该方法分享了 QIF 方法的优点, 即使错误指定相关结构, 无须估计相关结构中的讨厌参数, 并且证明了所得到的极大经验似然估计和 QIF 估计有相同的渐近分布, 进一步证明所构造的经验对数似然比统计量渐近收敛到一个标准 χ^2 分布. 下面介绍一下 Li 和 Pan (2013) 的工作.

令

$$U_i(\beta) = \begin{pmatrix} D_i^{\mathrm{T}} A_i^{-1/2} M_1 A_i^{-1/2}(Y_i - \mu_i) \\ \vdots \\ D_i^{\mathrm{T}} A_i^{-1/2} M_k A_i^{-1/2}(Y_i - \mu_i) \end{pmatrix}. \tag{2.2.11}$$

根据纵向数据个体之间的独立性, 可知 $\{U_i(\beta), 1 \leqslant i \leqslant n\}$ 是相互独立的, 并且满足 $E[U_i(\beta_0)] = 0$, 其中 β_0 是 β 的参数真值. 假设 $p_1, \cdots, p_n$ 是一列非负数, 其和为 1, 可以构造如下的经验似然比函数为

$$L_n(\beta) = \max\left\{\prod_{i=1}^n np_i \middle| p_i \geqslant 0, \sum_{i=1}^n p_i = 1, \sum_{i=1}^n p_i U_i(\beta) = 0\right\}. \tag{2.2.12}$$

由 Lagrange 乘子法, 概率 p_i 有下面表达式

$$p_i = \frac{1}{n}\left[\frac{1}{1 + t^{\mathrm{T}}(\beta)U_i(\beta)}\right],$$

其中 $t(\beta)$ 是 Lagrange 乘子, 满足

$$\frac{1}{n}\sum_{i=1}^n \frac{U_i(\beta)}{1 + t^{\mathrm{T}}(\beta)U_i(\beta)} = 0.$$

由上面公式, 明显可得 β 的经验对数似然比函数为

$$l_n(\beta) = -\log L_n(\beta) = \sum_{i=1}^n \log[1 + t^{\mathrm{T}}(\beta)U_i(\beta)]. \tag{2.2.13}$$

经验似然函数 $L_n(\beta)$ 的极大值点或者经验对数似然比函数 $l_n(\beta)$ 的极小值点称为极大经验似然估计, 记为 $\widetilde{\beta}$. Li 和 Pan (2013) 证明极大经验似然估计 $\widetilde{\beta}$ 和 QIF 估计 $\hat{\beta}$ 有相同的渐近分布. 对于检验 $H_0 : \beta = \beta_0$, Li 和 Pan (2013) 定义经验对数似然比统计量 $W_E = 2l_n(\beta_0) - 2l_n(\widetilde{\beta})$, 在一定正则条件下, 当 $n \to \infty$ 时, W_E 依分布渐近收敛到一个自由度为 p 的标准 χ^2 分布. 该结果可以用于构造回归系数 β 的经验似然置信域. Zhang 等 (2014) 进一步把纵向数据广义线性模型的经验似然方法推广到更一般的经验 Cressie-Read 检验统计量方法, 其中经验似然方法是所提方法的一个特例.

2.3 变量选择

本节将简要介绍边际纵向数据广义线性模型 (2.2.2) 和模型 (2.2.3) 的惩罚变量选择方法.

变量选择已经成为统计学研究的热点问题, 目前各种惩罚函数已经被应用到线性回归模型的变量选择问题的研究中. 例如, Frank 和 Friedman (1993) 提出了 L_q 惩罚函数, $p_\lambda(|\beta|) = \lambda|\beta|^q$ $(0 < q \leqslant 1)$, 称为 “桥回归”. Tibshirani (1996) 提出了 Lasso (least absolute shrinkage and selection operator) 惩罚函数, $p_\lambda(|\beta|) = \lambda|\beta|$, 其中 Lasso 惩罚函数是桥回归惩罚函数的一种特殊情况 $(q = 1)$. Zou (2006) 进一步

发展了 Lasso 方法, 提出了自适应的 Lasso 方法. 通过联合岭回归和 Lasso 方法, 即联合 L_2 惩罚函数和 L_1 惩罚函数, Zou 和 Hastie (2005) 发展了 Elastic-Net 变量选择方法, 该方法不仅具有稀疏解的性质, 而且能够解决高维数据的共线性问题. Fan 和 Li (2001) 建议一个好的惩罚函数应该满足三个性质: 稀疏性、无偏性和连续性. 另外提出了满足这三个性质的 SCAD (smoothing clipped absolute deviation penalty) 惩罚函数如下

$$p_\lambda(|\beta|) = \begin{cases} \lambda|\beta|, & 0 \leqslant |\beta| < \lambda, \\ \dfrac{(a^2-1)\lambda^2 - (|\beta| - a\lambda)^2}{2(a-1)}, & \lambda \leqslant |\beta| < a\lambda, \\ \dfrac{(a+1)\lambda^2}{2}, & |\beta| \geqslant a\lambda. \end{cases}$$

Fan 和 Li (2001) 从 Bayes 的观点建议取 $a = 3.7$. 在上面这些惩罚函数中的参数 λ 称为调整参数或截断参数, 是用来控制模型的复杂度, 可以通过一些数据驱动方法来进行选择, 如交错核实方法 (CV)、广义交错核实方法 (GCV) 和 BIC 等方法.

变量选择已经成为统计建模和统计分析的一个重要方法, 但是当似然函数不可用时, 很难进行变量选择研究, 特别对于纵向数据回归模型. 最近一些统计学家也开始关注纵向数据广义线性模型的变量选择研究. 为了解决纵向数据回归模型的变量选择问题, Pan (2001) 提出了一个修正的 AIC 信息准则 (Akaike information criterion, AIC), 称为 QIC 变量选择方法, 它是通过假设工作相关矩阵独立这一很强的条件下, 定义拟似然函数所建立的变量选择方法. Fu (2003) 把桥回归和 Lasso 变量选择方法推广到纵向数据广义线性模型. Cantoni 等 (2005) 提出一种广义的 Mallows C_p 方法对模型的预测精度进行研究. Johnson 等 (2008) 发展了一种 GEE 的变量选择方法. Wang 和 Qu (2009) 发展了一种基于 QIF 的贝叶斯信息准则方法对纵向数据广义线性模型进行模型选择研究, 他们把这种方法称为 BIQIF. Xu 等 (2013) 提出一种加权最小二乘 (WLS) 方法对具有发散参数的纵向数据广义线性模型进行研究. Xu 和 Zhu (2010) 推广 Fan 和 Lv (2008) 的独立变量筛选 (sure independence screening, SIS) 方法到高维纵向数据广义线性模型, 并且证明了所提出的方法具有确定变量筛选性质. Wang 等 (2012) 提出 SCAD 惩罚 GEE 方法对高维协变量 GLMs 进行研究.

Fu (2003) 把桥回归惩罚函数和 Lasso 惩罚函数施加于 GEE 后面, 对纵向数据广义线性模型进行变量选择. Dziak (2006) 在其博士学位论文中把 Lasso 和 SCAD 方法推广到纵向数据广义线性模型, 提出了惩罚 GEE 的变量选择方法, 研究了惩罚 GEE 估计的 $\sqrt{n}$ 相合性、渐近正态性和 oracle 性质. 此处概括方法如下. 对给定的惩罚函数 $p_\lambda(|\beta|)$, $q_\lambda(|\beta|) = p'_\lambda(|\beta|)$ 是惩罚函数 $p_\lambda(|\beta|)$ 的导数. 当惩罚函数是桥回归惩罚函数时, $q_\lambda(|\beta|) = p'_\lambda(|\beta|) = \lambda q|\beta|^{q-1}$; 当惩罚函数为 Lasso 惩罚函数时,

$q_\lambda(|\beta|) = p'_\lambda(|\beta|) = \lambda$; 当惩罚函数为 SCAD 惩罚函数时, 有

$$q_\lambda(|\beta|) = p'_\lambda(|\beta|) = \begin{cases} \lambda, & 0 \leqslant |\beta| < \lambda, \\ (a-1)^{-1}(a\lambda - |\beta|), & \lambda \leqslant |\beta| < a\lambda, \\ 0, & |\beta| \geqslant a\lambda. \end{cases}$$

考虑下面的惩罚 GEE 目标函数

$$U^P(\beta) = \sum_{i=1}^n D_i^{\mathrm{T}} V_i^{-1}(Y_i - \mu_i) - nq_\lambda(|\beta|)\mathrm{sgn}(\beta), \tag{2.3.1}$$

其中

$$q_\lambda(|\beta|) = (q_\lambda(|\beta_1|), \cdots, q_\lambda(|\beta_p|))^{\mathrm{T}},$$

$$\mathrm{sgn}(\beta) = (\mathrm{sgn}(\beta_1), \cdots, \mathrm{sgn}(\beta_p))^{\mathrm{T}},$$

此处 $\mathrm{sgn}(t) = I(t > 0) - I(t < 0)$ 是一个符号函数, 且 $q_\lambda(|\beta|)\mathrm{sgn}(\beta)$ 是 $q_\lambda(|\beta|)$ 和 $\mathrm{sgn}(\beta)$ 中逐个分量的乘积. Fu (2003) 和 Dziak (2006) 证明了惩罚 GEE 估计变量选择的相合性和变量选择的 oracle 性质, 更多的讨论请参考文献 Fu (2003) 和 Dziak (2006).

类似地, Dziak (2006) 定义了下面的惩罚 QIF 目标函数

$$Q_n^P(\beta) = nU_n^{\mathrm{T}}(\beta)C_n^{-1}(\beta)U_n(\beta) + n\sum_{1\leqslant j\leqslant p} p_\lambda(|\beta_j|). \tag{2.3.2}$$

Dziak (2006) 对惩罚 QIF 程序进行了详细讨论, 并证明了惩罚 QIF 估计的变量选择相合性和 oracle 性质, 此处不再详细讨论.

2.4 光滑门限广义估计方程变量选择方法

2.4.1 引言

惩罚变量选择程序都是基于目标函数后面施加惩罚函数完成的, 如施加 L_q 惩罚函数, SCAD 惩罚函数等. 所有这些惩罚函数在原点处都奇异, 使得这些估计程序都要求凸优化问题而导致一些算法上的困难. 为了避免这些变量选择程序的凸优化问题, Ueki (2009) 提出了一个新的变量选择程序 —— 光滑门限估计方程方法 (smooth-threshold estimating equations, SEE), 该方法能够自动把不重要变量的回归参数设成零, 同时把重要变量估计出来, 进一步所得到的估计量具有 Fan 和 Li (2001) 所建议的 oracle 性质.

本节针对边际纵向数据广义线性模型 (2.2.2) 和模型 (2.2.3), 基于 Ueki (2009) 的 SEE 变量选择的思想和 GEE 方法, 提出了纵向数据情形下的一种自动变量选

择方法——光滑门限广义估计方程方法 (smooth-threshold generalized estimating equations, SGEE). 尽管所提方法是一种简单的推广, 但是对纵向数据模型和数值计算仍然存在很多挑战. 例如, 第一, 既然工作矩阵中包含讨厌参数 ϕ 和 α, 它们又影响着 β 的最终估计量, 所以处理讨厌参数 ϕ 和 α 便成为该问题的一大难点. 计算上, 需要不断迭代更新讨厌参数 ϕ 和 α 和兴趣参数 β 的估计. 理论上, 根据渐近结果的证明, 需要考虑这些讨厌参数的估计以及讨厌参数估计量对兴趣参数 β 估计量渐近性质的影响. 基于讨厌参数的矩估计, 我们提出了一种迭代算法去完成 2.4.2 节的变量选择程序, 并且获得了 β 的有效 SGEE 估计量. 第二, 联合 GEE 方法和 Ueki (2009) 所提出的变量选择方法, 本节所提出的 SGEE 程序不仅继承了 GEE 方法的优点, 而且最重要的是避免了桥回归 (Frank and Friedman, 1993), Lasso (Tibshirani, 1996), SCAD (Fan and Li, 2001) 等惩罚变量选择方法要求凸优化的问题. 通过解 SGEE, 所提变量选择程序能够自动消除不重要变量, 把相应的参数估计成零, 同时把非零的显著回归系数估计出来. 第三, 针对纵向数据组内相关结构和 GEE, 提出了一个惩罚加权偏差准则来选取截断参数. 因此, 所提出的变量选择程序也具有文献中变量选择方法所具有的诸多优点: 如所得估计量具有 oracle 性质; 能够避免算法上面的凸优化问题; 更重要的是所提程序是很容易实现的. 此外, 模拟研究和实际数据分析也进一步说明了所提变量选择方法.

2.4.2 SGEE 方法

令 β_0 表示参数向量 β 的真值, 并且令 $n\to\infty$, 同时对所有的 $i=1,2,\cdots,n$, m_i 是一致有界的. 我们划分 β_0 为两部分: $\mathcal{A}_0=\{j:\beta_{0j}\neq 0\}$ 和 $\mathcal{A}_0^c=\{j:\beta_{0j}=0\}$. 容易看到 $\mathcal{A}_0=\{j:\beta_{0j}\neq 0\}$ 表示回归参数系数不为零的指标构成的集合, 即表示重要变量的集合, 称为活动系数集合; $\mathcal{A}_0^c=\{j:\beta_{0j}=0\}$ 表示 $\mathcal{A}_0=\{j:\beta_{0j}\neq 0\}$ 的补集, 是由那些回归系数为零的指标构成的集合, 即表示不重要或不显著性变量的集合, 称为不活动系数集合. 此外, 令 $s=|\mathcal{A}_0|$ 表示非零回归系数的个数.

受Ueki(2009) 变量选择程序的启发, 定义下面的光滑门限广义估计方程 (SGEE)

$$(I_p-\varDelta)U(\beta,\alpha)+\varDelta\beta=0, \tag{2.4.1}$$

其中 $U(\beta,\alpha)$ 是定义在式 (2.2.4) 中的广义估计方程, $\varDelta$ 是对角元素为 $\delta=(\delta_j)_{j=1,\cdots,p}$ 的对角矩阵, I_p 是 p 维的单位矩阵. 注意公式 (2.4.1) 中第 j 个估计方程, 当 $\delta_j=1$ 时得到 $\beta_j=0$. 因此, SGEE (2.4.1) 能够产生一个稀疏解. 不幸的是, 此处不能直接解 (2.4.1) 获得 β 的估计. 因为 SGEE 中不仅包含未知讨厌参数 α 和 ϕ, 还卷入了 δ_j, 而 δ_j 需要发展数据驱动的准则进行选取.

既然 V_i 是 α 和 β 的函数, 这时也能重新表达成只有 β 的函数, 首先在广义估计函数 $U(\beta,\alpha)$ 中把 α 用一个 $\sqrt{n}$ 相合的估计 $\hat{\alpha}(\beta,\phi)$ 替换, 然后在 $\hat{\alpha}$ 中用 $\sqrt{n}$ 相

合估计替换 ϕ. 对于 $\delta=(\delta_j)_{j=1,\cdots,p}$ 的选取, Ueki (2009) 建议 δ_j 能够由数据来确定, 且能够被选取由 $\hat{\delta}_j=\min(1,\lambda/|\hat{\beta}_j^{(0)}|^{1+\gamma})$, 其中 $\hat{\beta}_j^{(0)}$ 是一个初始估计. 初始估计 $\hat{\beta}_j^{(0)}$ 能够基于全模型通过求解 GEE $U\{\beta,\hat{\alpha}[\beta,\hat{\phi}(\beta)]\}=0$ 获得. 注意到这个选取程序中卷入两个截断参数 (λ,γ), 2.4.4 节将提出一个惩罚加权偏差准则进行选取. 在式 (2.4.1) 中把 Δ 用对角线元素为 $\hat{\delta}=(\hat{\delta}_j)_{j=1,\cdots,p}$ 的对角矩阵 $\widehat{\Delta}$ 代替, 则得到下面的 SGEE

$$(I_p-\widehat{\Delta})U\{\beta,\hat{\alpha}[\beta,\hat{\phi}(\beta)]\}+\widehat{\Delta}\beta=0. \tag{2.4.2}$$

为了求解上面的 SGEE 获得估计量 $\hat{\beta}$, 对于给定的截断参数 (λ,γ), 需要在回归系数、相关参数向量 α 和尺度参数 ϕ 的调整 Fisher 得分之间进行迭代 (Liang and Zeger, 1986). 类似地, 也可以定义活动变量集合 $\mathcal{A}=\{j:\hat{\delta}_j\neq 1\}$, 即为非零参数指标的集合, 其中 $\hat{\delta}_j=\min(1,\lambda/|\hat{\beta}_j^{(0)}|^{1+\gamma})$. 式 (2.4.2) 的解用 $\hat{\beta}_{\lambda,\gamma}$ 来表示, 称为 SGEE 估计. 给定截断参数 (λ,γ) 和当前讨厌参数的估计 $\hat{\alpha}$ 和 $\hat{\phi}$, 可以给出下面估计 β 调整的迭代程序

$$\begin{aligned}\hat{\beta}_{\mathcal{A}}^{\text{new}}=\hat{\beta}_{\mathcal{A}}^{\text{old}}&-\left\{\sum_{i=1}^{n}D_{i,\mathcal{A}}^{\mathrm{T}}(\hat{\beta}_{\mathcal{A}}^{\text{old}})\widetilde{V}_i^{-1}(\hat{\beta}_{\mathcal{A}}^{\text{old}})D_{i,\mathcal{A}}(\hat{\beta}_{\mathcal{A}}^{\text{old}})+\hat{G}_{\mathcal{A}}\right\}^{-1}\\&\times\left\{\sum_{i=1}^{n}D_{i,\mathcal{A}}^{\mathrm{T}}(\hat{\beta}_{\mathcal{A}}^{\text{old}})\widetilde{V}_i^{-1}(\hat{\beta}_{\mathcal{A}}^{\text{old}})\Big(Y_i-\mu_i(\hat{\beta}_{\mathcal{A}}^{\text{old}})\Big)+\hat{G}_{\mathcal{A}}\hat{\beta}_{\mathcal{A}}^{\text{old}}\right\}\end{aligned} \tag{2.4.3}$$

和

$$\hat{\beta}_{\mathcal{A}^c,\widehat{\Delta}}=0, \tag{2.4.4}$$

其中 $\widetilde{V}_i(\beta)=V_i(\beta,\hat{\alpha}\{\beta,\hat{\phi}(\beta)\})$, $\hat{G}_{\mathcal{A}}=(I_{|\mathcal{A}|}-\widehat{\Delta}_{\mathcal{A}})^{-1}\widehat{\Delta}_{\mathcal{A}}$, $D_{i,\mathcal{A}}(\beta_{\mathcal{A}})=-\partial\mu_i(\beta_{\mathcal{A}})/\partial\beta_{\mathcal{A}}$ 和 $\mu_i(\beta_{\mathcal{A}})=g(X_{i,\mathcal{A}}\beta_{\mathcal{A}})$. 特别地, 对于纵向数据线性模型, 式 (2.4.3) 和式 (2.4.4) 将退化成

$$\hat{\beta}_{\mathcal{A}}=\left\{\sum_{i=1}^{n}X_{i,\mathcal{A}}^{\mathrm{T}}\hat{V}_i^{*-1}X_{i,\mathcal{A}}+\hat{G}_{\mathcal{A}}\right\}^{-1}\sum_{i=1}^{n}X_{i,\mathcal{A}}^{\mathrm{T}}\hat{V}_i^{*-1}Y_i \quad 和 \quad \hat{\beta}_{\mathcal{A}^c,\widehat{\Delta}}=0, \tag{2.4.5}$$

其中 $V_i^*=\mathrm{Cov}(Y_i|X_i)$, $\hat{V}_i^*$ 是 V_i^* 的估计, 并能够使用矩估计方法得到.

2.4.3 渐近性质

在一些正则条件下, 假设全模型下通过求解 $U(\beta,\alpha)=0$ 所得的 GEE 初始估计是相合的, 并且是渐近正态的 (Liang and Zeger, 1986). 下面将证明所得的 SGEE 估计也具有 oracle 性质, 包括 $\sqrt{n}$ 相合性、变量选择相合性和渐近正态性.

定理 2.4.1 ($\sqrt{n}$ 相合性)　*在适当的正则条件和下面的条件下:*

(1) *给定 β 和 ϕ, $\hat{\alpha}$ 是 $\sqrt{n}$ 的相合估计;*

(2) 给定 β, $\hat{\phi}$ 是 $\sqrt{n}$ 的相合估计;

(3) $|\partial\hat{\alpha}(\beta,\phi)/\partial\phi| \leqslant H(Y,\beta)$ 是 $O_P(1)$, 其中 $H(\cdot,\cdot)$ 是样本 Y 和 β 的函数.

对于任意给定的正数 λ 和 γ, 当 $n\to\infty$ 时, $n^{1/2}\lambda\to 0$ 和 $n^{(1+\gamma)/2}\lambda\to\infty$, 存在式 (2.4.2) 的一个序列 SGEE 解, 使得有 $\|\hat{\beta}_{\lambda,\gamma}-\beta_0\| = O_P(n^{1/2})$.

定理 2.4.2 假设在定理 2.4.1 成立的条件下, 当 $n\to\infty$, 有

(1) 变量选择相合性, 即 $P(\mathcal{A}=\mathcal{A}_0)\longrightarrow 1$;

(2) 渐近正态性, 即 $\sqrt{n}(\hat{\beta}_{\lambda,\gamma,\mathcal{A}_0}-\beta_{\mathcal{A}_0})$ 是均值为 0, 协方差阵为 $\varPhi$ 的渐近正态分布, 其中 $\varPhi$ 相同于 oracle 估计的协方差阵, 并且当 $n\to\infty$ 时, $\varPhi$ 是下面公式的极限

$$n\left\{\sum_{i=1}^{n} D_{i,\mathcal{A}_0}^{\mathrm{T}} V_i^{-1} D_{i,\mathcal{A}_0}\right\}^{-1}\left\{\sum_{i=1}^{n} D_{i,\mathcal{A}_0}^{\mathrm{T}} V_i^{-1}\mathrm{Cov}(Y_i) V_i^{-1} D_{i,\mathcal{A}_0}\right\}\left\{\sum_{i=1}^{n} D_{i,\mathcal{A}_0}^{\mathrm{T}} V_i^{-1} D_{i,\mathcal{A}_0}\right\}^{-1}.$$

定理 2.4.2 暗示着自动 SGEE 程序是变量选择相合的, 并能够以概率趋于 1 正确识别零系数. 通过选择适当的截断参数, SGEE 估计有所谓的 oracle 性质, 即 SGEE 估计的渐近方差是相同于真实子模型系数估计的渐近方差.

2.4.4 SGEE 变量选择程序的实施

1. 截断参数选择

为了完成 2.4.2 节提出的 SGEE 程序, 首先需要选取截断参数 (λ,γ). 通常能够通过平衡模型拟合优度和模型复杂性来优化一些数据驱动的准则选取截断参数, 如经典的 C_P, GCV 和 BIC 等准则. Fu (2003) 考虑如何选取截断参数, 并且指出对于广义估计方程模型, 由于不存在联合似然函数, 直接把这些经典的准则推广到广义估计方程是困难的. Fu (2003) 推广经典的残差平方和到下面的加权偏差, 有

$$\mathrm{WDev} = \sum_{i=1}^{n} r_i^{\mathrm{T}} R_i^{-1}(\alpha) r_i. \tag{2.4.6}$$

上面式 (2.4.6) 考虑了纵向数据的组内相关性和允许非高斯响应变量数据. $R_i(\alpha)$ 是 $m_i\times m_i$ 的工作相关矩阵, r_i 是偏差型的残差 (McCullagh and Nelder, 1991; Agresti, 2002), 为了简单, 它也能够用 Pearson 残差 $A^{-1/2}(Y-\mu)$ 进行替换.

基于上面的讨论, 此处提出了下面的惩罚加权偏差准则

$$\mathrm{PWD}_{(\lambda,\gamma)} = \mathrm{WDev} + \mathrm{DF}_{(\lambda,\gamma)}\log n, \tag{2.4.7}$$

其中, $\mathrm{DF}_{(\lambda,\gamma)} = \sum_{j=1}^{p} 1(\hat{\delta}_j\neq 1)$ 表示非零参数的个数, $1(\cdot)$ 是示性函数. 通过极小化式 (2.4.7) 的 $\mathrm{PWD}_{(\lambda,\gamma)}$ 选取截断参数 (λ,γ). 通过模拟研究和实际数据分析实践可知, 上面所提出的惩罚加权偏差准则表现很好 (见 2.4.5 节的模拟研究).

2. 迭代算法

为了求解式 (2.4.2) 获得 β 的 SGEE 估计, 需要使用 Newton-Raphson, Fisher 得分和迭代再加权最小二乘的迭代算法, 迭代算法中还需要获得相关参数向量 α 和尺度参数 ϕ 的 $\sqrt{n}$ 相合估计. 因此, 首先需要讨论相关参数向量 α 和尺度参数 ϕ 的估计问题. 由 Pearson χ^2 矩估计法, 尺度参数 ϕ 的估计为

$$\hat{\phi} = \frac{1}{N-p}\sum_{i=1}^{n}\sum_{t=1}^{m_i}\frac{(y_{it}-g(x_{it}^{\mathrm{T}}\hat{\beta}))^2}{\nu(g(x_{it}^{\mathrm{T}}\hat{\beta}))}, \tag{2.4.8}$$

其中 $N=\sum\limits_{i=1}^{n}m_i$, $\hat{\beta}$ 是 β 的一个相合估计. 注意到 $\hat{\phi}\nu(g(x_{it}^{\mathrm{T}}\hat{\beta}))$ 是 $\hat{A}_i$ 的第 t 个对角元素. 容易证明在 y_{it} 四阶矩存在的条件下, $\hat{\phi}$ 是 $\sqrt{n}$ 相合的.

实际上, 相关参数被认为是讨厌参数. 为了得到 α 的相合估计, 此处采用了修正的矩估计方法. 定义第 (it) 个 Pearson 残差为

$$\hat{r}_{it} = \frac{y_{it}-g(x_{it}^{\mathrm{T}}\hat{\beta})}{\sqrt{\widehat{\mathrm{Var}}(y_{it})}}, \tag{2.4.9}$$

其中 $\widehat{\mathrm{Var}}(y_{it})=\hat{\phi}\nu(g(x_{it}^{\mathrm{T}}\hat{\beta}))$ 是 y_{it} 估计的方差. Liang 和 Zeger (1986) 建议 α 的估计为

$$\hat{R}_{uv} = \frac{1}{df}\sum_{i=1}^{n}\hat{r}_{iu}\hat{r}_{iv}, \tag{2.4.10}$$

其中 $df=N-p$ 是自由度. 对于各种相关结构中关于 α 矩估计的讨论可详见 Liang 和 Zeger (1986) 的第 4 节. 例如, 对于可交换的工作相关结构 (CS), α 的估计为

$$\hat{\alpha} = \frac{1}{\sum\limits_{i=1}^{n}\frac{1}{2}m_i(m_i-1)-p}\sum_{i=1}^{n}\sum_{t>t'}\hat{r}_{it}\hat{r}_{it'}.$$

对 AR(1) 工作相关结构, $R(\alpha)$ 的第 $(t,t+1)$ 个元素的估计为

$$\hat{R}_{t,t+1} = \frac{1}{N-n-p}\sum_{i=1}^{n}\sum_{t=1}^{m_i-1}\hat{r}_{it}\hat{r}_{i(t+1)}.$$

现在提出下面的迭代算法完成 2.4.2 节提出的 SGEE 变量选择程序.

步骤 1 给定一个初始估计 $\hat{\beta}^{(0)}$. 令 $k=0$.

步骤 2 基于式 (2.4.10) 和式 (2.4.8), 以及当前估计 $\hat{\beta}^{(k)}$, 估计相关参数 α 和尺度参数 ϕ, 并且计算工作协方差阵 $V_i(\hat{\beta}^{(k)},\hat{\alpha}\{\hat{\beta}^{(k)},\hat{\phi}(\hat{\beta}^{(k)})\})=\hat{A}_i^{1/2}R_i(\hat{\alpha})\hat{A}_i^{1/2}$. 同时, 使用所提出的惩罚加权偏差准则 (2.4.7) 选取截断参数 (λ,γ).

步骤 3 通过求解式 (2.4.2), 更新 β 的估计 $\hat{\beta}^{(k+1)}$.

步骤 4 迭代步骤 2—步骤 3, 直到收敛, 最后得到 β 最终的 SGEE 估计.

注 2.4.1 所有 $(\alpha, \phi, \lambda, \gamma)$ 估计的大小在每次迭代步骤中都是变化的. 但是为了概念和公式的简单, 在公式中没有明显体现出来. 此外, 不明显地把 $(\alpha, \phi, \lambda, \gamma)$ 看成是 β 的函数, 这时 β 的估计大小在每个迭代步骤中也是变化的.

注 2.4.2 在步骤 1 中, β 的初始估计是一个非常重要的. 理论上, 要求初始估计是 $\sqrt{n}$ 相合的. 初始估计的好坏直接影响着解的稀疏性和最终估计的精确性, 此外还影响着迭代算法的收敛速度. 在模拟研究和实际数据分析中, 使用 GEE 估计作为初始估计 (可以直接调用 R 语言中“gee”程序包得到), 模拟结果显示初始估计在迭代算法中完成得很好.

2.4.5 模拟研究和实例分析

1. 模拟研究

本节报告一些模拟研究说明所提出的 SGEE 变量选择程序在有限样本下的表现. 在所有模拟例子中, 每个数据集都取 $n = 100, 200$ 和 400 个个体, 每个个体在研究时间内都重复测量 $m_i \equiv 5$ 次. 对于每种情况, 重复试验次数为 M 次, 且使用惩罚加权偏差准则选取截断参数. 模拟研究中, 采用平均均方误差 (average mean square error, AMSE) 度量估计的精度, AMSE 通过计算 $\|\hat{\beta} - \beta_0\|^2$ 在 M 次重复试验的平均得到. 我们考虑下面三个例子.

例 2.4.1 (连续型响应变量情形) 本例考虑广义线性模型的特例, 即普通的线性模型, 指定 $p = 10$ 个协变量, 真实参数 $\beta_0 = [1, 0.5, 0, 0, 0, -0.2, 0, 0, 0.4, 0]^{\mathrm{T}}$, 其中四个回归变量是显著的, 而剩余的均不重要. 响应变量从下面的线性模型产生

$$y_{it} = \sum_{k=1}^{10} x_{it,k}\beta_{0k} + \varepsilon_{it}, \quad i = 1, \cdots, n, \quad t = 1, \cdots, 5, \tag{2.4.11}$$

其中每一个协变量 $x_{i,k} = (x_{i1,k}, \cdots, x_{i5,k})^{\mathrm{T}}$ 独立的从一个均值为 $(0.1, 0.2, 0.3, 0.4, 0.5)^{\mathrm{T}}$ 和单位协方差阵的多元正态分布产生, 随机误差 $\varepsilon_i = (\varepsilon_{i1}, \cdots, \varepsilon_{i5})^{\mathrm{T}}$ 独立的从均值为 0 向量, 边际方差为 1 和工作相关矩阵为 $R(\alpha)$ 的五维正态分布产生. 模拟中考虑两种工作相关矩阵: 具有相关系数为 α 的可交换的工作相关结构 (CS) 和具有自相关系数为 α 的 AR(1) 工作相关结构. 为了比较, 取 3 个不同的 α 值: 0.3, 0.5 和 0.7. 基于 $M = 1000$ 次重复模拟试验, 并分别在正确指定和错误指定工作相关结构两种情况下, 表 2.4.1 和表 2.4.2 报告了模拟结果. 表中 “Correct” 表示零回归系数被正确估计成零的平均个数, “Incorrect” 表示正确的非零回归系数被错误估计成零的平均个数.

表 2.4.1　当相关结构被正确指定时，基于 SGEE 方法对线性模型 (2.4.11) 的变量选择结果

n	方法	α	CS			AR(1)		
			Correct	Incorrect	AMSE	Correct	Incorrect	AMSE
100	SGEE	0.3	5.817	0	0.004927	5.809	0	0.005017
		0.5	5.851	0	0.003790	5.839	0	0.003874
		0.7	5.874	0	0.002451	5.863	0	0.002709
	oracle	0.3	6	0	0.003265	6	0	0.003421
		0.5	6	0	0.002389	6	0	0.002597
		0.7	6	0	0.001480	6	0	0.001603
200	SGEE	0.3	5.962	0	0.001892	5.876	0	0.001964
		0.5	5.986	0	0.001236	5.930	0	0.001387
		0.7	6	0	0.000933	5.998	0	0.000986
	oracle	0.3	6	0	0.001561	6	0	0.001704
		0.5	6	0	0.001158	6	0	0.001262
		0.7	6	0	0.000754	6	0	0.000777
400	SGEE	0.3	6	0	0.000854	6	0	0.000876
		0.5	6	0	0.000649	6	0	0.000674
		0.7	6	0	0.000411	6	0	0.000426
	oracle	0.3	6	0	0.000796	6	0	0.000851
		0.5	6	0	0.000564	6	0	0.000636
		0.7	6	0	0.000370	6	0	0.000386

表 2.4.2　当相关结构被错误指定时，基于 SGEE 方法对线性模型 (2.4.11) 的变量选择结果

n	方法	α	CS.AR(1)			AR(1).CS		
			Correct	Incorrect	AMSE	Correct	Incorrect	AMSE
100	SGEE	0.3	5.775	0	0.005173	5.717	0	0.005458
		0.5	5.828	0	0.004650	5.787	0	0.004762
		0.7	5.870	0	0.002704	5.855	0	0.003173
	oracle	0.3	6	0	0.003501	6	0	0.003648
		0.5	6	0	0.003092	6	0	0.003187
		0.7	6	0	0.001966	6	0	0.002262
200	SGEE	0.3	5.951	0	0.001917	5.928	0	0.002124
		0.5	5.973	0	0.001530	5.957	0	0.001769
		0.7	5.993	0	0.001083	5.982	0	0.001131
	oracle	0.3	6	0	0.001761	6	0	0.001769
		0.5	6	0	0.001491	6	0	0.001564
		0.7	6	0	0.000963	6	0	0.001158

续表

n	方法	α	CS.AR(1)			AR(1).CS		
			Correct	Incorrect	AMSE	Correct	Incorrect	AMSE
400	SGEE	0.3	6	0	0.000951	6	0	0.000968
		0.5	6	0	0.000769	6	0	0.000816
		0.7	6	0	0.000585	6	0	0.000594
	oracle	0.3	6	0	0.000901	6	0	0.000915
		0.5	6	0	0.000736	6	0	0.000788
		0.7	6	0	0.000469	6	0	0.000569

注: "CS.AR(1)" 表示正确的相关结构是 CS 而用错误指定 AR(1) 相关结构进行估计, "AR(1).CS" 表示正确的相关结构是 AR(1) 而用错误指定 CS 相关结构进行估计.

从表 2.4.1 和表 2.4.2 可以看出: 即使相关结构被错误指定, 本节所提出的 SGEE 变量选择程序能够正确选出真实的子模型, 并且完成得相当好. 毫无疑问, 当正确指定相关结构时比错误指定相关结构时的结果要好. 同时也注意到, 即使有较强的组内相关参数, 即 $\alpha = 0.7$, 模拟结果也不是显著依赖于工作协方差结构. 此外, 当样本量变大时, 模拟结果变得更好.

例 2.4.2 (离散型响应变量情形) 考虑下面的 logistic 回归模型, 响应变量 y_{it} 是二元变量, 给定 x_{it}, 响应变量 y_{it} 的边际期望由下式定义

$$\mathrm{logit}(\mu_{it}) = \sum_{k=1}^{10} x_{it,k}\beta_{0k}, \quad i = 1, \cdots, n, \quad t = 1, \cdots, 5, \tag{2.4.12}$$

其中 $\beta_0 = (1, 0.5, 0, 0, 0, -0.2, 0, 0, 0.4, 0)^{\mathrm{T}}$, 协变量 $x_{it} = (x_{it,1}, \cdots, x_{it,10})^{\mathrm{T}}$ 来自于多元正态分布, 其中均值为零向量, 协方差阵由边际方差为 0.2 和自相关系数为 0.5 的 AR(1) 的相关矩阵构成. 每组或每个个体的二元随机响应变量的均值由式 (2.4.12) 指定, 并且有一个具有相关系数 α 的可交换 (CS) 的相关结构, 或者是具有自相关系数为 α 的 AR(1) 工作相关结构. 为了比较, 取 3 个不同的 α 值: $\alpha = 0.3, 0.5$ 和 0.7. 如此相关的二元数据能够通过由 Oman (2009) 编写的 R 程序 —— 相关随机二元数据产生器随机产生. 基于 $M = 1000$ 次重复模拟试验, 表 2.4.3 和表 2.4.4 报告了所提方法的模拟结果.

表 2.4.3 当相关结构被正确指定时, 基于 SGEE 方法对广义线性模型 (2.4.12) 的变量选择结果

n	方法	α	CS			AR(1)		
			Correct	Incorrect	AMSE	Correct	Incorrect	AMSE
100	SGEE	0.3	5.555	0.071	0.041723	5.532	0.075	0.042717
		0.5	5.586	0.064	0.040882	5.563	0.069	0.042596
		0.7	5.641	0.054	0.040683	5.601	0.061	0.042058
	oracle	0.3	6	0	0.038013	6	0	0.040818
		0.5	6	0	0.037901	6	0	0.039470
		0.7	6	0	0.037458	6	0	0.039092

续表

n	方法	α	CS			AR(1)		
			Correct	Incorrect	AMSE	Correct	Incorrect	AMSE
200	SGEE	0.3	5.687	0.037	0.023053	5.670	0.038	0.024436
		0.5	5.824	0.029	0.022596	5.708	0.035	0.023726
		0.7	5.894	0.016	0.022173	5.879	0.019	0.023560
	oracle	0.3	6	0	0.019206	6	0	0.021787
		0.5	6	0	0.019162	6	0	0.021596
		0.7	6	0	0.019101	6	0	0.021209
400	SGEE	0.3	5.964	0	0.011588	5.951	0	0.012047
		0.5	5.970	0	0.011492	5.968	0	0.011683
		0.7	6.000	0	0.011152	5.985	0	0.011359
	oracle	0.3	6	0	0.009421	6	0	0.009593
		0.5	6	0	0.009245	6	0	0.009251
		0.7	6	0	0.009047	6	0	0.009222

表 2.4.4　当相关结构被错误指定时, 基于 SGEE 方法对广义线性模型 (2.4.12) 的变量选择结果

n	方法	α	CS.AR(1)			AR(1).CS		
			Correct	Incorrect	AMSE	Correct	Incorrect	AMSE
100	SGEE	0.3	5.535	0.081	0.048246	5.503	0.085	0.049576
		0.5	5.582	0.065	0.047681	5.560	0.075	0.049036
		0.7	5.598	0.053	0.047132	5.585	0.063	0.048377
	oracle	0.3	6	0	0.041513	6	0	0.043816
		0.5	6	0	0.041478	6	0	0.043384
		0.7	6	0	0.041109	6	0	0.043138
200	SGEE	0.3	5.676	0.041	0.027412	5.666	0.050	0.028073
		0.5	5.740	0.033	0.027259	5.704	0.037	0.027635
		0.7	5.871	0.023	0.026921	5.859	0.027	0.027147
	oracle	0.3	6	0	0.024257	6	0	0.026242
		0.5	6	0	0.024143	6	0	0.025712
		0.7	6	0	0.023746	6	0	0.025152
400	SGEE	0.3	5.929	0	0.014547	5.904	0	0.014918
		0.5	5.946	0	0.014392	5.932	0	0.014631
		0.7	5.977	0	0.013738	5.971	0	0.014122
	oracle	0.3	6	0	0.012578	6	0	0.012927
		0.5	6	0	0.012191	6	0	0.012914
		0.7	6	0	0.011615	6	0	0.012911

注: “CS.AR(1)” 表示正确的相关结构是 CS 而用错误指定 AR(1) 相关结构进行估计, “AR(1).CS” 表示正确的相关结构是 AR(1) 而用错误指定 CS 相关结构进行估计.

表 2.4.3 和表 2.4.4 报告的模拟结果类似于例 2.4.1 的模拟结果, 此处不再叙述.

例 2.4.3 (高维数据情形)　本例讨论所提出的 SGEE 变量选择程序是否可以

应用于 "大 n, 发散 p" 的高维纵向数据广义线性模型. 进一步也和文献中存在的惩罚变量选择方法进行了比较, 比较的方法有 Wang 等 (2012) 提出的 SCAD 惩罚广义估计方程方法 (SCAD-GEE), 以及 Fu (2003) 和 Dziak (2006) 提出的 Lasso 惩罚广义估计方程方法 (Lasso-GEE). 考虑下面的高维纵向数据 logistic 回归模型. 响应变量 y_{it} 是二元变量, 给定 x_{it}, 响应变量 y_{it} 的边际期望由下式定义

$$\mathrm{logit}(\mu_{it}) = \sum_{k=1}^{p} x_{it,k}\beta_{0k}, \quad i=1,\cdots,n, \quad t=1,\cdots,5, \tag{2.4.13}$$

其中 β_0 是一个 p 维参数向量, 且 $p=\lfloor 4n^{1/3}\rfloor - 5$, 并考虑样本大小为 $n=100,200$ 和 400, 此处 $\lfloor s\rfloor$ 表示不超过 s 的最大整数. 协变量向量 x_{it} 是独立同分布的 (i.i.d.), 且来自 p 元正态分布 $N_p(0_p,\Sigma)$, 其中 Σ 的第 (i,j) 个元素为 $0.5^{|i-j|}$. 真实参数向量为 $\beta_0=[0.6 1_d, 0_{p-d}]^{\mathrm{T}}$, 其中 $d=\lfloor p/5\rfloor$, 1_m 和 0_m 分别表示所有元素都为 1 和 0 的 m 维列向量. 每组或每个个体的二元随机响应变量的均值由式 (2.4.13) 指定, 并且有一个具有自相关系数为 α 的 AR(1) 工作相关结构. 为了比较, 取三个不同的 α 值: $\alpha=0.3, 0.5$ 和 0.7. 重复模拟试验 $M=1000$ 次, 模拟结果被整理在表 2.4.5 中.

表 2.4.5 当正确相关结构是 AR(1) 时, 基于 SGEE 方法对 logistic 回归模型 (2.4.13) 的变量选择结果

(n,p,d)	方法	α	AR(1).AR(1)			AR(1).CS		
			Correct	Incorrect	AMSE	Correct	Incorrect	AMSE
(100,13,2)	SGEE	0.3	10.902	0.005	0.0424	10.898	0.005	0.0425
		0.5	10.941	0.004	0.0368	10.940	0.004	0.0382
		0.7	10.970	0.002	0.0312	10.969	0.005	0.0330
	SCAD-GEE	0.3	10.805	0.003	0.0741	10.801	0.003	0.0772
		0.5	10.818	0.001	0.0649	10.817	0.003	0.0710
		0.7	10.889	0.000	0.0531	10.886	0.000	0.0610
	Lasso-GEE	0.3	10.953	0.000	0.1298	10.949	0.000	0.1327
		0.5	10.957	0.000	0.1216	10.957	0.001	0.1273
		0.7	10.946	0.000	0.1067	10.937	0.000	0.1130
	oracle	0.3	11	0	0.0292	11	0	0.0294
		0.5	11	0	0.0292	11	0	0.0299
		0.7	11	0	0.0275	11	0	0.0273
(200,18,3)	SGEE	0.3	14.939	0.001	0.0312	14.894	0.001	0.0342
		0.5	14.961	0.001	0.0285	14.914	0.000	0.0320
		0.7	14.980	0.000	0.0254	14.938	0.000	0.0279
	SCAD-GEE	0.3	14.918	0.001	0.0364	14.913	0.002	0.0369
		0.5	14.936	0.001	0.0332	14.935	0.001	0.0354
		0.7	14.959	0.000	0.0297	14.956	0.000	0.0307
	Lasso-GEE	0.3	14.913	0.000	0.1036	14.912	0.000	0.1053
		0.5	14.935	0.000	0.0986	14.924	0.000	0.1022
		0.7	14.938	0.000	0.0880	14.925	0.000	0.0917
	oracle	0.3	15	0	0.0264	15	0	0.0268
		0.5	15	0	0.0254	15	0	0.0261
		0.7	15	0	0.0239	15	0	0.0235

续表

(n,p,d)	方法	α	AR(1).AR(1)			AR(1).CS		
			Correct	Incorrect	AMSE	Correct	Incorrect	AMSE
(400,24,4)	SGEE	0.3	20.000	0.000	0.0204	20.000	0.000	0.0206
		0.5	20.000	0.000	0.0197	20.000	0.000	0.0202
		0.7	20.000	0.000	0.0189	20.000	0.000	0.0195
	SCAD-GEE	0.3	19.970	0.000	0.0208	19.969	0.000	0.0216
		0.5	19.988	0.000	0.0215	19.975	0.000	0.0232
		0.7	19.991	0.000	0.0196	19.981	0.000	0.0202
	Lasso-GEE	0.3	19.744	0.000	0.0709	19.676	0.000	0.0773
		0.5	19.926	0.000	0.0770	19.914	0.000	0.0948
		0.7	19.974	0.000	0.0808	19.971	0.000	0.1124
	oracle	0.3	20	0	0.0195	20	0	0.0198
		0.5	20	0	0.0189	20	0	0.0194
		0.7	20	0	0.0188	20	0	0.0190

注: “AR(1).AR(1)” 表示正确指定 AR(1) 相关结构的估计, “AR(1).CS” 表示正确的相关结构是 AR(1) 而用错误指定 CS 相关结构的估计.

从表 2.4.5 发现: 第一, 即使当相关结构被错误指定时, 三种变量选择方法都能够正确选出真实子模型. 第二, 所提出的 SGEE 变量选择程序表现最好, 对比 SCAD-GEE 和 Lasso-GEE 两种变量选择方法, SGEE 有较小的 AMSE. 第三, 值得注意的是, 当样本大小增加时, SCAD-GEE 变量选择方法显著减少了 AMSE, 并且变得和 SGEE 方法具有可比性. 此外, SGEE 和 SCAD-GEE 变量选择程序完成效果接近于 oracle 结果.

2. *实例分析*

现在通过一个实际数据分析来说明本节所提的 SGEE 变量选择方法. 该数据集最初被 Petkau 等 (2004), Petkau 和 White (2003) 分析过, 并且在 Song (2007) 的专著中也被多次分析. 该实际数据集涉及一个纵向的临床试验, 用来评价复发缓解多发性硬化症 (MS) 中的干扰素 β-1b(IFNB) 的中和抗体的影响, 它是一种可破坏包围神经的髓鞘的疾病. 该数据集是来自由英国哥伦比亚大学承担的 Betaseron 临床试验的磁共振成像 (MRI) 研究的子课题, 涉及 50 个复发缓解多发性硬化症患者, 每个患者每隔 6 周来大学进行一次治疗. 患者被随机分成 3 个治疗组, 具体分配为 17 个患者服用安慰剂进行治疗、17 个患者服用低剂量药剂治疗还有 16 个患者服用高剂量药剂治疗. 由于该数据集中存在缺失数据, 所以可以使用所提出的方法来分析此非平衡纵向数据, 并与 SCAD-GEE 和 Lasso-GEE 两种变量选择程序进行比较.

对这个实际数据进行分析时, 病情恶化情况 (exacerbation) 表示二元响应变量,即指进行 MRI 扫描检查是否出现病情加重的情况, 病情加重用 1 表示, 否则用 0 来表示. 记录了 7 个解释变量: 治疗 (Trt)、时间 (T, 单位: 周)、时间的平方 (T^2)、年龄 (Age)、性别 (Gender)、患病的持续年限 (Dur, 单位: 年) 和一个额外的基线协变量扩大残疾状态等级 (EDSS) 评分. 类似于 Song (2007) 的想法, 不是将 3 个剂量水平作为一个协变量, 3 个剂量水平分别为药物治疗的安慰剂 (placebo)、低剂量 (low dosage) 和高剂量 (high dosage), 而是把安慰剂组作为一个比较组, 把其他两个变量表示成虚拟变量, 如下定义

$$\text{Ltrt} = \begin{cases} 1, & \text{低剂量}, \\ 0, & \text{其他}; \end{cases} \qquad \text{Htrt} = \begin{cases} 1, & \text{高剂量}, \\ 0, & \text{其他}. \end{cases}$$

对该实际数据, 考虑如下的边际 logistic 回归模型

$$\begin{aligned}\text{logit}(\mu_{ij}) = &\beta_0 + \beta_1 T_j + \beta_2 T_j^2 + \beta_3 \text{Age}_i + \beta_4 \text{Gender}_i + \beta_5 \text{Dur}_i \\ &+ \beta_6 \text{EDSS}_i + \beta_7 \text{Ltrt}_i + \beta_8 \text{Htrt}_i, \end{aligned} \tag{2.4.14}$$

其中 μ_{ij} 是个体 i 在访问 j 时恶化的概率. 在该数据分析时, 可交换 (CS) 和 AR(1) 两种相关结构被考虑. 表 2.4.6 报告了系数估计和标准差.

表 2.4.6 实际数据分析的系数估计和标准差

Coefficients	GEE		SGEE	
	CS	AR(1)	CS	AR(1)
Intercept	−1.8131(1.5530)	−1.8692(0.2916)	−1.9872(0.4460)	−1.8426(0.4460)
T	−0.0313(0.0102)	−0.0184(0.0782)	0 (−)	0 (−)
T^2	0.0002(0.0001)	0.0001(0.2914)	0 (−)	0 (−)
Age	0.0138(0.0433)	−0.0019(0.2916)	0 (−)	0 (−)
Gender	0.1155(0.7778)	0.2729(0.0782)	0.1556 (0.3294)	0.1225(0.3294)
Dur	−0.0485(0.0549)	−0.0415(0.2914)	−0.0454(0.0240)	−0.0484(0.0240)
EDSS	0.4017(0.0828)	0.4613(0.2916)	0.2714 (0.0790)	0.2365(0.0790)
Ltrt	0.0200(0.7864)	−0.1402(0.0782)	0 (−)	0 (−)
Htrt	−0.8320(0.7994)	−0.5140(0.2914)	−0.3195(0.3036)	−0.3017(0.3036)

Coefficients	SCAD-GEE		Lasso-GEE	
	CS	AR(1)	CS	AR(1)
Intercept	−2.1259(0.2558)	−1.8422(0.2547)	−1.3334(0.4847)	−2.0415(0.5093)
T	−0.0017(0.0018)	−0.0014(0.0017)	−0.0291(0.0118)	−0.0081(0.0042)
T^2	0 (−)	0 (−)	0 (−)	0 (−)
Age	0 (−)	0 (−)	0 (−)	0 (−)
Gender	0 (−)	0 (−)	0 (−)	0.0621(0.1228)
Dur	−0.0104(0.0046)	−0.0268(0.0121)	−0.0320(0.0321)	−0.0398(0.0201)
EDSS	0.2567(0.0665)	0.2258(0.0695)	0.3789(0.1180)	0.4501(0.1315)
Ltrt	0 (−)	0 (−)	0 (−)	0 (−)
Htrt	−0.0342(0.0257)	−0.2519(0.2059)	−0.8575(0.4570)	−0.3583(0.2575)

从表 2.4.6 能够发现: 对 3 种变量选择方法, 患病的持续时间 (Dur), EDSS 和 Htrt 都是显著性的变量, 而所提出的 SGEE 方法显示性别 (Gender) 对响应变量病情恶化情况 (exacerbation) 有一个正的影响. 数据分析也发现时间 (T), 时间的平方项 (T^2), 年龄 (Age) 和 Ltrt 这些变量不是显著性变量, 3 种变量选择方法都把他们相应的系数压缩成了 0, 即从模型中剔除了这些变量. 类似于 Song (2007) 的分析, 对于可交换 (CS) 相关结构的 SGEE 方法所得结果发现, EDSS 一个单位的增长将导致病情恶化的可能性增加为 $\exp(0.2714) = 1.3118$. 此外, 也发现有 $T+1$ 年疾病史的患者和有 T 年疾病史的患者之间病情恶化的比率为 $\exp(-0.0454) = 0.9556152$. 这些发现与 Song (2007) 的研究结果非常一致.

2.4.6 小结

本节发展了具有非高斯数据和非线性联系函数的边际纵向数据广义线性模型的自动变量选择方法, 该方法操作灵活、概念简单、易于实现. 估计程序可以通过求解光滑门限广义估计方程 (SGEE) 进行迭代来实现, 即对给定的截断参数 (λ,γ), 在回归系数修正的 Fisher 得分方程和相关参数 α 和尺度参数 ϕ 的矩估计之间进行迭代. 所提出的方法能够自动排除不重要的变量, 即把变量对应的系数估计成 0, 同时可以估计重要变量对应的非零系数. 值得推荐的是所提出的变量选择方法能够避免惩罚变量选择方法要求凸优化的问题, 并且得到的估计量也具有 Fan 和 Li (2001) 提出的 oracle 性质.

本节所提出的方法也很容易能够推广到各种基于估计方程的统计模型的研究中, 这也是将来希望进一步考虑的问题. 此外, 把 SGEE 方法推广到对于协变量的维数 p 发散或大于样本量大小 n 的纵向数据统计模型, 或者把 SGEE 变量选择程序推广到超高维纵向数据模型的独立变量筛选方法的研究, 也是将来进一步感兴趣的问题. 该方法的基本思想是首先应用独立变量筛选方法依概率趋于 1 把模型的维数降到小于样本量大小的维数, 然后使用 SGEE 变量选择程序自动进行变量选择和参数估计.

2.4.7 定理的证明

本节将给出 2.4.3 节所有定理的详细证明.

定理 2.4.1 的证明 令 $S_n(\beta) = (I_p - \widehat{\Delta})U\{\beta,\alpha^*(\beta)\} + \widehat{\Delta}\beta$, 其中 $\alpha^*(\beta) = \hat{\alpha}\{\beta,\hat{\phi}(\beta)\}$. 下面将要证明, $\forall\varepsilon > 0$, 存在一个常数 $C > 0$, 使得

$$P\left(\sup_{\|u\|=C} n^{-1/2}u^{\mathrm{T}}S_n(\beta_0 + n^{-1/2}u) > 0\right) \geqslant 1-\varepsilon \tag{2.4.15}$$

对足够大的 n 充分成立. 式 (2.4.15) 说明存在方程 $S_n(\beta) = 0$ 的一个局部解, 使得至少以概率 $1-\varepsilon$, $\|\hat{\beta}_{\lambda,\gamma} - \beta_0\| = O_P(n^{-1/2})$ 成立. 将按照 Wang (2011) 定理

3.6 的证明思路对上面结论进行证明, 将评估球面 $\{\beta_0 + n^{-1/2}u : \|u\| = C\}$ 上 $n^{-1/2}u^{\mathrm{T}}S_n(\beta_0 + n^{-1/2}u)$ 的符号. 注意到

$$n^{-1/2}u^{\mathrm{T}}S_n(\beta_0 + n^{-1/2}u) = n^{-1/2}u^{\mathrm{T}}S_n(\beta_0) + n^{-1}u^{\mathrm{T}}\frac{\partial}{\partial\beta}S_n(\widetilde{\beta})u$$
$$=: I_{n1} + I_{n2},$$

其中 $\widetilde{\beta} \in [\beta_0, \beta_0 + n^{-1/2}u]$. 接下来将分别处理 I_{n1} 和 I_{n2}. 对 I_{n1} 通过一些简单的计算, 有

$$\begin{aligned}I_{n1} &= n^{-1/2}u^{\mathrm{T}}(I_p - \widehat{\Delta})U(\beta_0, \alpha) + n^{-1/2}u^{\mathrm{T}}(I_p - \widehat{\Delta})[U(\beta_0, \alpha^*(\beta_0)) - U(\beta_0, \alpha)]\\ &\quad + n^{-1/2}u^{\mathrm{T}}\widehat{\Delta}\beta_0\\ &=: I_{n11} + I_{n12} + I_{n13}.\end{aligned}$$

由 Cauchy-Schwarz 不等式, 能够得到

$$\begin{aligned}|I_{n11}| &\leqslant n^{-1/2}\|u^{\mathrm{T}}(I_p - \widehat{\Delta})\|\|U(\beta_0, \alpha)\|\\ &\leqslant n^{-1/2}(1 - \min_{j\in\mathcal{A}}\hat{\delta}_j(\lambda, \gamma))\|u\|\|U(\beta_0, \alpha)\|.\end{aligned} \tag{2.4.16}$$

既然 $\min_{j\in\mathcal{A}}\hat{\delta}_j(\lambda, \gamma) \leqslant \min_{j\in\mathcal{A}_0}\hat{\delta}_j(\lambda, \gamma)$, 现在仅仅需要证明 $\min_{j\in\mathcal{A}_0}\hat{\delta}_j(\lambda, \gamma)$ 的收敛速度. 假设 $\hat{\beta}^{(0)}$ 是初始估计, 并且是 $\sqrt{n}$ 相合的. 由条件 $\lambda n^{1/2} \to 0$, 对任意的 $\varepsilon > 0$ 和 $j \in \mathcal{A}_0$, 有

$$\begin{aligned}&P(\hat{\delta}_j(\lambda, \gamma) > n^{-1/2}\varepsilon)\\ =\,&P(\lambda/|\hat{\beta}_j^{(0)}|^{1+\gamma} > n^{-1/2}\varepsilon)\\ =\,&P((\lambda n^{1/2}/\varepsilon)^{1/(1+\gamma)} > |\hat{\beta}_j^{(0)}|)\\ \leqslant\,&P((\lambda n^{1/2}/\varepsilon)^{1/(1+\gamma)} > \min_{j\in\mathcal{A}_0}|\beta_{0j}| - O_P(n^{-1/2})) \to 0.\end{aligned} \tag{2.4.17}$$

上式意味着对每个 $j \in \mathcal{A}_0$, 都有 $\hat{\delta}_j(\lambda, \gamma) = o_P(n^{-1/2})$. 因此, 有 $\min_{j\in\mathcal{A}}\hat{\delta}_j(\lambda, \gamma) = o_P(n^{-1/2})$. 由此结果, 与式 (2.4.16) 和式 (2.4.17) 类似于 Wang (2011) 定理 3.6 的证明, 可以证明 $|I_{n11}| = O_P(1)\|u\| - o_P(n^{-1/2})\|u\|$.

现在处理 I_{n12}. 由定理 2.4.1 中条件 (1)~(3), 对固定的 β_0, 使用 Taylor 公式, 有

$$\begin{aligned}&U(\beta_0, \alpha^*(\beta_0)) - U(\beta_0, \alpha)\\ =\,&\frac{\partial}{\partial\alpha}U(\beta_0, \alpha)(\alpha^* - \alpha) + o_P(1)\\ =\,&\frac{\partial}{\partial\alpha}U(\beta_0, \alpha)[\alpha(\beta_0, \hat{\phi}(\beta_0)) - \hat{\alpha}(\beta_0, \phi) + \hat{\alpha}(\beta_{\mathcal{A}_0}, \phi) - \alpha] + o_P(1)\\ =\,&\frac{\partial}{\partial\alpha}U(\beta_0, \alpha)\left[\frac{\partial\hat{\alpha}(\beta_0, \phi^*)}{\partial\phi}(\hat{\phi} - \phi) + \hat{\alpha}(\beta_{\mathcal{A}_0}, \phi) - \alpha\right] + o_P(1) = o_P(1),\end{aligned}$$

其中 ϕ^* 在 ϕ 和 $\hat{\phi}$ 之间取值. 由上面的结果和 I_{n11} 类似的证明, 可得 $|I_{n12}| = o_P(n^{-1/2})\|u\|$. 既然 $\hat{\delta}_j = \min\{1, \lambda/|\hat{\beta}_j^0|^{1+\gamma}\}$, 则有 $|I_{n13}| \leqslant n^{-1/2}\|u\|\|\beta_0\| = O_P(n^{-1/2})\|u\|$. 因此, $|I_{n1}| = O_P(1)\|u\|$. 对 I_{n2}, 能够推导出

$$
\begin{aligned}
I_{n2} &= n^{-1}u^{\mathrm{T}}\frac{\partial}{\partial\beta}S_n(\widetilde{\beta})u \\
&= u^{\mathrm{T}}(I_p - \widehat{\Delta})\left[\frac{1}{n}\sum_{i=1}^{n}D_i^{\mathrm{T}}V_i^{-1}D_i\right]u + n^{-1}u^{\mathrm{T}}\frac{\partial}{\partial\beta}[U(\widetilde{\beta}, \alpha^*(\widetilde{\beta})) - U(\widetilde{\beta}, \alpha)]u \\
&\quad + n^{-1}u^{\mathrm{T}}\widehat{\Delta}u \\
&=: I_{n21} + I_{n22} + I_{n23}.
\end{aligned}
$$

由上面相同的证明过程, 容易证得 $I_{n22} = o_P(1)\|u\|^2$ 和 $|I_{n23}| = O_P(n^{-1})\|u\|^2$. 这时, 可以证明对于充分大的 n, 在球面 $\{\beta_0 + n^{-1/2}u : \|u\| = C\}$ 上 $n^{-1/2}u^{\mathrm{T}}S_n(\beta_0 + n^{-1/2}u)$ 以概率被 I_{n21} 渐近控制, 且对于充分大的 C 它的符号是正的. □

定理 2.4.2 的证明 由 Liang 和 Zeger (1986) 的定理 2, 通过解广义估计方程

$$
U\{\beta, \hat{\alpha}[\beta, \hat{\phi}(\beta)]\} = 0
$$

得到的初始估计 $\hat{\beta}^{(0)}$ 是 $\sqrt{n}$ 相合的. 由 $n^{(1+\gamma)/2}\lambda \to \infty$, 能够证得

$$
\sum_{j\in\mathcal{A}_0^c} P\Big(\lambda/|\hat{\beta}_j^{(0)}|^{1+\gamma} < 1\Big) \leqslant \lambda^{-1}O(n^{-(1+\gamma)/2}) \to 0. \tag{2.4.18}
$$

式 (2.4.18) 意味着

$$
P(\hat{\delta}_j = 1, \text{ 对所有的} j \in \mathcal{A}_0^c) \to 1. \tag{2.4.19}
$$

此外, 由条件 $\lambda n^{1/2} \to 0$, 对任意的 $\varepsilon > 0$ 和 $j \in \mathcal{A}_0$, 有

$$
\begin{aligned}
P(\hat{\delta}_j > n^{-1/2}\varepsilon) &= P(\lambda/|\hat{\beta}_j^{(0)}|^{1+\gamma} > n^{-1/2}\varepsilon) = P((\lambda n^{1/2}/\varepsilon)^{1/(1+\gamma)} > |\hat{\beta}_j^{(0)}|) \\
&\leqslant P((\lambda n^{1/2}/\varepsilon)^{1/(1+\gamma)} > \min_{j\in\mathcal{A}_0}|\beta_{0j}| - O_P(n^{-1/2})) \to 0,
\end{aligned} \tag{2.4.20}
$$

即意味着对每个 $j \in \mathcal{A}_0$ 有 $\hat{\delta}_j = o_P(n^{-1/2})$ 成立. 因此, 证明得到 $P(\hat{\delta}_j < 1$, 对所有的 $j \in \mathcal{A}_0) \to 1$. 由上面结果, 完成了 (1) 的证明.

下面证明 (2). 由 (1) 的结论可知, 对每个 $j \in \mathcal{A}_0^c$, 以概率趋于 1 有 $\hat{\beta}_j = 0$ 成立. 同时, 以概率趋于 1, $\hat{\beta}_{\mathcal{A}_0}$ 满足光滑门限广义估计方程 (SGEE)

$$
(I_{|\mathcal{A}_0|} - \widehat{\Delta}_{\mathcal{A}_0})U\{\hat{\beta}_{\mathcal{A}_0}, \hat{\alpha}[\hat{\beta}_{\mathcal{A}_0}, \hat{\phi}(\hat{\beta}_{\mathcal{A}_0})]\} + \widehat{\Delta}_{\mathcal{A}_0}\hat{\beta}_{\mathcal{A}_0} = 0. \tag{2.4.21}
$$

令 $U(\beta,\alpha)=\sum_{i=1}^{n}U_i(\beta,\alpha)$ 和 $\alpha^*(\beta)=\hat{\alpha}\{\beta,\hat{\phi}(\beta)\}$, 在一些正则条件下, 对式 (2.4.21) 施加 Taylor 展开, 容易证得 $\sqrt{n}(\hat{\beta}_{\mathcal{A}_0}-\beta_{\mathcal{A}_0})$ 由下式逼近

$$\left[\frac{1}{n}\sum_{i=1}^{n}\frac{\partial}{\partial\beta_{\mathcal{A}_0}}\Big(U_i\{\beta_{\mathcal{A}_0},\alpha^*(\beta_{\mathcal{A}_0})\}\Big)+\frac{1}{n}\hat{G}_{\mathcal{A}_0}\right]^{-1}\left[-\frac{1}{\sqrt{n}}\sum_{i=1}^{n}U_i\{\beta_{\mathcal{A}_0},\alpha^*(\beta_{\mathcal{A}_0})\}-\frac{1}{\sqrt{n}}\hat{G}_{\mathcal{A}_0}\beta_{\mathcal{A}_0}\right],$$

其中

$$\begin{aligned}\frac{\partial}{\partial\beta_{\mathcal{A}_0}}(U_i\{\beta_{\mathcal{A}_0},\alpha^*(\beta_{\mathcal{A}_0})\})&=\frac{\partial U_i\{\beta_{\mathcal{A}_0},\alpha^*(\beta_{\mathcal{A}_0})\}}{\partial\beta_{\mathcal{A}_0}}+\frac{\partial U_i\{\beta_{\mathcal{A}_0},\alpha^*(\beta_{\mathcal{A}_0})\}}{\partial\alpha^*}\frac{\partial\alpha^*(\beta_{\mathcal{A}_0})}{\partial\beta_{\mathcal{A}_0}}\\&=:I_i+J_iK.\end{aligned}\tag{2.4.22}$$

对固定的 $\beta_{\mathcal{A}_0}$, 再次使用 Taylor 展开式, 有

$$\frac{1}{\sqrt{n}}\sum_{i=1}^{n}U_i\{\beta_{\mathcal{A}_0},\alpha^*(\beta_{\mathcal{A}_0})\}=:I^*+J^*K^*+o_P(1),\tag{2.4.23}$$

其中 $I^*=\frac{1}{\sqrt{n}}\sum_{i=1}^{n}U_i\{\beta_{\mathcal{A}_0},\alpha\}$, $J^*=\frac{1}{n}\sum_{i=1}^{n}\frac{\partial U_i(\beta_{\mathcal{A}_0},\alpha)}{\partial\alpha}$ 和 $K^*=\sqrt{n}[\alpha^*(\beta_{\mathcal{A}_0})-\alpha]$. 注意到 $\partial U_i(\beta_{\mathcal{A}_0},\alpha)/\partial\alpha$ 是 $Y_i-\mu_i(\beta_{\mathcal{A}_0})$ 的线性函数, 并且 $E(Y_i-\mu_i(\beta_{\mathcal{A}_0}))=0$. 则容易证明 $J^*=o_P(1)$. 由定理 2.4.1 中条件 (1)~(3), 有

$$\begin{aligned}K^*&=\sqrt{n}[\alpha^*(\beta_{\mathcal{A}_0})-\alpha]=\sqrt{n}[\alpha(\beta_{\mathcal{A}_0},\hat{\phi}(\beta_{\mathcal{A}_0}))-\alpha]\\&=\sqrt{n}[\alpha(\beta_{\mathcal{A}_0},\hat{\phi}(\beta_{\mathcal{A}_0}))-\hat{\alpha}(\beta_{\mathcal{A}_0},\phi)+\hat{\alpha}(\beta_{\mathcal{A}_0},\phi)-\alpha]\\&=\sqrt{n}\left[\frac{\partial\hat{\alpha}}{\partial\phi}(\beta_{\mathcal{A}_0},\phi^*)(\hat{\phi}-\phi)+\hat{\alpha}(\beta_{\mathcal{A}_0},\phi)-\alpha\right]=O_P(1),\end{aligned}$$

其中 ϕ^* 在 ϕ 和 $\hat{\phi}$ 之间取值. 此外,

$$\begin{aligned}\left\|\frac{1}{\sqrt{n}}\hat{G}_{\mathcal{A}_0}\beta_{\mathcal{A}_0}\right\|^2&\leqslant\frac{1}{n\Big\{1-\max\limits_{j\in\mathcal{A}_0}\hat{\delta}_j(\lambda,\gamma)\Big\}^2}\sum_{j\in\mathcal{A}_0}\frac{(\lambda\beta_j)^2}{\hat{\beta}_j^{(0)2(1+\gamma)}}\\&=\frac{\lambda^2}{n\Big\{1-\max\limits_{j\in\mathcal{A}_0}\hat{\delta}_j(\lambda,\gamma)\Big\}^2}\sum_{j\in\mathcal{A}_0}\left|\hat{\beta}_j^{(0)(-\gamma)}+(\beta_j-\hat{\beta}_j^{(0)})\hat{\beta}_j^{(0)(-\gamma-1)}\right|^2\\&=O_P(n^{-1}\lambda^2)\sum_{j\in\mathcal{A}_0}(2|\hat{\beta}_j^{(0)}|^{-2\gamma}+2|(\beta_j-\hat{\beta}_j^{(0)})\hat{\beta}_j^{(0)(-\gamma-1)}|^2)\\&\leqslant O_P(n^{-1}\lambda^2)(2s\min_{j\in\mathcal{A}_0}|\hat{\beta}_j^{(0)}|^{-2\gamma}+2\min_{j\in\mathcal{A}_0}|\hat{\beta}_j^{(0)}|^{-2\gamma-2}\|\beta_{\mathcal{A}_0}-\hat{\beta}_{\mathcal{A}_0}^{(0)}\|^2)\\&=O_P((\sqrt{n}\lambda)^2n^{-2}\tau^{-2\gamma}s)(1+O_P(\tau^{-2}n^{-1}))=o_P(n^{-2}),\end{aligned}$$

其中 $\tau = \min_{j\in\mathcal{A}_0} |\hat{\beta}_j^{(0)}|$. 由相同的证明方法, 能够得到

$$\left\|\frac{1}{n}\hat{G}_{\mathcal{A}_0}\right\|^2 = O_P((\sqrt{n}\lambda)^2 n^{-3}\tau^{-2\gamma-2}) = o_P(n^{-3}).$$

类似地能够证明 $\sum_{i=1}^{n} J_i = o_P(n)$ 和 $K = O_P(1)$. 注意到 $D_{i,\mathcal{A}_0}(\beta_{\mathcal{A}_0}) = -\partial\mu_i(\beta_{\mathcal{A}_0})/\partial\beta_{\mathcal{A}_0}$, 能够推出 $-\frac{1}{\sqrt{n}}\sum_{i=1}^{n} U_i\{\beta_{\mathcal{A}_0}, \alpha^*(\beta_{\mathcal{A}_0})\}$ 是渐近等价于 $-I^*$, 它是渐近到多元正态分布, 其均值向量为 0 向量, 协方差阵为

$$\lim_{n\to\infty}\left\{\frac{1}{n}\sum_{i=1}^{n} D_{i,\mathcal{A}_0}^{\mathrm{T}} V_i^{-1}\mathrm{Cov}(Y_i)V_i^{-1}D_{i,\mathcal{A}_0}\right\}.$$

此外, 当 $n\to\infty$ 时, 有 $\frac{1}{n}\sum_{i=1}^{n} I_i \to \frac{1}{n}\sum_{i=1}^{n} D_{i,\mathcal{A}_0}^{\mathrm{T}} V_i^{-1} D_{i,\mathcal{A}_0}$. 因此, 完成了 (2) 的证明.

□

第3章　纵向数据部分线性模型

纵向数据部分线性模型既含有参数分量, 又含有非参数分量, 它比单纯的参数回归模型或非参数回归模型有更大的适应性, 并具有很强的解释能力, 在计量经济学和生物医学等领域都有广泛的应用. 本章就纵向数据部分线性模型的一些估计方法和最新成果进行介绍.

3.1　引　　言

自从 Engle 等 (1986) 在研究气象条件对电力需求影响这一实际问题提出部分线性模型 (1.2.2) 以来, 该模型引起众多学者关注, 取得了一系列的研究成果. 例如, Engle 等 (1986) 首先使用光滑样条方法构造了参数分量和非参数分量的惩罚估计. 关于光滑样条方法的进一步研究有 Heckman (1986), Rice (1986), Whaba (1990), Green 和 Silverman (1994), Eubank 等 (1998). Robinson (1988) 采用 Nadaraga-Waston 核估计和加权最小二乘估计方法构造了参数分量和非参数分量的估计. Speckman (1988) 先采用参数化形式逼近非参数分量，然后利用最小二乘法构造参数分量的估计. Hamilton 和 Truong (1997) 采用局部线性回归构造了参数分量和非参数分量的估计. Mammen 和 van de Geer (1997) 应用经验过程理论构造了惩罚拟似然估计. Wang 和 Jing(1999), Shi 和 Lau (2000) 采用经验似然方法构造了兴趣参数的置信域. 关于部分线性模型方法的详细讨论可进一步参考文献, 如钱伟民等 (2000); 薛留根 (2002, 2003); Ma 等 (2006); You 和 Chen (2007) 等.

近年来, 关于纵向数据下部分线性模型的研究已经成为统计研究领域的热点之一. 纵向数据下部分线性模型依误差项的性质, 系数随时间或个体而变化的情形以及是否包含滞后因变量等方面统计假定的不同而形式各异.

一类重要的纵向数据部分线性模型形式为

$$Y_{ij}=X_{ij}^{\mathrm{T}}\beta+g(T_{ij})+\varepsilon_{ij},\quad i=1,\cdots,n,\quad j=1,\cdots,m_i, \tag{3.1.1}$$

其中 $(X_{ij},T_{ij})\in\mathbb{R}^p\times\mathbb{R}$ 为协变量, β 是相应于个体水平协变量的未知 p 维参数向量, $g(\cdot)$ 是一元未知回归函数. ε_{ij} 是均值为 0 的随机误差. 记 $Y_i=(Y_{i1},\cdots,Y_{im_i})^{\mathrm{T}}$, $X_i=(X_{i1},\cdots,X_{im_i})^{\mathrm{T}}$, $T_i=(T_{i1},\cdots,T_{im_i})^{\mathrm{T}}$ 和 $\varepsilon_i=(\varepsilon_{i1},\cdots,\varepsilon_{im_i})^{\mathrm{T}}$. 假定 $\{\varepsilon_i,i=1,\cdots,n\}$ 相互独立, 对于 $j_1,j_2=1,2,\cdots,m_i$, 且 $j_1\neq j_2$, ε_{ij_1} 和 ε_{ij_2} 可能相关.

Zeger 和 Diggle (1994) 最早对模型 (3.1.1) 进行了研究, 结合核估计与最小二乘估计采用后移算法构造了参数分量与非参数分量的估计. Lin 和 Carroll (2001) 提出了 profile 核估计方程方法. Lin 和 Ying (2001) 将计数过程方法引入到加权最小二乘目标函数中, 构造了参数分量与非参数分量的估计. He 等 (2002) 将独立数据情形下部分线性模型的 M 估计方法推广到纵向数据情形, 在不具体指定误差分布和协方差结构的情况下, 讨论了参数分量与非参数分量的 M 估计. Fan 和 Li (2004) 先采用局部多项式回归方法估计非参数分量, 然后在假定工作独立协方差矩阵下, 提出了两种简单有效的参数分量的估计方法: 差分估计和 profile 最小二乘估计, 并且提出了新的变量选择方法, 其方法的优点在于变量的选择和未知参数的估计可以同时完成. Huang 等 (2007) 结合基样条逼近利用广义估计方程构造了参数分量的估计. Xue 和 Zhu (2007a, 2008) 利用经验似然方法构造了参数分量与非参数分量的置信域. 柏杨 (2005), Bai 等 (2008) 将 QIF 方法应用到纵向数据半参数模型的统计推断. 更多相关研究读者可以参见文献, 如钱伟民 (2003); Sun 和 You (2003); Hu 等 (2004); Wang 等 (2005a); Fan 等 (2007); Ni 等 (2010) 等.

目前, 变量选择已经成为统计学界研究的热点课题之一, 已广泛应用于经济、生物等领域. 对半参数模型的变量选择, 近几年引起了一些学者的兴趣. Fan 和 Li (2004) 考虑了纵向数据下部分线性模型的变量选择, 首先假定参数已知, 用局部多项式方法估计非参数部分, 然后采用 SCAD 惩罚构造惩罚函数, 通过惩罚函数获得 SCAD 惩罚估计, 最后, 证明了惩罚估计具有 oracle 性质. Li 和 Liang (2008) 将 SCAD 惩罚应用到了半参数模型, 考虑了半参数模型的变量选择, 对参数部分, 采用 SCAD 惩罚提出了一系列变量选择过程, 证明了所得的惩罚估计具有 oracle 性质; 对非参数部分, 提出了半参数广义似然比检验, 通过检验选出非参数部分中重要的变量, 同时研究了在零假设下所提出的检验统计量的渐近性质. Xie 和 Huang (2009) 讨论了参数维数发散的部分线性模型的变量选择, 先用多项式样条方法估计非参数函数, 然后采用 SCAD 惩罚得到惩罚估计, 研究了所得估计的收敛速度和渐近性质. Ni 等 (2009) 采用双惩罚似然方法研究了部分线性模型的变量选择.

由于对纵向数据部分线性模型进行研究, 不仅要考虑部分线性模型的半参数复杂性, 而且模型涉及纵向数据组内重复观测往往具有相关性这一结构特点, 所以, 与通常独立数据下部分线性模型的研究相比较而言, 对纵向数据部分线性模型的大样本性质进行研究更加困难. 又由于纵向数据在现实生活中许多领域都是广泛存在的, 故对该模型的研究也富有实际意义. 纵观以上对纵向数据部分线性模型的研究, 其方法大都是在借鉴独立数据下部分线性模型研究方法的基础上进一步创新和发展使之适用于纵向数据的特点. 本章首先将介绍纵向数据部分线性模型的一些估计方法和代表性成果.

3.2 估计方法

3.2.1 profile-kernel 估计

Lin 和 Carroll (2001) 提出了 profile-kernel 估计方法. 对于给定的 β, 使用非参数函数估计中的核估计方法得到 $g(\cdot)$ 的估计

$$\hat{g}(T_{ij};\beta)=\hat{m}_Y(T_{ij})-\hat{m}_X^{\mathrm{T}}(T_{ij})\beta,$$

其中 $\hat{m}_Y(T_{ij})$ 和 $\hat{m}_X(T_{ij})$ 分别是 $m_Y(T_{ij})=E(Y_{ij}|T_{ij})$ 和 $m_X(T_{ij})=E(X_{ij}|T_{ij})$ 的非参数核估计. 通过求解 profile-kernel 广义估计方程

$$\sum_{i=1}^{n}\frac{\partial\{X_i\beta+\hat{g}(T_i;\beta)\}^{\mathrm{T}}}{\partial\beta}V_i^{-1}[Y_i-X_i\beta-\hat{g}(T_i;\beta)]=0,$$

可得到参数分量 β 的估计

$$\begin{aligned}\hat{\beta}=&\left[\sum_{i=1}^{n}\{X_i-\hat{m}_X(T_i)\}^{\mathrm{T}}V_i^{-1}\{X_i-\hat{m}_X(T_i)\}\right]^{-1}\\&\times\left[\sum_{i=1}^{n}\{X_i-\hat{m}_X(T_i)\}^{\mathrm{T}}V_i^{-1}\{Y_i-\hat{m}_Y(T_i)\}\right],\end{aligned}$$

其中 $V_i=A_i^{1/2}R(\gamma)A_i^{1/2}$ 是工作协方差矩阵. 此处, 讨厌参数向量用 γ 表示, 主要是为了区别本章 B 样条基展开的样条系数向量 α.

Lin 和 Carroll (2001) 证明了以下结论: 只有欠光滑 (undersmoothing) 回归函数 $g(\cdot)$ 或者完全忽视组内相关结构, 假定工作独立 (即 $V_i=I$) 情况下, 这种传统的 profile-kernel 方法才能产生 β 的 $\sqrt{n}$ 相合的估计. 作者还推导了参数分量 β 估计的半参数有效性问题. 研究表明, 与独立数据不同, profile-kernel 方法产生的 β 的估计不是半参数有效的. Wang 等 (2005a) 对 Lin 和 Carroll (2001) 的工作进行了分析, 指出 Lin 和 Carroll (2001) 使用 profile-kernel 方法产生的 β 的估计不是半参数有效的原因是, 在估计非参数函数时没有考虑纵向数据的组内相关结构, 所以只有在多元高斯分布情形和欠光滑回归函数 $g(\cdot)$ 时, 才能产生 β 的半参数有效估计 (即获得半参数信息界). Wang 等 (2005a) 进行了改进, 在估计参数和非参数的过程中都考虑组内相关性, 这样使得 β 的估计是半参数有效的, 而且也避免了欠光滑, 放宽了窗宽的选择范围. 进一步, 他们把这种估计过程推广到边际广义半参数部分线性模型, 并且研究了估计量的渐近相对效率.

3.2.2　M 估计

He 等 (2002) 在不具体指定误差分布和协方差结构的情况下, 提出了 β 和 $g(\cdot)$ 的 M 估计. 假定 $g(\cdot)$ 是定义在 $[0,1]$ 区间上的光滑函数. 利用 B 样条方法逼近模型 (3.1.1) 中的非参数函数 $g(\cdot)$. 令 $0 = s_0 < s_1 < s_2 < \cdots < s_{k_n} < s_{k_n+1} = 1$ 是区间 $[0,1]$ 的一个划分, s_i 为区间节点, 则在 $[0,1]$ 上形成 k_n 个内部节点. 令 $\pi(t) = (B_1(t), \cdots, B_K(t))^{\mathrm{T}}$ 是阶数为 l 的 B 样条基函数, 其中 $K = k_n + l$. 经过 B 样条逼近后, 非参数函数 $g(t)$ 表示为样条基函数的线性组合, 即

$$g(t) \approx \pi(t)^{\mathrm{T}}\alpha, \tag{3.2.1}$$

其中 $\alpha \in \mathbb{R}^K$ 是样条系数向量. 节点个数 k_n 在拟合数据和非参数函数估计的光滑程度之间起平衡作用. 随着节点个数的增加, B 样条估计方差随之增大, 而偏差变小, 此时估计会过分地拟合数据. 此外, 随着节点个数的减少, B 样条估计的方差随之变小, 但是偏差变大, 此时估计出的函数会充分的光滑. 因此, 在实际应用中, 选取合适的节点个数往往是很重要的. 可以采用交错核实 (CV) 的方法选取节点的个数和位置.

记 $\pi(T_i) = (\pi(T_{i1}), \cdots, \pi(T_{im_i}))^{\mathrm{T}}$ 表示 $m_i \times K$ 的样条基矩阵, 则模型 (3.1.1) 可表示为

$$Y_i \approx X_i\beta + \pi(T_i)\alpha + \varepsilon_i. \tag{3.2.2}$$

模型 (3.2.2) 为线性回归模型, 因此采用线性模型中的 M 估计方法估计参数向量 β 和样条系数向量 α, 即极小化

$$\sum_{i=1}^{n} \rho\{Y_i - X_i\beta - \pi(T_i)\alpha\},$$

其中 ρ 为适当选择的损失函数. 在一定条件下, 作者证明了 β 估计的相合性, 渐近正态性和 $g(\cdot)$ 的估计的最优收敛速度.

3.2.3　样条逼近估计

Huang 等 (2007) 利用 B 样条基逼近和 GEE 构造了参数与非参数分量的估计. 首先利用样条逼近将模型 (3.1.1) 变为模型 (3.2.2), 然后关于 β 和 α 极小化如下目标函数

$$\sum_{i=1}^{n} [Y_i - X_i\beta - \pi(T_i)\alpha]^{\mathrm{T}} V_i^{-1} [Y_i - X_i\beta - \pi(T_i)\alpha],$$

或等价地下列估计方程的解

$$\begin{cases} \sum_{i=1}^{n} X_i^{\mathrm{T}} V_i^{-1}[Y_i - X_i\beta - \pi(T_i)\alpha] = 0, \\ \sum_{i=1}^{n} \pi^{\mathrm{T}}(T_i) V_i^{-1}[Y_i - X_i\beta - \pi(T_i)\alpha] = 0. \end{cases} \tag{3.2.3}$$

设 $\hat{\beta}$ 和 $\hat{\alpha}$ 为估计方程 (3.2.3) 的解, 则 $\hat{g}(t) = \pi(t)^{\mathrm{T}}\hat{\alpha}$. 记 $\zeta_i = (X_i, \pi(T_i))$, 解方程组 (3.2.3) 可得

$$\begin{pmatrix} \hat{\beta} \\ \hat{\alpha} \end{pmatrix} = \left(\sum_{i=1}^{n} \zeta_i^{\mathrm{T}} V_i^{-1} \zeta_i \right)^{-1} \sum_{i=1}^{n} \zeta_i^{\mathrm{T}} V_i^{-1} Y_i. \tag{3.2.4}$$

用 $\mathcal{X}$ 和 $\mathcal{T}$ 分别表示 X_{ij} 和 T_{ij} 的全体. 令 $\delta(t) = g(t) - \pi(t)^{\mathrm{T}}\alpha$, 则

$$E\left[\begin{pmatrix} \hat{\beta} \\ \hat{\alpha} \end{pmatrix} \middle| \mathcal{X}, \mathcal{T} \right] = \begin{pmatrix} \beta \\ \alpha \end{pmatrix} + \left(\sum_{i=1}^{n} \zeta_i^{\mathrm{T}} V_i^{-1} \zeta_i \right)^{-1} \sum_{i=1}^{n} \zeta_i^{\mathrm{T}} V_i^{-1} \delta(T_i)$$

和

$$\mathrm{Var}\left[\begin{pmatrix} \hat{\beta} \\ \hat{\alpha} \end{pmatrix} \middle| \mathcal{X}, \mathcal{T} \right] = \left(\sum_{i=1}^{n} \zeta_i^{\mathrm{T}} V_i^{-1} \zeta_i \right)^{-1} \left(\zeta_i^{\mathrm{T}} V_i^{-1} \Sigma_i V_i^{-1} \zeta_i \right) \left(\sum_{i=1}^{n} \zeta_i^{\mathrm{T}} V_i^{-1} \zeta_i \right)^{-1},$$

其中 $\varSigma_i = \mathrm{Var}(Y_i|X_i, T_i)$ 为 Y_i 的真协方差阵. 从上面两个公式很容易得到 $\hat{g}(t)$ 的条件均值和方差.

Huang 等 (2007) 指出: 当 $V_i = \varSigma_i$ 时, $\hat{\beta}$ 和 $\hat{g}(t)$ 的条件方差达到最小, 即当协方差结构正确指定时, 所提出的估计量是最有效的估计量. 进一步, Huang 等 (2007) 也指出: 即使协方差结构错误指定, 所提出的估计量仍具有相合性和渐近正态性. 同时, 作者也讨论了估计量的半参数有效性.

3.2.4 QIF 估计

柏杨 (2005), Bai 等 (2008) 将 QIF 方法应用到模型 (3.1.1) 中参数分量的估计. 类似 He 等 (2002), 用 B 样条基方法将模型 (3.1.1) 变为模型 (3.2.2). 作者主要感兴趣的是参数分量 β 的统计推断, 因此将非参数分量 $g(\cdot)$ 作为讨厌参数处理. 采用两步估计的思想, 先假定 β 已知, 并且在工作独立假定下给出 α 的加权最小二乘估计 $\hat{\alpha}(\beta)$, 将估计代入模型 (3.2.2) 再进行参数 β 的估计.

在假定 β 已知和工作相关矩阵独立下, 采用加权最小二乘估计方法得到 α 的加权最小二乘估计

$$\begin{aligned} \hat{\alpha}(\beta) &= \left(\sum_{i=1}^{n} \pi(T_i)^{\mathrm{T}} A_i^{-1} \pi(T_i) \right)^{-1} \sum_{i=1}^{n} \pi(T_i)^{\mathrm{T}} A_i^{-1} (Y_i - X_i\beta) \\ &= (\varPi^{\mathrm{T}} A^{-1} \varPi)^{-1} \varPi^{\mathrm{T}} A^{-1} (Y - X\beta), \end{aligned}$$

其中 $A_i = \text{diag}\{\text{Var}(Y_{i1}), \cdots, \text{Var}(Y_{im_i})\}$ 为 Y_i 的边际方差矩阵, $\Pi = (\pi(T_1)^{\mathrm{T}}, \cdots, \pi(T_n)^{\mathrm{T}})^{\mathrm{T}}$, $X = (X_1^{\mathrm{T}}, \cdots, X_n^{\mathrm{T}})^{\mathrm{T}}$, $Y = (Y_1^{\mathrm{T}}, \cdots, Y_n^{\mathrm{T}})^{\mathrm{T}}$ 和 $A = \text{diag}(A_1, \cdots, A_n)$. 把估计 $\hat{\alpha}(\beta)$ 代入到式 (3.2.2) 中, 得到模型

$$Y_i - P_i Y \approx (X_i - P_i X)\beta + \varepsilon_i,$$

其中 $P_i = \pi(T_i)(\Pi^{\mathrm{T}} A^{-1} \Pi)^{-1} \Pi^{\mathrm{T}} A^{-1}$. 类似于 Liang 和 Zeger (1986), 应用 GEE 方法构造 β 的估计方程为

$$\sum_{i=1}^{n} (X_i - P_i X)^{\mathrm{T}} A_i^{-1/2} R^{-1}(\gamma) A_i^{-1/2} \Big[Y_i - X_i\beta - P_i(Y - X\beta)\Big] = 0, \qquad (3.2.5)$$

其中 $R(\gamma)$ 是含有未知参数 γ 的工作相关矩阵. 对于估计方程 (3.2.5) 中讨厌参数 γ, Liang 和 Zeger (1986) 建议采用矩方法进行估计, 因为由估计方程 (3.2.5) 得到的估计的相合性取决于讨厌参数 γ 估计的相合性, 而且当工作相关阵假定错误时, GEE 估计不再是方差最小意义下的最优估计. 为了对估计方程 (3.2.5) 进行改进, 柏杨 (2005) 和 Bai 等 (2008) 利用 Qu 等 (2000) 提出的 QIF 方法对估计方程 (3.2.5) 进行改进.

类似于 Qu 等 (2000), 工作相关矩阵的逆 $R^{-1}(\gamma)$, 可由一些已知基矩阵的线性组合表示, 即

$$R^{-1}(\gamma) \approx a_1 M_1 + a_2 M_2 + \cdots + a_k M_k, \qquad (3.2.6)$$

其中 $M_1, \cdots, M_k$ 是已知的基矩阵, $a_1, \cdots, a_k$ 是未知常数. 工作相关矩阵的使用是非常普遍的, 这种表示也是充分合理的, 至少可以近似地表示. 重要的是由 QIF 方法构造的估计方程并不需要式 (3.2.6) 包含真实的相关矩阵.

将式 (3.2.6) 代入式 (3.2.5) 得到

$$\sum_{i=1}^{n} (X_i - P_i X)^{\mathrm{T}} A_i^{-1/2} (a_1 M_1 + \cdots + a_k M_k) A_i^{-1/2} \cdot [Y_i - X_i\beta - P_i(Y - X\beta)] = 0. \quad (3.2.7)$$

为了避免估计方程 (3.2.7) 中的讨厌参数 $a_1, \cdots, a_k$, Qu 等 (2000) 提出的 QIF 方法并不是基于方程 (3.2.7) 来估计参数 β, 而是利用 GMM 估计的思想, 定义一个 “广义得分向量”

$$U_i(\boldsymbol{\beta}) = \begin{pmatrix} (X_i - P_i X)^{\mathrm{T}} A_i^{-1/2} M_1 A_i^{-1/2} [Y_i - X_i\beta - P_i(Y - X\beta)] \\ \vdots \\ (X_i - P_i X)^{\mathrm{T}} A_i^{-1/2} M_k A_i^{-1/2} [Y_i - X_i\beta - P_i(Y - X\beta)] \end{pmatrix}. \qquad (3.2.8)$$

基于广义得分函数, 定义 QIF 目标函数

$$Q_n(\boldsymbol{\beta}) = nU_n^{\mathrm{T}}(\beta)C_n^{-1}(\beta)U_n(\beta),$$

其中

$$U_n(\beta) = \frac{1}{n}\sum_{i=1}^{n}U_i(\beta), \quad C_n(\beta) = \frac{1}{n}\sum_{i=1}^{n}U_i(\beta)U_i^{\mathrm{T}}(\beta),$$

则可用

$$\hat{\beta} = \arg\min_{\beta} Q_n(\beta)$$

作为 β 的估计. 相应的估计方程为

$$Q_n'(\beta) = 2(U_n')^{\mathrm{T}}C_n^{-1}(\beta)U_n(\beta) - U_n^{\mathrm{T}}(\beta)C_n^{-1}(\beta)C_n'(\beta)C_n^{-1}(\beta)U_n(\beta) = 0, \tag{3.2.9}$$

其中 Q_n', U_n' 和 C_n' 分别表示 $Q_n(\beta), U_n(\beta)$ 和 $C_n(\beta)$ 对 β 的一阶导数. 为了从估计方程 (3.2.9) 中解出估计 $\hat{\beta}$, 采用 Newton-Raphson 迭代算法, 迭代计算

$$\hat{\boldsymbol{\beta}}^{(j+1)} = \hat{\boldsymbol{\beta}}^{(j)} - [Q_n''(\hat{\beta}^{(j)})]^{-1}Q_n'(\hat{\boldsymbol{\beta}}^{(j)}),$$

直到收敛得到估计 $\hat{\beta}$, 其中 Q_n'' 表示 $Q_n(\beta)$ 对 β 的二阶导数. 柏杨 (2005) 和 Bai 等 (2008) 证明了估计量 $\hat{\beta}$ 的相合性和渐近正态性等大样本性质.

3.3 广义经验似然推断

3.3.1 引言及模型介绍

自 20 世纪 90 年代初期提出纵向数据部分线性模型后, 一些学者采用不同的方法进行了研究, 但文献中大都是在协变量为随机设计点列的情况下研究的. 本节主要在固定设计情形下介绍这类模型的广义经验似然推断. 为了和随机设计情形进行区别, 本节中的响应变量和协变量都用小写字母表示. 本节内容取材于文献 Li 等 (2008).

考虑纵向数据部分线性模型

$$y_{ij} = x_{ij}^{\mathrm{T}}\beta + g(t_{ij}) + \varepsilon_{ij}, \quad i = 1, \cdots, n, \quad j = 1, \cdots, m_i, \tag{3.3.1}$$

其中 $(x_{ij}, t_{ij}) \in \mathbb{R}^p \times \mathbb{R}$ 是已知的固定设计点列, β 是 p 维未知参数, $g(\cdot)$ 是定义在闭区间 $[0,1]$ 上的回归函数, ε_{ij} 是随机误差. 记第 i 个个体的随机误差向量为 $\varepsilon_i = (\varepsilon_{i1}, \varepsilon_{i2}, \cdots, \varepsilon_{im_i})^{\mathrm{T}}$, $\{\varepsilon_i, i = 1, \cdots, n\}$ 相互独立, 且 $E(\varepsilon_i) = 0, \mathrm{Var}(\varepsilon_i) = \Sigma_i$(正定). 总的观测数目为 $N = \sum_{i=1}^{n} m_i$. 我们假定 n 可以充分大, 而 $\{m_i\}$ 为有界正整数序列, 即考虑非平衡纵向数据情形.

已有文献大都是在 (x_{ij}, t_{ij}) 为随机设计点列的情况下进行的, 当 (x_{ij}, t_{ij}) 为固定设计点列时的讨论所见不多. 钱伟民 (2003) 在假定 x_{ij} 为随机设计点列、t_{ij} 为固定设计点列情况下采用二阶段估计方法构造了 β 和 $g(\cdot)$ 的估计量, 证明了它们具有强相合性. Sun 和 You (2003) 在 (x_{ij}, t_{ij}) 为固定设计点列的情况下提出了参数分量的迭代加权偏样条最小二乘估计方法, 并证明了所得估计的渐近正态性. 田萍 (2006) 在固定设计情形下详细讨论了纵向数据半参数回归模型的估计理论.

上述文献主要研究未知参数 β 的点估计问题. 为了得到 β 的估计精度, 往往需要构造 β 的置信域, 这里利用 Owen (1988) 提出的经验似然方法考虑了这个问题. You 等 (2006) 研究了模型 (3.3.1) 中 x_{ij} 为随机设计点列、t_{ij} 为固定设计点列的情形, 考虑到纵向数据组间独立的特点, 提出了分组经验似然方法, 但是他们没有考虑组内的相关结构. Li 等 (2008) 在固定设计情形下研究了模型 (3.3.1), 考虑到纵向数据组内的相关性, 借用 Zeger 和 Liang (1986), Liang 和 Zeger (1986) 和 Zeger 等 (1988) 提出的广义估计方程 (GEE) 方法的思想, 通过引入工作协方差矩阵, 构造了模型中未知参数的广义经验对数似然比函数, 并在适当条件下, 证明了所提出的经验对数似然比依分布收敛于 χ^2 分布. 所得结果可以构造未知参数的置信域.

3.3.2 广义经验似然方法

首先假定 β 已知, 此时模型 (3.3.1) 可看成是一个非参数回归模型 $y_{ij} - x_{ij}^{\mathrm{T}}\beta = g(t_{ij}) + \varepsilon_{ij}$, 则可定义非参数分量 $g(\cdot)$ 的"伪估计"为

$$\hat{g}(t, \beta) = \sum_{k=1}^{n}\sum_{l=1}^{m_k} W_{kl}(t)(y_{kl} - x_{kl}^{\mathrm{T}}\beta), \tag{3.3.2}$$

其中 $W_{kl}(t) = W_{kl}(t; t_{11}, t_{12}, \cdots, t_{nm_n})$ 为一般的概率权函数. 为表述方便, 引入下面的记号和概念, 令

$$x_i = (x_{i1}, x_{i2}, \cdots, x_{im_i})^{\mathrm{T}}, \quad y_i = (y_{i1}, y_{i2}, \cdots, y_{im_i})^{\mathrm{T}},$$

$$\widetilde{x}_{ij} = x_{ij} - \sum_{k=1}^{n}\sum_{l=1}^{m_k} W_{kl}(t_{ij})x_{kl}, \quad \widetilde{y}_{ij} = y_{ij} - \sum_{k=1}^{n}\sum_{l=1}^{m_k} W_{kl}(t_{ij})y_{kl},$$

$$\widetilde{x}_i = (\widetilde{x}_{i1}, \widetilde{x}_{i2}, \cdots, \widetilde{x}_{im_i})^{\mathrm{T}}, \quad \widetilde{y}_i = (\widetilde{y}_{i1}, \widetilde{y}_{i2}, \cdots, \widetilde{y}_{im_i})^{\mathrm{T}},$$

$$\hat{g}(t_i, \beta) = (\hat{g}(t_{i1}, \beta), \hat{g}(t_{i2}, \beta), \cdots, \hat{g}(t_{im_i}, \beta))^{\mathrm{T}}.$$

令

$$\eta_i(\beta) = \widetilde{x}_i^{\mathrm{T}} V_i^{-1}(y_i - x_i\beta - \hat{g}(t_i, \beta)) = \widetilde{x}_i^{\mathrm{T}} V_i^{-1}(\widetilde{y}_i - \widetilde{x}_i\beta), \tag{3.3.3}$$

其中 V_i 为任意指定的工作协方差矩阵. 当工作协方差矩阵 $V_i = I$(单位阵) 时, 表示工作独立 (Lin and Carroll, 2001); 当 $V_i = \Sigma_i$(真实的协方差阵) 时, 表示真实地反映

了纵向数据的协方差结构; 实际应用中, 工作协方差矩阵 V_i 可以指定为依赖于某个相同的参数向量 γ, 当 γ 未知时, 可以采用矩方法估计 (田萍, 2006). 当 β 是真实参数时, $E(\eta_i(\beta))=0$. 反之, 当 $E(\eta_i(\beta))=0$ 时, 可以构造一个估计方程 $\sum\limits_{i=1}^{n}\eta_i(\beta)=0$. 因此, 利用信息 $E(\eta_i(\beta))=0$, 定义下面的广义经验对数似然比函数

$$l(\beta)=\max\left\{\sum_{i=1}^{n}\log(np_i)\;\middle|\;p_i\geqslant 0,\ \sum_{i=1}^{n}p_i=1,\ \sum_{i=1}^{n}p_i\eta_i(\beta)=0\right\}.$$

由 Lagrange 乘子法, 有

$$p_i=\frac{1}{n}\frac{1}{1+\lambda^{\mathrm{T}}(\beta)\eta_i(\beta)},\quad i=1,\cdots,n,$$

则 $l(\beta)$ 可以重写为

$$l(\beta)=-\sum_{i=1}^{n}\log(1+\lambda^{\mathrm{T}}(\beta)\eta_i(\beta)),\tag{3.3.4}$$

其中 $\lambda=\lambda(\beta)$ 为 Lagrange 乘子, 满足

$$\frac{1}{n}\sum_{i=1}^{n}\frac{\eta_i(\beta)}{1+\lambda^{\mathrm{T}}\eta_i(\beta)}=0.\tag{3.3.5}$$

极大化 $l(\beta)$ 可得 β 的广义极大经验似然估计 (GMELE) $\hat{\beta}$. 由 Qin 和 Lawless (1994) 可知, $\hat{\beta}$ 也等价于下面广义估计方程的解

$$\sum_{i=1}^{n}\widetilde{x}_i^{\mathrm{T}}V_i^{-1}(\widetilde{y}_i-\widetilde{x}_i\beta)=0,\tag{3.3.6}$$

GEE(3.3.6) 的解为

$$\widetilde{\beta}_V=\left(\sum_{i=1}^{n}\widetilde{x}_i^{\mathrm{T}}V_i^{-1}\widetilde{x}_i\right)^{-1}\sum_{i=1}^{n}\widetilde{x}_i^{\mathrm{T}}V_i^{-1}\widetilde{y}_i,\tag{3.3.7}$$

称为广义最小二乘估计 (田萍, 2006). 由 $\hat{\beta}$ 和式 (3.3.2) 可定义 $g(\cdot)$ 的估计为

$$\hat{g}_n(t)=\sum_{k=1}^{n}\sum_{l=1}^{m_k}W_{kl}(t)(y_{kl}-x_{kl}^{\mathrm{T}}\hat{\beta}).$$

为了得到 $l(\beta)$ 的渐近结果, 需要作如下的假定.

(C3.3.1) 存在定义在 $[0,1]$ 上的函数 $h_s(\cdot)(1\leqslant s\leqslant p)$, 使得有

$$x_{ijs}=h_s(t_{ij})+u_{ijs},\quad i=1,\cdots,n,\quad j=1,\cdots,m_i,$$

其中 x_{ijs} 为 x_{ij} 的第 $s(1 \leqslant s \leqslant p)$ 个分量, 且 $u_{ijs} = x_{ijs} - h_s(t_{ij})$ 满足

$$\lim_{n\to\infty} \frac{1}{n} \sum_{i=1}^{n} \sum_{j=1}^{m_i} u_{ij} u_{ij}^{\mathrm{T}} = A,$$

其中 $u_{ij} = (u_{ij1}, \cdots, u_{ijp})^{\mathrm{T}}, A$ 是正定矩阵. 并且有

$$\limsup_{N\to\infty} \frac{1}{\sqrt{N}\log N} \max_{1\leqslant k\leqslant N} \left\| \sum_{i=1}^{k} v_{j_i} \right\| < \infty,$$

其中 $v_1 = u_{11}, \cdots, v_{m_1} = u_{1m_1}, \cdots, v_N = u_{nm_n}, (j_1, \cdots, j_N)$ 是 $(1, \cdots, N)$ 的任意排列.

(C3.3.2) $g(\cdot), h_s(\cdot)$ 在 $[0,1]$ 上均满足一阶局部 Lipschitz 条件, 即对于任何 $u, v \in [0,1]$, 存在绝对常数 $0 < M_s < \infty (0 \leqslant s \leqslant p)$, 使得 $\sup\limits_{|u-v|\leqslant a} |f_s(u) - f_s(v)| \leqslant M_s|u-v|$, 对所有的 $0 < a \leqslant 1$ 均成立. 其中 $f_0(\cdot) = g(\cdot), f_s(\cdot) = h_s(\cdot)(s = 1, 2, \cdots, p)$.

(C3.3.3) 当 n 充分大时, 概率权函数 $W_{ij}(\cdot)$ 满足

(1) $\max\limits_{1\leqslant i\leqslant n, 1\leqslant j\leqslant m_i} \sum\limits_{k=1}^{n} \sum\limits_{l=1}^{m_k} W_{ij}(t_{kl}) = O(1)$,

(2) $\sup\limits_{0\leqslant t\leqslant 1} \max\limits_{1\leqslant i\leqslant n, 1\leqslant j\leqslant m_i} W_{ij}(t) = O(n^{-\frac{2}{3}})$,

(3) $\sup\limits_{0\leqslant t\leqslant 1} \sum\limits_{i=1}^{n} \sum\limits_{j=1}^{m_i} W_{ij}(t) I(|t_{ij} - t| > \delta n^{-\frac{1}{3}}) = O(n^{-\frac{1}{3}})$, 对任给的$\delta > 0$.

(C3.3.4) 存在正的常数 M, 使得 $\max\limits_{0\leqslant i\leqslant n} E\|\varepsilon_i\|^4 \leqslant M < \infty$, 其中 $\|\cdot\|$ 表示 Euclid 模.

(C3.3.5) 存在正的常数 c_1 和 c_2, 使得

$$0 < c_1 \leqslant \min_{1\leqslant i\leqslant n} \lambda_{i1} \leqslant \max_{1\leqslant i\leqslant n} \lambda_{im_i} \leqslant c_2 < \infty,$$

其中 λ_{i1} 和 λ_{im_i} 分别表示 Σ_i 的最小和最大特征根.

(C3.3.6) 存在正的常数 c_3 和 c_4, 使得

$$0 < c_3 \leqslant \min_{1\leqslant i\leqslant n} \lambda'_{i1} \leqslant \max_{1\leqslant i\leqslant n} \lambda'_{im_i} \leqslant c_4 < \infty,$$

其中 λ'_{i1} 和 λ'_{im_i} 分别表示工作协方差矩阵 V_i 的最小和最大特征根.

定理 3.3.1 假设条件 (C3.3.1)~条件 (C3.3.6) 成立, 当 $\beta = \beta_0$(真参数) 时, 当 $n \to \infty$ 时, 则

$$-2l(\beta_0) \xrightarrow{L} \chi_p^2,$$

其中 "$\xrightarrow{L}$" 表示依分布收敛, χ_p^2 表示自由度为 p 的 χ^2 分布.

基于定理 3.3.1, 可以定义参数向量 β_0 的置信域, 即对任给的 $0<\alpha<1$, 存在 c_α 使得 $P(\chi_p^2>c_\alpha)=\alpha$, 则

$$I_\alpha(\beta)=\{\beta\in\mathbb{R}^p \mid -2l(\beta)\leqslant c_\alpha\}$$

为参数向量 β_0 的具有渐近置信水平 $1-\alpha$ 的置信域.

为了能够将广义经验似然方法与广义最小二乘方法进行比较, 在此给出 $\widetilde{\beta}_V$ 的渐近正态性, 其中 $\widetilde{\beta}_V$ 是式 (3.3.7) 所定义的广义最小二乘估计. 关于定理 3.3.2 的证明可见田萍 (2006).

定理 3.3.2 假设条件 (C3.3.1)~条件 (C3.3.6) 成立, 当 $n\to\infty$ 时, 则有

$$\sqrt{n}(\widetilde{\beta}_V-\beta)\xrightarrow{L}N(0,D^{-1}\varLambda D^{-1}),$$

其中 $\varLambda=\lim\limits_{n\to\infty}\dfrac{1}{n}\sum\limits_{i=1}^{n}\widetilde{x}_i^{\mathrm T}V_i^{-1}\varSigma_iV_i^{-1}\widetilde{x}_i$, $D=\lim\limits_{n\to\infty}\dfrac{1}{n}\sum\limits_{i=1}^{n}\widetilde{x}_i^{\mathrm T}V_i^{-1}\widetilde{x}_i$.

3.3.3 模拟研究和实例分析

1. 模拟研究

通过模拟研究比较两种方法得到的回归系数 β 的置信区间的覆盖概率大小及其区间平均长度大小. 这两种方法分别是: 广义经验似然 (GEL) 和广义最小二乘方法 (GLS).

考虑 $p=1$, $m_i\equiv m=4$, $t_{ij}=[(i-1)m+j]/(nm)$, $x_{ij}=5t_{ij}^2+u_{ij}$, u_{ij} 为来自于 $U(0,1)$ 的观测样本的观测值. 这些设计点列 $\{u_{ij}\}$ 产生后将固定下来不再变化, 因此可看成固定设计点列, $\varepsilon_{ij}\sim N(0,\sigma^2)$. 组内相关系数 $\rho_{\varepsilon_{ij}\varepsilon_{ik}}\equiv\rho$, $i=1,\cdots,n$; $j,k=1,2,3,4$, 此时组内协方差矩阵由 ρ 和 σ 决定. 非参数权函数取核权, 其中核函数取 Epanechnikov 核 $K(u)=0.75(1-u^2)_+$. 窗宽的选取采用欠光滑 (undersmoothing) 方法. 工作协方差矩阵取不同情况, 即 I, $\varSigma_i$, $\widetilde{V}_i$ (未知的估计)3 种情况. 当 V_i 未知时, 可以取它的估计 $\widetilde{V}_i=n^{-1}\sum\limits_{i=1}^{n}\widetilde{\varepsilon}_i\widetilde{\varepsilon}_i^{\mathrm T}$, 其中 $\widetilde{\varepsilon}_i=y_i-x_i^{\mathrm T}\widetilde{\beta}_I-\widetilde{g}(t_i)$, 此处 $\widetilde{\beta}_I=\left(\sum\limits_{i=1}^{n}\widetilde{x}_i^{\mathrm T}\widetilde{x}_i\right)^{-1}\sum\limits_{i=1}^{n}\widetilde{x}_i^{\mathrm T}\widetilde{y}_i$, $\widetilde{g}(t_i)=\sum\limits_{k=1}^{n}\sum\limits_{l=1}^{m_k}W_{kl}(t)(y_{kl}-x_{kl}^{\mathrm T}\widetilde{\beta}_I)$, 由田萍 (2006) 可知 $\widetilde{V}_i\xrightarrow{P}V_i$. 当 $\rho=0.6$, $\sigma=0.8$, 真值 $\beta=2$, 回归函数取 $g(t)=\sin(8t)+2$, 个体数目为 30, 50, 100, 300 进行模拟计算, 重复模拟次数为 $M=1000$ 次. 模拟结果分别在表 3.3.1 和表 3.3.2 中给出. 从表 3.3.1 和表 3.3.2 的模拟结果表明:

(1) 随着样本容量的增加, 在三种不同的工作协方差矩阵情形下, GEL 和 GLS 这两种方法所得到的覆盖概率都趋近于置信水平 0.95, 而平均区间长度都变小;

(2) 对于相同的观测样本, 工作协方差矩阵取 Σ_i 时, 两种方法的模拟效果最好, $\widetilde{V}_i$ 次之, I 情形最差. 原因是工作协方差矩阵取 Σ_i 和 $\widetilde{V}_i$ 时考虑了组内的协方差结构; 而工作协方差矩阵取 I 时, 则完全忽视了组内的协方差结构, 其结果必然造成估计的效的降低. 表 3.3.1 和表 3.3.2 也说明, 尽管错误指定 V_i 可能会降低 β 的估计的效, 但当个体数目 n 增大时, 效的损失会逐渐减少;

(3) 对比这两种方法可以看出, GEL 方法模拟结果明显要比 GLS 方法好, 它得到的回归系数 β 的置信区间具有较高的精确度.

表 3.3.1 β 的置信水平为 95%的置信区间的覆盖概率

n	GEL			GLS		
	I	$\widetilde{V}_i$	Σ_i	I	$\widetilde{V}_i$	Σ_i
30	0.9080	0.9140	0.9210	0.9610	0.8740	0.8950
50	0.9190	0.9360	0.9390	0.9060	0.9230	0.9320
100	0.9380	0.9450	0.9490	0.9270	0.9410	0.9470
300	0.9430	0.9480	0.9510	0.9400	0.9480	0.9490

表 3.3.2 β 的置信水平为 95%的置信区间的平均长度

n	GEL			GLS		
	I	$\widetilde{V}_i$	Σ_i	I	$\widetilde{V}_i$	Σ_i
30	0.3694	0.3325	0.3097	0.6760	0.4749	0.4285
50	0.2748	0.2546	0.2430	0.3657	0.3498	0.3372
100	0.1459	0.1392	0.1310	0.1893	0.1816	0.1660
300	0.1058	0.0994	0.0967	0.1219	0.1113	0.1025

2. 实例分析

纵向荷尔蒙数据是收集了 34 个健康妇女在一个月经周期的尿样, 在每隔一天试验尿的孕激素. 在 34 个参与者中, 每个妇女按时提供 11~28 次观测, 共得到 492 个观测值, 平均每个妇女做 14.5 次观测. He 等 (2002) 与薛留根和朱力行 (2007) 对这些纵向荷尔蒙数据利用下面的部分线性模型进行了拟合

$$y_{ij} = \beta_1 \mathrm{AGE}_i + \beta_2 \mathrm{BMI}_i + g(t_{ij}) + \varepsilon_{ij},$$

其中响应变量 y_{ij} 取为孕激素值的对数, 两个协变量是年龄 (AGE) 和体重指数 (BMI). He 等 (2002) 得到了 β_1 和 β_2 的估计; 薛留根和朱力行 (2007) 在没有考虑纵向数据组内相关结构情形下给出了 (β_1, β_2) 的置信域. 此处在考虑纵向数据组内相关结构情形下, 对 GEL 和 GLS 两种方法得到的 (β_1, β_2) 的置信域进行了比较. 核函数采用 Epanechnikov 核, 窗宽通过模拟研究中的方法进行选取. 式 (3.3.3) 中

工作协方差矩阵的估计为 $\hat{V}_i = \frac{1}{34}\sum_{i=1}^{34}\hat{\varepsilon}_i\hat{\varepsilon}_i{}^{\mathrm{T}}$, 其中 $\hat{\varepsilon}_i = y_i - \hat{\beta}_1\mathrm{AGE}_i - \hat{\beta}_2\mathrm{BMI}_i - \hat{g}(t_i)$, 估计 $\hat{\beta}_1, \hat{\beta}_2$ 和 $\hat{g}(t_i)$ 可由本节方法得到. 图 3.3.1 给出了 (β_1, β_2) 置信水平为 95% 的置信域.

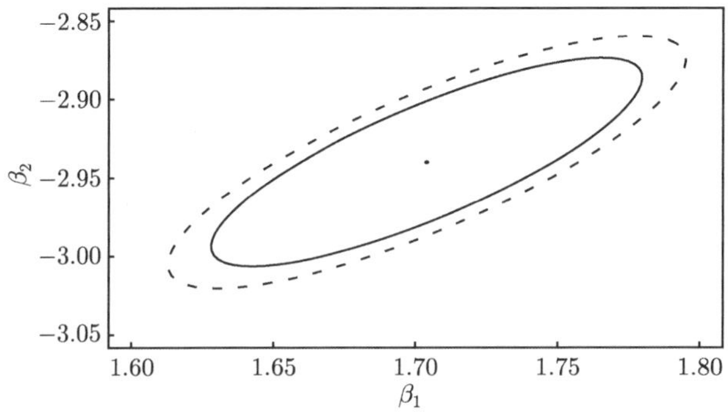

图 3.3.1 基于 GEL(实线) 和 GLS(虚线), (β_1, β_2) 的置信水平为 95% 的置信域

从图 3.3.1 可以看出, GEL 比 GLS 的置信域要小.

3.3.4 定理的证明

为叙述方便, 以下始终假设 c 表示任一不依赖于 n 和 N 的绝对常数, c 每次出现可以取不同的值.

引理 3.3.1 若条件 (C3.3.2) 和条件 (C3.3.3) (1) 和 (3) 成立, 当 $n \to \infty$ 时, 则有

$$\sup_{0\leqslant t\leqslant 1}|\widetilde{f}(t)| =: \sup_{0\leqslant t\leqslant 1}\left|f(t) - \sum_{k=1}^{n}\sum_{l=1}^{m_k}W_{kl}(t)f(t_{kl})\right| = O(n^{-\frac{1}{3}}),$$

其中 $f(\cdot) = g(\cdot), h_s(\cdot),\ s = 1, 2, \cdots, p.$

证明 由于

$$\begin{aligned}
&\sup_{0\leqslant t\leqslant 1}\left|f(t) - \sum_{k=1}^{n}\sum_{l=1}^{m_k}W_{kl}(t)f(t_{kl})\right| \\
\leqslant &\sup_{0\leqslant t\leqslant 1}\left|\sum_{k=1}^{n}\sum_{l=1}^{m_k}W_{kl}(t)(f(t_{kl}) - f(t))I(|t_{kl} - t| > n^{-\frac{1}{3}})\right| \\
&+ \sup_{0\leqslant t\leqslant 1}\left|\sum_{k=1}^{n}\sum_{l=1}^{m_k}W_{kl}(t)(f(t_{kl}) - f(t))I(|t_{kl} - t| \leqslant n^{-\frac{1}{3}})\right|,
\end{aligned}$$

故由条件 (C3.3.2) 和条件 (C3.3.3) (3) 可得结论. □

引理 3.3.2 若条件 (C3.3.1), 条件 (C3.3.3) (1) (2) 和条件 (C3.3.6) 成立, 则对 $1\leqslant s\leqslant p$, 有

$$\max_{1\leqslant k\leqslant n,1\leqslant l\leqslant m_k}\left|\sum_{i=1}^{n}\sum_{j=1}^{m_i}\sum_{v=1}^{m_i}\sigma_i^{jv}W_{kl}(t_{iv})u_{ijs}\right|=o(1),$$

$$\max_{1\leqslant k\leqslant n,1\leqslant l\leqslant m_k}\left|\sum_{r=1}^{n}\sum_{q=1}^{m_r}\left(\sum_{i=1}^{n}\sum_{j=1}^{m_i}\sum_{v=1}^{m_i}\sigma_i^{jv}W_{kl}(t_{iv})W_{rq}(t_{ij})u_{rqs}\right)\right|=o(1),$$

其中 σ_i^{jv} 为 V_i^{-1} 的第 (j,v) 元.

证明 应用 Abel 不等式, 可得

$$\begin{aligned}&\left|\sum_{i=1}^{n}\sum_{j=1}^{m_i}\sum_{v=1}^{m_i}\sigma_i^{jv}W_{kl}(t_{iv})u_{ijs}\right|\\ \leqslant{}& c\max_{1\leqslant i\leqslant n,1\leqslant j\leqslant m_i}\left|\sum_{v=1}^{m_i}\sigma_i^{jv}W_{kl}(t_{iv})\right|\cdot\max_{1\leqslant r\leqslant N}\left|\sum_{i=1}^{r}v_{j_is}\right|\\ \leqslant{}& c\max_{1\leqslant i\leqslant n,1\leqslant j,v\leqslant m_i}|\sigma_i^{jv}|\cdot\max_{1\leqslant i\leqslant n,1\leqslant v\leqslant m_i}W_{kl}(t_{iv})\cdot\max_{1\leqslant r\leqslant N}\left|\sum_{i=1}^{r}v_{j_is}\right|,\end{aligned}$$

由条件 (C3.3.1), 条件 (C3.3.3) (2) 和条件 (C3.3.6) 易见引理 3.3.2 的第一个等式成立. 同理可证第二式. □

引理 3.3.3 假设条件 (C3.3.1)～条件 (C3.3.6) 成立, 当 $n\to\infty$ 时, 则有

$$\frac{1}{\sqrt{n}}\sum_{i=1}^{n}\eta_i(\beta)\xrightarrow{L}N(0,\Lambda),\tag{3.3.8}$$

$$\frac{1}{n}\sum_{i=1}^{n}\eta_i(\beta)\eta_i^{\mathrm{T}}(\beta)-\Lambda=o_P(1),\tag{3.3.9}$$

$$\max_{1\leqslant i\leqslant n}\|\eta_i(\beta)\|=o(n^{\frac{1}{2}}),\tag{3.3.10}$$

其中 Λ 在定理 3.3.2 中定义.

证明 由式 (3.3.3), 经过简单计算可得

$$\begin{aligned}\sum_{i=1}^{n}\eta_i(\beta)&=\sum_{i=1}^{n}\widetilde{x}_i^{\mathrm{T}}V_i^{-1}\varepsilon_i-\sum_{i=1}^{n}\widetilde{x}_i^{\mathrm{T}}V_i^{-1}\bar{\varepsilon}_i+\sum_{i=1}^{n}\widetilde{x}_i^{\mathrm{T}}V_i^{-1}\widetilde{g}(t_i)\\&=:B_1-B_2+B_3,\end{aligned}$$

其中 $\bar{\varepsilon}_i=\sum_{k=1}^{n}\sum_{l=1}^{m_k}W_{kl}(t_i)e_{kl}$. 以 $B_{2,s}$ 和 $B_{3,s}$ 分别表示 B_2 和 B_3 的第 s 个分量, 并且记

$$B_{2,s}=\sum_{i=1}^{n}\sum_{j=1}^{m_i}\sum_{v=1}^{m_i}\sigma_i^{jv}\widetilde{x}_{ijs}\bar{\varepsilon}_{iv},\qquad B_{3,s}=\sum_{i=1}^{n}\sum_{j=1}^{m_i}\sum_{v=1}^{m_i}\sigma_i^{jv}\widetilde{x}_{ijs}\widetilde{g}(t_{iv}),$$

$$B_{21,s}=\sum_{i=1}^{n}\sum_{j=1}^{m_i}\sum_{v=1}^{m_i}\sigma_i^{jv}\widetilde{h}_s(t_{ij})\bar{\varepsilon}_{iv},\qquad B_{31,s}=\sum_{i=1}^{n}\sum_{j=1}^{m_i}\sum_{v=1}^{m_i}\sigma_i^{jv}\widetilde{h}_s(t_{ij})\widetilde{g}(t_{iv}),$$

$$B_{22,s}=\sum_{i=1}^{n}\sum_{j=1}^{m_i}\sum_{v=1}^{m_i}\sigma_i^{jv}\widetilde{u}_{ijs}\bar{\varepsilon}_{iv},\qquad B_{32,s}=\sum_{i=1}^{n}\sum_{j=1}^{m_i}\sum_{v=1}^{m_i}\sigma_i^{jv}\widetilde{u}_{ijs}\widetilde{g}(t_{iv}),$$

其中

$$\widetilde{u}_{ijs}=u_{ijs}-\sum_{k=1}^{n}\sum_{l=1}^{m_k}W_{kl}(t_{ij})u_{ijs},\quad s=1,\cdots,p,$$

则有 $B_{2,s}=B_{21,s}+B_{22,s}$ 和 $B_{3,s}=B_{31,s}+B_{32,s}$. 经过计算可得

$$\begin{aligned}E(B_{21,s}^2)=&\sum_{k=1}^{n}\sum_{l=1}^{m_k}\left(\sum_{i=1}^{n}\sum_{j=1}^{m_i}\sum_{v=1}^{m_i}\sigma_i^{jv}\widetilde{h}_s(t_{ij})W_{kl}(t_{iv})\right)^2E\varepsilon_{kl}^2\\&+\sum_{k=1}^{n}\sum_{l\neq q}\left[\sum_{i=1}^{n}\sum_{j=1}^{m_i}\sum_{v=1}^{m_i}\sigma_i^{jv}\widetilde{h}_s(t_{ij})W_{kl}(t_{iv})\right]\\&\times\left[\sum_{i=1}^{n}\sum_{j=1}^{m_i}\sum_{v=1}^{m_i}\sigma_i^{jv}\widetilde{h}_s(t_{ij})W_{kq}(t_{iv})\right]E(\varepsilon_{kl}\varepsilon_{kq})\\=:&E_{11}+E_{12}.\end{aligned}$$

由引理 3.3.1, 条件 (C3.3.3) (1) (2), 条件 (C3.3.4) 和条件 (C3.3.6) 可知

$$E_{11}\leqslant c\sum_{k=1}^{n}\sum_{l=1}^{m_k}\left(\sum_{i=1}^{n}\sum_{j=1}^{m_i}\sum_{v=1}^{m_i}\sigma_i^{jv}\widetilde{h}_s(t_{ij})W_{kl}(t_{iv})\right)^2=o(n),$$

$$\begin{aligned}E_{12}\leqslant c\sum_{k=1}^{n}\sum_{l\neq q}&\left[\left(\sum_{i=1}^{n}\sum_{j=1}^{m_i}\sum_{v=1}^{m_i}\sigma_i^{jv}\widetilde{h}_s(t_{ij})W_{kl}(t_{iv})\right)^2\right.\\&\left.+\left(\sum_{i=1}^{n}\sum_{j=1}^{m_i}\sum_{v=1}^{m_i}\sigma_i^{jv}\widetilde{h}_s(t_{ij})W_{kq}(t_{iv})\right)^2\right]=o(n),\end{aligned}$$

则 $E(B_{21,s}^2)=o(n)$. 对 $B_{22,s}^2$, 求期望得

$$\begin{aligned}E(B_{22,s}^2)=&\sum_{k=1}^{n}\sum_{l=1}^{m_k}\left(\sum_{i=1}^{n}\sum_{j=1}^{m_i}\sum_{v=1}^{m_i}\sigma_i^{jv}\widetilde{u}_{ijs}W_{kl}(t_{iv})\right)^2E\varepsilon_{kl}^2\\&+\sum_{k=1}^{n}\sum_{l\neq q}\left(\sum_{i=1}^{n}\sum_{j=1}^{m_i}\sum_{v=1}^{m_i}\sigma_i^{jv}\widetilde{u}_{ijs}W_{kl}(t_{iv})\right)\end{aligned}$$

$$
\begin{aligned}
&\times\left[\sum_{i=1}^{n}\sum_{j=1}^{m_i}\sum_{v=1}^{m_i}\sigma_i^{jv}\widetilde{u}_{ijs}W_{kq}(t_{iv})\right]E(\varepsilon_{kl}\varepsilon_{kq})\\
&=: E_{21}+E_{22}.
\end{aligned}
$$

由引理 3.3.2 可知

$$
\begin{aligned}
E_{21}=&c\sum_{k=1}^{n}\sum_{l=1}^{m_k}\left[\sum_{i=1}^{n}\sum_{j=1}^{m_i}\sum_{v=1}^{m_i}\sigma_i^{jv}W_{kl}(t_{iv})\left(u_{ijs}-\sum_{r=1}^{n}\sum_{q=1}^{m_i}W_{rq}(t_{ij})u_{rqs}\right)\right]^2\\
\leqslant& cn\left\{\max_{1\leqslant k\leqslant n,1\leqslant l\leqslant m_k}\left|\sum_{i=1}^{n}\sum_{j=1}^{m_i}\sum_{v=1}^{m_i}\sigma_i^{jv}W_{kl}(t_{iv})u_{ijs}\right|^2\right.\\
&\left.+\max_{1\leqslant k\leqslant n,1\leqslant l\leqslant m_k}\left|\sum_{r=1}^{n}\sum_{q=1}^{m_r}\left(\sum_{i=1}^{n}\sum_{j=1}^{m_i}\sum_{v=1}^{m_i}\sigma_i^{jv}W_{kl}(t_{iv})W_{rq}(t_{ij})\right)u_{rqs}\right|^2\right\}\\
=&o(n),\\
E_{22}\leqslant& c\sum_{k=1}^{n}\sum_{l\neq q}\left[\left(\sum_{i=1}^{n}\sum_{j=1}^{m_i}\sum_{v=1}^{m_i}\sigma_i^{jv}\widetilde{u}_{ijs}W_{kl}(t_{iv})\right)^2\right.\\
&\left.+\left(\sum_{i=1}^{n}\sum_{j=1}^{m_i}\sum_{v=1}^{m_i}\sigma_i^{jv}\widetilde{u}_{ijs}W_{kq}(t_{iv})\right)^2\right]=o(n),
\end{aligned}
$$

则有 $E(B_{22,s}^2)=o(n)$. 故

$$
B_{2,s}=o_P(n^{\frac{1}{2}}). \tag{3.3.11}
$$

由引理 3.3.1 知

$$
\begin{aligned}
B_{31,s}=&\sum_{i=1}^{n}\sum_{j=1}^{m_i}\sum_{v=1}^{m_i}\sigma_i^{jv}\widetilde{h}_s(t_{ij})\widetilde{g}(t_{iv})\\
\leqslant& n\max_{1\leqslant i\leqslant n,1\leqslant j,v\leqslant m_i}|\sigma_i^{jv}|\max_{1\leqslant i\leqslant n,1\leqslant j\leqslant m_i}|\widetilde{h}_s(t_{ij})|\max_{1\leqslant i\leqslant n,1\leqslant v\leqslant m_i}|\widetilde{g}(t_{iv})|\\
=&o(n^{\frac{1}{2}}).
\end{aligned}
$$

由引理 3.3.1 和 Abel 不等式, 类似于引理 3.3.2 的证明, 可得 $B_{32,s}=o(n^{\frac{1}{2}})$. 故

$$
B_{3,s}=o(n^{\frac{1}{2}}). \tag{3.3.12}
$$

由式 (3.3.11) 和式 (3.3.12) 知: $\dfrac{1}{\sqrt{n}}B_2=o_P(1)$, $\dfrac{1}{\sqrt{n}}B_3=o(1)$. 为证明式 (3.3.8), 只需证明

$$\frac{1}{\sqrt{n}}\sum_{i=1}^{n}\widetilde{x}_i^{\mathrm{T}}V_i^{-1}\varepsilon_i \xrightarrow{L} N(0,\varLambda). \tag{3.3.13}$$

记

$$B_1=\sum_{i=1}^{n}\widetilde{x}_i^{\mathrm{T}}V_i^{-1}\varepsilon_i,$$

则有

$$\mathrm{Var}(B_1)=\sum_{i=1}^{n}\widetilde{x}_i^{\mathrm{T}}V_i^{-1}\varSigma_iV_i^{-1}\widetilde{x}_i.$$

对于 $\forall\xi\in\mathbb{R}^p$, 且满足 $\|\xi\|=1$, 可以记

$$\xi^{\mathrm{T}}B_1=:\sum_{i=1}^{n}\xi^{\mathrm{T}}\widetilde{x}_i^{\mathrm{T}}V_i^{-1}\varepsilon_i=\sum_{i=1}^{n}a_i\epsilon_i,$$

其中 $a_i^2=\xi^{\mathrm{T}}(\widetilde{x}_i^{\mathrm{T}}V_i^{-1}\varSigma_iV_i^{-1}\widetilde{x}_i)\xi$, ϵ_i 相互独立, 且 $E\epsilon_i=0, E\epsilon_i^2=1$. 为证式 (3.3.13), 需要证明

$$\frac{\sum\limits_{i=1}^{n}a_i\epsilon_i}{\sqrt{\sum\limits_{i=1}^{n}a_i^2}}\xrightarrow{L} N(0,1). \tag{3.3.14}$$

由于 $\lim\limits_{n\to\infty}\dfrac{1}{n}\sum\limits_{i=1}^{n}a_i^2=\lim\limits_{n\to\infty}\dfrac{1}{n}\xi^{\mathrm{T}}\left(\sum\limits_{i=1}^{n}\widetilde{x}_i^{\mathrm{T}}V_i^{-1}\varSigma_iV_i^{-1}\widetilde{x}_i\right)\xi>0$, 则由田萍 (2006) 中引理 2.11 知 $\max\limits_{1\leqslant i\leqslant n}a_i^2\Big/\sum\limits_{i=1}^{n}a_i^2\to 0$. 再由田萍 (2006) 中引理 2.12 知式 (3.3.14) 成立. 故

$$\left(\sum_{i=1}^{n}\widetilde{x}_i^{\mathrm{T}}V_i^{-1}\varSigma_iV_i^{-1}\widetilde{x}_i\right)^{-\frac{1}{2}}\sum_{i=1}^{n}\widetilde{x}_i^{\mathrm{T}}V_i^{-1}\varepsilon_i\xrightarrow{L} N(0,I_p).$$

由此式即证得式 (3.3.13) 成立, 因此式 (3.3.8) 直接可证得.

式 (3.3.9) 的证明可见田萍 (2006) 的定理 3.2, 证明在此省略. 类似于式 (3.3.11) 和式 (3.3.12) 的证明, 容易证得式 (3.3.10). □

引理 3.3.4 在定理 3.3.1 的条件下, 有

$$\|\lambda\|=O_P(n^{-1/2}).$$

证明 利用引理 3.3.3 的式 (3.3.8), 可以推出

$$\frac{1}{n}\sum_{i=1}^{n}\eta_i(\beta)=O_P(n^{-1/2}).$$

由上式和引理 3.3.3 的式 (3.3.9) 和式 (3.3.10), 使用 Owen (1990) 中式 (2.14) 同样的论证方法可以证明引理 3.3.4. □

定理 3.3.1 的证明 在式 (3.3.4) 中应用 Taylor 展开式, 并利用引理 3.3.3 和引理 3.3.4, 得

$$-2l(\beta)=2\sum_{i=1}^{n}\left[\lambda^{\mathrm{T}}\eta_i(\beta)-\frac{1}{2}\{\lambda^{\mathrm{T}}\eta_i(\beta)\}^2\right]+o_P(1). \tag{3.3.15}$$

由式 (3.3.5) 得

$$\begin{aligned}0&=\frac{1}{n}\sum_{i=1}^{n}\frac{\eta_i(\beta)}{1+\lambda^{\mathrm{T}}\eta_i(\beta)}\\&=\frac{1}{n}\sum_{i=1}^{n}\eta_i(\beta)-\frac{1}{n}\sum_{i=1}^{n}\eta_i(\beta)\eta_i^{\mathrm{T}}(\beta)\lambda+\frac{1}{n}\sum_{i=1}^{n}\frac{\eta_i(\beta)(\lambda^{\mathrm{T}}\eta_i(\beta))^2}{1+\lambda^{\mathrm{T}}\eta_i(\beta)}.\end{aligned}$$

利用引理 3.3.3 和引理 3.3.4, 可得

$$\sum_{i=1}^{n}[\lambda^{\mathrm{T}}\eta_i(\beta)]^2=\sum_{i=1}^{n}\lambda^{\mathrm{T}}\eta_i(\beta)+o_P(1), \tag{3.3.16}$$

$$\lambda=\left[\sum_{i=1}^{n}\eta_i(\beta)\eta_i^{\mathrm{T}}(\beta)\right]^{-1}\sum_{i=1}^{n}\eta_i(\beta)+o_P(n^{-1/2}). \tag{3.3.17}$$

由式 (3.3.15)~式 (3.3.17), 能够证明

$$-2l(\beta)=\left[\sum_{i=1}^{n}\eta_i(\beta)\right]^{\mathrm{T}}\left[\sum_{i=1}^{n}\eta_i(\beta)\eta_i^{\mathrm{T}}(\beta)\right]^{-1}\left[\sum_{i=1}^{n}\eta_i(\beta)\right]+o_P(1),$$

由引理 3.3.3 的式 (3.3.9), 有

$$-2l(\beta)=\left[\frac{1}{\sqrt{n}}\sum_{i=1}^{n}\eta_i(\beta)\right]^{\mathrm{T}}\Lambda^{-1}\left[\frac{1}{\sqrt{n}}\sum_{i=1}^{n}\eta_i(\beta)\right]+o_P(1). \tag{3.3.18}$$

由引理 3.3.3 的式 (3.3.8) 可得

$$\Lambda^{-\frac{1}{2}}\frac{1}{\sqrt{n}}\sum_{i=1}^{n}\eta_i(\beta)\xrightarrow{L}N(0,I_p), \tag{3.3.19}$$

其中 I_p 为 $p\times p$ 的单位矩阵. 故由式 (3.3.18) 和式 (3.3.19) 即可证得 $-2l(\beta)$ 依分布收敛于自由度为 p 的 χ^2 分布. □

3.4 测量误差模型修正的 QIF 方法

3.4.1 引言

在实际应用中, 往往由于某种原因, 不能对感兴趣变量进行精确观测, 使得数据中含有测量误差. 在回归分析中, 对响应变量含有测量误差的情形处理比较简单, 把测量误差吸收到模型误差中进行处理. 因此, 李海斌等 (2014) 讨论了协变量含有测量误差的情形. 本部分内容主要取材于李海斌等 (2014).

考虑如下模型

$$\begin{cases} Y_{ij} = X_{ij}^{\mathrm{T}}\beta_0 + g(T_{ij}) + \varepsilon_{ij}, \\ W_{ij} = X_{ij} + U_{ij}, \quad i = 1, \cdots, n, \quad j = 1, \cdots, m_i, \end{cases} \tag{3.4.1}$$

其中测量误差 $U_{ij} = (U_{ij1}, U_{ij2}, \cdots, U_{ijp})^{\mathrm{T}}$ 是 i.i.d. 的随机变量, 与 (Y_{ij}, X_{ij}, T_{ij}) 相互独立, 并且满足 $E(U_{ij}) = 0$, $\mathrm{Cov}(U_{ij}) = \Sigma_{pp} > 0$, 其中 Σ_{pp} 是 $p \times p$ 的测量误差的协方差阵. 模型 (3.4.1) 称为部分线性测量误差模型或部分线性 errors-in-variables (EV) 模型.

近年来, 有不少文献研究了测量误差模型, 对其做了相关介绍及其推广工作. 如 Liu (2011) 在纵向数据部分线性 EV 模型下, 采用核估计和加权最小二乘方法构造了模型中兴趣参数分量的估计, 并证明了估计量的渐近正态性; You 等 (2006) 在纵向数据部分线性 EV 模型下, 假定工作独立, 用分块经验似然的方法估计回归系数, 证明了估计的大样本性质, 并构造了模型中参数分量的经验似然置信域; Zhou 和 Liang (2009) 研究了变系数部分线性 EV 模型的统计推断问题; 张涛 (2011) 博士论文中第四章讨论了 QIF 方法在协变量具有测量误差的线性模型中的应用.

与 Bai 等 (2008) 相比, 李海斌等 (2014) 考虑的是参数部分协变量带有测量误差的纵向数据部分线性模型, 并研究了模型中兴趣参数分量的估计问题. 首先采用 B 样条方法逼近模型中的非参数函数, 然后为了消除测量误差的影响, 提高估计的效率, 构造了无偏的 GEE. 进一步, 为了利用纵向数据组内数据的相关性, 基于所构造的无偏的 GEE, 提出了修正的 QIF 方法研究模型中参数分量的估计问题, 并证明了估计量的渐近性质.

3.4.2 估计方法

记 $Y_i = (Y_{i1}, \cdots, Y_{im_i})^{\mathrm{T}}$ 表示 m_i 维可精确观测的响应向量, $X_i = (X_{i1}, \cdots, X_{im_i})^{\mathrm{T}}$ 表示 $m_i \times p$ 的不能精确观测的协变量矩阵, $g(t_i) = (g(t_{i1}), \cdots, g(t_{im_i}))^{\mathrm{T}}$ 表示非参数函数 $g(t)$ 在第 i 个个体 m_i 次观测时间点 t_{ij} 的函数向量, $\varepsilon_i = (\varepsilon_{i1}, \cdots, \varepsilon_{im_i})^{\mathrm{T}}$ 表示随机误差向量. $W_i = (W_{i1}, \cdots, W_{im_i})^{\mathrm{T}}$ 表示 $m_i \times p$ 带有测量误差的观

测矩阵, $U_i=(U_{i1},\cdots,U_{im_i})^{\mathrm{T}}$ 表示 $m_i\times p$ 的测量误差矩阵, 则模型 (3.4.1) 可以写成如下模型

$$\begin{cases}Y_i=X_i\beta_0+g(t_i)+\varepsilon_i,\\ W_i=X_i+U_i,\quad i=1,\cdots,n.\end{cases}$$

首先对非参数函数 $g(\cdot)$ 采用 B 样条进行逼近, 即由式 (3.2.1) 进行逼近, 然后基于 Bai 等 (2008) 提出的 QIF 方法对参数分量进行估计. 注意到由于 X_i 含有测量误差, 如果直接用 W_i 替换估计方程 (3.2.5) 中的 X_i, 则得到的方程就不是无偏的估计方程. 为了纠正测量误差引起的偏差, 按照 Liang 等 (1999) 思想, 构造修正的估计方程

$$\sum_{i=1}^{n}\left\{(W_i-P_iW)^{\mathrm{T}}A_i^{-\frac{1}{2}}R^{-1}(\gamma)A_i^{-\frac{1}{2}}[Y_i-W_i\beta-P_i(Y-W\beta)]+D_i\beta\right\}=0,\quad(3.4.2)$$

其中 $D_i=E[(U_i-P_iU)^{\mathrm{T}}A_i^{-\frac{1}{2}}R^{-1}(\gamma)A_i^{-\frac{1}{2}}(U_i-P_iU)]$, $W=(W_1^{\mathrm{T}},\cdots,W_n^{\mathrm{T}})^{\mathrm{T}},U=(U_1^{\mathrm{T}},\cdots,U_n^{\mathrm{T}})^{\mathrm{T}}$. 可以很容易得到

$$E\left\{(W_i-P_iW)^{\mathrm{T}}A_i^{-\frac{1}{2}}R^{-1}(\gamma)A_i^{-\frac{1}{2}}[Y_i-W_i\beta-P_i(Y-W\beta)]+D_i\beta\right\}=0,$$

即构造的估计方程 (3.4.2) 是无偏的. 在实际计算中, D_i 需要估计, 并且其估计中含有相关参数 γ. 由于式 (3.4.2) 中含有相关参数 γ, 并且由于纠偏项的存在, 则式 (3.4.2) 实际计算起来比较困难. 另外, 采用 GEE 方法对相关参数 γ 进行估计会降低回归系数 β 估计的效率. 然而, QIF 方法避免了对工作相关矩阵中参数向量 γ 的估计, 进而可以提高对回归系数 β 估计的效率.

将式 (3.2.6) 代入到式 (3.4.2) 中, 得到估计方程

$$\begin{aligned}&\sum_{i=1}^{n}\left\{(W_i-P_iW)^{\mathrm{T}}A_i^{-\frac{1}{2}}(a_1M_1+\cdots+a_kM_k)A_i^{-\frac{1}{2}}[Y_i-W_i\beta-P_i(Y-W\beta)]\right.\\&\left.+(a_1D_i^{(1)}+\cdots+a_kD_i^{(k)})\beta\right\}=0,\end{aligned}\quad(3.4.3)$$

其中 $D_i^{(s)}=E[(U_i-P_iU)^{\mathrm{T}}A_i^{-\frac{1}{2}}M_sA_i^{-\frac{1}{2}}(U_i-P_iU)]\ (s=1,\cdots,k)$. 但是, 在实际计算中, $D_i^{(s)}$ 需要估计, 具体的估计方法将在下面进行详细介绍. QIF 方法与 GEE 方法不同, 为了避免估计方程 (3.4.3) 中的讨厌参数 $a_1,\cdots,a_k$, 提高兴趣参数估计的效率, 基于广义矩方法 (GMM) 的估计思想, 增加辅助信息, 定义如下“广义得分函数” $\mathcal{G}_i(\beta)$ 为

$$\mathcal{G}_i(\beta)=\begin{pmatrix}(W_i-P_iW)^{\mathrm{T}}A_i^{-\frac{1}{2}}M_1A_i^{-\frac{1}{2}}[Y_i-W_i\beta-P_i(Y-W\beta)]+D_i^{(1)}\beta\\ \vdots\\ (W_i-P_iW)^{\mathrm{T}}A_i^{-\frac{1}{2}}M_kA_i^{-\frac{1}{2}}[Y_i-W_i\beta-P_i(Y-W\beta)]+D_i^{(k)}\beta\end{pmatrix}.\quad(3.4.4)$$

估计方程 (3.4.3) 是广义得分函数 (3.4.4) 中元素的线性组合, 则定义如下 QIF 目标函数

$$\mathcal{Q}_n(\beta) = n\mathcal{G}_n^{\mathrm{T}}(\beta)\mathcal{C}_n^{-1}(\beta)\mathcal{G}_n(\beta),$$

其中

$$\mathcal{G}_n(\beta) = \frac{1}{n}\sum_{i=1}^{n}\mathcal{G}_i(\beta), \quad \mathcal{C}_n(\beta) = \frac{1}{n}\sum_{i=1}^{n}\mathcal{G}_i(\beta)\mathcal{G}_i^{\mathrm{T}}(\beta).$$

另外, $\mathcal{C}_n(\beta)$ 是 $\mathcal{G}_i(\beta)$ 的样本协方差阵. 通过极小化目标函数 $\mathcal{Q}_n(\beta)$ 得到 β 的估计 $\hat{\beta}$, 即

$$\hat{\beta} = \arg\min_{\beta}\mathcal{Q}_n(\beta).$$

根据 Qu 等 (2000), 采用 Newton-Raphson 迭代算法来获得 β 的估计, 迭代公式为

$$\hat{\beta}^{(j+1)} = \hat{\beta}^{(j)} - [\mathcal{Q}''{}_n(\hat{\beta}^{(j)})]^{-1}\mathcal{Q}'_n(\hat{\beta}^{(j)}),$$

其中 $\mathcal{Q}'_n$ 和 $\mathcal{Q}''_n$ 分别表示 $\mathcal{Q}_n(\beta)$ 对 β 的一阶和二阶导数. 在模拟研究和实例分析采用这种迭代算法, 直到收敛.

3.4.3 实际应用中的估计过程

在实际计算中, $D_i^{(s)}$ $(s=1,\cdots,k,\ i=1,\cdots,n)$ 通常是未知的. 类似于 Carroll 等 (2006) 的估计方法, 通过重复测量的方法估计 $D_i^{(s)}$. 假定对于每个 X_i, 都可以观测 l_i 次, 即

$$W_i^{(r)} = X_i + U_i^{(r)}, \quad r = 1,\cdots,l_i.$$

考虑平衡数据, 即对于任一个体 i 都有相同的 m 次观测, 则 $m_i \equiv m$. 令 $\overline{W}_i = \frac{1}{l_i}\sum_{r=1}^{l_i}W_i^{(r)}$, $\overline{W} = \frac{1}{n}\sum_{i=1}^{n}\overline{W}_i$, 则 $D_i^{(s)}$ 的相合估计表示为

$$\begin{aligned}\hat{D}_i^{(s)} =& \frac{1}{l_i n}\sum_{i=1}^{n}\sum_{r=1}^{l_i}[(W_i^{(r)} - \overline{W_i}) - P_i(W^{(r)} - \overline{W})]^{\mathrm{T}} \\ &\times A_i^{-\frac{1}{2}}M_s A_i^{-\frac{1}{2}}[(W_i^{(r)} - \overline{W_i}) - P_i(W^{(r)} - \overline{W})].\end{aligned}$$

对于非平衡数据, 类似 Shao 等 (2010), 采用分组分析的方法 (multiple groups analysis). 其基本思想是将数据按照每个个体所包含的观测数目分成若干个集合, 使得每个集合所包含的个体观测次数是相同的, 然后对每个集合的数据采用上述平衡数据的方法进行处理.

应用以上方法得到相应的估计以后, 用 $\overline{W}_i$ 代替式 (3.4.4) 中的 W_i, 用 $\hat{D}_i^{(s)}$ 代替式 (3.4.4) 中的 $D_i^{(s)}$. 经过替换以后, 有

$$\tilde{\mathcal{G}}_i(\beta)=\begin{pmatrix}(\overline{W}_i-P_i\overline{W})^{\mathrm{T}}A_i^{-\frac{1}{2}}M_1A_i^{-\frac{1}{2}}[Y_i-\overline{W}_i\beta-P_i(Y-\overline{W}\beta)]+\hat{D}_i^{(1)}\beta\\ \vdots\\ (\overline{W}_i-P_i\overline{W})^{\mathrm{T}}A_i^{-\frac{1}{2}}M_kA_i^{-\frac{1}{2}}[Y_i-\overline{W}_i\beta-P_i(Y-\overline{W}\beta)]+\hat{D}_i^{(k)}\beta\end{pmatrix}. \tag{3.4.5}$$

相应的 QIF 目标函数定义为

$$\tilde{\mathcal{Q}}_n(\beta)=n\tilde{\mathcal{G}}_n^{\mathrm{T}}(\beta)\tilde{\mathcal{C}}_n^{-1}(\beta)\tilde{\mathcal{G}}_n(\beta),$$

其中

$$\tilde{\mathcal{G}}_n(\beta)=\frac{1}{n}\sum_{i=1}^n\tilde{\mathcal{G}}_i(\beta),\qquad \tilde{\mathcal{C}}_n(\beta)=\frac{1}{n}\sum_{i=1}^n\tilde{\mathcal{G}}_i(\beta)\tilde{\mathcal{G}}_i^{\mathrm{T}}(\beta).$$

另外, $\tilde{\mathcal{C}}_n(\beta)$ 是 $\tilde{\mathcal{G}}_i(\beta)$ 的样本协方差阵. 通过极小化目标函数 $\tilde{\mathcal{Q}}_n(\beta)$ 得到 β 的估计 $\tilde{\beta}$, 即

$$\tilde{\beta}=\arg\min_{\beta}\tilde{\mathcal{Q}}_n(\beta).$$

3.4.4 条件和渐近性质

为了得到 $\hat{\beta}$ 和 $\tilde{\beta}$ 的渐近性质, 需一些假定条件.

(C3.4.1) $\{m_i\}$ 是有界正整数序列.

(C3.4.2) $g(t)$ 是具有 $r(r\geqslant 2)$ 阶有界导数的函数.

(C3.4.3) 参数 β 的空间 Θ 是 $\mathbb{R}^p$ 上的一个紧集, 且真值 β_0 是 Θ 的一个内点.

(C3.4.4) 随机误差 ε_i 满足 $E(\varepsilon_i\varepsilon_i^{\mathrm{T}})=V_i$, $\sup_i\|V_i\|<\infty$, 且存在某个 $\zeta>0$ 使得 $\sup_i E\|\varepsilon_i\|^{2+\zeta}<\infty$. 并且假定测量误差 U_i 满足 $E\|U_i\|^8<\infty$.

(C3.4.5) Y_i 的边际方差阵 A_i 满足 $A_i\geqslant 0$, 且 $\sup_i\|A_i\|<\infty$.

(C3.4.6) 对于样条内节点 $\{s_i,i=1,\cdots,k_n\}$ 满足 $\max_{1\leqslant i\leqslant k_n}|q_{i+1}-q_i|=o(k_n^{-1})$, 且 $Q/q\leqslant C$, 其中 $q_i=s_i-s_{i-1}$, $Q=\max_{1\leqslant i\leqslant k_n}q_i$, $q=\min_{1\leqslant i\leqslant k_n}q_i$, $C\geqslant 0$ 为常数.

(C3.4.7) 假定设计点列 X_{ijl}, t_{ij} 满足关系:

$$X_{ijl}=f_l(t_{ij})+\delta_{ijl},\quad i=1,\cdots,n,\quad j=1,\cdots,m_i,\quad l=1,\cdots,p,$$

其中 f_l 是 p 个具有 $r(\geqslant 2)$ 阶有界导函数的函数, δ_{ijl} 是相互独立的零均值随机变量序列, 且与 ε_{ij} 相互独立. 如果记 $F=(f_1,\cdots,f_p)$, $\varDelta_n=(\delta_1,\cdots,\delta_p)$ 是 $n\times p$ 矩阵, 其中第 s 列元素为 $\delta_s=(\delta_{11s},\cdots,\delta_{1m_1s},\cdots,\delta_{nm_1s}\cdots,\delta_{nm_ns})^{\mathrm{T}}$, 则有 $X=F+\varDelta_n$. 并且假定满足:

(a) $E(J_0^{(s)})=0$, $\sup_n\dfrac{1}{n}E\|\varDelta_i\|^2<\infty$.

(b) $\dfrac{1}{n}\varDelta_n^{\mathrm{T}}B_s\varDelta_n\xrightarrow{P}J_0^{(s)}>0$, $\dfrac{1}{n}\varDelta_n^{\mathrm{T}}N_{ls}\varDelta_n\xrightarrow{P}C_{ls}>0$, 其中

$$
\begin{aligned}
B_s &= \mathrm{diag}(A_1^{-\frac{1}{2}} M_s A_1^{-\frac{1}{2}}, \cdots, A_n^{-\frac{1}{2}} M_s A_n^{-\frac{1}{2}}),\\
N_{ls} &= \mathrm{diag}(A_1^{-\frac{1}{2}} M_l A_1^{-\frac{1}{2}} V_1 A_1^{-\frac{1}{2}} M_s A_1^{-\frac{1}{2}}, \cdots, A_n^{-\frac{1}{2}} M_l A_n^{-\frac{1}{2}} V_n A_n^{-\frac{1}{2}} M_s A_n^{-\frac{1}{2}}).
\end{aligned}
$$

令 $J_0 = (J_0^{(1)^{\mathrm{T}}}, \cdots, J_0^{(k)^{\mathrm{T}}})^{\mathrm{T}}$, J_0 是列满秩矩阵. 另外记

$$
C_0 = \begin{pmatrix} C_{11} & \cdots & C_{1k} \\ \vdots & & \vdots \\ C_{k1} & \cdots & C_{kk} \end{pmatrix} > 0.
$$

定理 3.4.1 和定理 3.4.2 给出了 $\hat{\beta}$ 和 $\tilde{\beta}$ 的相合性和渐近正态性.

定理 3.4.1 假设条件 (C3.4.1)~条件 (C3.4.7) 成立, 当 $n \to \infty$ 时, $\hat{\beta}_n$ 是 β_0 的相合估计, 且具有渐近正态性质, 即

$$
\begin{aligned}
&\hat{\beta} \xrightarrow{P} \beta_0,\\
&\sqrt{n}(\hat{\beta} - \beta_0) \xrightarrow{L} N(0, \Sigma^{-1}),
\end{aligned}
$$

其中 "$\xrightarrow{P}$" 表示依概率收敛, "$\xrightarrow{L}$" 表示依分布收敛, $\Sigma =: J_0^{\mathrm{T}} C_0^{-1} J_0$.

定理 3.4.2 假设条件 (C3.4.1)~条件 (C3.4.7) 成立, 当 $n \to \infty$ 时, $\tilde{\beta}$ 是 β_0 的相合估计, 且具有渐近正态性质, 即

$$
\begin{aligned}
&\tilde{\beta} \xrightarrow{P} \beta_0,\\
&\sqrt{n}(\tilde{\beta} - \beta_0) \xrightarrow{L} N(0, \Sigma^{-1}).
\end{aligned}
$$

定理 3.4.1 给出了 β_0 的估计量 $\hat{\beta}$ 的渐近正态结果, 定理 3.4.2 给出了 β_0 的估计量 $\tilde{\beta}$ 在实际应用中的渐近正态结果, 可以看出, 这两个估计量有着相同的渐近方差, 它们是渐近等价的, 因此所提的估计方法提高了估计量的有效性. 定理 3.4.1 和定理 3.4.2 的证明在本书中省略, 感兴趣的读者可参考文献李海斌等 (2014).

3.4.5 模拟研究

本节通过数值模拟研究所提方法的有限样本性质.

考虑下面部分线性测量误差模型

$$
\begin{cases}
Y_{ij} = X_{ij1}\beta_1 + X_{ij2}\beta_2 + X_{ij3}\beta_3 + \sin(2\pi T_{ij}) + \varepsilon_{ij},\\
W_{ij} = X_{ij1} + U_{ij}, \quad i = 1, \cdots, n, \quad j = 1, \cdots, m_i,
\end{cases}
$$

其中 $\beta_1 = \beta_2 = \beta_3 = 1$, 对于不同的个体 $i = 1, \cdots, n$, 重复测量 m_i 从集合 $\{5, 6, 7, 8, 9, 10\}$ 中随机取值构成非平衡的纵向数据. 在上面模型中, 仅仅考虑第一个变量 X_{ij1} 不能准确测量, 含有测量误差, 而其他两个变量都能准确测量. T_{ij} 服从 [0,1] 上的均匀分布, $X_{ij1} = T_{ij}^2 + \delta_{ij1}$, δ_{ij1} 服从正态分布 $N(0, 0.5^2)$, $X_{ij2} =$

$3T_{ij}^2 + \delta_{ij2}$, δ_{ij2} 服从正态分布 $N(0, 0.3^2)$, $X_{ij3} = 5T_{ij}^2 + \delta_{ij3}$, δ_{ij3} 服从正态分布 $N(0, 0.7^2)$, 测量误差 U_{ij} 服从正态分布 $N(0, \sigma_u^2)$, 随机误差 ε_i 服从 m_i 维多元正态分布 $N(0, \sigma_\varepsilon^2 R(\gamma))$, 假定 $\sigma_\varepsilon^2 = 1$, $R(\gamma)$ 采用两种工作相关矩阵: 一阶自回归相关矩阵 AR(1), 即 $\rho(\varepsilon_{ij}, \varepsilon_{ik}) = \gamma^{|j-k|}$ 和具有相关系数为 γ 的可交换相关矩阵 CS. 为了估计 $D_i^{(s)} (s = 1, \cdots, k)$, 假定对于每个个体 i, 协变量 W_{ij} 都有两次独立的重复观测. 采用 B 样条近似非参数函数时, 应用 3.4.2 节的方法进行节点个数的选取, 样条阶数全部采用三次样条. 以下每种情况, 模拟重复 1000 次. 从如下两个方面说明所提方法的有效性.

1. 不同工作相关矩阵对回归系数估计效率的影响

为了比较不同工作相关矩阵对回归系数估计效率的影响, 选定观测数目 $n = 50$, $\sigma_u^2 = 0.5$. 另外选取 $\gamma = 0.2$, $\gamma = 0.5$ 和 $\gamma = 0.8$, 分别表示低度相关、中度相关和高度相关对估计效率的影响. 表 3.4.1 给出了相应的模拟结果.

表 3.4.1　回归系数估计的偏差和均方误差

Working R	γ	$\hat\beta_1$ Bias	$\hat\beta_1$ MSE	$\hat\beta_2$ Bias	$\hat\beta_2$ MSE	$\hat\beta_3$ Bias	$\hat\beta_3$ MSE
		True R = AR(1)　$n = 50$　$\sigma_u^2 = 0.5$					
Naive	0.2	−0.49822	0.25560	0.00125	0.00640	0.00126	0.00388
	0.5	−0.49791	0.25472	0.00186	0.00658	−0.00246	0.00382
	0.8	−0.49953	0.25254	−0.00056	0.00276	−0.00048	0.00172
AR(1)	0.2	0.00866	0.02630	−0.00152	0.00726	0.00169	0.00410
	0.5	0.00860	0.01814	−0.00371	0.00569	0.00099	0.00325
	0.8	0.01695	0.01277	−0.00155	0.00411	−0.00173	0.00240
CS	0.2	0.00700	0.02592	−0.00036	0.00745	0.00008	0.00427
	0.5	0.00775	0.02362	0.00287	0.00650	0.00197	0.00416
	0.8	0.00761	0.01675	−0.00021	0.00481	−0.00108	0.00302
		True R = CS　$n = 50$　$\sigma_u^2 = 0.5$					
Naive	0.2	−0.50014	0.25694	0.00430	0.00655	−0.00422	0.00407
	0.5	−0.49981	0.25578	0.00164	0.00599	0.00320	0.00368
	0.8	−0.49586	0.25170	−0.00098	0.00643	−0.00014	0.00364
AR(1)	0.2	0.01588	0.02709	0.00046	0.00737	0.00018	0.00429
	0.5	0.01327	0.02058	−0.00088	0.00556	−0.00163	0.00343
	0.8	0.00864	0.01345	0.00068	0.00398	−0.00266	0.00234
CS	0.2	0.00810	0.02697	−0.00331	0.00699	−0.00151	0.00426
	0.5	0.00829	0.01998	−0.00461	0.00517	−0.00014	0.00335
	0.8	0.00881	0.01158	0.00149	0.00410	−0.00037	0.00223

在表 3.4.1 中, “Naive” 表示忽略测量误差时, 在正确指定工作相关矩阵的情况下估计的结果. 表 3.4.1 中模拟结果表明:

(1) 若忽略测量误差时, β_1 的估计量有较大的偏差 (Bias) 和均方误差 (MSE), 而 β_2 和 β_3 的估计量表现相对稳定, 这是因为第一个协变量具有测量误差导致估计方程是有偏, 并且 $\hat{\beta}_1$ 的偏差很大;

(2) 当使用修正的 QIF 方法后, 明显减小了 β_1 估计的偏差和均方误差, 提高了估计的效率;

(3) 从均方误差可以看出, 当正确指定相关结构时, 估计的结果稍微比错误指定相关结构的结果要好, 但是正确指定相关结构的结果和错误指定相关结构的结果相差不是很大, 这也说明 QIF 方法对于错误指定相关结构时表现是相当稳定的, 因为 QIF 方法避免了估计相关矩阵中的讨厌参数;

(4) 无论是否正确指定工作相关矩阵, 随着相关参数 γ 的增大, 即组内相关性的增强, 相应的估计量的偏差和均方误差都有所改进.

2. 不同样本量、不同测量误差对回归系数估计效率的影响

为了比较不同样本量与不同测量误差对回归系数估计效率的影响, 选定观测数目分别为 $n=10, n=30$ 和 $n=50$, 选定测量误差分别为 $\sigma_u^2=0.25$, $\sigma_u^2=0.5$. 工作相关矩阵的相关参数都选定为 $\gamma=0.5$. 表 3.4.2 和表 3.4.3 给出了相应的模拟结果.

表 3.4.2 当正确工作相关矩阵为 AR(1) 时, 回归系数估计的偏差和均方误差 (见括号内数据)

Working R	n	True $R=$ AR(1) $\gamma=0.5$					
		$\sigma_u^2=0.25$			$\sigma_u^2=0.5$		
		$\hat{\beta}_1$	$\hat{\beta}_2$	$\hat{\beta}_3$	$\hat{\beta}_1$	$\hat{\beta}_2$	$\hat{\beta}_3$
Naive	10	−0.20322	0.00011	0.00569	−0.50910	−0.00505	0.00106
		(0.08219)	(0.02571)	(0.01514)	(0.29157)	(0.03040)	(0.01856)
	30	−0.20170	0.00196	0.00155	−0.50309	0.00580	−0.00173
		(0.05255)	(0.00735)	(0.00403)	(0.26182)	(0.00886)	(0.00509)
	50	−0.20030	−0.00174	0.00074	−0.49791	0.00186	−0.00246
		(0.04695)	(0.00398)	(0.00252)	(0.25472)	(0.00658)	(0.00382)
AR(1)	10	0.03819	0.00574	−0.01193	0.07882	−0.01291	−0.00304
		(0.07297)	(0.02585)	(0.01635)	(0.16603)	(0.03793)	(0.02262)
	30	0.00537	−0.00006	0.00498	0.02118	0.00568	−0.00260
		(0.02170)	(0.00864)	(0.00517)	(0.03463)	(0.01066)	(0.00618)
	50	0.00343	0.00159	0.00004	0.00860	−0.00371	0.00099
		(0.01039)	(0.00465)	(0.00260)	(0.01814)	(0.00569)	(0.00325)
CS	10	0.02042	0.00966	−0.00315	0.04087	0.00176	0.00830
		(0.08230)	(0.03160)	(0.02074)	(0.20407)	(0.05147)	(0.02839)
	30	0.00435	−0.00216	−0.00391	0.01986	−0.00335	−0.00480
		(0.02456)	(0.00989)	(0.00582)	(0.04216)	(0.01234)	(0.00740)
	50	0.00112	−0.00168	−0.00027	0.00775	0.00287	0.00197
		(0.01401)	(0.00574)	(0.00366)	(0.02362)	(0.00650)	(0.00416)

表 3.4.3　当正确工作相关矩阵为 CS 时, 回归系数估计的偏差和均方误差 (见括号内数据)

Working R	n	True R = CS　$\gamma = 0.5$					
		$\sigma_u^2 = 0.25$			$\sigma_u^2 = 0.5$		
		$\hat{\beta}_1$	$\hat{\beta}_2$	$\hat{\beta}_3$	$\hat{\beta}_1$	$\hat{\beta}_2$	$\hat{\beta}_3$
Naive	10	−0.19281	0.00537	0.00460	−0.49812	−0.00599	0.00716
		(0.07863)	(0.02589)	0.01440	(0.27169)	(0.02296)	(0.01511)
	30	−0.20139	−0.00252	0.00070	−0.50057	0.00403	−0.00145
		(0.05069)	(0.00655)	(0.00390)	(0.25942)	(0.00893)	(0.00509)
	50	−0.19658	−0.00077	0.00062	−0.49981	0.00164	0.00320
		(0.04458)	(0.00411)	(0.00226)	(0.25578)	(0.00599)	(0.00368)
AR(1)	10	0.03006	0.00221	0.00143	0.07203	0.00231	−0.00082
		(0.06830)	(0.02407)	(0.01597)	(0.18610)	(0.04124)	(0.02526)
	30	0.00795	−0.00066	0.00209	0.02526	0.00194	−0.00229
		(0.01976)	(0.00823)	(0.00486)	(0.04058)	(0.01093)	(0.00672)
	50	0.00645	0.00018	0.00019	0.01327	−0.00088	−0.00163
		(0.01004)	(0.00433)	(0.00243)	(0.02058)	(0.00556)	(0.00343)
CS	10	0.03530	0.00457	0.00229	0.08415	−0.00188	−0.01046
		(0.06445)	(0.02247)	(0.01487)	(0.18434)	(0.03554)	(0.02418)
	30	0.00429	−0.00266	−0.00133	0.02114	−0.00283	0.00295
		(0.01742)	(0.00767)	(0.00443)	(0.03168)	(0.01011)	(0.00560)
	50	0.00019	−0.00131	0.00028	0.00829	−0.00461	−0.00014
		(0.00977)	(0.00429)	(0.00238)	(0.01998)	(0.00517)	(0.00335)

表 3.4.2 和表 3.4.3 是在真实相关矩阵分别为 AR(1) 和 CS 的情况下, 比较不同样本量和不同测量误差对估计效率的影响. 表 3.4.2 和表 3.4.3 的模拟结果表明:

(1) 无论是否正确指定工作相关矩阵, 随着样本量的增加, 估计的偏差和均方误差都得到了显著的改善; 随着测量误差方差的减小, 估计的偏差和均方误差也都变小;

(2) 从均方误差可以看出, 当正确指定相关结构时, 估计的结果稍微比错误指定相关结构的结果要好, 但是正确指定相关结构的结果和错误指定相关结构的结果同样相差不是很大;

(3) 对于这两种情形, 当使用修正的 QIF 方法后, 同样减小了 β_1 估计的偏差和均方误差.

3.4.6　实例分析

在本节中, 应用提出的方法来分析来自某艾滋病研究中心的一组数据, 该数据集可在 R 程序包 “timereg” 中获得. 该数据集包括从 1984~1991 年感染 HIV 病毒的 283 个男同性恋患者的 HIV 状态数据. 计划每半年对患者观测一次, 但由于各种原因, 很多患者没能按照原计划时间进行观测, 所以数据是非平衡的和时间不等的. 所得数据包含: 观测时间; 患者感染 HIV 时的年龄 (Age); 吸烟情况 (Smoking), 取值为 0 表示感染 HIV 后不吸烟或者取值为 1 表示感染 HIV 后吸烟; 感染 HIV 以前血液中 CD4 细胞含量的百分比 (Pre-CD4); 随着观测时间变化感染 HIV 病毒后的血液中 CD4 细胞含量的百分比等一些变量. 通常认为 HIV 可以杀死 CD4 细胞, 因而可以通过观测血液中 CD4 细胞含量的百分比来考察 HIV 感染的程度. 因此, 我们的研究目的是考察患者 HIV 感染前的 CD4 浓度, 患者的吸烟状态和 HIV 感染时患者的年龄等协变量对 HIV 感染后的患者 CD4 细胞的百分比随时间变化的影响.

该数据集曾被大量的统计学者应用来分析变系数模型, 如 Wu 等 (1998), Fan 和 Zhang (2000), Huang 等 (2002), Qu 和 Li (2006), 以及 Xue 和 Zhu (2007a). 他们的研究结果表明, 血液中 CD4 细胞含量的百分比的均值是观测时间的非线性函数, Pre-CD4 细胞含量对 CD4 细胞含量的百分比有着显著的影响, 而年龄和吸烟状况对 CD4 细胞含量的百分比没有显著影响. 用 Y_{ij} 表示 CD4 细胞的百分比, X_{ij1} 表示 Pre-CD4 细胞百分比, X_{ij2} 表示感染 HIV 时的年龄, X_{ij3} 表示感染 HIV 后是否吸烟, t_{ij} 表示每次观测的时间. 很多学者曾考虑了 Pre-CD4 细胞的数量含有测量误差的问题. 因此, 我们也假定 Pre-CD4 细胞的百分比含有测量误差. 对以上数据建立如下模型

$$
\begin{cases}
Y_{ij} = X_{ij1}\beta_1 + X_{ij2}\beta_2 + X_{ij3}\beta_3 + g(T_{ij}) + \varepsilon_{ij}, \\
W_{ij} = X_{ij1} + U_{ij}.
\end{cases}
$$

由于缺少对含有测量误差协变量的重复观测, 所以假定测量误差 U_{ij} 服从正态分布 $N(0,\sigma_u^2)$, 类似于 Lin 等 (2000) 对该数据的分析, 分别选取 σ_u^2 等于 W_{ij} 方差的 25% 和 50% 进行敏感性分析, 即假定测量误差的方差为 $\sigma_u^2 = 0.34$ 和 $\sigma_u^2 = 0.68$. 为了方便比较, 假定 σ_u^2 的取值分别为 $\sigma_u^2 = 0, \sigma_u^2 = 0.34$ 和 $\sigma_u^2 = 0.68$ 这三种情况. 分别在 AR(1) 和 CS 两种不同工作相关矩阵下给出相应的估计结果, 计算结果见表 3.4.4.

表 3.4.4 艾滋病数据中系数的估计

Parameter	$\sigma_u^2 = 0$		$\sigma_u^2 = 0.34$		$\sigma_u^2 = 0.68$	
	AR(1)	CS	AR(1)	CS	AR(1)	CS
Pre-CD4	0.34038	0.33935	0.34076	0.34124	0.34731	0.34159
Age	−0.01568	−0.04972	−0.01435	−0.04914	−0.01682	−0.04979
Smoking	0.00623	0.56423	−0.01711	0.55732	−0.00056	0.55152

表 3.4.4 表明, 无论是否考虑测量误差, 在两种工作相关结构下, 年龄都不是很显著的. 而吸烟状况在工作相关矩阵取 AR(1) 结构时, 估计量表现不是很显著的, 但是当工作相关矩阵取 CS 结构时, 吸烟状况却是显著的, 并是正相关. 同时还发现

对两种工作相关结构, Pre-CD4 的估计相对稳定, 并随着测量误差的增加, Pre-CD4 和 CD4 稍微有着更强的相关性. 以上的结果与 Huang 等 (2002), Lin 等 (2000) 已有的研究成果基本上是一致的.

3.5 变量选择

3.5.1 引言

本节考虑如下部分线性模型

$$Y(t)=X^{\mathrm{T}}(t)\beta_n+g(t)+\varepsilon(t), \tag{3.5.1}$$

其中 $Y(t)$ 是响应变量, $X(t)$ 是 $p_n\times 1$ 的协变量, β_n 是 $p_n\times 1$ 的未知回归系数, $g(t)$ 是未知基准函数, $\varepsilon(t)$ 是随机误差且 $E\{\varepsilon(t)|X(t)\}=0$. 这里 t 是在非退化的紧区间 $\mathcal{T}$ 上变化, 不失一般性, 假定 $t\in[0,1]$. 类似 Fan 等 (2007), 假定 $\mathrm{Var}\{\varepsilon(t)|X(t)\}=\sigma^2(t)$, 是非参数光滑函数, 但 $\varepsilon(s)$ 和 $\varepsilon(t)$ 的相关函数是参数形式, 即 $\mathrm{corr}\{\varepsilon(s),\varepsilon(t)\}=\rho(s,t,\theta)$, 其中 $\rho(s,t,\theta)$ 是关于 s 和 t 的正定函数, θ 是未知的参数向量.

Fan 和 Li (2004) 研究了纵向数据下半参数模型的变量选择, 但是, 对参数的维数假定是固定的, 不随 n 增加而增加. 本节考虑当 $n\to\infty$ 时, $p_n\to\infty$ 且 $p_n<n$ 的情形下, 纵向数据部分线性模型同时变量选择和估计未知参数的问题. 而在生物医学以及流行病学等领域常常遇到超高维数据, 即 $p_n\gg n$. 本节介绍的变量选择过程并不能直接应用到超高维的情形. 近几年来, 针对超高维线性回归模型提出了一些变量选择准则, 参见 Candes 和 Tao (2007), Fan 和 Lv (2008), Li 等 (2012b). 如何借鉴已有的变量选择方法对纵向数据超高维模型提出有效的变量选择过程是一个非常有挑战的问题.

3.5.2 方法论和主要结果

考虑来自 n 个个体的样本, $Y_i(t)$ 和 $X_i(t)$ 是在 $t=t_{i1},\cdots,t_{im_i},i=1,\cdots,n$ 时刻观测的响应变量和协变量, 其中 m_i 是第 i 个个体观测的次数. 为了明确表明回归系数依赖 n, 将模型 (3.5.1) 写为

$$Y_i(t_{ij})=X_i^{\mathrm{T}}(t_{ij})\beta_n+g(t_{ij})+\varepsilon_i(t_{ij}),\quad i=1,\cdots,n,\quad j=1,\cdots,m_i. \tag{3.5.2}$$

假定来自不同个体的 $(X_i(t_{ij}),Y_i(t_{ij}))$ 和 $\varepsilon_i(t_{ij})$ 是独立的且 $E\{\varepsilon_i(t_{ij})|X_i(t_{ij})\}=0$. 在渐近理论研究中, 假定 m_i 有界而个体总数 n 趋于无穷. 进一步假定设计点列 $\{t_{ij},i=1,\cdots,n,j=1,\cdots,m_i\}$ 是 i.i.d. 的, 其共同的密度 $f(\cdot)$ 是 Lebesgue 可测的.

不失一般性, 假定 β_n 的前 s_n 个分量为非零系数, 记为 β_{n1}, 其他 $p_n - s_n$ 个分量记为 β_{n2}, 是零系数.

注意到 $E\{Y_i(t)|t=t_{ij}\} = E\{X_i(t)|t=t_{ij}\}^{\mathrm{T}}\beta_n + g(t_{ij})$, 这结合式 (3.5.2) 可得

$$Y_i(t_{ij}) - \mu_2(t_{ij}) = [X_i(t_{ij}) - \mu_1(t_{ij})]^{\mathrm{T}}\beta_n + \varepsilon_i(t_{ij}), \tag{3.5.3}$$

其中 $\mu_1(\cdot) = E[X(t)|t=\cdot]$, $\mu_2(\cdot) = E[Y(t)|t=\cdot]$. 为了方便, 我们引入一些记号. 记 $Y_i = (Y_i(t_{i1}),\cdots,Y_i(t_{im_i}))^{\mathrm{T}}$, $X_i = (X_i(t_{i1}),\cdots,X_i(t_{im_i}))^{\mathrm{T}}$, $\varepsilon_i = (\varepsilon_i(t_{i1}),\cdots,\varepsilon_i(t_{im_i}))^{\mathrm{T}}$, $t_i = (t_{i1},\cdots,t_{im_i})^{\mathrm{T}}$, $\mu_1(t_i) = (\mu_1(t_{i1}),\cdots,\mu_1(t_{im_i}))^{\mathrm{T}}$, 以及 $\mu_2(t_i) = (\mu_2(t_{i1}),\cdots,\mu_2(t_{im_i}))^{\mathrm{T}}$. 由式 (3.5.3) 可以构造 β_n 的加权最小二乘目标函数

$$l(\beta_n) = \frac{1}{2}\sum_{i=1}^{n}(\check{Y}_i - \check{X}_i\beta_n)^{\mathrm{T}}W_i(\check{Y}_i - \check{X}_i\beta_n),$$

其中 $\check{X}_i = X_i - \mu_1(t_i)$, $\check{Y}_i = Y_i - \mu_2(t_i)$, W_i 是 $m_i \times m_i$ 的权矩阵, 其依赖于讨厌参数 θ. 权矩阵 W_i 通常取工作协方差的逆, 即 $W_i = V_i^{-1}$, 其中 V_i 是工作协方差矩阵, 用来刻画纵向数据的组内相关结构. 由第 2 章的讨论可知, 当取 $V_i = \mathrm{Cov}(Y_i)$ 时, 即正确指定纵向数据组内相关结构时, 得到的参数的估计是最有效的. 那么, β_n 的惩罚最小二乘估计为最小化目标函数

$$l^*(\beta_n) = l(\beta_n) + n\sum_{j=1}^{p_n} p_{\lambda_n}(|\beta_{n,j}|), \tag{3.5.4}$$

其中 $p_{\lambda_n}(\cdot)$ 是惩罚函数, λ_n 是调整参数或截断参数. Fan 和 Li (2001) 指出一个好的惩罚函数应该具有三个性质: ① 无偏性; ② 稀疏性; ③ 连续性. Tibshirani (1996) 提出的 Lasso 惩罚所得的惩罚估计是有偏的, 而 Antoniadis (1997) 提出的硬门限惩罚所得的惩罚估计是不连续的. 为了克服现有方法的缺陷, Fan 和 Li (2001) 提出了 SCAD 惩罚函数, 证明了 SCAD 变量选择过程不仅能够进行同时变量选择和参数估计, 而且能够相合地识别出真实模型, 所得到的参数估计是相合的, 并满足 oracle 性质. 基于该惩罚函数的好的性质, 在模拟和应用研究中采用 SCAD 惩罚函数, 其定义为

$$p'_{\lambda_n}(|\alpha|) = \lambda_n\left\{I(|\alpha| \leqslant \lambda_n) + \frac{(a\lambda_n - |\alpha|)_+}{(a-1)\lambda_n}I(|\alpha| > \lambda_n)\right\}, \quad a > 2,$$

其中 z_+ 表示 z 的正部.

$l^*(\beta_n)$ 不能直接用于 β_n 的统计推断, 因为它包含两个未知函数 $\mu_1(\cdot)$ 和 $\mu_2(\cdot)$, 自然的想法就是用它们的估计去代替. 它们的核估计分别定义为

$$\hat{\mu}_1(t) = \sum_{i=1}^{n}\sum_{j=1}^{m_i}\omega_{ij}(t)X_i(t_{ij}), \quad \hat{\mu}_2(t) = \sum_{i=1}^{n}\sum_{j=1}^{m_i}\omega_{ij}(t)Y_i(t_{ij}),$$

其中 $\omega_{ij}(t)=K_h(t_{ij}-t)/\sum\limits_{k=1}^{n}\sum\limits_{l=1}^{m_k}K_h(t_{kl}-t)$, h 是窗宽, $K_h(\cdot)=K(\cdot/h)$ 且 $K(\cdot)$ 是核函数.

在 $l^*(\beta_n)$ 中分别用 $\hat{\mu}_1(t)$ 和 $\hat{\mu}_2(t)$ 代替 $\mu_1(t)$ 和 $\mu_2(t)$ 得到一个估计的惩罚最小二乘目标函数

$$\hat{l}^*(\beta_n)=\hat{l}(\beta_n)+n\sum_{j=1}^{p_n}p_{\lambda_n}(|\beta_{n,j}|), \tag{3.5.5}$$

其中 $\hat{l}(\beta_n)=\dfrac{1}{2}\sum\limits_{i=1}^{n}(\tilde{Y}_i-\tilde{X}_i\beta_n)^{\mathrm{T}}W_i(\tilde{Y}_i-\tilde{X}_i\beta_n)$, $\tilde{X}_i=X_i-\hat{\mu}_1(t_i),\tilde{Y}_i=Y_i-\hat{\mu}_2(t_i)$, $\hat{\mu}_1(t_i)=(\hat{\mu}_1(t_{i1}),\cdots,\hat{\mu}_1(t_{im_i}))^{\mathrm{T}}$ 和 $\hat{\mu}_2(t_i)=(\hat{\mu}_2(t_{i1}),\cdots,\hat{\mu}_2(t_{im_i}))^{\mathrm{T}}$, 则 β_n 的惩罚最小二乘估计为

$$\hat{\beta}_n=\arg\min_{\beta_n}\hat{l}^*(\beta_n).$$

记 $\beta_{n0}=(\beta_{n10}^{\mathrm{T}},0^{\mathrm{T}})^{\mathrm{T}}$ 为参数 β_n 的真值, $\hat{\beta}_n=(\hat{\beta}_{n1}^{\mathrm{T}},\hat{\beta}_{n2}^{\mathrm{T}})^{\mathrm{T}}$ 为 β_n 的惩罚最小二乘估计. 令

$$a_n=\max_{1\leqslant j\leqslant p_n}\{p'_{\lambda_n}(|\beta_{n0,j}|),\beta_{n0,j}\neq 0\}$$

且

$$b_n=\max_{1\leqslant j\leqslant p_n}\{p''_{\lambda_n}(|\beta_{n0,j}|),\beta_{n0,j}\neq 0\},$$

其中 $\beta_{n0,j}$ 是 β_{n0} 的第 j 个分量. 另外记

$$\varGamma_n=E\left(\check{X}_1^{\mathrm{T}}W_1\check{X}_1\right),\qquad \varUpsilon_n=E(\check{X}_1^{\mathrm{T}}W_1\varepsilon_1\varepsilon_1^{\mathrm{T}}W_1\check{X}_1),$$
$$\varSigma_{\lambda_n}=\mathrm{diag}\{p''_{\lambda_n}(|\beta_{n0,1}|),\cdots,p''_{\lambda_n}(|\beta_{n0,s_n}|)\}$$

且

$$b_{\lambda_n}=\{p'_{\lambda_n}(|\beta_{n0,1}|)\mathrm{sgn}(\beta_{n0,1}),\cdots,p'_{\lambda_n}(|\beta_{n0,s_n}|)\mathrm{sgn}(\beta_{n0,s_n})\}^{\mathrm{T}}.$$

在给出本节的主要定理之前, 首先给出一组条件.

(C3.5.1) 窗宽满足 $h=cn^{-1/5}$, 对某个常数 $c>0$.

(C3.5.2) 核函数 $K(\cdot)$ 是对称的概率密度函数, 且在它的支撑集 $[-1,1]$ 上有界变差.

(C3.5.3) $\sup_t E[\varepsilon_i^4(t_{ij})|t_{ij}=t]<\infty$ 且 $\sup_t E[X_{i,r}^4(t_{ij})|t_{ij}=t]<\infty$, 其中 $X_{i,r}(t_{ij})$ 是 $X_i(t_{ij})$ 的第 r 个分量, $r=1,\cdots,p_n$.

(C3.5.4) 密度函数 $f(t)$ 在 $(0,1)$ 上连续可微, 且满足

$$0<\inf_{t\in[0,1]}f(t)\leqslant\sup_{t\in[0,1]}f(t)<\infty.$$

(C3.5.5) $\mu_{1,r}(t)$ 和 $g(t)$ 在 $(0,1)$ 上是二次连续可微的, $r=1,\cdots,p_n$, 其中 $\mu_{1,r}(t)$ 是 $\mu_1(t)$ 的第 r 个分量.

(C3.5.6) 方差函数 $\mathrm{Var}\{\varepsilon(t)\}$ 在 $(0,1)$ 上连续.

(C3.5.7) 对所有 p_n, $0<C_1<\lambda_{\min}(\varGamma_n)\leqslant\lambda_{\max}(\varGamma_n)<C_2<\infty$, 其中 C_1 和 C_2 是正常数, $\lambda_{\min}(M)$ 和 $\lambda_{\max}(M)$ 分别表示正定阵 M 的最小和最大特征值.

(C3.5.8) $\beta_{n10,1},\cdots,\beta_{n10,s_n}$ 满足

$$\min_{1\leqslant j\leqslant s_n}|\beta_{n10,j}|/\lambda_n\to\infty,\quad 当\ n\to\infty.$$

(C3.5.9) 惩罚函数满足如下条件:

(A) $\liminf_{n\to\infty}\liminf_{u\to 0_+}p'_{\lambda_n}(u)/\lambda_n>0$;

(B) $a_n=O(n^{-1/2})$;

(C) $b_n\to 0$, 当 $n\to\infty$;

(D) 存在常数 C 和 D 使得当 $u_1,u_2>\lambda_n C$, $|p''_{\lambda_n}(u_1)-p''_{\lambda_n}(u_2)|\leqslant D|u_1-u_2|$.

上述条件在半参数估计和变量选择中是常见的正则条件. 条件 (C3.5.1) 确保了欠光滑是不需要的, 因此, 可以用数据驱动的方法选择窗宽. 条件 (C3.5.2) 对 $K(\cdot)$ 紧支撑的要求仅是技术上的假定, 在实际运用中通常可以放宽到使用小尾的核. 条件 (C3.5.3) 是基本的矩条件. 条件 (C3.5.4) 确保了 $\hat{\mu}_{1,r}(t),r=1,\cdots,p_n$ 和 $\hat{g}_*(t)$ 的分母依概率 1 有界且下确界大于 0, 其中 $\hat{\mu}_{1,r}(t)$ 是 $\hat{\mu}_1(t)$ 的第 r 个分量, $\hat{g}_*(t)=\hat{\mu}_2(t)-\hat{\mu}_1(t)\beta_{n0}$; 由此结合条件 (C3.5.2) 和条件 (C3.5.5) 确保了 $\hat{\mu}_{1,r}(t),r=1,\cdots,p_n$ 和 $\hat{g}_*(t)$ 有高阶的收敛速度. 条件 (C3.5.6) 是基本的假定. 条件 (C3.5.7) 是对预测矩阵的限制, Zou 和 Zhang (2009) 也用了类似的假定. 条件 (C3.5.8) 是必需的条件, 如果当 n 增加时, 非零元素以一定速度接近 0, 那么, 该估计过程不可能从零元素中识别它们. Fan 和 Peng (2004) 指出零元素的条件可以放宽为

$$\min_{s_n+1\leqslant j\leqslant p_n}|\beta_{n0,j}|/\lambda_n\to 0,\quad n\to\infty.$$

条件 (C3.5.9) 是文献中对惩罚函数使用的普通条件.

下面将给出 $\hat{\beta}_n$ 的渐近性质.

定理 3.5.1 假设条件 (C3.5.1)~条件 (C3.5.7) 成立, 并且惩罚函数满足条件 (C3.5.9) 中 (B)~(D), 当 $n\to\infty$ 时, $p_n^4/n\to 0$, 那么 $\hat{l}^*(\beta_n)$ 存在局部最小值 $\hat{\beta}_n$ 使得 $\|\hat{\beta}_n-\beta_{n0}\|=O_P\{\sqrt{p_n}(n^{-1/2}+a_n)\}$.

定理 3.5.1 表明了惩罚估计具有相合性. 如果 a_n 满足条件 (C3.5.9) 中 (B), 即 $a_n=O(n^{-1/2})$, 则存在 $\sqrt{n/p_n}$ 相合估计. 该收敛速度与 Fan 和 Peng (2004) 所得估计的收敛速度一致.

定理 3.5.2 (oracle 性质) 假设条件 (C3.5.1)～条件 (C3.5.9) 成立, 当 $n\to\infty$ 时, 如果 $\lambda_n\to 0$, $\sqrt{n/p_n}\lambda_n\to\infty$, $p_n^5/n\to 0$, 那么, 定理 3.5.1 中的 $\hat{\beta}_n=(\hat{\beta}_{n1}^{\mathrm{T}},\hat{\beta}_{n2}^{\mathrm{T}})^{\mathrm{T}}$, 依概率趋近于 1 满足:

(1) (稀疏性) $\hat{\beta}_{n2}=0$;

(2) (渐近正态性) 记 $\hat{\beta}_{n1}=(\hat{\beta}_{n1,1},\cdots,\hat{\beta}_{n1,s_n})^{\mathrm{T}}$, $\beta_{n10}=(\beta_{n10,1},\cdots,\beta_{n10,s_n})^{\mathrm{T}}$, 则有

$$\sqrt{n}A_n\varUpsilon_{n11}^{-1/2}(\varGamma_{n11}+\varSigma_{\lambda_n})[(\hat{\beta}_{n1}-\beta_{n10})+(\varGamma_{n11}+\varSigma_{\lambda_n})^{-1}b_{\lambda_n}]\xrightarrow{L}N(0,G),$$

其中 A_n 是 $q\times s_n$ 矩阵, q 是任意有限正整数且满足$A_nA_n^{\mathrm{T}}\to G$, G 是 $q\times q$ 非负定对称阵, $\varUpsilon_{n11}$ 和 $\varGamma_{n11}$ 分别由 $\varUpsilon_n$ 和 $\varGamma_n$ 的前 s_n 行和前 s_n 列组成.

定理 3.5.2 表明, 当 $n\to\infty$ 时, 参数的维数 $p_n\to 0$, 且要求 $p_n^5/n\to 0$, 即 p_n 的增长速度不要过快, 估计的稀疏性和渐近正态性仍成立. 对 SCAD 惩罚函数, 满足定理 3.5.1 和 3.5.2 的条件; 并且当 n 充分大时, $\varSigma_{\lambda_n}=0$ 和 $b_{\lambda_n}=0$. 因此, 定理 3.5.2(2) 变为

$$\sqrt{n}A_n\varUpsilon_{n11}^{-1/2}\varGamma_{n11}(\hat{\beta}_{n1}-\beta_{n10})\xrightarrow{L}N(0,G).$$

注意到无论权矩阵 W_i 的形式如何, 所提出的估计 $\hat{\beta}_n$ 具有相合性和渐近正态性. 正如 Fan 和 Li (2004) 所讨论的, 可以采用工作独立相关结构矩阵, 即 W_i 是对角阵. 尽管此时 W_i 可能错误指定, 但并不影响估计的相合性, 仅仅对估计的效有影响. 为了改进回归系数估计的效, 权矩阵应该选取工作协方差矩阵 V_i 逆的估计. 在下面提出的迭代算法中, 借鉴 Fan 等 (2007) 的思想, 分别采用核方法估和拟似然方法估计非参数方差函数和相关结构中的未知参数 θ.

3.5.3 迭代算法

由于惩罚函数在原点是奇异的, 普通的梯度计算方法不能直接应用. 利用 Fan 和 Li (2001) 提出的局部二次逼近方法, 在真值 $\beta_{n0,j}$ (其中 $|\beta_{n0,j}|>0$) 的领域内, 惩罚函数可以近似表示为

$$[p_{\lambda_n}(|\beta_{n,j}|)]'=p'_{\lambda_n}(|\beta_{n,j}|)\mathrm{sgn}(\beta_{n,j})\approx\frac{p'_{\lambda_n}(|\beta_{n0,j}|)}{|\beta_{n0,j}|}\beta_{n,j}.$$

基于局部二次逼近, 最小化 $\hat{l}^*(\beta_n)$ 可以直接采用 Newton-Raphson 算法. Zou 和 Li (2008a, 2008b) 对 SCAD 惩罚函数提出了局部线性逼近算法, 也可以采用局部线性逼近去解最小化问题 (3.5.5). 此处采用 Newton-Raphson 算法, 得到如下迭代公式

$$\hat{\beta}_n^{[s+1]}=\left\{\sum_{i=1}^n\tilde{X}_i^{\mathrm{T}}W_i\tilde{X}_i+n\varOmega_{\lambda_n}(\hat{\beta}_n^{[s]})\right\}^{-1}\sum_{i=1}^n\tilde{X}_i^{\mathrm{T}}W_i\tilde{Y}_i,\tag{3.5.6}$$

其中 $\Omega_{\lambda_n}(\beta_n)=\mathrm{diag}\{p'_{\lambda_n}(|\beta_{n,1}|)/(\epsilon+|\beta_{n,1}|),\cdots,p'_{\lambda_n}(|\beta_{n,p_n}|)/(\epsilon+|\beta_{n,p_n}|)\}$, ϵ 是较小的数 (在模拟研究中取 $\epsilon=10^{-6}$).

下面给出一个迭代算法. 为了改进估计的效, 在迭代算法中采用权矩阵 W_i 的估计. 首先, 通过包含所有协变量的部分线性模型 (3.5.2) 获得初始估计 $\hat{\beta}_n^{[1]}$ 和 $(\hat{\sigma}^{2[1]}(t),\hat{\theta}^{[1]})$. 为了得到 $\hat{\beta}_n^{[1]}$ 和 $(\hat{\sigma}^{2[1]}(t),\hat{\theta}^{[1]})$, 忽略组内相关性, 通过最小化 $\hat{l}(\beta_n)$ 获得 β_n 的初始估计 $\hat{\beta}_n^{[1]}$. 然后分别采用核估计和拟似然方法得到 $\sigma^2(t)$ 和 γ 的估计 $\hat{\sigma}^{2[1]}(t)$ 和 $\hat{\theta}^{[1]}$. 从而, 可以得到如下迭代计算步骤.

步骤 1 令 $s=1$, 给初始值 $(\hat{\beta}_n^{[1]},\hat{\sigma}^{2[1]}(t),\hat{\theta}^{[1]})$.

步骤 2 通过式 (3.5.6) 计算 $\hat{\beta}_n^{[s+1]}$.

步骤 3 基于选择的变量计算 $\hat{\sigma}^{2[s+1]}(t)$ 和 $\hat{\theta}^{[s+1]}$.

步骤 4 令 $s=s+1$. 迭代步骤 2— 步骤3 直到收敛, 且记最终 β_n 的估计为 $\hat{\beta}_n$.

下面对步骤 3 的估计过程进行简单说明. 记 $X_i^{[s]}$ 为在 s 步迭代中从 X_i 中选择出来的子集. 在步骤 3 中, $\sigma^2(t)$ 的核估计为

$$\hat{\sigma}^{2[s+1]}(t)=\frac{\displaystyle\sum_{i=1}^{n}\sum_{i=1}^{m_i}\hat{r}_{ij}^2K_{h_1}(t-t_{ij})}{\displaystyle\sum_{i=1}^{n}\sum_{i=1}^{m_i}K_{h_1}(t-t_{ij})},$$

其中 $\hat{r}_{ij}=\tilde{y}_i(t_{ij})-\tilde{X}_i^{[s]}\hat{\beta}_n^{[s]}$, $\tilde{X}_i^{[s]}$ 是在 s 步迭代中从 $\tilde{X}_i$ 中选择出来的子集. 为了得到相关函数中 θ 的估计, 采用拟似然方法, θ 的估计定义为

$$\hat{\theta}=\arg\max_{\theta}\left(-\frac{1}{2}\sum_{i=1}^{n}\left\{\log|C_i(\theta)|+\hat{r}_i^{\mathrm{T}}\hat{A}_i^{-1}C_i^{-1}(\theta)\hat{A}_i^{-1}\hat{r}_i\right\}\right),$$

其中 $\hat{A}_i=\mathrm{diag}\{\hat{\sigma}^{[s+1]}(t_{i1}),\cdots,\hat{\sigma}^{[s+1]}(t_{in_i})\}$, $\hat{r}_i=(\hat{r}_{i1},\cdots,\hat{r}_{in_i})^{\mathrm{T}}$ 且 $C_i(\theta)$ 是 ε_i 的相关矩阵, 其第 (k,l) 个元素为 $\rho(t_{ik},t_{il},\theta)$.

利用 SCAD 惩罚函数进行变量选择时, 在该迭代算法中, 涉及 λ_n 和 a 两个调整参数需要选择. Fan 和 Li(2001) 表明模型的变量选择结果对 a 的选择不是太敏感, 并建议取 $a=3.7$. 对纵向数据的变量选择问题, 已有文献也是采用 $a=3.7$, 请参见文献 Dziak 和 Li (2006), Fan 和 Li (2004), Wang 等 (2008), Ni 等 (2010). 因此在本节中, 仍采用 $a=3.7$. 另外, 对调整参数 λ_n, Fan 和 Li (2001) 建议采用广义交错核实法 (GCV) 选取调整参数 λ_n. 具体地, 可以定义下列 GCV 目标函数

$$\mathrm{GCV}(\lambda_n)=\frac{\mathrm{RSS}(\lambda_n)/n}{(1-d(\lambda_n)/n)^2},$$

其中 $\mathrm{RSS}(\lambda_n)=\displaystyle\sum_{i=1}^{n}(\tilde{Y}_i-\tilde{X}_i\hat{\beta}_n)^{\mathrm{T}}W_i(\tilde{Y}_i-\tilde{X}_i\hat{\beta}_n)$ 是加权残差平方和, $d(\lambda_n)=\mathrm{tr}[\{\hat{\mathcal{I}}_n+$

$\Omega_{\lambda_n}(\hat{\beta}_n)\}^{-1}\hat{\mathcal{T}}_n^{\mathrm{T}}]$ 是有效参数个数, 称为自由度. $\hat{\mathcal{T}}_n = \dfrac{1}{n}\sum_{i=1}^{n}\tilde{X}_i^{\mathrm{T}}W_i\tilde{X}_i$. 选择 $\hat{\lambda}_n = \arg\min_{\lambda_n}\mathrm{GCV}(\lambda_n)$.

Wang 等 (2007) 指出交错核实方法导致不相合的变量选择. 他们提出了 BIC 方法选择调整参数, 且指出了 BIC 方法优于 GCV 方法. 随后, Wang 等 (2009) 讨论了当参数维数发散时, 如何选择调整参数 λ_n, 提出了修正的 BIC 方法选择调整参数 λ_n, 并从理论上证明了修正的 BIC 方法使得变量选择相合性. Li 等 (2011b) 将 BIC 方法应用到了惩罚的 M 估计. 修正的 BIC 准则定义为

$$\mathrm{BIC}(\lambda_n) = \log(\mathrm{RSS}(\lambda_n)/n) + C_n d(\lambda_n)\log(n)/n,$$

其中 $C_n > 0$ 是某个正常数. 通过最小化 $\mathrm{BIC}(\lambda_n)$ 选择最优的 λ_n. 在模拟研究中, 取 $C_n = \log\log(p_n)$(Wang et al., 2009). 根据模拟研究, 我们推荐用 BIC 方法选择调整参数 λ_n. 在每种情况下, 重复模拟 500 次.

3.5.4 模拟研究和实例分析

1. 模拟研究

这节通过数值模拟研究所提出的变量选择方法的有限样本性质. 数据从下面模型产生

$$Y_i(t_{ij}) = 2\sin(2\pi t_{ij}) + X_i^{\mathrm{T}}(t_{ij})\beta_n + \varepsilon_i(t_{ij}),$$

其中 $i = 1, \cdots, n$ ($n = 50$, 100 和 150), $j = 1, \cdots, 4$, $\beta_n = (0.5, 1, 1.5, 2, 0, \cdots, 0)^{\mathrm{T}}$, 协变量 $(X_{i,1}, X_{i,2}, \cdots, X_{i,p_n})^{\mathrm{T}}$ 产生于相互独立的标准正态分布. 时间 t 来自 $(0,1)$ 上的均匀分布. 随机误差 $\varepsilon_i(t)$ 是均值为 0 的高斯 (Gauss) 过程, 方差函数

$$\sigma^2(t) = 0.5\exp(t/12)$$

和 ARMA(1,1) 相关结构

$$\mathrm{corr}(\varepsilon_i(s), \varepsilon_i(t)) = \gamma\rho^{|t-s|}, \quad s \neq t.$$

取 $(\gamma, \rho) = (0.85, 0.9), (0.85, 0.6)$ 和 $(0.85, 0.3)$, 代表不同的相关程度. 参数的维数 $p_n = [4.5n^{1/4}]$, 其中 $[t]$ 表示 t 的整数部分. 维数 p_n 是发散的但是真实模型的维数是固定的, 取为 4. 采用 Epanechnikov 核函数 $K(u) = 0.75(1-u^2)_+$. 采用 Fan 和 Li (2001) 中的方法选取窗宽 h. $\hat{\sigma}^2(t)$ 是一维核回归, 在获得 $\hat{\sigma}^2(t)$ 时, 直接采用 plug-in 窗宽选择方法 (Ruppert et al., 1995) 选取带宽 h_1. 采用修正的 BIC 方法选择调整参数 λ_n.

在纵向数据和独立数据 ($\rho = 0$) 情形下, 比较了所提出的变量选择方法 (SCAD*) 和 Xie 和 Huang (2009) 用到的 SCAD 和 Lasso 方法. 进一步, 为了研究当相关结构

错误指定时 SCAD* 方法的效果, 当正确工作相关结构是 ARMA(1,1) 时, 计算了正确指定工作相关结构的 $\hat{\beta}_n$ (SCAD*-C) 和错误指定工作相关结构的 $\hat{\beta}_n$ (SCAD*-I), 其中错误指定工作相关结构为 AR(1). 为了度量估计 $\hat{\beta}_n$ 的精度, 采用广义均方误差 (GMSE), 其定义为

$$\text{GMSE} = (\hat{\beta}_n - \beta_{n0})^{\text{T}} E(X^{\text{T}} X)(\hat{\beta}_n - \beta_{n0}).$$

模拟了真实零变量正确估计为 0 的平均个数, 记为 “ C”, 非零变量错误估计为 0 的平均个数, 记为 “I”. 模拟结果见表 3.5.1. 从表 3.5.1 可以看出:

(1) 对纵向数据情形, SCAD* 相对 SCAD 和 Lasso 给出了较小的 GMSE, 即使相关结构错误指定. 尽管 SCAD* 比 SCAD 和 Lasso 将非零变量错误估计为 0 的个数略多, 但 SCAD* 给出了更全面的性质;

(2) 对独立数据情形, SCAD 和 Lasso 方法优于 SCAD*(估计过程中相关结构错误指定为 ARMA(1,1)), 因为它们采用了正确的相关结构.

表 3.5.1 基于不同方法的变量选择结果

数据		方法	$(n,p_n)=(50,11)$			$(n,p_n)=(100,14)$			$(n,p_n)=(150,15)$		
			GMSE	C(7)	I(0)	MSE	C(8)	I(0)	GMSE	C(9)	I(0)
纵向数据	$(\gamma,\rho)=(0.85,0.3)$	SCAD*-C	0.0444	6.822	0.026	0.0177	9.991	0.003	0.0124	11.000	0.000
		SCAD*-I	0.0446	6.800	0.020	0.0236	9.950	0.000	0.0147	11.000	0.000
		SCAD	0.0483	6.785	0.000	0.0305	9.888	0.000	0.0195	10.996	0.000
		LASSO	0.0499	6.730	0.000	0.0423	9.924	0.000	0.0396	10.994	0.000
	$(\gamma,\rho)=(0.85,0.6)$	SCAD*-C	0.0490	6.796	0.030	0.0252	9.987	0.000	0.0151	10.995	0.000
		SCAD*-I	0.0508	6.800	0.060	0.0277	9.981	0.010	0.0183	10.993	0.000
		SCAD	0.0539	6.704	0.000	0.0341	9.925	0.000	0.0333	10.985	0.000
		LASSO	0.0546	6.662	0.000	0.0458	9.895	0.000	0.0409	10.980	0.000
	$(\gamma,\rho)=(0.85,0.9)$	SCAD*-C	0.0520	6.786	0.017	0.0176	9.941	0.000	0.0158	10.992	0.000
		SCAD*-I	0.0524	6.731	0.090	0.0287	9.937	0.000	0.0270	10.987	0.000
		SCAD	0.0541	6.730	0.000	0.0409	9.920	0.000	0.0306	10.980	0.000
		LASSO	0.0570	6.488	0.000	0.0443	9.915	0.000	0.0411	10.970	0.000
独立数据		SCAD*	0.0173	6.910	0.000	0.0065	9.980	0.000	0.0052	11.000	0.000
		SCAD	0.0106	6.932	0.000	0.0045	9.998	0.000	0.0029	11.000	0.000
		LASSO	0.0157	6.923	0.000	0.0053	9.986	0.000	0.0032	11.000	0.000

表 3.5.2 给出了不同方法重要变量回归系数 $(\beta_{n,1},\beta_{n,2},\beta_{n,3},\beta_{n,4})$ 估计的偏差 (Bias) 和标准差 (SD). 对纵向数据情形, SCAD*-C 方法所得估计的偏差并不是一致比 SCAD 方法小, 但所提出的方法给出了更小的标准差. 对独立数据情形, SCAD 方法优于 SCAD*, 因为它采用了正确的相关结构. 因此, 所提出的方法在变量选择过程中考虑了纵向数据的组内相关性, 改进了估计的效.

表 3.5.2　基于不同方法重要变量回归系数估计的偏差和标准差

	方法	β_n	$(n,p_n)=(50,11)$		$(n,p_n)=(100,13)$		$(n,p_n)=(150,15)$	
			Bias	SD	Bias	SD	Bias	SD
纵向数据	$(\gamma,\rho)=(0.85,0.3)$ SCAD*-C	$\beta_{n,1}$	−0.0039	0.1024	0.0184	0.0701	0.0049	0.0669
		$\beta_{n,2}$	0.0004	0.1023	0.0021	0.0698	−0.0109	0.0557
		$\beta_{n,3}$	−0.0062	0.1001	−0.0013	0.0687	0.0036	0.0429
		$\beta_{n,4}$	0.0013	0.1042	0.0051	0.0666	0.0025	0.0635
	SCAD	$\beta_{n,1}$	−0.0312	0.1267	−0.0604	0.1071	−0.0393	0.0997
		$\beta_{n,2}$	−0.0018	0.1270	−0.0025	0.1106	0.0007	0.1039
		$\beta_{n,3}$	0.0026	0.1273	0.0014	0.1070	−0.0010	0.1047
		$\beta_{n,4}$	−0.0021	0.1274	−0.0001	0.1112	−0.0004	0.1032
	$(\gamma,\rho)=(0.85,0.6)$ SCAD*-C	$\beta_{n,1}$	−0.0091	0.1112	0.0086	0.0729	−0.0139	0.0619
		$\beta_{n,2}$	0.0063	0.1086	−0.0104	0.0755	−0.0059	0.0568
		$\beta_{n,3}$	−0.0061	0.1075	0.0035	0.0993	−0.0209	0.0667
		$\beta_{n,4}$	−0.0003	0.1111	0.0012	0.0868	0.0014	0.0673
	SCAD	$\beta_{n,1}$	−0.0964	0.1283	−0.0713	0.1106	−0.0767	0.1064
		$\beta_{n,2}$	0.0013	0.1287	−0.0072	0.1176	−0.0015	0.1067
		$\beta_{n,3}$	−0.0032	0.1326	−0.0039	0.1149	0.0054	0.0994
		$\beta_{n,4}$	0.0020	0.1326	0.0014	0.1097	0.0012	0.1044
	$(\gamma,\rho)=(0.85,0.9)$ SCAD*-C	$\beta_{n,1}$	0.0094	0.1084	0.0116	0.0834	0.0328	0.0685
		$\beta_{n,2}$	−0.0055	0.1068	0.0065	0.0875	−0.0021	0.0680
		$\beta_{n,3}$	0.0083	0.1067	0.0165	0.1004	−0.0065	0.0664
		$\beta_{n,4}$	−0.0110	0.1060	0.0404	0.0966	−0.0302	0.0712
	SCAD	$\beta_{n,1}$	−0.0998	0.1333	−0.0946	0.1109	−0.0705	0.1064
		$\beta_{n,2}$	−0.0013	0.1321	0.0008	0.1117	0.0008	0.1052
		$\beta_{n,3}$	−0.0059	0.1405	0.0044	0.1093	0.0020	0.1045
		$\beta_{n,4}$	0.0031	0.1272	−0.0002	0.1147	0.0028	0.1048
独立数据	SCAD*	$\beta_{n,1}$	0.0025	0.0799	0.0056	0.0656	−0.0012	0.0631
		$\beta_{n,2}$	−0.0002	0.0764	0.0012	0.0699	−0.0025	0.0604
		$\beta_{n,3}$	−0.0154	0.0818	−0.00316	0.0647	0.0011	0.0619
		$\beta_{n,4}$	0.0071	0.0841	0.0029	0.0682	−0.0012	0.0631
	SCAD	$\beta_{n,1}$	0.0002	0.0765	−0.0015	0.0649	−0.0008	0.0579
		$\beta_{n,2}$	0.0016	0.0749	0.0014	0.0615	−0.0015	0.0583
		$\beta_{n,3}$	0.0002	0.0776	0.0017	0.0609	0.0008	0.0565
		$\beta_{n,4}$	−0.0013	0.0812	0.0024	0.0609	0.0008	0.0561

2. 实例分析

现在通过分析来自艾滋病研究中心的数据来说明本节提出的变量选择方法的应用. 在 3.4.6 节中建立部分线性测量误差模型分析了该数据集. Fan 和 Li (2004)

建立半参数模型分析了该数据集并考虑了变量选择问题. 令 $Y_i(t_{ij})$ 是在时间 t_{ij} 处第 i 个个体的 CD4 细胞百分率;, $X_{i1}(t_{ij})$ 是第 i 个个体的吸烟情况 (1 表示感染后吸烟, 0 表示不吸烟), $X_{i2}(t_{ij})$ 是第 i 个受感染个体的中心化的年龄, $X_{i3}(t_{ij})$ 是感染前标准化的 CD4 细胞百分率. Fan 和 Li (2004) 研究目的是那些协变量是否有交互影响和二次影响. 本节考虑如下半参数模型

$$\begin{aligned}Y_i(t_{ij})=&g(t_{ij})+\beta_1X_{i1}(t_{ij})+\beta_2X_{i2}(t_{ij})+\beta_3X_{i3}(t_{ij})+\beta_4X_{i2}^2(t_{ij})\\&+\beta_5X_{i3}^2(t_{ij})+\beta_6X_{i2}^3(t_{ij})+\beta_7X_{i3}^3(t_{ij})+\beta_8X_{i1}(t_{ij})X_{i2}(t_{ij})\\&+\beta_9X_{i1}(t_{ij})X_{i3}(t_{ij})+\beta_{10}X_{i2}(t_{ij})X_{i3}(t_{ij})+\varepsilon_i(t_{ij}).\end{aligned}$$

与 Fan 和 Li (2004) 相比, 增加了 2 项 3 次影响项. 核函数采用上节模拟研究中同样的核函数, 窗宽选取为 $h=0.589$ 和 $h_1=0.467$. 这里考虑 ARMA(1,1) 相关结构 (SCAD*-AMRA(1,1)) 和独立相关结构 (SCAD-Independence). 采用 bootstrap 方法得到标准差. 从表 3.5.3 可以看出, SCAD*-AMRA(1,1) 和 SCAD-Independence 从 10 个变量中选择出了两个重要变量. 选取的模型表明感染前的 CD4 百分率和年龄与吸烟情况的交互影响是重要变量. 该结果与 Fan 和 Li (2004) 分析的结果一致. 进一步, SCAD*-AMRA(1,1) 比 SCAD–Independence 给出了更小的标准差.

表 3.5.3 实际数据分析的回归系数估计和标准差

变量	LS $\hat{\beta}$(SE)	SCAD*-AMRA(1,1) $\hat{\beta}$(SE)	SCAD-Independence $\hat{\beta}$(SE)
Smoking	0.5352(0.0079)	0	0
Age	−0.2141(0.0015)	0	0
Pre-CD4	3.1288(0.0078)	3.1589(0.0046)	3.2028(0.0053)
Age^2	0.1857(0.0040)	0	0
Pre-CD4^2	−0.1354(0.0032)	0	0
Age^3	−0.0077(0.0011)	0	0
Pre-CD4^3	−0.1120(0.0003)	0	0
Smoking∗Age	−1.7701(0.0024)	−1.8849(0.0012)	−1.6368(0.0018)
Smoking∗Pre-CD4	1.5681(0.0028)	0	0
Age∗Pre-CD4	0.1049(0.0013)	0	0

3.5.5 定理的证明

定理 3.5.1 和定理 3.5.2 的证明依赖以下引理.

引理 3.5.1 如果条件 (C3.5.1)~条件 (C3.5.7) 成立. 那么, 对任意常数 a 和 b 且 $0<a<b<1$, 有

$$\sup_{a\leqslant t\leqslant b}E\{|\mu_{1,r}(t)-\hat{\mu}_{1,r}(t)|^2\}=O(n^{-1}h^{-1}+h^4),\quad r=1,\cdots,p_n,$$

$$\sup_{a\leqslant t\leqslant b}E\{|\mu_2(t)-\hat{\mu}_2(t)|^2\}=O(n^{-1}h^{-1}+h^4).$$

引理 3.5.1 的证明类似 Xue 和 Zhu (2007a) 中引理 1 的证明.

引理 3.5.2 如果条件 (C3.5.1)~条件 (C3.5.7) 成立, 并且当 $n\to\infty$ 时, $p_n^4/n\to 0$, 则

$$
\begin{aligned}
&||\mathcal{T}_n-\mathit{\Gamma}_n||=o_P(1/p_n),\\
&||\hat{\mathcal{T}}_n-\mathit{\Gamma}_n||=o_P(1/p_n)+O_P\{p_n(n^{-1/2}h^{-1/2}+h^2)\},
\end{aligned}
$$

其中 $\mathcal{T}_n=\dfrac{1}{n}\sum\limits_{i=1}^{n}\check{X}_i^{\mathrm{T}}W_i\check{X}_i$, $\mathit{\Gamma}_n$ 和 $\hat{\mathcal{T}}_n$ 在前面已定义, $\|M\|$ 是矩阵 M 的 Frobenius 范数.

证明 令 $\tilde{\mu}_1(t_i)=\mu_1(t_i)-\hat{\mu}_1(t_i)$, 经过简单计算可得

$$
\begin{aligned}
\|\hat{\mathcal{T}}_n-\mathcal{T}_n\|\leqslant&\left\|\frac{1}{n}\sum_{i=1}^{n}\tilde{\mu}_1^{\mathrm{T}}(t_i)W_i\tilde{\mu}_1(t_i)\right\|+\left\|\frac{1}{n}\sum_{i=1}^{n}\tilde{\mu}_1^{\mathrm{T}}(t_i)W_i\check{X}_i\right\|\\
&+\left\|\frac{1}{n}\sum_{i=1}^{n}\check{X}_i^{\mathrm{T}}W_i\tilde{\mu}_1(t_i)\right\|\\
=:&M_1+M_2+M_3.
\end{aligned}
$$

由引理 3.5.1, 可得

$$
\begin{aligned}
M_1\leqslant&\frac{1}{n}\sum_{i=1}^{n}\left\|\tilde{\mu}_1^{\mathrm{T}}(t_i)W_i\tilde{\mu}_1(t_i)\right\|\\
=&\frac{1}{n}\sum_{i=1}^{n}\left\{\sum_{s,t=1}^{p_n}[\tilde{\mu}_{1,s}^{\mathrm{T}}(t_i)W_i\tilde{\mu}_{1,t}(t_i)]^2\right\}^{1/2}\\
=&O_P\{p_n(n^{-1}h^{-1}+h^4)\}.
\end{aligned}
$$

类似地, 有

$$
M_i=O_P\{p_n(n^{-1/2}h^{-1/2}+h^2)\},\quad i=2,3.
$$

因此

$$
\|\hat{\mathcal{T}}_n-\mathcal{T}_n\|=O_P\{p_n(n^{-1/2}h^{-1/2}+h^2)\}.
$$

对任意 $\varepsilon>0$, 由 Chebyshev 不等式和条件当 $n\to\infty$ 时, $p_n^4/n\to 0$, 可得

$$
\begin{aligned}
P\left(||\mathcal{T}_n-\Gamma_n||\geqslant\frac{\epsilon}{p_n}\right)\leqslant&\frac{p_n^2}{n^2\epsilon^2}\sum_{i=1}^{n}E\sum_{s,t=1}^{p_n}\left\{\check{X}_{i,s}^{\mathrm{T}}W_i\check{X}_{i,t}-E(\check{X}_{i,s}^{\mathrm{T}}W_i\check{X}_{i,t})\right\}^2\\
=&O(p_n^4/n)=o(1),
\end{aligned}
$$

其中 $\check{X}_{i,s}$ 是 $\check{X}_i$ 的第 s 列. 利用三角不等式可得

$$
||\hat{\mathcal{T}}_n-\mathit{\Gamma}_n||=o_P(1/p_n)+O_P\{p_n(n^{-1/2}h^{-1/2}+h^2)\}.
$$

定理 3.5.1 的证明 令 $\alpha_n=\sqrt{p_n}(n^{-1/2}+a_n)$ 且 $\|U\|=C$, 其中 C 是充分大的常数. 为了证明定理 3.5.1, 只需证明: 对任意给定 $\xi>0$, 存在一个大的常数 C 使得

$$P\left\{\inf_{\|U\|=C}\hat{l}^*(\beta_{n0}+\alpha_nU)\geqslant\hat{l}^*(\beta_{n0})\right\}\geqslant 1-\xi.$$

利用 $p_{\lambda_n}(0)=0$, 有

$$\begin{aligned}D_n(U)&=\hat{l}^*(\beta_{n0}+\alpha_nU)-\hat{l}^*(\beta_{n0})\\&\geqslant\hat{l}(\beta_{n0}+\alpha_nU)-\hat{l}(\beta_{n0})+n\sum_{j=1}^{s_n}\{p_{\lambda_n}(|\beta_{n0,j}+\alpha_nU_j|)-p_{\lambda_n}(|\beta_{n0,j}|)\}\\&=:(\mathrm{I})+(\mathrm{II}).\end{aligned}\tag{3.5.7}$$

经过简单计算可得

$$\begin{aligned}(\mathrm{I})&=\frac{n\alpha_n^2}{2}U^{\mathrm{T}}\hat{\mathit{\Gamma}}_nU-\alpha_nU^{\mathrm{T}}\sum_{i=1}^{n}\tilde{X}_i^{\mathrm{T}}W_i(\tilde{Y}_i-\tilde{X}_i\beta_{n0})\\&=:I_1-I_2.\end{aligned}\tag{3.5.8}$$

首先考虑 I_1. 应用引理 3.5.2, 有

$$\begin{aligned}\mathrm{I}_1&=\frac{n\alpha_n^2}{2}U^{\mathrm{T}}(\hat{\mathit{\Gamma}}_n-\mathit{\Gamma}_n+\mathit{\Gamma}_n)U\\&=\frac{n\alpha_n^2}{2}U^{\mathrm{T}}\mathit{\Gamma}_nU+o_P(1)n\alpha_n^2\|U\|^2.\end{aligned}\tag{3.5.9}$$

下面考虑 I_2. 应用引理 3.5.1, 可得

$$\mathrm{I}_2=\alpha_nU^{\mathrm{T}}\sum_{i=1}^{n}\check{X}_i^{\mathrm{T}}W_i\varepsilon_i+o(1).$$

结合条件 (C3.5.7), 很容易证明

$$\begin{aligned}\left|\alpha_nU^{\mathrm{T}}\sum_{i=1}^{n}\check{X}_i^{\mathrm{T}}W_i\varepsilon_i\right|&\leqslant\alpha_n\left\|\sum_{i=1}^{n}\check{X}_i^{\mathrm{T}}W_i\varepsilon_i\right\|\|U\|\\&=O_P(\alpha_n\sqrt{np_n})\|U\|=O_P(\alpha_n^2n)\|U\|.\end{aligned}$$

因此

$$\mathrm{I}_2=O_P(\alpha_n^2n)\|U\|.\tag{3.5.10}$$

类似 Fan 和 Peng (2004) 的证明, 可以得到

$$(\mathrm{II})=O_P(\sqrt{s_n}n\alpha_na_n)\|U\|+O_P(n\alpha_n^2b_n)\|U\|^2.\tag{3.5.11}$$

由式 (3.5.7)~式 (3.5.11) 和条件 (C3.5.9) (C), 可以看出, 当 $\|U\|$ 足够大时, I_2 和 I_1 所控制, 且 I_1 是正值. 这完成了定理 3.5.1 的证明. □

为了证明定理 3.5.2, 首先需要证明惩罚最小二乘估计具有稀疏性, 即 $\hat{\beta}_{n2}=0$.

引理 3.5.3　假设条件 (C3.5.1)~条件 (C3.5.8) 且 (C3.5.9) (A) 成立, 如果当 $n\to\infty$ 时, $\lambda_n\to 0$, $\sqrt{n/p_n}\lambda_n\to\infty$ 和 $p_n^5/n\to 0$. 那么, 对任意给定 β_{n1} 满足 $\|\beta_{n1}-\beta_{n10}\|=O_P(\sqrt{p_n/n})$, 且对任意常数 C, 依概率趋于 1, 有

$$\hat{l}^*\{(\beta_{n1}^{\mathrm{T}},0)^{\mathrm{T}}\}=\min_{\|\beta_{n2}\|\leqslant C(\sqrt{p_n/n})}\hat{l}^*\{(\beta_{n1}^{\mathrm{T}},\beta_{n2}^{\mathrm{T}})^{\mathrm{T}}\}.$$

证明　令 $\xi_n=C\sqrt{p_n/n}$. 需证明: 当 $n\to\infty$ 时, 对任意 β_{n1} 满足 $\beta_{n1}-\beta_{n10}=O_P(\sqrt{p_n/n})$, 且对 $j=s_n+1,\cdots,p_n$, 依概率趋于 1, 有

$$\frac{\partial\hat{l}^*(\beta_n)}{\partial\beta_{n,j}}>0,\quad 0<\beta_{n,j}<\xi_n, \tag{3.5.12}$$

$$\frac{\partial\hat{l}^*(\beta_n)}{\partial\beta_j}<0,\quad -\xi_n<\beta_{n,j}<0. \tag{3.5.13}$$

对 $\beta_{n,j}\neq 0$, 且 $j=s_n+1,\cdots,p_n$,

$$\frac{\partial\hat{l}^*(\beta_n)}{\partial\beta_{n,j}}=\frac{\partial\hat{l}(\beta_n)}{\partial\beta_{n,j}}+np'_{\lambda_n}(|\beta_{n,j}|)\mathrm{sgn}(\beta_{n,j}).$$

类似 Fan 和 Peng (2004), 结合引理 3.5.1, 可以证明

$$\frac{\partial\hat{l}(\beta_n)}{\partial\beta_{n,j}}=O_P(\sqrt{np_n}).$$

因此可得

$$\frac{\partial\hat{l}^*(\beta_n)}{\partial\beta_{n,j}}=n\lambda_n\left\{\frac{p'_{\lambda_n}(|\beta_{n,j}|)}{\lambda_n}\mathrm{sgn}(\beta_{n,j})+O_P(\sqrt{p_n/n}/\lambda_n)\right\}.$$

由于 $\sqrt{p_n/n}/\lambda_n\to 0$ 和 $\liminf_{n\to\infty}\liminf_{\theta\to 0_+}p'_{\lambda_n}(\theta)/\lambda_n>0$, 很容易看出 $\partial\hat{l}^*(\beta_n)/\partial\beta_{n,j}$ 的符号完全由 $\beta_{n,j}$ 决定. 因此, 式 (3.5.12) 和式 (3.5.13) 成立, 即引理 3.5.3 得证. □

定理 3.5.2 的证明　定理 3.5.1 表明, $\hat{l}^*(\beta_n)$ 存在 $\sqrt{n/p_n}$ 相合的局部最小值 $\hat{\beta}_n$. 由引理 3.5.3 可知, 定理 3.5.2(1) 成立且 $\hat{\beta}_n$ 的形式为 $(\hat{\beta}_{n1}^{\mathrm{T}},0)^{\mathrm{T}}$.

现考虑 $\hat{\beta}_{n1}$ 的渐近正态性. 令 $\hat{U}(\beta_n)=\sum\limits_{i=1}^n\tilde{X}_i^{\mathrm{T}}W_i(\tilde{Y}_i-\tilde{X}_i\beta_n)$ 和 $U(\beta_n)=\sum\limits_{i=1}^n\check{X}_i^{\mathrm{T}}W_i\varepsilon_i$. 由于 $\hat{\beta}_{n1}$ 一定满足惩罚最小二乘方程

$$\left.\frac{\partial\hat{l}^*(\beta_n)}{\partial\beta_{n1}}\right|_{\beta_n=(\hat{\beta}_{n1}^{\mathrm{T}},0)^{\mathrm{T}}}=0.$$

因此, 在 β_{n10} 处对 $\partial\hat{l}^*\{(\hat{\beta}_{n1}^{\mathrm{T}},0)^{\mathrm{T}}\}/\partial\beta_{n1}$ 进行 Taylor 展开, 有

$$\begin{aligned}\frac{\partial\hat{l}^*\{(\hat{\beta}_{n1}^{\mathrm{T}},0)^{\mathrm{T}}\}}{\partial\beta_{n1}}=&-\hat{U}_{(1)}(\beta_{n0})+n\hat{\mathcal{T}}_{n11}(\hat{\beta}_{n1}-\beta_{n10})\\&+n[b_{\lambda_n}+(\Sigma_{\lambda_n}+o_P(1))(\hat{\beta}_{n1}-\beta_{n10})],\end{aligned}\tag{3.5.14}$$

其中 $\hat{U}_{(1)}(\beta_{n0})$ 是 $\hat{U}(\beta_{n0})$ 的第 s_n 个分量, $\hat{\mathcal{T}}_{n11}$ 由 $\hat{\mathcal{T}}_n$ 的前 s_n 行和前 s_n 列组成.

结合引理 3.5.2 和 $\|\hat{\beta}_{n1}-\beta_{n10}\|=O_P(\sqrt{p_n/n})$, 可得

$$\begin{aligned}\|(\hat{\mathcal{T}}_n-\Gamma_n)(\hat{\beta}_{n1}-\beta_{n10})\|=&o_P((np_n)^{-1/2})+O_P(\sqrt{p_n^3/n}(n^{-1/2}h^{-1/2}+h^4))\\=&o_P(n^{-1/2}).\end{aligned}\tag{3.5.15}$$

下面, 需证明

$$\|\hat{U}(\beta_{n0})-U(\beta_{n0})\|=o_P(n^{-1/2}).\tag{3.5.16}$$

通过简单的计算可得

$$\begin{aligned}\frac{1}{\sqrt{n}}\hat{U}(\beta_{n0})-\frac{1}{\sqrt{n}}U(\beta_{n0})=&\frac{1}{\sqrt{n}}\sum_{i=1}^{n}\check{X}_i^{\mathrm{T}}W_i[g(t_i)-\hat{g}_*(t_i)]+\frac{1}{\sqrt{n}}\sum_{i=1}^{n}\tilde{\mu}_1^{\mathrm{T}}(t_i)W_i\varepsilon_i\\&+\frac{1}{\sqrt{n}}\sum_{i=1}^{n}\tilde{\mu}_1^{\mathrm{T}}(t_i)W_i[g(t_i)-\hat{g}_*(t_i)]\\=:&J_1+J_2+J_3,\end{aligned}$$

其中 $\hat{g}_*(t)$ 在 3.5.2 节中已定义, $\hat{g}_*(t_i)=(\hat{g}_*(t_{i1}),\cdots,\hat{g}_*(t_{in_i}))^{\mathrm{T}}$, $g(t_i)=(g(t_{i1}),\cdots,g(t_{in_i}))^{\mathrm{T}}$.

令 $\tilde{\mu}_2(t)=\mu_2(t)-\hat{\mu}_2(t)$. 应用 Cauchy-Schwarz 不等式和引理 3.5.1, 可以证明

$$\begin{aligned}E\{|g(t)-\hat{g}_*(t)|^2\}\leqslant&2E\left\{|\tilde{\mu}_2(t)|^2\right\}+2E\left\{|\tilde{\mu}_1(t)\beta_n|^2\right\}\\=&2E\left\{|\tilde{\mu}_2(t)|^2\right\}+2E\left\{\left|\sum_{s=1}^{p_n}\tilde{\mu}_{1,s}(t)\beta_{n,s}\right|^2\right\}\\=&O(n^{-1}h^{-1}+h^4)+O\Big(p_n^2(n^{-1}h^{-1}+h^4)\Big),\end{aligned}$$

因此

$$\sup_{a\leqslant t\leqslant b}E\{|g(t)-\hat{g}_*(t)|^2\}=O(p_n^2(n^{-1}h^{-1}+h^4)).\tag{3.5.17}$$

应用 Zhao 和 Xue (2009) 中引理 A.1 和引理 3.5.1, 结合式 (3.5.17), 可得

$$\frac{1}{\sqrt{n}}\sum_{i=1}^{n}\check{X}_{i,s}^{\mathrm{T}}W_i[g(t_i)-\hat{g}_*(t_i)]=\frac{1}{\sqrt{n}}O_P(p_n(n^{-1/2}h^{-1/2}+h^2))O_P(\sqrt{n}\log n).$$

因此可以证明

$$\|J_1\| = O_P\Big(\sqrt{p_n}[p_n(n^{-1/2}h^{-1/2} + h^2)]\log n\Big) = o_P(1).$$

类似地, 应用引理 3.5.1 可以证明

$$\|J_2\| = o_P(1).$$

由引理 3.5.1 和式 (3.5.17), 可得

$$\|J_3\| = O_P(\sqrt{np_n}p_n(n^{-1}h^{-1} + h^4)) = o_P(1).$$

因此, $\dfrac{1}{\sqrt{n}}\hat{U}(\beta_{n0}) = \dfrac{1}{\sqrt{n}}U(\beta_{n0}) + o_P(1)$. 这就证明了 (3.5.16).

由式 (3.5.14)~式 (3.5.16), 有

$$n^{-1/2}U_{(1)}(\beta_{n0}) - n^{1/2}(\varGamma_{n11} + \varSigma_{\lambda_n})(\hat{\beta}_{n1} - \beta_{n10}) - n^{1/2}b_{\lambda_n} = o_P(1).$$

类似 Fan 和 Peng (2004) 中定理 2 的证明, 可得

$$\sqrt{n}A_n\varUpsilon_{n11}^{-1/2}(\varGamma_{n11} + \varSigma_{\lambda_n})[(\hat{\beta}_{n1} - \beta_{n10}) + (\varGamma_{n11} + \varSigma_{\lambda_n})^{-1}b_{\lambda_n}(\beta_{n0})] \xrightarrow{L} N(0, G).$$

这就完成了定理 3.5.2 的证明. □

第 4 章　纵向数据单指标模型

单指标模型 (single-index model, SIM) 是 20 世纪 80 年代中后期发展起来的一种重要的统计模型, 自从该模型提出以来, 已经在金融、经济、生物和医学等各个领域起到了重要的作用, 也引起了这些领域学者的关注, 并广泛应用. 本章主要介绍纵向数据单指标模型的经验似然推断的一些研究成果.

4.1　引言及模型介绍

单指标模型是把 p 维协变量 X 进行线性组合, 即把所有的协变量投影到一个线性空间上, 然后在这个一元线性空间上拟合一个一元函数. 因此单指标模型可以避免多元非参数回归模型遇到的所谓的 "维数祸根" 问题. 单指标模型具有如下形式

$$Y = g(\beta^{\mathrm{T}} X) + \varepsilon, \tag{4.1.1}$$

其中 $g(\cdot)$ 是未知的联系函数, β 是未知的 p 维单指标系数向量, ε 为模型误差, 且满足 $E(\varepsilon|X) = 0$. 为了模型的可识别性, 需要假定 $\|\beta\| = 1$, 且 β 的第一个非零元素大于 0, 其中 $\|\cdot\|$ 表示 Euclidean 模.

关于单指标模型的研究成果已经非常丰富, 主要研究成果如下.

(1) 半参数最小二乘估计方法. Ichimura (1993), Härdle 等 (1993) 提出了半参数最小二乘估计方法, 该方法主要使用了参数回归中的最小二乘思想. Weisberg 和 Welsh (1994) 进一步发展了半参数最小二乘估计方法, 在一定的正则条件下, 证明了指标参数向量 β 估计量的 $\sqrt{n}$ 相合性.

(2) 半参数极大似然估计方法. 基于参数极大似然估计的思想, Delecroix 等 (2003) 提出了半参数极大似然估计方法, 并证明了指标参数向量 β 的半参数极大似然估计是渐近有效的. Delecroix 等 (2006) 进一步把单指标模型的半参数极大似然估计方法推广到更一般的半参数 M 估计方法, 包括半参数拟似然和半参数极大似然估计方法, 并证明了所得估计量的渐近正态性等大样本性质.

(3) 平均导数估计方法. Stoker (1986) 与 Härdle 和 Stoker(1989) 提出了平均导数估计方法. 该方法的基本思想是, 回归函数的梯度和指标参数向量 β 有相同的方向, 故将 β 的估计转化为回归函数的梯度向量的估计问题, 再借助于核光滑方法得到指标参数向量 β 的估计. 关于平均导数估计方法其他相关参考文献有 Powell 等

(1989), Härdle 和 Tsybakov (1993), Horowitz 和 Härdle (1996), Hristache 等 (2001), Newey 和 Stoker (1993), Chaudhuri 等 (1997), Xia (2007), Xia (2008) 等.

(4) 切片逆回归方法 (sliced inverse regression, SIR). Li (1991) 提出的 SIR 方法已经成为广泛使用的一种降维方法. SIR 方法是用来估计指标参数向量 β 的投影方向, 且不需要指明联系函数的具体形式. 它的一个主要优点是容易实施, 且不需要迭代计算. 有的学者对 SIR 方法进行了改进, 如 Zhu 把 Fang (1996) 首次将核光滑方法用于 SIR, Bura 和 Cook (2001) 在一定参数结构下提出了参数逆回归方法, Fung 等 (2002) 提出了典则相关系数的 SIR 方法, Setodji 和 Cook (2004) 将聚类分析中的 K 均值方法用于 SIR 方法. 更多关于 SIR 方法的研究请见文献 Hsing 和 Carroll (1992), Zhu 和 Ng (1995), Cook 和 Ni (2005), Ni 和 Cook (2007) 等.

(5) 最小平均方差估计方法 (minimum average variance estimation, MAVE). Xia 等 (2002) 提出了 MAVE 方法, 构造了多指标模型中降维空间的估计. 该方法主要思想是, 在给定指标部分的条件下, 极小化 Y 的条件方差得到了关于指标参数矩阵的估计. MAVE 方法可以同时估计均值中心降维子空间和回归函数 $E(Y|X)$. Xia (2007), Wang 和 Xia (2008) 分别从响应变量 Y 核密度函数和对应变量 Y 进行切片的角度提出了改进的 MAVE 估计方法.

(6) 分位数估计方法. Wu 等 (2010) 研究了单指标分位数回归模型的估计和统计推断问题. 他们采用局部线性光滑方法估计联系函数, 采用分位数回归方法估计指标参数分量, 并证明了估计量的渐近性质. 此外, Kong 和 Xia(2011) 研究了广义单指标模型的分位数估计问题.

(7) 经验似然方法. Xue 和 Zhu (2006) 研究了独立数据单指标模型的经验似然推断问题, Zhu 和 Xue (2006) 进一步提出了纠偏的经验似然方法研究部分线性单指标模型, 并且证明纠偏的经验似然方法有很多优点. 李高荣等 (2010) 和 Li 等 (2010a) 把纠偏的经验似然方法分别推广到纵向数据单指标模型和纵向数据部分线性单指标模型.

此外 Xia 等 (2004) 利用 bootstrap 的方法研究模型的拟合优度检验问题. Kong 和 Xia (2007), Peng 和 Huang (2011) 对单指标模型中指标参数分量进行了变量选择研究. Cui 等 (2011) 提出 EFM 方法研究了单指标模型中指标参数分量估计的有效性问题. 对于纵向数据单指标模型, Bai 等 (2009) 利用惩罚样条和 QIF 方法进行了研究, 并证明了估计量的渐近性质. Lai 等 (2012) 基于 GEE 方法, 提出了纠偏的 GEE 方法对纵向数据单指标模型进行研究, 并提出了光滑阈值 GEE 变量选择方法对指标参数进行变量选择研究. 薛留根 (2012c) 的专著《现代统计模型》第 3 章对单指标模型的估计方法进行了详细的概括和总结. 薛留根 (2012a, 2012b) 对单指标模型研究的发展进行了综述, 是对单指标模型了解和学习的最好资料.

4.2 经验似然推断

4.2.1 模型介绍

纵向数据广泛存在于医学、流行病学、经济学和社会科学等领域中, 已经成为统计学研究的热点问题. 考虑来自 n 个个体的数据, 其第 i 个个体具有 m_i 次观测 $(i=1,\cdots,n)$, 总的观测数为 $N=\sum_{i=1}^{n}m_i$. 假定 m_i 是有界的, 该假定意味着总的样本容量 N 与个体数 n 是同价的量. 设 Y_{ij} 和 $X_{ij}\in\mathbb{R}^p$ 分别是第 i 个个体的第 j 次观测 $(j=1,\cdots,m_i)$ 的响应变量和协变量, 来自于模型 (4.1.1), 它们具有下面的关系形式

$$Y_{ij}=g(X_{ij}^{\mathrm{T}}\beta)+\varepsilon_{ij},\quad i=1,\cdots,n,\quad j=1,\cdots,m_i, \tag{4.2.1}$$

其中 β 是 $p\times1$ 的未知参数向量, $g(\cdot)$ 是一个未知的一元联系函数, ε_{ij} 是随机误差, 记第 i 个个体的随机误差向量为 $\varepsilon_i=(\varepsilon_{i1},\varepsilon_{i2},\cdots,\varepsilon_{im_i})^{\mathrm{T}},\{\varepsilon_i,i=1,\cdots,n\}$ 相互独立, 且 $E(\varepsilon_i|X_i)=0,\mathrm{Var}(\varepsilon_i)=\Sigma_i$(正定阵). 考虑到模型的可识别性, 要求 $\|\beta\|=1$, 这里 $\|\cdot\|$ 表示 Euclidean 模.

模型 (4.2.1) 是一个重要的统计模型, 它可以减少在拟合多元非参数回归函数时所谓的"维数祸根"问题. 关于模型 (4.2.1) 在独立数据情形下, 许多作者在不同的假设条件下对其做了一定研究, 并提出了一些研究方法, 在 4.1 节中做了详细介绍. 对于纵向数据情形, Chiou 和 Müller (2005) 在研究响应变量 Y_{ij} 和协变量 X_{ij} 之间关系的统计推断时, 介绍了一种边缘建模方法, 并提出了被估计的估计方程 (EEE) 方法, 进一步研究了广义线性混合模型.

本节采用 Owen (1988, 1991) 提出的经验似然方法构造了纵向数据单指标模型 (4.2.1) 中兴趣指标参数 β 的三种经验对数似然比统计量, 证明了所提出的统计量具有渐近 χ^2 分布, 所得结果可以构造参数的置信域. 经验似然方法在构造置信域方面有许多优点, 首先无须对渐近方差进行估计; 其次所得到的置信域的形状由数据自行决定等.

4.2.2 方法与主要结果

1. 参数的经验对数似然

假设记录数据 $\{(X_{ij},Y_{ij}),i=1,\cdots,n,j=1,\cdots,m_i\}$ 由模型 (4.2.1) 产生. 本节主要是构造未知参数向量 β 的置信域. 由于 $\|\beta\|=1$ 意味着真参数 β 是单位超球面上的点, 因此 $g(X_{ij}^{\mathrm{T}}\beta)$ 在参数空间的边界点 β 处不存在偏导数. 然而, 在构造经验似然比时需要使用 $g(X_{ij}^{\mathrm{T}}\beta)$ 关于 β 每一分量的偏导数. 为了解决这个问题, 使

用流行的"去一分量"方法, 其具体思路是: 由于 $\|\beta\|=1$, 则 β 的某一分量可以用其余 $p-1$ 个分量来表示, 这样可以将参数的维数减少 1. 记 $\beta=(\beta_1,\cdots,\beta_p)^{\mathrm{T}}$, 且 $\beta^{(r)}=(\beta_1,\cdots,\beta_{r-1},\beta_{r+1},\cdots,\beta_p)^{\mathrm{T}}$ 是去掉 β 的第 r 个分量 β_r 后的 $p-1$ 维参数向量. 不妨假定 β_r 是一个正的分量. 否则考虑 $\beta_r=-(1-\|\beta^{(r)}\|^2)^{1/2}$, 则有

$$\beta=\beta(\beta^{(r)})=(\beta_1,\cdots,\beta_{r-1},(1-\|\beta^{(r)}\|^2)^{1/2},\beta_{r+1},\cdots,\beta_p)^{\mathrm{T}},$$

真参数 $\beta^{(r)}$ 满足 $\|\beta^{(r)}\|<1$, 因此 β 在真参数 $\beta^{(r)}$ 的某个邻域内是有限可微的, 其 Jacobian 矩阵是

$$J_{\beta^{(r)}}=\frac{\partial\beta}{\partial\beta^{(r)}}=(\gamma_1,\cdots,\gamma_p)^{\mathrm{T}},$$

其中 $\gamma_s(1\leqslant s\leqslant p,s\neq r)$ 是 $p-1$ 维单位向量, 当 $s<r$ 时, 其第 s 个元素为 1, 当 $s>r$ 时, 其第 $s-1$ 个元素为 1, 而 $\gamma_r=-(1-\|\beta^{(r)}\|^2)^{-1/2}\beta^{(r)}$.

对于非纵向数据的单指标模型, Xue 和 Zhu (2006) 利用经验似然方法研究了未知参数 β 的置信域. 但是对于纵向数据单指标模型 (4.2.1), 经验似然方法不能直接用来构造未知参数的置信域. 因为由 Owen (1988) 提出的经验似然方法是针对独立同分布的数据, 而纵向数据却不是独立同分布的, 其特点是不同个体之间的观测是独立的, 但由于对同一个体进行重复观测, 所以同一个体内的不同观测之间可能是相关的. 本节根据纵向数据不同个体间观测的独立性特点提出三种经验似然方法来构造模型 (4.2.1) 中未知参数的置信域. 令

$$X_i=(X_{i1},X_{i2},\cdots,X_{im_i})^{\mathrm{T}},\quad Y_i=(Y_{i1},Y_{i2},\cdots,Y_{im_i})^{\mathrm{T}},$$

$$G(X_i\beta)=(g(X_{i1}^{\mathrm{T}}\beta),g(X_{i2}^{\mathrm{T}}\beta),\cdots,g(X_{im_i}^{\mathrm{T}}\beta))^{\mathrm{T}},$$

$$\Lambda_i(\beta^{(r)})=(g'(X_{i1}^{\mathrm{T}}\beta)J_{\beta^{(r)}}^{\mathrm{T}}X_{i1},\cdots,g'(X_{im_i}^{\mathrm{T}}\beta)J_{\beta^{(r)}}^{\mathrm{T}}X_{im_i}).$$

根据个体间的独立性特点构造下面的辅助随机向量

$$\eta_i(\beta^{(r)})=\Lambda_i(\beta^{(r)})[Y_i-G(X_i\beta)]=\sum_{j=1}^{m_i}[Y_{ij}-g(X_{ij}^{\mathrm{T}}\beta)]g'(X_{ij}^{\mathrm{T}}\beta)J_{\beta^{(r)}}^{\mathrm{T}}X_{ij},\quad(4.2.2)$$

其中 $g'(\cdot)$ 是 $g(\cdot)$ 关于 $\beta^{(r)}$ 的导数. 当 $\beta^{(r)}$ 是真实参数时, $E(\eta_i(\beta^{(r)}))=0$ 对每个个体 $i(i=1,\cdots,n)$ 是相互独立的, 因此可以构造经验对数似然比函数为

$$l(\beta^{(r)})=-2\max\left\{\sum_{i=1}^{n}\log(np_i)\;\middle|\;p_i\geqslant0,\ \sum_{i=1}^{n}p_i=1,\ \sum_{i=1}^{n}p_i\eta_i(\beta^{(r)})=0\right\}.\quad(4.2.3)$$

因为 $l(\beta^{(r)})$ 中包含未知函数 $g(\cdot)$ 和 $g'(\cdot)$, 所以还不能直接用 $l(\beta^{(r)})$ 来构造未知参数 $\beta^{(r)}$ 的置信域. 一个自然的办法就是用两个估计量来替换 $g(\cdot)$ 和 $g'(\cdot)$. 下面利

用由 Fan 和 Gijbels (1996) 提出的局部线性拟合的方法得到 $g(\cdot)$ 和 $g'(\cdot)$ 的估计量. 在模型 (4.2.1) 中, 假定 β 已知, 使得极小化下面的加权最小二乘问题, 求 a 和 b.

$$\sum_{i=1}^{n}\sum_{j=1}^{m_i}(Y_{ij}-a-b(X_{ij}^{\mathrm{T}}\beta-t))^2K_h(X_{ij}^{\mathrm{T}}\beta-t), \tag{4.2.4}$$

其中 $K_h(\cdot)=h^{-1}K(\cdot/h), K(\cdot)$ 是一个核函数, h 是收敛于零的正数, 称为窗宽. 用 $\hat{a}$ 和 $\hat{b}$ 分别作为 $g(\cdot)$ 和 $g'(\cdot)$ 的估计. 经过简单计算可得

$$\hat{a}=\sum_{i=1}^{n}\sum_{j=1}^{m_i}W_{nij}(t;\beta,h)Y_{ij}, \tag{4.2.5}$$

$$\hat{b}=\sum_{i=1}^{n}\sum_{j=1}^{m_i}\widetilde{W}_{nij}(t;\beta,h)Y_{ij}, \tag{4.2.6}$$

其中

$$W_{nij}(t;\beta,h)=\frac{N^{-1}K_h(X_{ij}^{\mathrm{T}}\beta-t)[S_{n,2}(t;\beta,h)-(X_{ij}^{\mathrm{T}}\beta-t)S_{n,1}(t;\beta,h)]}{S_{n,0}(t;\beta,h)S_{n,2}(t;\beta,h)-S_{n,1}^2(t;\beta,h)},$$

$$\widetilde{W}_{nij}(t;\beta,h)=\frac{N^{-1}K_h(X_{ij}^{\mathrm{T}}\beta-t)[(X_{ij}^{\mathrm{T}}\beta-t)S_{n,0}(t;\beta,h)-S_{n,1}(t;\beta,h)]}{S_{n,0}(t;\beta,h)S_{n,2}(t;\beta,h)-S_{n,1}^2(t;\beta,h)},$$

$$S_{n,l}(t;\beta)=\frac{1}{N}\sum_{i=1}^{n}\sum_{j=1}^{m_i}K_h(X_{ij}^{\mathrm{T}}\beta-t)(X_{ij}^{\mathrm{T}}\beta-t)^l,\quad l=0,1,2.$$

用 $\hat{g}(t;\beta)$ 和 $\hat{g}'(t;\beta)$ 分别记作 $g(t)$ 和 $g'(t)$ 的估计量, 其窗宽分别为 h 和 h_1, 即有

$$\hat{g}(t;\beta)=\sum_{i=1}^{n}\sum_{j=1}^{m_i}W_{nij}(t;\beta,h)Y_{ij},\quad \hat{g}'(t;\beta)=\sum_{i=1}^{n}\sum_{j=1}^{m_i}\widetilde{W}_{nij}(t;\beta,h_1)Y_{ij}. \tag{4.2.7}$$

在 $\eta_i(\beta^{(r)})$ 中分别用 $\hat{g}(X_{ij}^{\mathrm{T}}\beta;\beta)$ 和 $\hat{g}'(X_{ij}^{\mathrm{T}}\beta;\beta)$ 代替 $g(X_{ij}^{\mathrm{T}}\beta)$ 和 $g'(X_{ij}^{\mathrm{T}}\beta)$, 得到一个估计的辅助随机变量, 记为 $\hat{\eta}_i(\beta^{(r)})$, 则可以定义一个估计的经验对数似然比函数

$$\hat{l}(\beta^{(r)})=-2\max\left\{\sum_{i=1}^{n}\log(np_i)\;\middle|\;p_i\geqslant 0,\ \sum_{i=1}^{n}p_i=1,\ \sum_{i=1}^{n}p_i\hat{\eta}_i(\beta^{(r)})=0\right\}, \tag{4.2.8}$$

由 Lagrange 乘子法, 有

$$p_i=\frac{1}{n}\frac{1}{1+\lambda^{\mathrm{T}}\hat{\eta}_i(\beta^{(r)})},\quad i=1,\cdots,n. \tag{4.2.9}$$

由式 (4.2.9), $\hat{l}(\beta^{(r)})$ 可以重写为

$$\hat{l}(\beta^{(r)}) = 2\sum_{i=1}^{n}\log(1+\lambda^{\mathrm{T}}\hat{\eta}_i(\beta^{(r)})), \tag{4.2.10}$$

其中 $\lambda=\lambda(\beta^{(r)})$ 为 Lagrange 乘子, 满足

$$\frac{1}{n}\sum_{i=1}^{n}\frac{\hat{\eta}_i(\beta^{(r)})}{1+\lambda^{\mathrm{T}}\hat{\eta}_i(\beta^{(r)})}=0. \tag{4.2.11}$$

为了得到经验对数似然比的渐近结果, 需要作如下的假定:

(C4.2.1) 对任意的 $i=1,\cdots,n, j=1,\cdots,m_i, X_{ij}^{\mathrm{T}}\beta$ 的密度函数 $f_\beta(t)$ 在 $\mathcal{T}$ 上满足一阶 Lipschitz 条件, 这里 $\mathcal{T}=\{t=X_{ij}^{\mathrm{T}}\beta: X_{ij}\in A, i=1,\cdots,n, j=1,\cdots,m_i\}$, A 是 X_{ij} 的有界支撑集. $0<\inf_{t\in\mathcal{T}}f_\beta(t)\leqslant\sup_{t\in\mathcal{T}}f_\beta(t)<\infty$.

(C4.2.2) $g(t)$ 在 $\mathcal{T}$ 上具有有界的二阶连续偏导数; $\mu_s(t)$ 满足一阶局部 Lipschitz 条件, 此处 $\mu_s(t)$ 表示 $\mu(t)=E(X_{ij}|X_{ij}^{\mathrm{T}}\beta=t)$ 的第 s 个分量, 其中 $1\leqslant s\leqslant p$.

(C4.2.3) 核 $K(u)$ 是一个有界且对称的概率密度函数, 并且满足

$$\int_{-\infty}^{\infty}u^2K(u)\mathrm{d}u\neq 0,\quad \int_{-\infty}^{\infty}|u|^iK(u)\mathrm{d}u<\infty,\quad i=1,2,\cdots,8.$$

(C4.2.4) 存在正常数 M, 使得 $\max\limits_{1\leqslant i\leqslant n,1\leqslant j\leqslant m_i}\sup\limits_x E(\varepsilon_{ij}^4|X_{ij}=x)\leqslant M<\infty$.

(C4.2.5) 存在正常数 c_1 和 c_2, 使得

$$0<c_1\leqslant\min_{1\leqslant i\leqslant n}\lambda_{i1}\leqslant\max_{1\leqslant i\leqslant n}\lambda_{im_i}\leqslant c_2<\infty,$$

其中 λ_{i1} 和 λ_{im_i} 分别表示 Σ_i 的最小和最大特征根.

(C4.2.6) $V(\beta^{(r)})$ 和 $V_0(\beta^{(r)})$ 是两个正定矩阵, 其中

$$\begin{aligned}V(\beta^{(r)}) &= \lim_{n\to\infty}\frac{1}{n}\sum_{i=1}^{n}E\{[\Lambda_i(\beta^{(r)})-E(\Lambda_i(\beta^{(r)})|X_i\beta)](\varepsilon_i\varepsilon_i^{\mathrm{T}})[\Lambda_i(\beta^{(r)})\\&\quad -E(\Lambda_i(\beta^{(r)})|X_i\beta)]^{\mathrm{T}}\},\\V_0(\beta^{(r)}) &= \lim_{n\to\infty}\frac{1}{n}\sum_{i=1}^{n}E\{\Lambda_i(\beta^{(r)})(\varepsilon_i\varepsilon_i^{\mathrm{T}})\Lambda_i^{\mathrm{T}}(\beta^{(r)})\}.\end{aligned}$$

(C4.2.7) 当 $n\to\infty$ 时, 窗宽 h 和 h_1 满足 $nh^2\to\infty, nh^4\to 0; nhh_1^3\to\infty$, $\limsup\limits_{n\to\infty}nh_1^5<\infty$.

定理 4.2.1 假设条件 (C4.2.1)~ 条件 (C4.2.7) 成立. 如果 β 是参数真值, 并且 β 的第 r 个分量是正数, 当 $n\to\infty$ 时, 则

$$\hat{l}(\beta^{(r)})\xrightarrow{L}\omega_1\chi_{1,1}^2+\cdots+\omega_{p-1}\chi_{1,p-1}^2,$$

其中 $\chi_{1,i}^2(1\leqslant i\leqslant p-1)$ 是相互独立的 χ_1^2 变量, $w_i(1\leqslant i\leqslant p-1)$ 是 $D(\beta^{(r)})=V_0^{-1}(\beta^{(r)})V(\beta^{(r)})$ 的特征根.

为了应用定理 4.2.1 构造 $\beta^{(r)}$ 的置信域或置信区间, 必须给出未知权 w_i 的相合估计. 利用 plug-in 方法, $V_0(\beta^{(r)})$ 和 $V(\beta^{(r)})$ 的相合估计可分别定义为

$$\hat{V}_0(\hat{\beta}^{(r)})=\frac{1}{n}\sum_{i=1}^{n}\hat{\eta}_i(\hat{\beta}^{(r)})\hat{\eta}_i^{\mathrm{T}}(\hat{\beta}^{(r)}),$$

$$\hat{V}(\hat{\beta}^{(r)})=\frac{1}{n}\sum_{i=1}^{n}[\hat{\Lambda}_i(\hat{\beta}^{(r)})-\hat{\Phi}_i(\hat{\beta}^{(r)})](\hat{\varepsilon}_i\hat{\varepsilon}_i^{\mathrm{T}})[\hat{\Lambda}_i(\hat{\beta}^{(r)})-\hat{\Phi}_i(\hat{\beta}^{(r)})]^{\mathrm{T}},$$

这里

$$\hat{\beta}=(\hat{\beta}_1,\cdots,\hat{\beta}_p)^{\mathrm{T}},\quad \hat{\beta}^{(r)}=(\hat{\beta}_1,\cdots,\hat{\beta}_{r-1},\hat{\beta}_{r+1},\cdots,\hat{\beta}_p)^{\mathrm{T}},$$

$$\hat{\varepsilon}_i=Y_i-\hat{G}(X_i\hat{\beta}),\quad \hat{\Lambda}_i(\hat{\beta}^{(r)})=(\hat{g}'(X_{i1}^{\mathrm{T}}\hat{\beta};\hat{\beta})J_{\hat{\beta}^{(r)}}^{\mathrm{T}}X_{i1},\cdots,\hat{g}'(X_{im_i}^{\mathrm{T}}\hat{\beta};\hat{\beta})J_{\hat{\beta}^{(r)}}^{\mathrm{T}}X_{im_i}),$$

$$\hat{\Phi}_i(\hat{\beta}^{(r)})=\Big(\hat{g}'(X_{i1}^{\mathrm{T}}\hat{\beta};\hat{\beta})J_{\hat{\beta}^{(r)}}^{\mathrm{T}}\hat{\mu}(X_{i1}^{\mathrm{T}}\hat{\beta};\hat{\beta}),\cdots,\hat{g}'(X_{im_i}^{\mathrm{T}}\hat{\beta};\hat{\beta})J_{\hat{\beta}^{(r)}}^{\mathrm{T}}\hat{\mu}(X_{im_i}^{\mathrm{T}}\hat{\beta};\hat{\beta})\Big),$$

此处 $\hat{\beta}$ 是基于模型 (4.2.1) 的 β 的最小二乘估计, 即

$$\hat{\beta}=\mathrm{Arg}\min_{\beta}\left\{\frac{1}{n}\sum_{i=1}^{n}\sum_{j=1}^{m_i}[Y_{ij}-\hat{g}(X_{ij}^{\mathrm{T}}\beta;\beta)]^2\right\},\tag{4.2.12}$$

$\hat{\mu}(t;\beta)$ 是 $\mu(t)=E(X_{ij}|X_{ij}^{\mathrm{T}}\beta=t)$ 的估计量, 定义为

$$\hat{\mu}(t;\beta)=\sum_{i=1}^{n}\sum_{j=1}^{m_i}W_{nij}(t;\beta,h)X_{ij}.\tag{4.2.13}$$

由此可以推出 $\hat{D}(\hat{\beta}^{(r)})=\hat{V}_0^{-1}(\hat{\beta}^{(r)})\hat{V}(\hat{\beta}^{(r)})$ 的特征根 $\hat{w}_i$ 是 $w_i(i=1,\cdots,p-1)$ 的相合估计. 记 $\hat{S}=\hat{w}_1\chi_{1,1}^2+\cdots+\hat{w}_{p-1}\chi_{1,p-1}^2$. 用 $H(\cdot)$ 表示在给定 $\{(X_{ij},Y_{ij},1\leqslant i\leqslant n,1\leqslant j\leqslant m_i\}$ 下 $\hat{S}$ 的条件分布. 设 $\hat{c}_\alpha$ 是 $H(\cdot)$ 的 $1-\alpha$ 分位点, 则 $\beta^{(r)}$ 的置信度为 $1-\alpha$ 的置信域为

$$\hat{I}_\alpha(\tilde{\beta}^{(r)})=\{\tilde{\beta}^{(r)}\ :\ \hat{l}(\tilde{\beta}^{(r)})\leqslant\hat{c}_\alpha,\ \|\tilde{\beta}^{(r)}\|<1\}.$$

实际上, 要得到分布 $H(\cdot)$ 是很方便的. 它可以通过重复产生 χ_1^2 样本 $\chi_{1,1}^2,\cdots,\chi_{1,p-1}^2$, 然后使用 Monte Carlo 模拟而得到.

2. **调整的经验对数似然**

在应用定理 4.2.1 构造参数 $\beta^{(r)}$ 的置信域时, 需要估计权 w_i, 还需要用到 Monte Carlo 算法, 这不仅会降低置信域的精度, 而且又将增大计算量. 下面对估计的经验对数似然比进行调整, 提出一种调整的经验对数似然比, 该方法避免了上面的两个问题.

按照 Rao 和 Scott (1981) 的结果, $\rho(\beta^{(r)})\sum_{i=1}^{p-1}w_i\chi_{1,i}^2$ 的分布可用自由度为 $p-1$ 的 χ^2 分布逼近, 这里 $\rho(\beta^{(r)})=(p-1)\Big/\mathrm{tr}\{D(\beta^{(r)})\}$. Wang 和 Rao (2002) 首次在研究线性测量误差模型时使用了这一方法, 提出调整后的经验对数似然比能够渐近到标准 χ^2 分布. 由定理 4.2.1 和 $\hat{V}_0(\hat{\beta}^{(r)})$ 和 $\hat{V}(\hat{\beta}^{(r)})$ 的相合性, 可以推出 $\hat{\rho}(\hat{\beta}^{(r)})\hat{l}(\beta^{(r)})$ 的渐近分布为 χ_{p-1}^2 分布, 此处 $\hat{\rho}(\hat{\beta}^{(r)})=(p-1)\Big/\mathrm{tr}\{\hat{D}(\hat{\beta}^{(r)})\}$. 为了提高逼近精度, 在 $\hat{\rho}(\hat{\beta}^{(r)})$ 中用 $\beta^{(r)}$ 代替 $\hat{\beta}^{(r)}$. 因此, 改良 Rao 和 Scott 调整的经验对数似然比可定义为 $\tilde{l}(\beta^{(r)})=\hat{\rho}(\beta^{(r)})\hat{l}(\beta^{(r)})$, 然而, 这种逼近的精度依赖于 w_i 的值. 下面给出一个调整的经验对数似然比. 注意到

$$\hat{\rho}(\beta^{(r)})=\frac{\mathrm{tr}\{\hat{V}^{-1}(\beta^{(r)})\hat{V}(\beta^{(r)})\}}{\mathrm{tr}\{\hat{V}_0^{-1}(\beta^{(r)})\hat{V}(\beta^{(r)})\}},$$

检查 $\hat{l}(\beta^{(r)})$ 渐近表达式, 在 $\hat{\rho}(\beta^{(r)})$ 中用 $\hat{B}(\beta^{(r)})=\left(\sum_{i=1}^{n}\hat{\eta}_i(\beta^{(r)})\right)\left(\sum_{i=1}^{n}\hat{\eta}_i(\beta^{(r)})\right)^{\mathrm{T}}$ 代替 $\hat{V}(\beta^{(r)})$, 就得到一个不同的调整因子 $\hat{A}(\beta^{(r)})=\dfrac{\mathrm{tr}\{\hat{V}^{-1}(\beta^{(r)})\hat{B}(\beta^{(r)})\}}{\mathrm{tr}\{\hat{V}_0^{-1}(\beta^{(r)})\hat{B}(\beta^{(r)})\}}$. 因此定义调整的经验对数似然比为

$$\hat{l}_{ad}(\beta^{(r)})=\hat{A}(\beta^{(r)})\hat{l}(\beta^{(r)}).$$

定理 4.2.2 假设条件 (C4.2.1)$\sim$ 条件 (C4.2.7) 成立. 如果 β 是参数真值, 并且 β 的第 r 个分量是正数, 当 $n\to\infty$ 时, 则 $\hat{l}_{ad}(\beta^{(r)})\xrightarrow{L}\chi_{p-1}^2$.

基于定理 4.2.2, 可以使用 $\hat{l}_{ad}(\beta^{(r)})$ 构造 $\beta^{(r)}$ 的置信域

$$\hat{I}_{ad,\alpha}(\tilde{\beta}^{(r)})=\{\tilde{\beta}^{(r)}\ :\ \hat{l}_{ad}(\tilde{\beta}^{(r)})\leqslant c_\alpha,\ \|\tilde{\beta}^{(r)}\|<1\},$$

这里 $P(\chi_{p-1}^2\leqslant c_\alpha)=1-\alpha$. 并且有 $P(\beta^{(r)}\in\hat{I}_{ad,\alpha}(\tilde{\beta}^{(r)}))=1-\alpha+o(1)$.

3. 纠偏的经验对数似然

虽然调整的经验对数似然较估计的经验对数似然有良好的性质, 但还是需要估计调整因子, 而调整因子估计的好坏将直接影响参数置信域的精度. 本节对辅助随机向量进行纠偏, 提出一种纠偏的经验对数似然, 该方法具有良好的性质: ① 无须对参数进行估计; ② 使所构造的纠偏的经验对数似然比函数能够渐近收敛到一个自由度为 $p-1$ 的标准 χ^2 分布, 避免了估计未知权 ω_i 和调整因子; ③放宽了窗宽的选取范围, 在估计 $g(\cdot)$ 和 $g'(\cdot)$ 时只需使用同一个窗宽; ④ 该方法计算简单, 而且收敛速度快.

把 Zhu 和 Xue (2006) 的纠偏思想推广到纵向数据单指标模型 (4.2.1), 构造下面的纠偏的辅助随机向量

$$
\begin{aligned}
\hat{\eta}_{bc,i}(\beta^{(r)}) &= \hat{\Lambda}_{bc,i}(\beta^{(r)})[Y_i - \hat{G}(X_i\beta)] \\
&= \sum_{j=1}^{m_i}[Y_{ij} - \hat{g}(X_{ij}^{\mathrm{T}}\beta;\beta,h)]\hat{g}'(X_{ij}^{\mathrm{T}}\beta;\beta,h)J_{\beta^{(r)}}^{\mathrm{T}}[X_{ij} - \hat{\mu}(X_{ij}^{\mathrm{T}}\beta;\beta,h)],
\end{aligned} \tag{4.2.14}
$$

其中 $\hat{G}(X_i\beta) = (\hat{g}(X_{i1}^{\mathrm{T}}\beta;\beta), \hat{g}(X_{i2}^{\mathrm{T}}\beta;\beta), \cdots, \hat{g}(X_{im_i}^{\mathrm{T}}\beta;\beta))^{\mathrm{T}}$, $\hat{\mu}(t;\beta)$ 在式 (4.2.13) 中定义, 且

$$
\begin{aligned}
\hat{\Lambda}_{bc,i}(\beta^{(r)}) = (&\hat{g}'(X_{i1}^{\mathrm{T}}\beta;\beta,h)J_{\beta^{(r)}}^{\mathrm{T}}[X_{i1} - \hat{\mu}(X_{i1}^{\mathrm{T}}\beta;\beta,h)], \cdots, \\
&\hat{g}'(X_{im_i}^{\mathrm{T}}\beta;\beta,h)J_{\beta^{(r)}}^{\mathrm{T}}[X_{im_i} - \hat{\mu}(X_{im_i}^{\mathrm{T}}\beta;\beta,h)]).
\end{aligned} \tag{4.2.15}
$$

由于使用了纠偏的方法, 所以在式 (4.2.14) 中 $g(\cdot)$ 和 $g'(\cdot)$ 的估计可以使用同一个窗宽 h. 更重要的是使得 $E(\hat{\eta}_{bc,i}(\beta^{(r)})) = o(1)$, 因此可以定义一个纠偏的经验对数似然比函数

$$
\hat{l}_{bc}(\beta^{(r)}) = -2\max\left\{\sum_{i=1}^{n}\log(np_i)\middle|\, p_i \geqslant 0,\ \sum_{i=1}^{n}p_i = 1, \sum_{i=1}^{n}p_i\hat{\eta}_{bc,i}(\beta^{(r)}) = 0\right\}. \tag{4.2.16}
$$

由 Lagrange 乘子法, $\hat{l}_{bc}(\beta^{(r)})$ 可以重写为

$$
\hat{l}_{bc}(\beta^{(r)}) = 2\sum_{i=1}^{n}\log(1 + \lambda^{\mathrm{T}}\hat{\eta}_{bc,i}(\beta^{(r)})), \tag{4.2.17}
$$

其中 $\lambda = \lambda(\beta^{(r)})$ 为 Lagrange 乘子, 满足

$$
\frac{1}{n}\sum_{i=1}^{n}\frac{\hat{\eta}_{bc,i}(\beta^{(r)})}{1 + \lambda^{\mathrm{T}}\hat{\eta}_{bc,i}(\beta^{(r)})} = 0. \tag{4.2.18}
$$

为了得到 $\hat{l}_{bc}(\beta^{(r)})$ 的渐近结果, 对窗宽 h 需要作如下的假定:

(C4.2.8) 当 $n \to \infty$ 时, 窗宽 h 满足 $h \to 0$, $nh^3 \to \infty$, $nh^8 \to 0$.

注 4.2.1 条件 (C4.2.7) 中要求窗宽为 $O(n^{-1/3})$, 在估计 $g(\cdot)$ 时需要 under-smothing, 而估计 $g'(\cdot)$ 则要选取不同的窗宽; 与条件 (C4.2.7) 相比, 条件 (C4.2.8) 放宽了窗宽的选取范围, 使得窗宽可以从 $O(n^{-1/4})$ 到 $O(n^{-1/7})$ 中选取, 其中包含了最优窗宽. 同时, 条件 (C4.2.8) 意味着在估计 $g(\cdot)$ 和 $g'(\cdot)$ 时可以使用同一个窗宽, 从而大大降低计算过程中窗宽选取的工作量, 并可以简化定理的证明.

定理 4.2.3 假设条件 (C4.2.1)~条件 (C4.2.6) 和条件 (C4.2.8) 成立. 如果 β 是参数真值, 并且 β 的第 r 个分量是正数, 当 $n \to \infty$ 时, 则

$$
\hat{l}_{bc}(\beta^{(r)}) \xrightarrow{L} \chi_{p-1}^2.
$$

由定理 4.2.3, 对任给的 $0<\alpha<1$, 存在 c_α 使得 $P(\chi^2_{p-1}>c_\alpha)=\alpha$, 则

$$\hat{I}_{bc,\alpha}(\tilde{\beta}^{(r)})=\{\tilde{\beta}^{(r)}\ :\ \hat{l}_{bc}(\tilde{\beta}^{(r)})\leqslant c_\alpha,\ \|\tilde{\beta}^{(r)}\|<1\}$$

为参数向量 $\beta^{(r)}$ 的具有渐近置信水平 $1-\alpha$ 的置信域.

注 4.2.2　由定理 4.2.1～定理 4.2.3, 一旦得到了 $\beta^{(r)}$ 的置信域, 根据 $\beta_r=(1-\|\beta^{(r)}\|^2)^{1/2}$ 就能获得 β 的置信域.

4.2.3　模拟研究

考虑 $p=3$ 的情况. 通过模拟研究比较最小二乘 (LS), 估计的经验似然 (EEL), 调整的经验似然 (AEL) 和纠偏的经验似然 (BCEL) 这 4 种方法得到的参数置信域的精确度. 模拟中通过计算置信域及其覆盖概率的大小比较上面 4 种方法的优劣. 其中由文献 Chiou 和 Müller (2005) 可知, 类似可以得到由 (4.2.12) 所定义的最小二乘估计有渐近正态性, 均值为 0, 渐近方差矩阵的估计使用 plug-in 方法获得, 为 $\hat{V}_{\rm LS}=n^{-1}\hat{\varSigma}(\hat{\beta}^{(r)})^{-1}\hat{V}(\hat{\beta}^{(r)})\hat{\varSigma}(\hat{\beta}^{(r)})^{-1}$, 其中 $\hat{V}(\hat{\beta}^{(r)})$ 在定理 4.2.1 中定义, 并且

$$\hat{\varSigma}(\hat{\beta}^{(r)})=\frac{1}{N}\sum_{i=1}^{n}\sum_{j=1}^{m_i}\hat{g}'(X_{ij}^{\rm T}\hat{\beta};\hat{\beta})^2\hat{J}_{\hat{\beta}^{(r)}}^{\rm T}X_{ij}X_{ij}^{\rm T}\hat{J}_{\hat{\beta}^{(r)}}.$$

考虑纵向数据下单指标模型

$$Y_{ij}=\exp(X_{ij}^{\rm T}\beta)+\varepsilon_{ij},\quad i=1,\cdots,n,\quad j=1,\cdots,4,\tag{4.2.19}$$

其中 $\beta=(\beta_1,\beta_2,\beta_3)^{\rm T}=(1/3,2/3,2/3)^{\rm T}$, 协变量 X_{ij} 是 3 维的随机变量, 设置为 $X_{ij}=(X_{1ij},X_{2ij},X_{3ij})^{\rm T}$, 其中 $X_{1ij}=U_i+e_{ij}$ 产生 X_{1ij}, 这里 U_i 服从标准正态分布, e_{ij} 服从具有方差为 1、内相关系数为 0.4 的正态分布. X_{2ij} 服从 $(-1,1)$ 上的均匀分布, X_{3ij} 是个体水平协变量, 其个体以概率 1/2 取值 1 或 0. Y_{ij} 由模型 (4.2.19) 产生, 模型误差 ε_{ij} 服从具有方差 1、内相关系数为 0.6 的正态分布.

模拟中取个体大小 $n=50,100,150,200$, 为模拟方便个体的重复观测取 $m_i\equiv m=3$. 非参数权函数取 Epanechnikov 核 $K(u)=0.75(1-u^2)_+$. 对最小二乘方法, 估计的经验似然方法和调整的经验似然方法, 窗宽的选取首先采用交错证实法得到最优窗宽 $h_{\rm opt}$, 然后取 $h=h_{\rm opt}\times n^{-2/15}$ 和 $h_1=h_{\rm opt}$ 满足条件 (C4.2.7). 对于纠偏的经验似然方法, 由条件 (C4.2.8) 可知, 窗宽从 $O(n^{-1/4})$ 到 $O(n^{-1/7})$ 范围变化, 故直接取最优窗宽 $h_{\rm opt}$ 进行模拟计算. 做 $M=1000$ 次重复运算来计算 (β_1,β_3) 和 (β_2,β_3) 的置信水平为 0.95 的置信域及其覆盖概率. 模拟结果报告在表 4.2.1, 图 4.2.1 和图 4.2.2 中.

表 4.2.1 (β_1, β_3) 和 (β_2, β_3) 的置信水平为 95%的置信域的覆盖概率

n	(β_1, β_3)				(β_2, β_3)			
	LS	EEL	AEL	BCEL	LS	EEL	AEL	BCEL
50	0.8980	0.8910	0.9070	0.9110	0.8970	0.9010	0.9030	0.9120
100	0.9180	0.9160	0.9210	0.9270	0.9180	0.9150	0.9250	0.9290
150	0.9310	0.9320	0.9340	0.9400	0.9320	0.9340	0.9360	0.9380
200	0.9430	0.9420	0.9450	0.9480	0.9420	0.9410	0.9470	0.9490

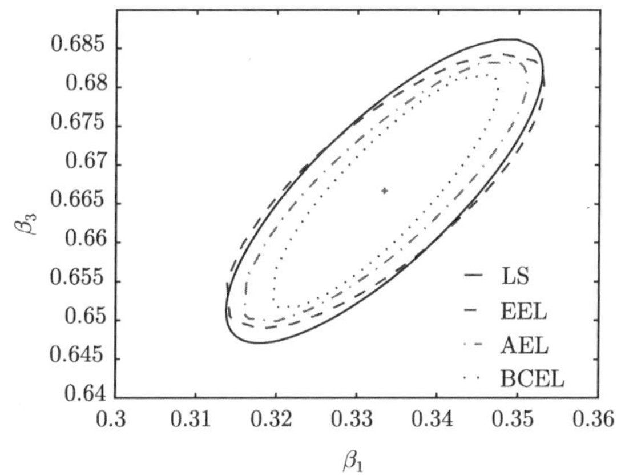

图 4.2.1 (β_1, β_3) 的置信水平为 0.95 的置信域

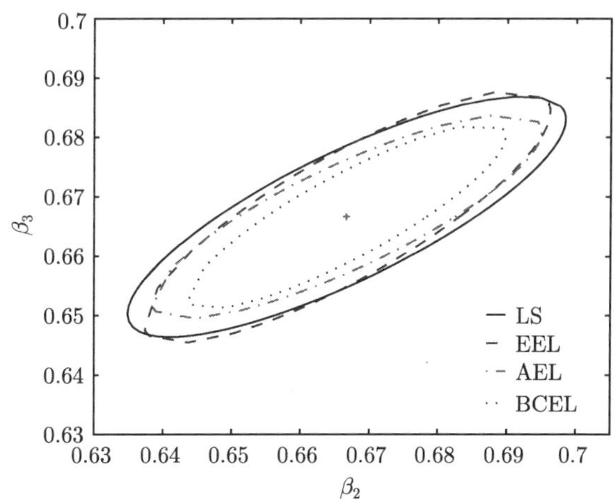

图 4.2.2 (β_2, β_3) 的置信水平为 0.95 的置信域

图 4.2.1 和图 4.2.2 给出的 (β_1, β_3) 和 (β_2, β_3) 的置信域可以看出, BCEL 明显比其他三种方法好, 它得到的置信域比其他三种情况都小. 此外, LS 和 EEL 的置信域差不多, 而且这两种方法表现最差, 因为最小二乘方法需要估计渐近方差矩阵,

估计的经验似然方法需要估计未知权重 ω_i, 此外这两种方法的计算量较大. AEL 虽然优于 EEL 和 LS, 但是明显比 BCEL 的置信域要大点. 从表 4.2.1 可以看出, 四种方法所得的覆盖概率随着个体大小 n 的增大而增大, 并且都趋近于置信水平 0.95, BCEL 方法得到的覆盖概率比其他三种都大, 而 LS 和 EEL 得到的覆盖概率基本接近.

从模拟结果可知, 纠偏的经验似然 (BCEL) 是一个优良的方法, 它得到 β 的置信域具有较高的精确度, 而且在模拟计算时计算量小.

4.2.4 定理的证明

为叙述方便, 以下始终假设 c 表示任一不依赖于 n 和 N 的正常数, c 每次出现可以取不同的值.

引理 4.2.1 若条件 (C4.2.1)~条件 (C4.2.3) 成立. 如果 $h=cn^{-\alpha}, 0<\alpha<1/2$, 且 $n=O(N)$, 则对 $i_1=1,\cdots,n,\ j_1=1,\cdots,m_{i_1}$, 有

$$E\left[\sum_{i=1}^{n}\sum_{j=1}^{m_i}W_{nij}(X_{i_1j_1}^{\mathrm{T}}\beta;\beta,h)g(X_{ij}^{\mathrm{T}}\beta)-g(X_{i_1j_1}^{\mathrm{T}}\beta)\right]^2=O(h^4),\tag{4.2.20}$$

$$E\left[\sum_{i=1}^{n}\sum_{j=1}^{m_i}\widetilde{W}_{nij}(X_{i_1j_1}^{\mathrm{T}}\beta;\beta,h_1)g(X_{ij}^{\mathrm{T}}\beta)-g'(X_{i_1j_1}^{\mathrm{T}}\beta)\right]^2=O(h_1^2).\tag{4.2.21}$$

证明 此处仅证明式 (4.2.21), 式 (4.2.20) 的证明类似于式 (4.2.21) 的证明. 记 $\widetilde{W}_{nij}(t;\beta,h_1)=\widetilde{U}_{nij}(t;\beta,h_1)/U_n(t;\beta,h_1)$ 和 $t=X_{i_1j_1}^{\mathrm{T}}\beta,\ i_1=1,\cdots,n,\ j_1=1,\cdots,m_{i_1}$, 其中

$$\begin{aligned}\widetilde{U}_{nij}(t;\beta,h_1)&=\frac{1}{N}K_{h_1}(X_{ij}^{\mathrm{T}}\beta-t)[(X_{ij}^{\mathrm{T}}\beta-t)S_{n,0}(t;\beta,h_1)-S_{n,1}(t;\beta,h_1)],\\U_n(t;\beta,h_1)&=S_{n,0}(t;\beta,h_1)S_{n,2}(t;\beta,h_1)-S_{n,1}^2(t;\beta,h_1).\end{aligned}$$

可知 $\sum_{i=1}^{n}\sum_{j=1}^{m_i}\widetilde{W}_{nij}(t;\beta,h_1)(X_{ij}^{\mathrm{T}}\beta-t)=1, \sum_{i=1}^{n}\sum_{j=1}^{m_i}\widetilde{U}_{nij}(t;\beta,h_1)=0$. 记 $H(X_{ij}^{\mathrm{T}}\beta,t)=g(X_{ij}^{\mathrm{T}}\beta)-g(t)-g'(t)(X_{ij}^{\mathrm{T}}\beta-t)$. 简单计算得

$$\sum_{i=1}^{n}\sum_{j=1}^{m_i}\widetilde{W}_{nij}(t;\beta,h_1)g(X_{ij}^{\mathrm{T}}\beta)-g'(t)=\frac{\sum_{i=1}^{n}\sum_{j=1}^{m_i}\widetilde{U}_{nij}(t;\beta,h_1)H(X_{ij}^{\mathrm{T}}\beta,t)}{U_n(t;\beta,h_1)}.\tag{4.2.22}$$

用 $E_{t\in\mathcal{T}}[\xi_n]$ 表示给定 $t\in\mathcal{T}$ 下 ξ_n 的条件期望. 如果 $E(|\xi_n|^r)=O(a_n^r)$, 则记 $\xi_n=O_r(a_n)$. 利用 Cauchy-Schwarz 不等式, 容易得到

$$O_r(a_n)O_r(b_n)=O_{r/2}(a_nb_n).\tag{4.2.23}$$

对 $S_{n,l}(t;\beta,h_1)(l=0,1,2)$, 由 $n=O(N)$, 并利用条件 (C4.2.1) 和对核函数的假设条件, 可证得

$$E_{t\in\mathcal{T}}[S_{n,l}(t;\beta,h_1)]=a_l f(t)h_1^l(1+O(h_1)),$$

$$\begin{aligned}S_{n,l}(t;\beta,h_1)&=E_{t\in\mathcal{T}}[S_{n,l}(t;\beta,h_1)]+O_4((E|S_{n,l}(t;\beta,h_1)-E_{t\in\mathcal{T}}[S_{n,l}(t;\beta,h_1)]|^4)^{1/4})\\&=a_l f(t)h_1^l(1+O_4(h_1+(nh_1)^{-1/2})),\quad l=0,1,2,\end{aligned}\tag{4.2.24}$$

其中 $a_l=\int_{-\infty}^{\infty}u^lK(u)\mathrm{d}u, l=0,1,2, a_0=1, a_1=0$. 由式 (4.2.23) 和式 (4.2.24) 可得

$$\begin{aligned}U_n(t;\beta,h_1)&=S_{n,0}(t;\beta,h_1)S_{n,2}(t;\beta,h_1)-S_{n,1}^2(t;\beta,h_1)\\&=a_2f^2(t)h_1^2(1+O_2(h_1+(nh_1)^{-1/2})).\end{aligned}\tag{4.2.25}$$

记 $U(t)=a_2f^2(t)$, 利用式 (4.2.25) 和 Borel-Cantelli 引理, 使用密度核估计的论证方法可以证得

$$\sup_{t\in\mathcal{T}}\left|\frac{U_n(t;\beta,h_1)}{h_1^2}-U(t)\right|\longrightarrow 0,\quad \text{a.s.}$$

由条件 (C4.2.1) 知 $\inf_{t\in\mathcal{T}}f(t)\geqslant c>0$, 因此当 n 充分大时, 有

$$\begin{aligned}\inf_{t\in\mathcal{T}}|U_n(t;\beta,h_1)/h_1^2|&\geqslant\inf_{t\in\mathcal{T}}|U(t)|-\sup_{t\in\mathcal{T}}|U_n(t;\beta,h_1)/h_1^2-U(t)|\\&>a_2c^2/2>0,\quad \text{a.s.}\end{aligned}\tag{4.2.26}$$

经过计算有

$$\begin{aligned}&\sum_{i=1}^{n}\sum_{j=1}^{m_i}\widetilde{U}_{nij}(t;\beta,h_1)H(X_{ij}^{\mathrm{T}}\beta,t)\\&=S_{n,0}(t;\beta,h_1)\frac{1}{N}\sum_{i=1}^{n}\sum_{j=1}^{m_i}K_{h_1}(X_{ij}^{\mathrm{T}}\beta-t)(X_{ij}^{\mathrm{T}}\beta-t)H(X_{ij}^{\mathrm{T}}\beta,t)\\&\quad-S_{n,1}(t;\beta,h_1)\frac{1}{N}\sum_{i=1}^{n}\sum_{j=1}^{m_i}K_{h_1}(X_{ij}^{\mathrm{T}}\beta-t)H(X_{ij}^{\mathrm{T}}\beta,t),\end{aligned}\tag{4.2.27}$$

类似于式 (4.2.24) 的证明, 对 $l=0,1$, 有

$$\begin{aligned}&\frac{1}{Nh_1^{2+l}}\sum_{i=1}^{n}\sum_{j=1}^{m_i}H(X_{ij}^{\mathrm{T}}\beta,t)(X_{ij}^{\mathrm{T}}\beta-t)^lK_{h_1}(X_{ij}^{\mathrm{T}}\beta-t)\\&=h_1^{-2-l}E_{t\in\mathcal{T}}[H(X_{11}^{\mathrm{T}}\beta,t)(X_{11}^{\mathrm{T}}\beta-t)^lK_{h_1}(X_{11}^{\mathrm{T}}\beta-t)]+O_4((nh_1)^{-1/2})\\&=:d_{nl}+O_4((nh_1)^{-1/2}),\end{aligned}\tag{4.2.28}$$

$$|d_{nl}| \leqslant c\int_{-\infty}^{\infty}|u|^{l+2}K(u)\mathrm{d}uf(t)+O(h_1)=O(1).$$

由式 (4.2.24), 式 (4.2.27) 和式 (4.2.28), 得

$$\sum_{i=1}^{n}\sum_{j=1}^{m_i}\widetilde{U}_{nij}(t;\beta,h_1)H(X_{ij}^{\mathrm{T}}\beta,t)=h_1^3[f(t)d_{n1}+O_2(h_1+(nh_1)^{-1/2})]. \quad (4.2.29)$$

故由式 (4.2.26) 和式 (4.2.29) 得

$$E\left[\frac{\sum_{i=1}^{n}\sum_{j=1}^{m_i}\widetilde{U}_{nij}(t;\beta,h_1)H(X_{ij}^{\mathrm{T}}\beta,t)}{U_n(t;\beta,h_1)}\right]^2 \leqslant ch_1^{-4}E\left[\sum_{i=1}^{n}\sum_{j=1}^{m_i}\widetilde{U}_{nij}(t;\beta,h_1)H(X_{ij}^{\mathrm{T}}\beta,t)\right]^2 = O(h_1^2).$$ □

引理 4.2.2　在引理 4.2.1 的条件下, 有

$$\begin{cases} E[W_{nij}^2(X_{i_1j_1}^{\mathrm{T}}\beta;\beta,h)]=O((nh)^{-2}),\\ E\left[\sum_{i=1}^{n}\sum_{j=1}^{m_i}W_{nij}^2(X_{i_1j_1}^{\mathrm{T}}\beta;\beta,h)\right]=O((nh)^{-1}), \end{cases}$$

$$\begin{cases} E[\widetilde{W}_{nij}^2(X_{i_1j_1}^{\mathrm{T}}\beta;\beta,h_1)]=O((nh_1)^{-2})+O((n^3h_1^5)^{-1}),\\ E\left[\sum_{i=1}^{n}\sum_{j=1}^{m_i}\widetilde{W}_{nij}^2(X_{i_1j_1}^{\mathrm{T}}\beta;\beta,h_1)\right]=O((nh_1^3)^{-1}). \end{cases}$$

证明　类似于式 (4.2.21) 的证明方法可以证得引理 4.2.2 的结果, 此处省略. □

引理 4.2.3　在引理 4.2.1 的条件下, 对任意 $i=1,\cdots,n,\ j=1,\cdots,m_i$, 有

$$E[\hat{g}(X_{ij}^{\mathrm{T}}\beta;\beta)-g(X_{ij}^{\mathrm{T}}\beta)]^2=O(h^4)+O((nh)^{-1}), \quad (4.2.30)$$

$$E[\hat{g}'(X_{ij}^{\mathrm{T}}\beta;\beta)-g'(X_{ij}^{\mathrm{T}}\beta)]^2=O(h_1^2)+O((nh_1^3)^{-1}). \quad (4.2.31)$$

证明　这里仅证明式 (4.2.30), 式 (4.2.31) 可类似证明. 利用引理 4.2.1, 引理 4.2.2 和条件 (C4.2.4), 有

$$\begin{aligned} E[\hat{g}(X_{ij}^{\mathrm{T}}\beta;\beta)-g(X_{ij}^{\mathrm{T}}\beta)]^2 &= E\left[\sum_{i_1=1}^{n}\sum_{j_1=1}^{m_{i_1}}W_{ni_1j_1}(X_{ij}^{\mathrm{T}}\beta;\beta)g(X_{i_1j_1}^{\mathrm{T}}\beta)-g(X_{ij}^{\mathrm{T}}\beta)\right]^2\\ &\quad +E\left[\sum_{i_1=1}^{n}\sum_{j_1=1}^{m_{i_1}}W_{ni_1j_1}(X_{ij}^{\mathrm{T}}\beta;\beta)\varepsilon_{i_1j_1}\right]^2\\ &\leqslant ch^4+c(nh)^{-1}. \end{aligned}$$ □

引理 4.2.4 假设条件 (C4.2.1)~条件 (C4.2.7) 成立. 如果 β 是参数真值, 并且第 r 个分量 $\beta_r>0$, 当 $n\to\infty$ 时, 则

$$\frac{1}{\sqrt{n}}\sum_{i=1}^{n}\hat{\eta}_i(\beta^{(r)})\xrightarrow{L}N(0,V(\beta^{(r)})),$$

其中 $V(\beta^{(r)})$ 在条件 (C4.2.6) 中定义.

证明 经过简单计算得

$$\frac{1}{\sqrt{n}}\sum_{i=1}^{n}\hat{\eta}_i(\beta^{(r)})=:\frac{1}{\sqrt{n}}\sum_{i=1}^{n}[\varLambda_i(\beta^{(r)})-E(\varLambda_i(\beta^{(r)})|X_i\beta)]\varepsilon_i+J_{\beta^{(r)}}^{\mathrm{T}}\sum_{\nu=1}^{4}M_\nu, \quad (4.2.32)$$

其中

$$M_1=\frac{1}{\sqrt{n}}\sum_{i=1}^{n}\sum_{j=1}^{m_i}[g(X_{ij}^{\mathrm{T}}\beta)-\hat{g}(X_{ij}^{\mathrm{T}}\beta;\beta)][\hat{g}'(X_{ij}^{\mathrm{T}}\beta;\beta)-g'(X_{ij}^{\mathrm{T}}\beta)]X_{ij},$$

$$M_2=\frac{1}{\sqrt{n}}\sum_{i=1}^{n}\sum_{j=1}^{m_i}\varepsilon_{ij}[\hat{g}'(X_{ij}^{\mathrm{T}}\beta;\beta)-g'(X_{ij}^{\mathrm{T}}\beta)]X_{ij},$$

$$M_3=\frac{1}{\sqrt{n}}\sum_{i=1}^{n}\sum_{j=1}^{m_i}[g(X_{ij}^{\mathrm{T}}\beta)-\hat{g}(X_{ij}^{\mathrm{T}}\beta;\beta)]g'(X_{ij}^{\mathrm{T}}\beta)X_{ij},$$

$$M_4=\frac{1}{\sqrt{n}}\sum_{i=1}^{n}\sum_{j=1}^{m_i}\varepsilon_{ij}g'(X_{ij}^{\mathrm{T}}\beta)E(X_{ij}|X_{ij}^{\mathrm{T}}\beta).$$

首先需要证明

$$\frac{1}{\sqrt{n}}\sum_{i=1}^{n}[\varLambda_i(\beta^{(r)})-E(\varLambda_i(\beta^{(r)})|X_i\beta)]\varepsilon_i\xrightarrow{L}N(0,V(\beta^{(r)})). \quad (4.2.33)$$

为证明方便, 令

$$\frac{1}{\sqrt{n}}\sum_{i=1}^{n}[\varLambda_i(\beta^{(r)})-E(\varLambda_i(\beta^{(r)})|X_i\beta)]\varepsilon_i=:\frac{1}{\sqrt{n}}\sum_{i=1}^{n}\xi_{in},$$

由 $E(\varepsilon_i|X_i)=0$ 和条件 (C4.2.4), 以及

$$\mathrm{Cov}(\xi_{in})=E\{[\varLambda_i(\beta^{(r)})-E(\varLambda_i(\beta^{(r)})|X_i\beta)](\varepsilon_i\varepsilon_i^{\mathrm{T}})[\varLambda_i(\beta^{(r)})-E(\varLambda_i(\beta^{(r)})|X_i\beta)]^{\mathrm{T}}\}.$$

令

$$V(\beta^{(r)})=\lim_{n\to\infty}\frac{1}{n}\sum_{i=1}^{n}\mathrm{Cov}(\xi_{in})$$

和 $\{\xi_{in}\}$ 的第 k 个元素列为 $\{\xi_{in}^{(k)}\}(k=1,\cdots,p-1)$, 对任给的 $\epsilon>0$, 容易证明

$$\frac{1}{n}\sum_{i=1}^{n}E\{\xi_{in}^{(k)^2}I(|\xi_{in}^{(k)}|>\epsilon n^{1/2})\}\longrightarrow 0\quad(n\to\infty).$$

则由 Lindeberg 中心极限定理可得式 (4.2.33) 成立.

为了证明引理 4.2.4, 只需证明: $M_l\xrightarrow{P}0(l=1,2,3,4)$. 用 $M_{1,s}$ 表示 M_1 的第 s 个分量, 由引理 4.2.3 和 Cauchy-Schwarz 不等式, 有

$$\begin{aligned}E(|M_{1,s}|)\leqslant&c\frac{1}{\sqrt{n}}\sum_{i=1}^{n}\sum_{j=1}^{m_i}E^{1/2}[g(X_{ij}^{\mathrm{T}}\beta)-\hat{g}(X_{ij}^{\mathrm{T}}\beta;\beta)]^2E^{1/2}[\hat{g}'(X_{ij}^{\mathrm{T}}\beta;\beta)-g'(X_{ij}^{\mathrm{T}}\beta)]^2\\\leqslant&c\sqrt{n}h^2h_1+c(nhh_1^3)^{-1/2}\to 0.\end{aligned}$$

这就证得 $M_1\xrightarrow{P}0$. 用 $M_{2,s}$ 表示 M_2 的第 s 个分量, 那么

$$\begin{aligned}M_{2,s}=&\frac{1}{\sqrt{n}}\sum_{i=1}^{n}\sum_{j=1}^{m_i}\left[\sum_{i_1=1}^{n}\sum_{j_1=1}^{m_{i_1}}\widetilde{W}_{ni_1j_1}(X_{ij}^{\mathrm{T}}\beta;\beta,h_1)g(X_{ij}^{\mathrm{T}}\beta)-g'(X_{ij}^{\mathrm{T}}\beta)\right]X_{ijs}\varepsilon_{ij}\\&+\frac{1}{\sqrt{n}}\sum_{i=1}^{n}\sum_{j=1}^{m_i}\sum_{i_1=1}^{n}\sum_{j_1=1}^{m_{i_1}}\widetilde{W}_{ni_1j_1}(X_{ij}^{\mathrm{T}}\beta;\beta,h_1)X_{ijs}\varepsilon_{ij}\varepsilon_{i_1j_1}\\=:&M_{21,s}+M_{22,s}.\end{aligned}$$

利用引理 4.2.1 和引理 4.2.2 得

$$\begin{aligned}E(M_{21,s}^2)\leqslant&cn^{-1}\sum_{i=1}^{n}\sum_{j=1}^{m_i}E\left[\sum_{i_1=1}^{n}\sum_{j_1=1}^{m_{i_1}}\widetilde{W}_{ni_1j_1}(X_{ij}^{\mathrm{T}}\beta;\beta,h_1)g(X_{i_1j_1}^{\mathrm{T}}\beta)-g'(X_{ij}^{\mathrm{T}}\beta)\right]^2\\\leqslant&ch_1^2\to 0,\\E(M_{22,s}^2)=&n^{-1}E\left[\sum_{i=1}^{n}\sum_{j=1}^{m_i}\sum_{i_1=1}^{n}\sum_{j_1=1}^{m_{i_1}}\widetilde{W}_{ni_1j_1}(X_{ij}^{\mathrm{T}}\beta;\beta,h_1)X_{ijs}\varepsilon_{ij}\varepsilon_{i_1j_1}\right]^2\\=&n^{-1}E\left[\sum_{i=1}^{n}\sum_{j=1}^{m_i}\widetilde{W}_{nij}(X_{ij}^{\mathrm{T}}\beta;\beta,h_1)X_{ijs}\varepsilon_{ij}^2\right]^2\\&+n^{-1}E\left[\sum_{i=1}^{n}\sum_{j=1}^{m_i}\sum_{i_1\neq i}\sum_{j_1\neq j}\widetilde{W}_{ni_1j_1}(X_{ij}^{\mathrm{T}}\beta;\beta,h_1)X_{ijs}\varepsilon_{ij}\varepsilon_{i_1j_1}\right]^2\\\leqslant&c(nh_1^3)^{-1}+c(nh_1^2)^{-1}+c(n^2h_1^5)^{-1}\to 0.\end{aligned}$$

因此 $E(M_{2,s}^2)\leqslant 2E(M_{21,s}^2)+2E(M_{22,s}^2)\to 0$, 即有 $M_2\xrightarrow{P}0$. 类似的方法可证得 $E(M_{3,s}^2)\leqslant ch^4\to 0$, 即有 $M_3\xrightarrow{P}0$, 而 $M_4\xrightarrow{P}0$ 是显然的. 故由 $M_l\xrightarrow{P}0(l=1,2,3,4)$, 结合式 (4.2.32) 和式 (4.2.33) 证得引理 4.2.4. □

引理 4.2.5 在引理 4.2.4 的条件下, 当 $n\to\infty$ 时, 则

$$\frac{1}{n}\sum_{i=1}^{n}\hat{\eta}_i(\beta^{(r)})\hat{\eta}_i^{\mathrm{T}}(\beta^{(r)})\xrightarrow{P}V_0(\beta^{(r)}),$$

其中 $V_0(\beta^{(r)})$ 在条件 (C4.2.6) 中定义.

证明 令

$$\begin{aligned}R_{ni}=&\sum_{j=1}^{m_i}[g(X_{ij}^{\mathrm{T}}\beta)-\hat{g}(X_{ij}^{\mathrm{T}}\beta;\beta)][\hat{g}'(X_{ij}^{\mathrm{T}}\beta;\beta)-g'(X_{ij}^{\mathrm{T}}\beta)]J_{\beta^{(r)}}^{\mathrm{T}}X_{ij}\\&+\sum_{j=1}^{m_i}[g(X_{ij}^{\mathrm{T}}\beta)-\hat{g}(X_{ij}^{\mathrm{T}}\beta;\beta)]g'(X_{ij}^{\mathrm{T}}\beta)J_{\beta^{(r)}}^{\mathrm{T}}X_{ij}\\&+\sum_{j=1}^{m_i}[\hat{g}'(X_{ij}^{\mathrm{T}}\beta;\beta)-g'(X_{ij}^{\mathrm{T}}\beta)]J_{\beta^{(r)}}^{\mathrm{T}}X_{ij}\varepsilon_{ij},\end{aligned}$$

因此有

$$\begin{aligned}\frac{1}{n}\sum_{i=1}^{n}\hat{\eta}_i(\beta^{(r)})\hat{\eta}_i^{\mathrm{T}}(\beta^{(r)})=&\frac{1}{n}\sum_{i=1}^{n}\varLambda_i(\beta^{(r)})\varepsilon_i\varepsilon_i^{\mathrm{T}}\varLambda_i^{\mathrm{T}}(\beta^{(r)})+\frac{1}{n}\sum_{i=1}^{n}R_{ni}R_{ni}^{\mathrm{T}}\\&+\frac{1}{n}\sum_{i=1}^{n}\varLambda_i(\beta^{(r)})\varepsilon_iR_{ni}^{\mathrm{T}}+\frac{1}{n}\sum_{i=1}^{n}R_{ni}\varepsilon_i^{\mathrm{T}}\varLambda_i^{\mathrm{T}}(\beta^{(r)})\\=:&R_1+R_2+R_3+R_4.\end{aligned}$$

由大数定律可知: $R_1\xrightarrow{P}V_0(\beta^{(r)})$. 因此只需证明 $R_l\xrightarrow{P}0, l=2,3,4$, 便可证得引理 4.2.5. 首先证明 $R_2\xrightarrow{P}0$, 其他可类似证得. $R_{2,st}$ 表示 R_2 的 (s,t) 元素, $R_{ni,s}$ 表示 R_{ni} 的第 s 个分量, 则由 Cauchy-Schwarz 不等式, 有

$$|R_{2,st}|\leqslant\left(\frac{1}{n}\sum_{i=1}^{n}R_{ni,s}^2\right)^{1/2}\left(\frac{1}{n}\sum_{i=1}^{n}R_{ni,t}^2\right)^{1/2}.$$

由引理 4.2.1 和引理 4.2.3, 类似引理 4.2.4 的证明可以证得

$$\frac{1}{n}\sum_{i=1}^{n}R_{ni,s}^2\xrightarrow{P}0.$$

因此证得 $R_2\xrightarrow{P}0$. 类似的方法可以证明 $R_3\xrightarrow{P}0$ 和 $R_4\xrightarrow{P}0$. □

引理 4.2.6 假设条件 (C4.2.1)~条件 (C4.2.7) 成立, 如果 β 是参数真值, 则

$$\max_{1\leqslant i\leqslant n}\|\hat{\eta}_i(\beta^{(r)})\|=o_P(n^{1/2}).$$

证明 由引理 4.2.1~引理 4.2.5, 可用 Zhu 和 Xue(2006) 中引理 A.6 的证明方法容易证得本引理, 在此省略. □

定理 4.2.1 的证明 对式 (4.2.10) 应用 Taylor 公式, 得

$$\hat{l}(\beta^{(r)}) = 2\sum_{i=1}^{n}[\lambda^{\mathrm{T}}\hat{\eta}_i(\beta^{(r)}) - \frac{1}{2}(\lambda^{\mathrm{T}}\hat{\eta}_i(\beta^{(r)})^2] + o_P(1). \tag{4.2.34}$$

由式 (4.2.11), 可以推出

$$\begin{aligned}0 &= \frac{1}{n}\sum_{i=1}^{n}\frac{\hat{\eta}_i(\beta^{(r)})}{1+\lambda^{\mathrm{T}}\hat{\eta}_i(\beta^{(r)})}\\ &= \frac{1}{n}\sum_{i=1}^{n}\hat{\eta}_i(\beta^{(r)}) - \frac{1}{n}\sum_{i=1}^{n}\hat{\eta}_i(\beta^{(r)})\hat{\eta}_i^{\mathrm{T}}(\beta^{(r)})\lambda + \frac{1}{n}\sum_{i=1}^{n}\frac{\hat{\eta}_i(\beta^{(r)})[\lambda^{\mathrm{T}}\hat{\eta}_i(\beta^{(r)})]^2}{1+\lambda^{\mathrm{T}}\hat{\eta}_i(\beta^{(r)})}.\end{aligned}$$

应用 Owen (1988) 的证明方法, 类似可得 $\lambda = O_P(n^{-1/2})$. 再结合引理 4.2.5 和引理 4.2.6 得

$$\sum_{i=1}^{n}\lambda^{\mathrm{T}}\hat{\eta}_i(\beta^{(r)}) = \sum_{i=1}^{n}(\lambda^{\mathrm{T}}\hat{\eta}_i(\beta^{(r)}))^2 + o_P(1), \tag{4.2.35}$$

$$\lambda = \left(\sum_{i=1}^{n}\hat{\eta}_i(\beta^{(r)})\hat{\eta}_i^{\mathrm{T}}(\beta^{(r)})\right)^{-1}\sum_{i=1}^{n}\hat{\eta}_i(\beta^{(r)}) + o_P(n^{-1/2}). \tag{4.2.36}$$

结合式 (4.2.34)~式 (4.2.36), 即证明了

$$\hat{l}(\beta^{(r)}) = \left\{\frac{1}{\sqrt{n}}\sum_{i=1}^{n}\hat{\eta}_i(\beta^{(r)})\right\}^{\mathrm{T}}\left(\frac{1}{n}\sum_{i=1}^{n}\hat{\eta}_i(\beta^{(r)})\hat{\eta}_i^{\mathrm{T}}(\beta^{(r)})\right)^{-1}\left\{\frac{1}{\sqrt{n}}\sum_{i=1}^{n}\hat{\eta}_i(\beta^{(r)})\right\} + o_P(1),$$

由上式, 引理 4.2.4 和引理 4.2.5, 得

$$\hat{l}(\beta^{(r)}) = \left\{\frac{1}{\sqrt{n}}V^{-\frac{1}{2}}(\beta^{(r)})\sum_{i=1}^{n}\hat{\eta}_i(\beta^{(r)})\right\}^{\mathrm{T}}D(\beta^{(r)})\left\{\frac{1}{\sqrt{n}}V^{-\frac{1}{2}}(\beta^{(r)})\sum_{i=1}^{n}\hat{\eta}_i(\beta^{(r)})\right\} + o_P(1),$$

这里 $D(\beta^{(r)}) = V^{\frac{1}{2}}(\beta^{(r)})V_0^{-1}(\beta^{(r)})V^{\frac{1}{2}}(\beta^{(r)})$. 记 $\tilde{D} = \mathrm{diag}(w_1,\cdots,w_{p-1})$, 此处 $w_i(i=1,\cdots,p-1)$ 在定理 4.2.1 中定义, 则存在一个正交阵 Q, 使得 $Q^{\mathrm{T}}\tilde{D}Q = D(\beta^{(r)})$, 于是

$$\begin{aligned}\hat{l}(\beta^{(r)}) =& \left\{\frac{1}{\sqrt{n}}QV^{-\frac{1}{2}}(\beta^{(r)})\sum_{i=1}^{n}\hat{\eta}_i(\beta^{(r)})\right\}^{\mathrm{T}}\tilde{D}\left\{\frac{1}{\sqrt{n}}QV^{-\frac{1}{2}}(\beta^{(r)})\sum_{i=1}^{n}\hat{\eta}_i(\beta^{(r)})\right\}\\ &+o_P(1).\end{aligned} \tag{4.2.37}$$

由引理 4.2.4, 可得

$$\frac{1}{\sqrt{n}}QV^{-\frac{1}{2}}(\beta^{(r)})\sum_{i=1}^{n}\hat{\eta}_i(\beta^{(r)}) \xrightarrow{L} N(0,I_{p-1}), \tag{4.2.38}$$

其中 I_{p-1} 是一个 $(p-1)\times(p-1)$ 的单位矩阵. 由式 (4.2.37) 和式 (4.2.38), 即完成了定理 4.2.1 的证明. □

定理 4.2.2 的证明 由 $\hat{l}_{ad}(\beta^{(r)})$ 的定义, 利用式 (4.2.34), 可以推出

$$\hat{l}_{ad}(\beta^{(r)}) = \left\{\frac{1}{\sqrt{n}}\sum_{i=1}^{n}\hat{\eta}_i(\beta^{(r)})\right\}^{\mathrm{T}}\hat{V}^{-1}(\beta^{(r)})\left\{\frac{1}{\sqrt{n}}\sum_{i=1}^{n}\hat{\eta}_i(\beta^{(r)})\right\} + o_P(1).$$

类似于引理 4.2.5 的证明, 可以证明 $\hat{V}_n(\beta^{(r)}) \xrightarrow{P} V(\beta^{(r)})$. 利用引理 4.2.4, 即可完成定理 4.2.2 的证明. □

定理 4.2.3 的证明 对于定理 4.2.3 的证明, 只需要在引理 4.2.1~引理 4.2.3 中使用相同的窗宽 h, 此外还需要下面的引理 4.2.7. 由引理 4.2.7, 类似于定理 4.2.1 的证明容易证得定理 4.2.3, 此处省略. □

引理 4.2.7 *在定理 4.2.3 条件下, 如果 β 是参数真值, 并且 β 的第 r 个分量是正数, 当 $n\to\infty$ 时, 则*

$$\frac{1}{\sqrt{n}}\sum_{i=1}^{n}\hat{\eta}_{bc,i}(\beta^{(r)}) \xrightarrow{L} N(0,V(\beta^{(r)})),$$

$$\frac{1}{n}\sum_{i=1}^{n}\hat{\eta}_{bc,i}(\beta^{(r)})\hat{\eta}_{bc,i}^{\mathrm{T}}(\beta^{(r)}) \xrightarrow{P} V(\beta^{(r)}),$$

$$\max_{1\leqslant i\leqslant n}\|\hat{\eta}_{bc,i}(\beta^{(r)})\| = o_P(n^{1/2}).$$

证明 利用引理 4.2.1~引理 4.2.3, 类似引理 4.2.4~引理 4.2.6 的证明方法容易证得本引理, 在此省略. □

4.3 纠偏的广义经验似然

在 4.2 节提出的三种经验似然方法都没有考虑纵向数据的组内相关结构, 由第 2 章可知, 如果忽略纵向数据的组内相关结构, 得到的参数估计不是最有效的, 同样也会降低指标参数分量经验似然置信域的精度和可靠度. 为了解决这个问题, 杨随根 (2014) 在其博士论文中提出了纠偏的广义经验似然方法, 提高指标参数分量经验似然置信域的精度和可靠度. 下面介绍杨随根 (2014) 改进的广义经验似然方法.

借助 4.2 节提出的纠偏的经验似然方法, 杨随根 (2014) 考虑了纵向数据的组内相关结构, 构造了如下纠偏的广义辅助随机向量

$$\hat{\eta}_{gel,i}(\beta^{(r)}) = \hat{\Lambda}_{bc,i}(\beta^{(r)})V_i^{-1}[Y_i - \hat{G}(X_i\beta)], \tag{4.3.1}$$

其中 $\hat{\Lambda}_{bc,i}(\beta^{(r)})$ 被定义在式 (4.2.15) 中, $V_i = A_i^{1/2}R_i(\alpha)A_i^{1/2}$ 为工作协方差矩阵, A_i 是一个对角线元素为 $\phi\nu(\mu_{it})$ 的 $m_i \times m_i$ 的对角矩阵, $R_i(\alpha)$ 是一个 $m_i \times m_i$ 的工作相关矩阵, 其中 α 是一个 $q \times 1$ 讨厌参数向量.

为了避免估计工作相关矩阵中的讨厌参数向量 α, 借助 QIF 方法, 对工作相关矩阵的逆通过一些基矩阵的线性组合进行逼近, 即

$$R^{-1} \approx a_1M_1 + a_2M_2 + \cdots + a_kM_k,$$

其中 M_1 是单位矩阵, $M_2, \cdots, M_k$ 是一些对称的基矩阵, $a_1, \cdots, a_k$ 是一些常数系数, 更多的讨论见第 2 章. 进一步可得辅助随机向量为

$$\hat{\eta}_{gel,i}(\beta^{(r)}) = \begin{pmatrix} \hat{\Lambda}_{bc,i}(\beta^{(r)})A_i^{-1/2}M_1A_i^{-1/2}[Y_i - \hat{G}(X_i\beta;\beta)] \\ \hat{\Lambda}_{bc,i}(\beta^{(r)})A_i^{-1/2}M_2A_i^{-1/2}[Y_i - \hat{G}(X_i\beta;\beta)] \\ \vdots \\ \hat{\Lambda}_{bc,i}(\beta^{(r)})A_i^{-1/2}M_kA_i^{-1/2}[Y_i - \hat{G}(X_i\beta;\beta)] \end{pmatrix}.$$

注意到 $\hat{\eta}_{gel,i}(\beta^{(r)})$ 维数是 $l = k(p-1)$, 并且超过了未知参数向量的维数. 为了对未知参数向量进行统计推断, 定义下面的纠偏的广义经验对数似然比函数

$$\hat{l}_{gel}(\beta^{(r)}) = -2\max\left\{\sum_{i=1}^n \log(np_i)\middle| p_i \geqslant 0, \sum_{i=1}^n p_i = 1, \sum_{i=1}^n p_i\hat{\eta}_{gel,i}(\beta^{(r)}) = 0\right\}, \tag{4.3.2}$$

由 Lagrange 乘子法, 有

$$p_i = \frac{1}{n}\frac{1}{1+\lambda^{\mathrm{T}}\hat{\eta}_{gel,i}(\beta^{(r)})}, \quad i = 1, \cdots, n. \tag{4.3.3}$$

由式 (4.3.3), $\hat{l}_{gel}(\beta^{(r)})$ 可以重写为

$$\hat{l}_{gel}(\beta^{(r)}) = 2\sum_{i=1}^n \log(1+\lambda^{\mathrm{T}}\hat{\eta}_{gel,i}(\beta^{(r)})),$$

其中 $\lambda = \lambda(\beta^{(r)})$ 为 Lagrange 乘子, 满足

$$\frac{1}{n}\sum_{i=1}^n \frac{\hat{\eta}_{gel,i}(\beta^{(r)})}{1+\lambda^{\mathrm{T}}\hat{\eta}_{gel,i}(\beta^{(r)})} = 0.$$

极小化纠偏的广义经验对数似然比统计量 $\hat{l}_{gel}(\beta^{(r)})$, 可以获得纠偏极大经验似然估计, 表示为 $\hat{\beta}^{(r)}$. 由可识别性条件, 进一步可以获得 β 的纠偏极大经验似然估计为 $\hat{\beta} = \beta(\hat{\beta}^{(r)})$.

杨随根 (2014) 在其博士论文第 2 章中证明了纠偏极大经验似然估计 $\hat{\beta}$ 的存在性和渐近正态性, 并证明了纠偏的广义经验对数似然比统计量渐近收敛到标准 χ^2 分布, 读者可参考杨随根 (2014) 的博士学位论文, 理论细节此处省略.

第 5 章 单指标模型的同时置信带

本章继续讨论单指标模型, 分别在独立数据和纵向数据下给出了单指标模型中联系函数同时置信带 (simultaneous confidence bands, SCBs) 的构造问题.

5.1 引 言

非参数和半参数回归模型的一个感兴趣的问题是构造非参数函数的同时置信带. 在许多实际问题的研究中, 非参数函数同时置信带的构造是非常有用的, 它不仅能够进行各种统计推断任务, 而且能够直观地检查非参数函数的形状. 因此, 非参数函数的同时置信带的研究是当前统计学研究的热点问题, 许多统计学者对这个问题进行了研究. Bickel 和 Rosenblatt (1973) 研究了密度函数的同时置信带问题, 并研究了密度函数估计的拟合优度检验问题. Härdle 和 Bowman (1988) 考虑了局部自适应光滑参数估计的同时置信带问题. Sun 和 Loader (1994) 基于均值函数最大粗糙度的先验信息, 构造了均值函数的同时置信带. Faraway 和 Sun (1995) 使用核光滑方法研究了异方差模型的同时置信带的构造问题. Fan 和 Zhang (2000), Zhang 和 Peng (2010) 对偏差进行插入 (plug-in) 估计, 考虑了变系数模型中系数函数的同时置信带问题, 并用所得渐近结果构造检验统计量对系数函数是否为常数进行假设检验. Zhang 等 (2009) 通过考虑纵向数据组内相关结构, 研究了纵向数据半参数模型中非参数函数的同时置信带问题. Krivobokova 等 (2010) 基于样条方法构造了光滑曲线的同时置信带. Liu 等 (2009) 研究了多元线性回归模型中基于 MVCS 准则下的双曲线和固定宽度的同时置信带, 并对不同方法进行了比较. Liu 和 Ah-kine (2010) 研究了简单线性回归的最优同时置信带, 给出了确切的内双曲线置信带和外双曲线置信带. Li 等 (2013b) 研究了面板数据非参数固定效应模型的同时置信带构造问题, 并提出一种 bootstrap 方法进行改进同时置信带的构造. 对于单指标模型的同时置信带的研究, Li 等 (2014) 在独立同分布数据下构造了单指标模型中联系函数的同时置信带, 并研究了联系函数的拟合优度检验问题. Yang 等 (2014c) 推广到纵向数据单指标混合效应模型的研究, 构造了联系函数的同时置信带. 这方面的更多工作请参考文献 Neumann 和 Polzehl (1998), Claeskens 和 van Keilegom (2003), Krivobokova 等 (2010), 杨秀娟等 (2013), Sampson 等 (2009), Gsteiger 等 (2011), Ma 等 (2012), 等等.

对于一些半参数模型的研究, 现有文献基本集中在对模型中参数分量和非参数分量的估计, 以及它们估计量的大样本渐近性质方面, 这些方面都取得了非常丰富的研究成果. 而对半参数模型中非参数分量同时置信带的研究, 目前相关的文献还比较少, 主要是因为有以下 3 方面的困难.

(1) 非参数估计曲线与真实曲线之间的最大偏差的渐近分布理论较难证明, 特别对复杂数据的半参数模型. 尽管 Bickel 和 Rosenblatt (1973) 对非参数模型已经证明了渐近分布收敛到一个极值分布, 但是收敛速度较慢, 给统计推断带来一定的困难.

(2) 由于渐近分布中包含了未知的渐近偏差和渐近条件方差, 因此渐近分布结果不能直接用来构造非参数分量的同时置信带. 为了构造同时置信带, 需要得到渐近偏差和渐近条件方差的相合估计. 对渐近偏差的估计, 需要估计非参数分量的二阶导数, 而非参数函数二阶导数估计的收敛速度慢, 另外对光滑参数非常敏感 (如核光滑或者局部多项式估计方法涉及的窗宽, 样条估计涉及的节点等). 对于二阶导数估计的光滑参数的选取在实际中是很难得到的, 需要发展数据驱动的选取方法. 对渐近条件方差的估计问题, 首先需要得到非参数协变量密度函数的相合估计和模型误差的方差的相合估计, 然后利用插入 (plug-in) 方法获得条件渐近方差的相合估计. 而这些估计的好坏都会直接影响同时置信带构造的精度.

(3) 由于利用渐近分布构造非参数同时置信带存在上面两个方面的困难, 因此在确定显著性水平为 α 的临界值时也存在一定的困难. 为了避免或克服这些困难, 需要使用 bootstrap 方法来构造同时置信带, bootstrap 方法不仅克服计算的不稳定, 而且也表现很好. 但是 bootstrap 方法的理论性质却很难证明, 这也是需要进一步研究的问题.

本章和第 8 章内容都是针对同时置信带的研究内容, 是本书第一作者和其合作者最近取得的一些研究成果, 希望对读者起到抛砖引玉的作用.

5.2 单指标模型的同时置信带和假设检验

5.2.1 引言

本质上, 单指标模型是具有未知联系函数的线性回归模型, 它可以避免多元非参数回归模型的 "维数祸根" 问题. 关于单指标模型, 在第 4 章已经做了较为详细的介绍. 考虑下面的单指标模型

$$Y = g(\beta_0^{\mathrm{T}} X) + \varepsilon, \tag{5.2.1}$$

其中 $g(\cdot)$ 是未知的联系函数, $\beta_0 \in \mathbb{R}^p$ 是 $p \times 1$ 未知的指标参数向量, X 是一个 p 维的协变量, ε 是一个具有均值为 0, 方差为 σ^2 的随机误差. 假设 X 和 ε 相互独

立, 为了可识别性并假设 $\|\beta_0\|=1$, 其中 β_0 的第一个元素是正的. 单指标模型是对高维数据进行建模的一个有效的回归方法, 已经受到了许多统计学者和计量经济学者的关注, 并已经取得了一些列的研究成果, 如 Härdle 等 (1993), Carroll 等 (1997), Xia 和 Li (1999), Xia 等 (2002), Xia 等 (2004), Yu 和 Ruppert (2002), Zhu 和 Xue (2006), Wang 等 (2010b), Li 等 (2010a), Liang 等 (2010), Chen 等 (2013), Cui 等 (2011) 等.

对于文献中研究的很多非参数和半参数模型, 通过投影或其他变换, 这时使用一些非参数回归方法能够简单有效地估计模型中的非参数分量. 进一步可以证明非参数分量的估计是和参数分量的估计正交的. 因此, 经典的非参数统计推断方法能够很容易推广到一般的非参数或半参数回归模型. 然而, 单指标模型在联系函数的估计和指标参数的估计之间不具有正交性, 这样就不容易把经典的非参数回归方法应用到单指标模型的统计推断中. 因此, 对于单指标模型的同时置信带的研究也变得非常困难. 而对于同时置信带的研究是非常重要的, 它可用于直观上检查联系函数的形状. 为了提高单指标模型中联系函数同时置信带构造的有效性, 需要考虑联系函数估计的偏差和高阶导数, 并且需要发展纠偏技巧. 纠偏技巧最初由 Eubank 和 Speckman (1993) 在研究局部常量核估计时提出的, 进一步由 Xia (1998) 发展到非参数回归中的局部线性估计中.

本节将建立联系函数曲线以及导数曲线的估计和它们真实曲线之间的最大绝对偏差的渐近分布, 所得结果可以构造非参数分量的同时置信带, 并进行各种统计推断任务. 此外, 提出了自适应性的 Neyman 检验统计量对联系函数进行检验. 进一步通过数值模拟研究和实际数据分析对所提方法进行说明和验证.

5.2.2 估计程序及渐近性质

1. 联系函数的估计

假设样本 $\{(Y_i,X_i),i=1,\cdots,n\}$ 来自于模型 (5.2.1), 那么考虑下面的单指标模型

$$Y_i=g(\beta_0^{\mathrm{T}}X_i)+\varepsilon_i,\quad i=1,\cdots,n, \tag{5.2.2}$$

其中 Y_i 是响应变量观测值, X_i 是 p 维的协变量观测值, ε_i 是独立同分布的具有均值为 0, 方差为 σ^2 的随机误差. 为了简单, 令 $Y=(Y_1,\cdots,Y_n)^{\mathrm{T}}$ 和 $\varepsilon=(\varepsilon_1,\cdots,\varepsilon_n)^{\mathrm{T}}$.

联系函数 $g(\cdot)$ 和它的导数 $g'(\cdot)$ 可以使用各种非参数方法进行估计. Fan 和 Gijbels (1996) 指出局部线性回归方法具有很多优点, 如具有较高的渐近效率和自适应的自动边界纠偏效果. 因此, 采用 Fan 和 Gijbels (1996) 提出的局部线性回归技巧对联系函数 $g(\cdot)$ 和它的导数 $g'(\cdot)$ 进行估计. 令 $K(\cdot)$ 是核函数, 且 $K_h(\cdot)=h^{-1}K(\cdot/h)$, 其中 $h=h_n$ 是窗宽. 对于给定的 β, 关于 a 和 b 通过极小化下面的加

权残差平方和, 可以得到 $g(\cdot)$ 的 $g'(\cdot)$ 的估计

$$\sum_{i=1}^{n}\{Y_i - a - b(\beta^{\mathrm{T}}X_i - u)\}^2 K_h(\beta^{\mathrm{T}}X_i - u). \tag{5.2.3}$$

特别地, 对给定的指标参数向量 β, $\hat{g}(u;\beta) = \hat{a}$ 和 $\hat{g}'(u;\beta) = \hat{b}$ 分别定义为 $g(u)$ 和 $g'(u)$ 的局部线性估计. 令

$$\boldsymbol{g}(u) = (g(u), hg'(u))^{\mathrm{T}}, \qquad \hat{\boldsymbol{g}}(u) = (\hat{g}(u;\beta), h\hat{g}'(u;\beta))^{\mathrm{T}},$$

$$W = \mathrm{diag}\Big(K_h(\beta^{\mathrm{T}}X_1 - u), \cdots, K_h(\beta^{\mathrm{T}}X_n - u)\Big), \qquad X_h = \begin{pmatrix} 1 & \dfrac{\beta^{\mathrm{T}}X_1 - u}{h} \\ \vdots & \vdots \\ 1 & \dfrac{\beta^{\mathrm{T}}X_n - u}{h} \end{pmatrix}.$$

由最小二乘方法, 有

$$\hat{\boldsymbol{g}}(u) = (X_h^{\mathrm{T}}WX_h)^{-1}X_h^{\mathrm{T}}WY = S_n(u;\beta)^{-1}V_n(u;\beta), \tag{5.2.4}$$

其中 $S_n(u;\beta) = \begin{pmatrix} S_{n,0}^{\beta} & S_{n,1}^{\beta} \\ S_{n,1}^{\beta} & S_{n,2}^{\beta} \end{pmatrix}$, $V_n(u;\beta) = (V_{n,0}^{\beta}, V_{n,1}^{\beta})^{\mathrm{T}}$, 此处

$$S_{n,l}^{\beta} = \frac{1}{n}\sum_{i=1}^{n}\left(\frac{\beta^{\mathrm{T}}X_i - u}{h}\right)^l K_h(\beta^{\mathrm{T}}X_i - u), \quad l = 0, 1, 2, \tag{5.2.5}$$

$$V_{n,l}^{\beta} = \frac{1}{n}\sum_{i=1}^{n}\left(\frac{\beta^{\mathrm{T}}X_i - u}{h}\right)^l K_h(\beta^{\mathrm{T}}X_i - u)Y_i, \quad l = 0, 1. \tag{5.2.6}$$

通过一些简单计算, 有下面的表达式

$$\hat{\boldsymbol{g}}(u) = \boldsymbol{g}(u) + (X_h^{\mathrm{T}}WX_h)^{-1}(A_n/2 + C_n) + o_P\Big(\frac{1}{\sqrt{nh}}\Big),$$

其中 $A_n = X_h^{\mathrm{T}}Wr(u,h) \cdot h^2 g''(u)$, $C_n = X_h^{\mathrm{T}}W\varepsilon$,

$$r(u,h) = \left(\left(\frac{\beta^{\mathrm{T}}X_1 - u}{h}\right)^2, \cdots, \left(\frac{\beta^{\mathrm{T}}X_n - u}{h}\right)^2\right)^{\mathrm{T}}.$$

为了构造 $g(\cdot)$ 和 $g'(\cdot)$ 的同时置信带, 首先需要得到指标参数向量 β_0 的一个 $\sqrt{n}$ 相合估计. 文献中已经有很多方法可以使用来估计指标参数向量 β_0, 并研究了估计量的渐近性质. 薛留根教授在其专著《现代统计模型》第 3 章中对所有单指标模型的估计方法进行了介绍 (薛留根, 2012c)$_{124\sim202}$. 这些方法有: 半参数最小二乘

估计方法 (Ichimura, 1993; Härdle et al, 1993), 半参数极大似然估计方法 (Delecroix et al., 2003), 平均导数方法 (Stoker, 1986; Härdle and Stoker, 1989), 切片逆回归方法 (Li, 1989, 1991), 最小平均方差估计方法 (Xia et al., 2002), 分位数回归估计方法 (Wu et al., 2010), 拟似然估计方法 (Chiou and Müller, 1998), 偏最小二乘估计方法 (Naik and Tsai, 2001), profile 最小二乘估计方法 (Liang et al., 2010) 等各种估计方法. 此处采用 profile 最小二乘估计方法, 可得指标参数 β_0 的估计为

$$\hat{\beta}_0 = \mathop{\arg\min}_{\beta:\|\beta\|=1} \sum_{i=1}^{n} \{Y_i - \hat{g}(\beta^{\mathrm{T}} X_i; \beta)\}^2. \tag{5.2.7}$$

在指标参数 β_0 的估计和联系函数 g 的估计之间使用 Newton-Raphson 迭代算法, 可以更新它们的估计. 此外, 如果想提高指标参数向量的估计, 可以利用指标参数向量的可识别性条件 $\|\beta_0\| = 1$, 采取去一分量的重新参数化的方法, 可以证明所得到的估计量是 $\sqrt{n}$ 相合的和渐近正态的 (Liang et al., 2010; Wang et al., 2010b, Cui et al., 2011). 最后, 把指标参数向量的估计 $\hat{\beta}_0$ 代入到式 (5.2.4), 得到 $g(u)$ 的估计如下

$$\hat{\boldsymbol{g}}(u;\hat{\beta}_0) = (\hat{g}(u;\hat{\beta}_0),\ h\hat{g}'(u;\hat{\beta}_0))^{\mathrm{T}} = S_n(u;\hat{\beta}_0)^{-1} V_n(u;\hat{\beta}_0). \tag{5.2.8}$$

2. 渐近性质

令 $\delta_n = \sqrt{\log n/(nh)}$, $\mu_l = \int t^l K(t)\mathrm{d}t$, $\nu_l = \int t^l K^2(t)\mathrm{d}t$, 其中 $l = 0, 1, 2$. 为了概念的方便, 对于任意函数 $g(u)$, 令 $\|g\|_\infty = \sup_{u\in[b_1,b_2]} |g(u)|$ 为函数 $g(u)$ 的范数; 对任意的 p 维方阵$A(u) = (a_{ij}(u))$, 令 $\|A\|_\infty = \left(\sum_{i=1}^{p}\sum_{j=1}^{p} \|a_{ij}\|_\infty^2\right)^{1/2}$ 表示方阵 $A(u)$ 的范数. 为了建立渐近性质, 需要下面的正则条件.

(C5.2.1) 假设 $\{X_i, \varepsilon_i\}, i \geqslant 1$, 是相互独立的, 且 $E(\varepsilon) = 0, \mathrm{Var}(\varepsilon) = \sigma^2 < \infty, E(\varepsilon^4) < \infty$. 进一步假设, 对于一些 $\iota > 0$, 有 $E\|X_i\|^{2+\iota} < \infty$.

(C5.2.2) 联系函数 $g(\cdot)$ 在 $\beta^{\mathrm{T}} X$ 的紧集 $\mathcal{U} = [b_1, b_2]$ 上是可微的.

(C5.2.3) 联系函数 $g(u)$ 和 $\beta^{\mathrm{T}} X$ 的概率密度函数 $f(u)$ 都是关于 u 三次连续可微的. 进一步, 对于所有的 $u \in \{u = \beta^{\mathrm{T}} x : \beta \in \mathcal{A}, x \in \mathcal{X} \subset \mathbb{R}^p\}$, 它们的三阶导数在 $\mathcal{A} \subset \mathbb{R}^p$ 上都是一致 Lipschitz 连续的.

(C5.2.4) 核函数 $K(\cdot)$ 是对称的密度函数, 并且在它的支撑集 $[-c_0, c_0]$ 上是绝对连续的, 其中 c_0 是任一给定的正常数.

(a) $K(c_0) \neq 0$;

或者

(b) $K(c_0)=0, K(z)$ 是绝对连续的, 而且 $K^2(z)$, $(K'(z))^2$ 在 $(-\infty,\infty)$ 上是可积的.

(C5.2.5) 窗宽 h 满足 $nh^3/\log n\to\infty$ 和下面的条件:

(a) 当 $n\to\infty$ 时, $nh^5\log n\to 0$;

(b) 当 $n\to\infty$ 时, $nh^7\log n\to 0$.

(C5.2.6) 存在一个整数 n_0, 使得

$$\{n/(\log\log n)^4\}^{-1}\sum_{i=n_0}^{n/(\log\log n)^4}X_{ij}^{*2}=O_P(1),\quad j=1,\cdots,p,$$

其中 X_{ij}^* 是向量 X_i^* 的第 j 个元素, 且 X_i^* 是 $n\times p$ 矩阵 $X^*=\Gamma X$ 的第 i 行.

条件 (C5.2.1) 是用来证明估计量渐近性质的必要条件, 条件 (C5.2.2) 和条件 (C5.2.3) 是对函数施加的一些标准的光滑性条件, 条件 (C5.2.3) 也用于要求 $\beta^{\mathrm{T}}X$ 的密度函数有界并远离 0, 条件 (C5.2.4) 是关于核函数常用的一些基本条件, 可参考一些非参数回归的文献, 如 Fan 和 Zhang (2000), Zhang 等 (2009), 等等. 窗宽条件 (C5.2.5)(a) 是用于估计联系函数 $g(\cdot)$, 条件 (C5.2.5)(b) 用于估计联系函数导数 $g'(\cdot)$, 相同的条件被用于文献 Claeskens 等 (2003). 最后, 条件 (C5.2.6) 也是常用的一个条件, 如 Fan 和 Huang (2001). 这个条件对从随机样本产生的设计矩阵都是几乎处处成立的.

定理 5.2.1 在正则条件 (C5.2.1)~条件 (C5.2.5)(a) 成立下, 当 $n\to\infty$ 时, 对所有的 $u\in[b_1,b_2]$, 有

$$\|\hat\beta_0-\beta_0\|=O_P(n^{-1/2}) \tag{5.2.9}$$

和

$$\sqrt{nh}\Big\{\hat g(u;\hat\beta_0)-g(u)-b(u)\Big\}\xrightarrow{L}N\left(0,\frac{\nu_0}{f(u)}\sigma^2\right), \tag{5.2.10}$$

其中 $\xrightarrow{L}$ 表示依分布收敛, 且 $b(u)=h^2\mu_2 g''(u)/2$, $g''(u)$ 是 $g(u)$ 的二阶导数.

定理 5.2.2 令 $B=\Big(-2\log\big(h/(b_2-b_1)\big)\Big)^{1/2}$. 假设 $h=O(n^{-\rho})$, $1/5<\rho<1/3$. 对所有的 $u\in[b_1,b_2]$ 和正则条件 (C5.2.1)~(C5.2.5)(a) 成立下, 当 $n\to\infty$ 时, 有

$$P\left\{B\left((\sigma^2\nu_0)^{-1/2}\sup_{u\in[b_1,b_2]}\Big|(nhf(u))^{1/2}\Big(\hat g(u;\hat\beta_0)-g(u)-b(u)\Big)\Big|-d_{n0}\right)<x\right\}$$
$$\to\exp\Big(-2\exp(-x)\Big),$$

其中

$$
d_{n0}=\begin{cases} B+B^{-1}\left\{\log\dfrac{K^2(c_0)}{\nu_0\pi^{1/2}}+\dfrac{1}{2}\log\log\{(b_2-b_1)/h\}\right\}, & K(c_0)\neq 0,\\ B+B^{-1}\log\left\{\dfrac{1}{4\nu_0\pi}\displaystyle\int(K'(t))^2\mathrm{d}t\right\}, & K(c_0)=0.\end{cases}
$$

定理 5.2.2 证明了在指标参数向量的估计是 $\sqrt{n}$ 相合时, 估计的联系函数和真实的联系函数之间最大绝对偏差的渐近性质. 该定理给我们提供了一个构造联系函数同时置信带的理论基础. 想到导数估计量 $\hat{g}'(\cdot)$ 的收敛速度是相对很慢的, 并且通常对窗宽的选择是很敏感的, 还要求在支撑集上施加一个较大的权重. 因此, 下面定理仅提供了联系函数导数估计 $\hat{g}'(\cdot)$ 在条件 (C5.2.4)(b) 成立时, 即 $K(c_0)=0$ 的最大绝对偏差的渐近性质.

定理 5.2.3 在条件 (C5.2.1)～条件 (C5.2.5)(b) 下, 对所有的 $u\in[b_1,b_2]$, 当 $n\to\infty$ 时, 有

$$
P\left\{B\Big((\sigma^2\nu_2)^{-1/2}\sup_{u\in[b_1,b_2]}\Big|(nh^3f(u)\mu_2^2)^{1/2}\Big(\hat{g}'(u;\hat{\beta}_0)-g'(u)\Big)\Big|-d_{n1}\Big)<x\right\}
$$
$$
\to\exp\Big(-2\exp(-x)\Big),
$$

其中 B 定义在定理 5.2.2 中, 且如果 $K(c_0)=0$,

$$
d_{n1}=B+B^{-1}\log\left\{\frac{1}{2\pi\sqrt{\nu_2}}\Big(\int t^2(K'(t))^2\mathrm{d}t\Big)^{1/2}\right\}.
$$

3. 偏差和方差的估计

为了得到 $\hat{g}$ 偏差和方差的估计量, 需要估计未知的密度函数 $f(u)$ 和方差 σ^2. 对于密度函数 $f(u)$, 可以由下面的核估计方法得到

$$
\hat{f}(u)=\frac{1}{nh}\sum_{i=1}^{n}K\big((\hat{\beta}_0^{\mathrm{T}}X_i-u)/h\big),
$$

其中 $\hat{\beta}_0$ 是由式 (5.2.7) 定义的 profile 最小二乘估计.

当 β_0 被有效估计时, σ^2 能够在简单的非参数回归模型 $y=f(x)+\varepsilon$ 情形下进行估计, 即可以使用残差平方和进行估计. 在计算残差平方和时, 首先需要估计联系函数, 而对联系函数估计最重要的一个问题是需要使用复杂的算法或数据驱动的选取方法选取最优的窗宽. 其次需要估计残差的广义自由度. 这两个因素都会显著影响 σ^2 估计的稳定性. 为了避免估计联系函数出现的这些问题, 此处采用 Tong 和 Wang (2005) 提出的最小二乘方法对 σ^2 进行估计, 该方法的优点是无需对均值函

数进行估计, 并且有较快的收敛速度. 对于单指标模型, 一些降维方法可以避免估计联系函数 $g(\cdot)$ 而有效估计指标参数向量 β_0, 如切片逆回归方法. 正如在后面讨论的关于联系函数 $g(\cdot)$ 的自适应 Neyman 检验, 如果 σ^2 的估计可以避免联系函数 $g(\cdot)$ 的估计, 这时所提出的估计和检验方法是有效的, 得到的结果也是很稳定的.

令 $\hat{\beta}_0$ 是 β_0 的一个相合并有效的估计量. 根据 $X_i^{\mathrm{T}}\hat{\beta}_0, i=1,\cdots,n$ 的单调顺序重新对响应变量 Y_i 进行排序, 得到的变量记为 Y_i^*, 并令 $s_k = \sum_{i=k+1}^{n}(Y_i^*-Y_{i-k}^*)^2/[2(n-k)]$ 表示后面 k 个差分平方关于 $(n-k)$ 的平均, 其中 $1\leqslant k\leqslant m$. Tong 和 Wang (2005) 证明 $E(s_k)=\sigma^2+J\zeta_k+o(\zeta_k)$, 其中 $J=\int_0^1[g'(x)]^2\mathrm{d}x/2$ 和 $\zeta_k=k^2/n^2$. 根据这个, 他们提出 s_k 通过对 ζ_k 进行回归建立一个简单的线性回归模型, 把 σ^2 作为一个截距项, 然后对线性回归模型可由普通最小二乘方法估计 σ^2. 当 $m\to\infty$ 和 $m/n\to 0$ 时, 证明所得到的截距项的估计是 σ^2 的相合估计, 并且是最有效的估计. 实际处理时, 把 m 看成是一个截断参数, 可以通过数据驱动的 V-折叠交错核实方法进行选取一个最优值. 本节模拟和实际数据分析显示, 只要联系函数足够光滑, 取 $m=n^{\frac{1}{2}}$ 时, σ^2 的最小二乘估计表现非常好. 关于该方法的更多讨论, 请参考文献 Tong 和 Wang (2005) 的 3.1 节.

由定理 5.2.1, $\hat{g}(u;\hat{\beta}_0)$ 的渐近偏差和方差分别为 $h^2\mu_2 g''(u)/2$ 和 $\nu_0\sigma^2/[nhf(u)]$. 现在获得了 $\hat{f}(u)$ 和 $\hat{\sigma}^2$ 的相合估计, 则能够估计 $\hat{g}$ 的渐近方差为 $\widehat{\mathrm{Var}}\{\hat{g}(u;\hat{\beta}_0)|\mathcal{D}\}=\nu_0\hat{\sigma}^2/[nh\hat{f}(u)]$, 其中 $\mathcal{D}=(X_1^{\mathrm{T}},\cdots,X_n^{\mathrm{T}})^{\mathrm{T}}$. 此外, 估计 $\hat{g}(u;\hat{\beta}_0)$ 的渐近偏差为

$$\widehat{\mathrm{Bias}}(\hat{g}(u;\hat{\beta}_0)|\mathcal{D})=h^2\mu_2\hat{g}''(u;\hat{\beta}_0)/2, \tag{5.2.11}$$

其中使用局部三次多项式拟合以及一个适当的辅助窗宽可以得到估计量 $\hat{g}''(u;\hat{\beta}_0)$. 由残差平方准则选取最优的窗宽 $h_*=O(n^{-1/7})$ 去估计二阶导数 $g''(u)$(Fan and Gijbels, 1996).

4. 联系函数的同时置信带构造

定理 5.2.4 假设 $h=O(n^{-\rho})$, $1/5<\rho<1/3$. 对于所有的 $u\in[b_1,b_2]$, $g^{(3)}(\cdot)$ 是区间 $[b_1,b_2]$ 上的连续函数, 且辅助窗宽 $h_*=O(n^{-1/7})$. 则在正则条件 (C5.2.1)～条件 (C5.2.5)(a) 成立下, 对所有的 $u\in[b_1,b_2]$, 当 $n\to\infty$ 时, 有

$$P\left\{B\Big(\sup_{u\in[b_1,b_2]}\left|\frac{\hat{g}(u;\hat{\beta}_0)-g(u)-\widehat{\mathrm{Bias}}(\hat{g}(u;\hat{\beta}_0)|\mathcal{D})}{[\widehat{\mathrm{Var}}\{\hat{g}(u;\hat{\beta}_0)|\mathcal{D}\}]^{1/2}}\right|-d_{n0}\Big)<x\right\}$$
$$\to\exp\Big(-2\exp(-x)\Big),$$

其中 B 和 d_{n0} 被定义在定理 5.2.2 中.

由定理 5.2.4, 能够构造联系函数 $g(u)$ 的 $100(1-\alpha)\%$ 置信带如下

$$\Big(\hat{g}(u;\hat{\beta}_0)-\widehat{\mathrm{Bias}}(\hat{g}(u;\hat{\beta}_0)|\mathcal{D})\pm\varDelta_{1,\alpha}(u)\Big), \tag{5.2.12}$$

其中 $\varDelta_{1,\alpha}(u)=\Big(d_{n0}+B[\log 2-\log(-\log(1-\alpha))]\Big)\Big[\widehat{\mathrm{Var}}\{\hat{g}(u;\hat{\beta}_0)|\mathcal{D}\}\Big]^{1/2}$.

定理 5.2.4 的一个主要应用是通过联系函数的同时置信带回答联系函数的形状问题. 特别地, 如果联系函数 $g(u)$ 的 $100(1-\alpha)\%$ 的同时置信带在区间 $[b_1,b_2]$ 上不能覆盖任何的线性函数, 这时将拒绝原假设并认为联系函数 $g(\cdot)$ 是非线性函数. 此外, 区间 $[b_1,b_2]$ 的一个适当选择对联系函数同时置信区间的构造也是非常重要的. 由定理 5.2.2~定理 5.2.4, 这样的区间可以取 $X_i^{\mathrm{T}}\beta_0$ 的一个紧支撑集. 实际上, 当 β_0 未知, 且如果联系函数是光滑的和联系函数非参数估计的边界效应可以忽略, 则可定义 $b_1=\min\{X_i^{\mathrm{T}}\hat{\beta}_0, i=1,\cdots,n\}$ 和 $b_2=\max\{X_i^{\mathrm{T}}\hat{\beta}_0, i=1,\cdots,n\}$. 否则, 为了消除边界效应影响, b_1 和 b_2 可以分别通过设 $\{X_i^{\mathrm{T}}\hat{\beta}_0, i=1,\cdots,n\}$ 的 5%~10 %和 90%~95%的分位点来确定. 在本节模拟研究中, 估计的联系函数曲线是相当光滑的. 当局部多项式方法用于估计联系函数时, 边界效应能够被自动修正. 模拟研究中取 $\{X_i^{\mathrm{T}}\hat{\beta}_0, i=1,\cdots,n\}$ 的最小值和最大值作为 b_1 和 b_2.

5.2.3 自适应 Neyman 检验

考虑下面的检验问题:

$$H_0: g(u)=\gamma_0+\gamma_1 u \longleftrightarrow H_1: g(u)\neq\gamma_0+\gamma_1 u, \tag{5.2.13}$$

其中 γ_0 和 γ_1 是两个未知参数. 在原假设 H_0 下, $g'(u)$ 是一个常数. 这时上面的检验问题等价于下面的检验

$$H_0: g'(u)=\gamma_1 \longleftrightarrow H_1: g'(u)\neq\gamma_1. \tag{5.2.14}$$

由定理 5.2.3, 自然可以构造下面的检验统计量

$$\Big(-2\log\big(h/(b_2-b_1)\big)\Big)^{1/2}\left\{\sup_{u\in[b_1,b_2]}\left|\frac{\hat{g}'(u;\hat{\beta}_0)-\hat{\gamma}_1}{[\widehat{\mathrm{Var}}\{\hat{g}'(u;\hat{\beta}_0)|\mathcal{D}\}]^{1/2}}\right|-d_{n1}\right\}. \tag{5.2.15}$$

当原假设 H_0 不正确时, 上面的检验统计量倾向于变大. 这时当检验统计量超过渐近临界值 $c_\alpha=-\log\{-0.5\log(1-\alpha)\}$ 时, 则拒绝原假设 H_0. 类似于 Fan and Zhang (2000) 提出的两步估计程序, 可以获得 γ_0 和 γ_1 的估计. 第一步, 把 γ_0 和 γ_1 当作函数. 对于一个给定的 β, 由加权最小二乘方法 (5.2.3) 获得 γ_0 和 γ_1 在点 $\beta^{\mathrm{T}}X_i(i=1,\cdots,n)$ 处的估计量分别为 $\hat{\gamma}_0(\beta^{\mathrm{T}}X_i;\beta)$ 和 $\hat{\gamma}_1(\beta^{\mathrm{T}}X_i;\beta)$. 第二步, 由 profile 最小二乘方法 (5.2.7) 进一步更新 β_0 的估计, 并获得估计 $\hat{\gamma}_0(\hat{\beta}_0^{\mathrm{T}}X_i;\hat{\beta}_0)$ 和

$\hat{\gamma}_1(\hat{\beta}_0^{\mathrm{T}}X_i;\hat{\beta}_0)$, $i=1,\cdots,n$. 最后, 对于 $i=1,\cdots,n$, 对估计量 $\hat{\gamma}_0(\hat{\beta}_0^{\mathrm{T}}X_i;\hat{\beta}_0)$ 和 $\hat{\gamma}_1(\hat{\beta}_0^{\mathrm{T}}X_i;\hat{\beta}_0)$ 作平均得到最终 γ_0 和 γ_1 的估计如下

$$\hat{\gamma}_0=\frac{1}{n}\sum_{i=1}^{n}\hat{\gamma}_0(\hat{\beta}_0^{\mathrm{T}}X_i;\hat{\beta}_0),\quad \hat{\gamma}_1=\frac{1}{n}\sum_{i=1}^{n}\hat{\gamma}_1(\hat{\beta}_0^{\mathrm{T}}X_i;\hat{\beta}_0). \tag{5.2.16}$$

这个两步估计在第一步中使用较小的窗宽来控制偏差, 在第二步中取平均来减少方差. 然而, 这个检验统计量 (5.2.15) 也是很难用来完成检验问题 (5.2.14), 因为这个检验统计量对窗宽的选择是非常敏感的, 实际使用时很难控制.

下面推荐另外一个检验方法对检验问题 (5.2.13) 进行研究. 令 $(\widetilde{\gamma}_0,\widetilde{\gamma}_1)$ 是原假设 H_0 下最小二乘估计, $\hat{Y}_i=\widetilde{\gamma}_0+\widetilde{\gamma}_1(\hat{\beta}_0^{\mathrm{T}}X_i)$ 是原假设 H_0 下的拟合值, 则可以计算残差向量为 $\hat{\varepsilon}_i=Y_i-\hat{Y}_i, i=1,\cdots,n$. 为了提高自适应 Neyman 检验的功效, Fan 和 Huang (2001) 建议对残差向量 $\hat{\varepsilon}=(\hat{\varepsilon}_1,\cdots,\hat{\varepsilon}_n)^{\mathrm{T}}$ 做一个离散 Fourier 变换, 目的是把有用的信号压缩到低频. 令 Γ 是由离散 Fourier 变换产生的一个 $n\times n$ 的正交矩阵, $\hat{\varepsilon}^*=\Gamma\hat{\varepsilon}=(\hat{\varepsilon}_1^*,\cdots,\hat{\varepsilon}_n^*)^{\mathrm{T}}$ 是对残差向量经过离散 Fourier 变换后的残差, 其元素为

$$\hat{\varepsilon}_{2j-1}^*=(2/n)^{1/2}\sum_{i=1}^{n}\cos(2\pi ij/n)\hat{\varepsilon}_i,$$
$$\hat{\varepsilon}_{2j}^*=(2/n)^{1/2}\sum_{i=1}^{n}\sin(2\pi ij/n)\hat{\varepsilon}_i,\quad j=1,\cdots,[n/2].$$

当 n 是奇数时, 需要一个额外的项 $\hat{\varepsilon}_n^*=(1/\sqrt{n/2})\sum_{i=1}^{n}\hat{\varepsilon}_i$. 令 $\hat{\sigma}^2$ 是 σ^2 的一个既在原假设又在对立假设下的 $\sqrt{n}$ 相合估计. 由 Fan (1996) 的思想, 可以构造下面的自适应的 Neyman 检验统计量

$$T_{\mathrm{AN}}^*=\max_{1\leqslant m\leqslant n}\frac{1}{\sqrt{2m\hat{\sigma}^4}}\sum_{i=1}^{m}(\hat{\varepsilon}_i^{*2}-\hat{\sigma}^2). \tag{5.2.17}$$

进一步正则化上面的检验统计量为

$$T_{\mathrm{AN}}=\sqrt{2\log\log n}T_{\mathrm{AN}}^*-\{2\log\log n+0.5\log\log\log n-0.5\log(4\pi)\}.$$

定理 5.2.5 假设正则条件 (C5.2.1)~条件 (C5.2.6) 成立. 在原假设 H_0 下, 当 $n\to\infty$ 时, 则有

$$P(T_{\mathrm{AN}}<x)\longrightarrow\exp(-\exp(-x)).$$

为了方便定理的证明, Fan 和 Huang (2001) 建议式 (5.2.17) 中关于 m 极大化的范围取为 $[1,n/(\log\log n)^4]$. 由定理 5.2.5, 临界域 $T_{\mathrm{AN}}>-\log\big(-\log(1-\alpha)\big)$ 有一个渐近显著性水平 α.

当单指标模型不是线性模型, 为了提高所构造的自适应 Neyman 检验的功效, 首先根据 $X_i^{\mathrm{T}}\hat{\beta}_0$ 的单调顺序对残差进行排序, 目的是把 $g(X_i^{\mathrm{T}}\hat{\beta}_0)-\hat{Y}_i, i=1,\cdots,n$, 大的 Fourier 系数中心化到低频. 如此的排序不会影响自适应 Neyman 检验统计量的大小, 因为当模型属于原假设模型族时, 残差 $\{\hat{\varepsilon}_i, i=1,\cdots,n\}$ 在原假设下几乎是独立同分布的.

5.2.4　模拟研究和实际数据分析

1. 窗宽选择

窗宽选择对非参数光滑估计一直是一个非常重要的问题, 由定理 5.2.1 可知: 如果选取窗宽过小, 尽管可以减少偏差却增大了方差, 反过来如果选取窗宽过大, 尽管可以减小方差却增大了偏差. 因此窗宽的选择通常是平衡偏差和方差, 即极小化均方误差或均方误差的积分选择局部或全局的最优窗宽. 由式 (5.2.10), $\hat{g}(u)$ 的渐近均方误差积分为

$$h^4\int\frac{1}{4}\mu_2^2(g''(u))^2\omega(u)\mathrm{d}u+\frac{\sigma^2\int(\nu_0/f(u))\omega(u)\mathrm{d}u}{nh},$$

则最优的全局窗宽为

$$h_{\mathrm{opt}}=C(K)\left[\frac{\sigma^2\int(1/f(u))\omega(u)\mathrm{d}u}{\int\{g''(u)\}^2\omega(u)\mathrm{d}u}\right]^{1/5}n^{-1/5}, \tag{5.2.18}$$

其中 $C(K)=(\nu_0/\mu_2^2)^{1/5}$, $\omega(u)$ 是一个权函数. 由最优窗宽 (5.2.18) 的表达式, 里面含有未知量 $f(u)$ 和 $g''(u)$, 实际使用时需要把它们的估计量代入到式 (5.2.18) 中, 选择最优窗宽 h_{opt}, Ruppert 等 (1995) 把这种窗宽选择方法称为 plug-in 方法. 尽管最优窗宽用于曲线拟合效果比较好, 但是用于更复杂的假设检验和统计推断时, 却不一定是恰当的. 因为最优窗宽中的未知密度函数和二阶导数也需要估计, 并也涉及非参数估计的窗宽选择等问题. 这样就会因为非参数估计收敛速度慢, 选取窗宽等问题导致的计算速度慢和累积误差等因素而使得假设检验和统计推断变得困难或效率较低. 而在实际应用中较为广泛使用的一种窗宽选择方法是交错核实方法 (cross validation, CV), 即可以通过极小化下面的交错核实函数选取窗宽

$$\mathrm{CV}(h)=\frac{1}{n}\sum_{i=1}^{n}\Big(Y_i-\hat{g}_{-i,h}(\hat{\beta}_{-i,0}^{\mathrm{T}}X_i;\hat{\beta}_0)\Big)^2, \tag{5.2.19}$$

其中 $\hat{g}_{-i,h}(\cdot)$ 和 $\hat{\beta}_{-i,0}$ 分别是基于窗宽 h 并去掉第 i 个样本 X_i 后得到的 $g(\cdot)$ 和 β 的估计量. 为了有效构造联系函数的同时置信带, 使用一个小的窗宽来减少偏差效

应. 在后面的模拟研究中, 我们把极小化式 (5.2.19) 得到的最优窗宽 $\hat{h}_{\text{opt}}$ 用于非参数假设检验, 而把窗宽 $\hat{h} = \hat{h}_{\text{opt}} n^{1/5} n^{-1/3} = \hat{h}_{\text{opt}} n^{-2/15}$ 用于构造联系函数的同时置信带.

2. 同时置信带的模拟研究

现在通过模拟研究对所提方法构造同时置信带问题进行评价. 所有模拟研究都使用 Epanechnikov 核函数 $K(t) = 0.75(1-t^2)_+$ 估计联系函数.

例 5.2.1 考虑下面单指标模型

$$Y_i = (\beta_0^{\mathrm{T}} X_i)^2 + \sigma\varepsilon_i, \quad i = 1, \cdots, n, \tag{5.2.20}$$

其中 $\beta_0 = (2,1)^{\mathrm{T}}/\sqrt{5}$, X_i 是来自二元正态分布 $N\Big((2,2)^{\mathrm{T}}, I_2\Big)$ 的协变量, 模型误差 ε_i 从标准正态分布产生.

例 5.2.2 "sine-bump" 模型最早由 Carroll 等 (1997) 研究, 他们考虑的是部分线性单指标模型, 此处我们忽略线性部分, 即数据 $\{(Y_i, X_i), i = 1, \cdots, n\}$ 从下面只有单指标部分的 "sine-bump" 模型中产生

$$Y_i = \sin\left\{\frac{\pi(\beta_0^{\mathrm{T}} X_i - A)}{B - A}\right\} + \sigma\varepsilon_i, \quad i = 1, \cdots, n, \tag{5.2.21}$$

其中 $\beta_0 = (1,1,1)^{\mathrm{T}}/\sqrt{3}, A = \sqrt{3}/2 - 1.645/\sqrt{12}$, $B = \sqrt{3}/2 + 1.645/\sqrt{12}$, X_i 是一个 3 维协变量向量, 每一个分量都独立的从区间 (0,1) 的均分分布产生, 模型误差 ε_i 来自标准正态分布.

对于这个模拟, 考虑样本量分别为 $n = 100, 200$ 和 300, 为了比较取 $\sigma = 0.1$ 和 0.5 两种情况. 重复 2000 模拟试验, 表 5.2.1 给了联系函数同时置信带的平均覆盖概率, 图 5.2.1 给了关于例 5.2.1、模型 (5.2.20) 取 $\sigma = 0.1$ 时, 联系函数 95%的同时置信带, 图 5.2.2 给了关于例 5.2.2、模型 (5.2.21) 取 $\sigma = 0.1$ 时, 联系函数 95%的同时置信带. 从表 5.2.1、图 5.2.1 和图 5.2.2 明显看出所提出的方法对同时置信带的构造在模拟研究中完成得很好.

表 5.2.1 例 5.2.1 和例 5.2.2 在置信水平分别为 90%和 95%时, 基于 2000 次重复模拟试验的平均覆盖概率

例子	n	$1-\alpha=0.90$		$1-\alpha=0.95$	
		$\sigma=0.1$	$\sigma=0.5$	$\sigma=0.1$	$\sigma=0.5$
例 5.2.1	100	0.8890	0.8820	0.9245	0.9200
	200	0.8990	0.8935	0.9500	0.9470
	300	0.9030	0.8985	0.9575	0.9550
例 5.2.2	100	0.8905	0.8855	0.9135	0.9060
	200	0.8960	0.8910	0.9490	0.9320
	300	0.9090	0.9065	0.9510	0.9405

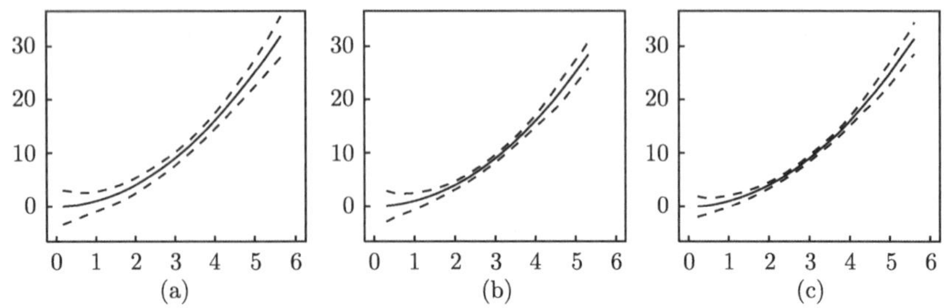

图 5.2.1　从左到右, 表示样本量分别取 100, 200 和 300, 并 $\sigma = 0.1$ 时, 模型 (5.2.20) 的情况
实线表示估计的联系函数曲线, 虚线表示 95%的置信带

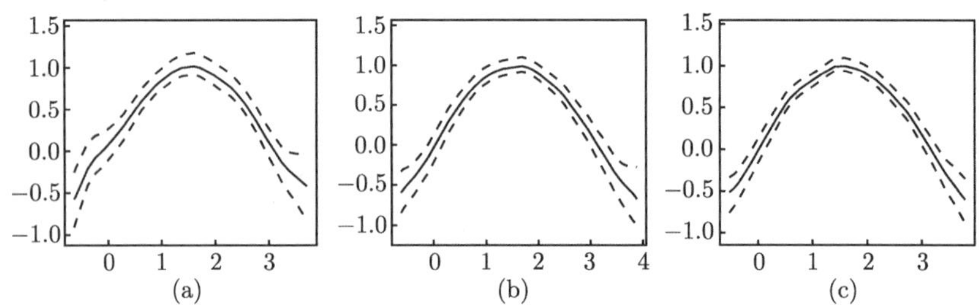

图 5.2.2　从左到右, 表示样本量分别取 100, 200 和 300, 并 $\sigma = 0.1$ 时, 模型 (5.2.21) 的情况
实线表示估计的联系函数曲线, 虚线表示 95%的置信带

3. 假设检验的模拟研究

为了评价自适应 Neyman 检验的完成情况, 考虑如下模型

$$Y = X_1 + X_2 + \rho \cdot \exp\{-(X_1 + X_2)^2\} + \sigma\varepsilon, \tag{5.2.22}$$

其中 X_1, X_2 和 ε 独立同分布, 都来自标准正态分布. 模型 (5.2.22) 是具有联系函数为 $g(u) = \sqrt{2}u + \rho \cdot \exp(-2u^2)$ 的单指标模型, 其中 $\beta_{10} = \beta_{20} = \sqrt{2}/2$. 分别考虑样本量 $n = 100$ 和 200, $\sigma = 0.5$ 和 0.8. 基于 1000 次重复模拟, 当取 $\sigma = 0.5$ 和 $n = 200$ 时, 图 5.2.3 从左到右报告了 $\rho = 0, 0.5, 1$ 和 1.5 四种情况, Y 对 $X_1\hat{\beta}_1 + X_2\hat{\beta}_2$ 的散点图, 真实的联系函数 $g(\cdot)$ (实线), 估计的联系函数曲线 $\hat{g}(\cdot)$ (虚线). 这里 $(\hat{\beta}_1, \hat{\beta}_2)^{\mathrm{T}}$ 是 $(\beta_1, \beta_2)^{\mathrm{T}}$ 的 profile 最小二乘估计.

图 5.2.4 报告了显著性水平为 0.05 时自适应 Neyman 检验的功效函数. 当 $\rho = 0$ 时, 对应的是原假设 H_0 成立, 所得功效实际上就是第一类错误. 从图 5.2.4 可看到自适应的 Neyman 检验很好地控制了犯第一类错误. 进一步可观测到功效曲线随着 ρ 的变大而快速增长, 这也意味着自适应 Neyman 检验有很好的检验功效. 作为比较, 图 5.2.4 也报告了由 Fan 等 (2001) 提出的广义似然比检验的功效函

数. 功效函数显示自适应 Neyman 检验在大部分模型情况下要比广义似然比检验完成得好.

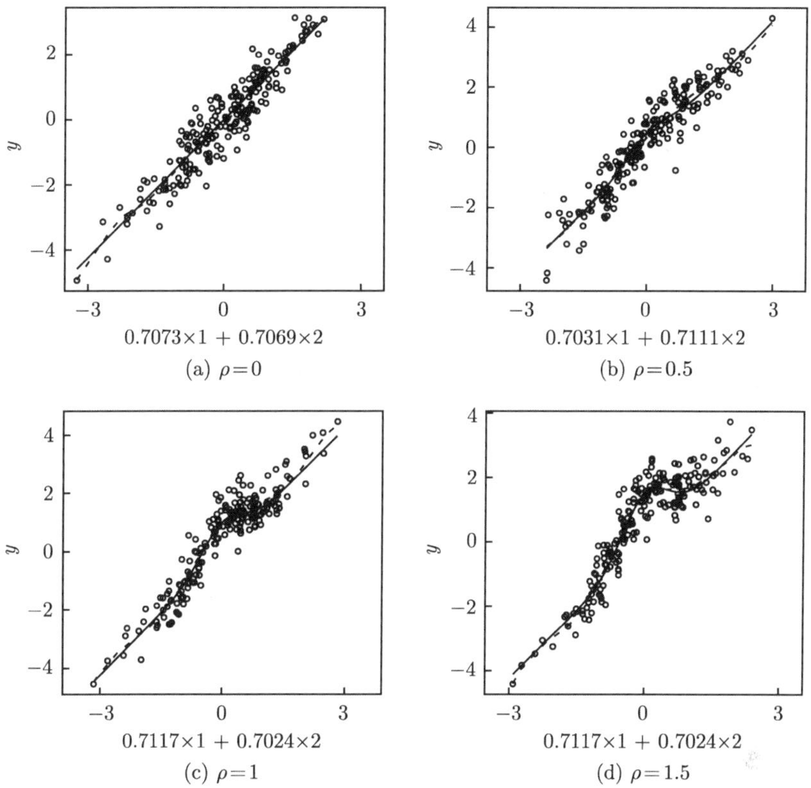

图 5.2.3 Y 对 $X_1\hat{\beta}_1 + X_2\hat{\beta}_2$ 的散点图

实线表示真实的联系函数 $g(\cdot)$, 虚线表示估计的联系函数 $\hat{g}(\cdot)$. 模拟采用 $\sigma = 0.5$ 和 $n = 200$, 以及 $\rho = 0, 0.5, 1$ 和 1.5 四种情形

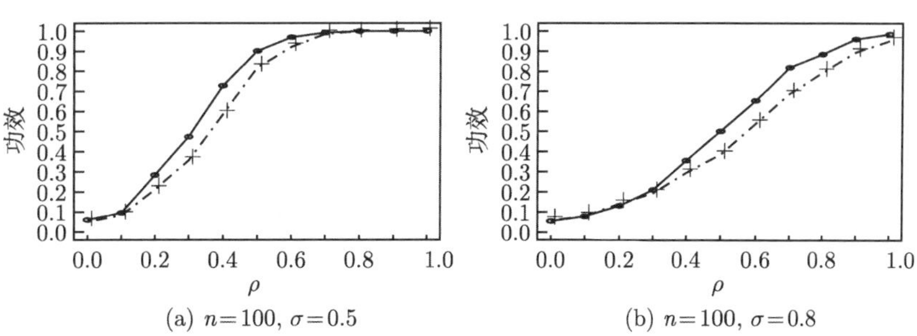

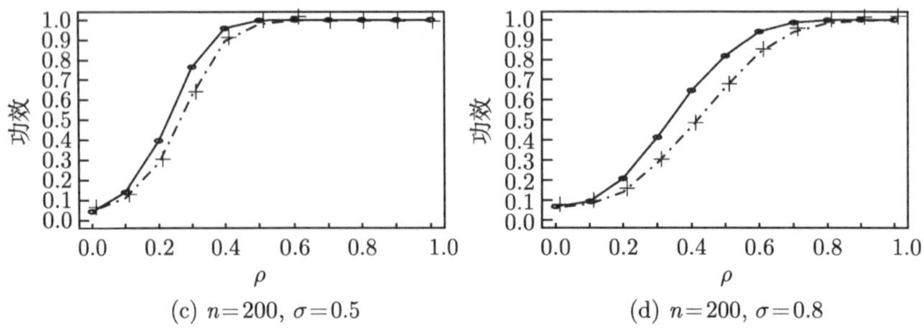

图 5.2.4　显著水平取 $\alpha=0.05$ 时检验的功效函数曲线

实线: 自适应 Neyman 检验方法; 点断线: 广义似然比检验方法

4. 实例分析: 银行数据分析

本例考虑 Albright 等 (1999) 提供的银行数据集, 该数据考虑的是斯普林菲尔德的第五国家银行所面临的性别歧视诉讼, 即女性职员获得的薪水比男性职员的薪水变得更少. 这时重要的一个问题是分析影响薪水差异的主要原因或因素. 这个例子来源于 1995 年的一个实际事件, 仅仅是改变了银行的名字. 这个数据集有 208 个雇员, 并记录了 8 个变量:

(1) 雇员的年薪 (Salary), 单位是千英镑;

(2) 雇员的教育水平 (EduLev), 该变量是一个分类变量, 其中 1 表示完成了学业, 2 表示完成了某些大学课程, 3 表示获得了学士学位, 4 表示通过了一些研究生课程, 5 表示获得了硕士学位;

(3) 雇员的工作等级 (JobGrade), 该变量从 1~6 表示雇员工作等级从低到最高;

(4) 雇员被聘请的时间 (YrHired);

(5) 雇员出生的年 (YrBorn);

(6) 性别 (Gender), 其中 1 表示女性雇员, 0 表示男性雇员;

(7) 雇员到第五国家银行工作之前的别的银行工作的工作经历时间 (YrsPrior);

(8) 关于计算机工作 (PCJob) 的一个虚拟变量, 其中 1 表示具有计算机工作经历, 0 表示没有计算机工作经历.

该数据已经被 Fan 和 Peng (2004), Lam 和 Fan (2008), 以及 Li 等 (2012a) 等用于高维半参数模型的研究. 为了说明所提的方法, 考虑下面的单指标模型

$$\begin{aligned}\text{Salary}=g\Big(&\beta_1\text{Age}+\beta_2\text{YrsExp}+\beta_3\text{Female}+\beta_4\text{PCJob}\\&+\sum_{i=1}^{4}\beta_{4+i}\text{Edu}_i+\sum_{i=1}^{5}\beta_{8+i}\text{JobGrd}_i\Big)+\varepsilon,\end{aligned}\tag{5.2.23}$$

其中变量 YrsExp 是工作经历的总和, 可以通过变量 YrHired 和 YrsPrior 计算得到.

此处采用 Cui 等 (2011) 的估计方法估计模型 (5.2.23), 并用 CV 方法选取最优窗宽为 $h_{\text{CV}} = 1.435$. 基于 profile 最小二乘方法, 表 5.2.2 给了指标参数向量的估计和相应的标准差 (SE). 图 5.2.5(a) 给了模型 (5.2.23) 中联系函数 $g(\cdot)$ 的估计曲线, 以及联系函数 95% 的置信带. 对于所提的自适应 Neyman 检验, 得到的检验统计量的 p 值为 0.031, 而计算得到的广义似然比统计量的 p 值为 0, 两个 p 值都接近于 0. 根据图 5.2.5(a) 中联系函数的估计拟合曲线和 p 值, 因此建议拒绝原假设, 即拒绝联系函数是线性函数. 此外, 从图 5.2.5(b) 的残差图可以看出, 对于残差没有太大的趋势, 说明单指标模型对银行数据拟合效果比较好.

表 5.2.2 模型 (5.2.23) 中指标参数的估计和标准差

变量	估计	标准差
Age	0.060959239	0.01046973
YrsExp	−0.800956166	0.06471459
Female	0.416505407	0.13657645
PCJob	−0.015036591	0.24988014
Edu_1	0.108489189	0.27227410
Edu_2	0.250099943	0.26133544
Edu_3	−0.009204456	0.15759227
Edu_4	−0.022231789	0.37445128
JobGrd_1	0.221958888	0.37358015
JobGrd_2	0.125374153	0.32750750
JobGrd_3	0.134480046	0.28990072
JobGrd_4	−0.072627564	0.30559367
JobGrd_5	−0.133444393	0.29998355

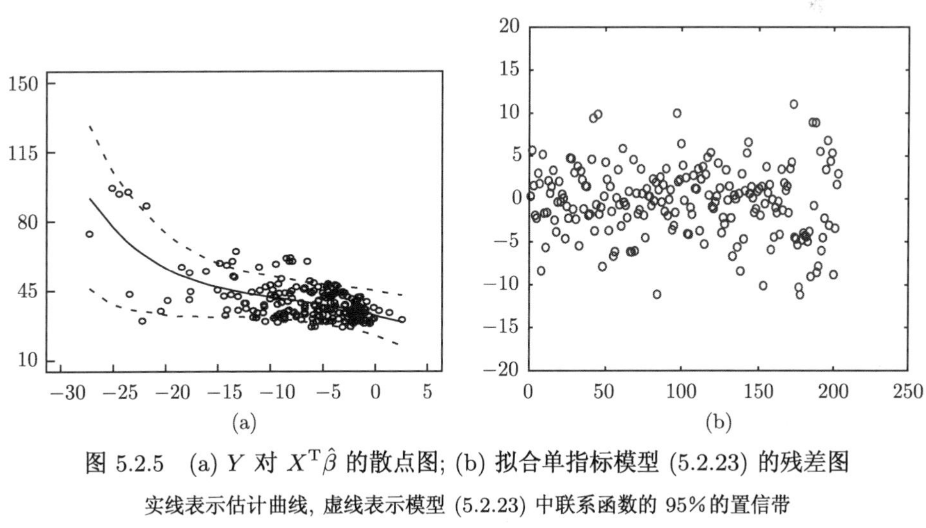

图 5.2.5 (a) Y 对 $X^{\mathrm{T}}\hat{\beta}$ 的散点图; (b) 拟合单指标模型 (5.2.23) 的残差图

实线表示估计曲线, 虚线表示模型 (5.2.23) 中联系函数的 95% 的置信带

在对模型 (5.2.23) 进行研究时, 本例中使用了所有 208 个雇员的样本数据进行

研究, 而 Fan 和 Peng (2004) 是去掉了年龄超过 60 岁和工作经历超过 30 年的样本, 最后使用 199 个雇员样本对线性模型进行研究. 在他们的研究中, 不能够发现女性和男性雇员工资差异性较强的证据. 然而, 残差图 5.2.5(b) 中没有特别的离群点, 说明单指标模型能够很好地拟合完全的 208 个雇员的样本. 图 5.2.5(a) 也说明模型 (5.2.23) 中的联系函数是单调增的非线性函数. 从表 5.2.2 中系数的估计, 女性协变量的系数是显著正的, 这意味着女性雇员和薪水之间有一个负的关系, 分析结果说明性别对薪水差异性具有较强的影响.

5.2.5 定理的证明

引理 5.2.1 假设条件 (C5.2.1)~条件 (C5.2.3) 成立. 当 $n\to\infty$ 时, 如果 $h\to 0, nh^3\to\infty$, 有

$$\sup_{u\in\mathcal{U}}\left|S_{n,l}^{\beta}-\mu_l f(u)-\mu_{l+1}f'(u)h\right|=O_P(h^2+\delta_n),\quad l=0,1,2,3,$$

其中 $\delta_n=\sqrt{\dfrac{\log n}{nh}}$, $f'(u)$ 是 $f(u)$ 的导数, 且

$$S_{n,l}^{\beta}=\frac{1}{n}\sum_{i=1}^{n}\left(\frac{\beta^{\mathrm{T}}X_i-u}{h}\right)^{l}K_h(\beta^{\mathrm{T}}X_i-u),\quad l=0,1,2,3.$$

引理 5.2.1 的详细证明见 Martins-Filho 和 Yao (2007). 下面的引理证明了联系函数估计 $\hat{\eta}$ 和它导数估计 $\hat{\eta}'$ 的一致收敛速度.

引理 5.2.2 对于一些正的常数 c, 令 $\mathcal{B}_n=\{\beta:\|\beta-\beta_0\|\leqslant cn^{-1/2}\}$, 并假设条件 (C5.2.1)~条件 (C5.2.5) 成立, 有

$$\sup_{u\in\mathcal{U},\beta\in\mathcal{B}_n}|\hat{g}(u;\beta)-g(u)|=O_P(\delta_n)\tag{5.2.24}$$

和

$$\sup_{u\in\mathcal{U},\beta\in\mathcal{B}_n}|\hat{g}'(u;\beta)-g'(u)|=O_P(\delta_n/h).\tag{5.2.25}$$

引理 5.2.2 的证明请参考文献 Wang 等 (2010b) 的完全版本, 可从网页 arXiv.org (arXiv:0905.2042) 下载, 因此此处省略了详细的证明细节.

定理 5.2.1 的证明 很多文献都给了定理 5.2.1 的详细证明, 如 Carroll 等 (1997), Liang 等 (2010), Chen 等 (2013), 等等. 因此省略其证明. □

定理 5.2.2 的证明 由式 (5.2.8) 和一些简单计算, 有

$$\hat{g}(u;\hat{\beta}_0)=\sum_{i=1}^{n}W_{ni}(u;\hat{\beta}_0)Y_i,\tag{5.2.26}$$

其中

$$W_{ni}(u;\hat{\beta}_0)=\frac{n^{-1}K_h(\hat{\beta}_0^{\rm T}X_i-u)[S_{n,2}^{\hat{\beta}_0}-\{(\hat{\beta}_0^{\rm T}X_i-u)/h\}S_{n,1}^{\hat{\beta}_0}]}{S_{n,0}^{\hat{\beta}_0}S_{n,2}^{\hat{\beta}_0}-(S_{n,1}^{\hat{\beta}_0})^2}.$$

由引理 5.2.1, 一致对 $u\in\mathcal{U}$ 和 $\beta\in\mathcal{B}_n$, 有

$$\begin{aligned}&S_{n,0}^{\beta}=f(u)+O_P(h^2+\delta_n),\quad S_{n,1}^{\beta}=O_P(h+\delta_n),\\&S_{n,2}^{\beta}=\mu_2 f(u)+O_P(h^2+\delta_n),\quad S_{n,3}^{\beta}=O_P(h+\delta_n).\end{aligned}\tag{5.2.27}$$

因此, 有

$$S_{n,0}^{\beta}S_{n,2}^{\beta}-(S_{n,1}^{\beta})^2=\mu_2 f^2(u)+O_P(h^2+\delta_n).\tag{5.2.28}$$

由式 (5.2.26), 有

$$\begin{aligned}\hat{g}(u;\hat{\beta}_0)-g(u)&=\sum_{i=1}^n W_{ni}(u;\hat{\beta}_0)Y_i-g(u)\\&=\sum_{i=1}^n W_{ni}(u;\hat{\beta}_0)\varepsilon_i+\left[\sum_{i=1}^n W_{ni}(u;\hat{\beta}_0)g(\hat{\beta}_0^{\rm T}X_i)-g(u)\right]\\&\quad-\sum_{i=1}^n W_{ni}(u;\hat{\beta}_0)[g(\hat{\beta}_0^{\rm T}X_i)-g(\beta_0^{\rm T}X_i)]\\&=:{\rm I}_1+{\rm I}_2-{\rm I}_3.\end{aligned}\tag{5.2.29}$$

对于 $\rm I_2$, 使用 Taylor 展式和一些计算, 从式 (5.2.27)~式 (5.2.28) 和条件 (C5.2.1), 则有

$$\begin{aligned}{\rm I}_2=&[S_{n,0}^{\hat{\beta}_0}S_{n,2}^{\hat{\beta}_0}-(S_{n,1}^{\hat{\beta}_0})^2]^{-1}\Big\{\frac{1}{n}\sum_{i=1}^n K_h(\hat{\beta}_0^{\rm T}X_i-u)\Big[S_{n,2}^{\hat{\beta}_0}-\{(\hat{\beta}_0^{\rm T}X_i-u)/h\}S_{n,1}^{\hat{\beta}_0}\Big]\\&\times\Big(g(u)+g'(u)(\hat{\beta}_0^{\rm T}X_i-u)+\frac{1}{2}g''(u)(\hat{\beta}_0^{\rm T}X_i-u)^2+O(|\hat{\beta}_0^{\rm T}X_i-u|^3)\Big)\Big\}-g(u)\\=&\frac{1}{2}g''(u)h^2[S_{n,0}^{\hat{\beta}_0}S_{n,2}^{\hat{\beta}_0}-(S_{n,1}^{\hat{\beta}_0})^2]^{-1}[(S_{n,2}^{\hat{\beta}_0})^2-S_{n,1}^{\hat{\beta}_0}S_{n,3}^{\hat{\beta}_0}]+o_P(1)\\=&\frac{1}{2}g''(u)h^2\mu_2+O_P(h^2+\delta_n).\end{aligned}\tag{5.2.30}$$

现在考虑 $\rm I_3$. 由定理 5.2.1 可知: $\hat{\beta}_0$ 是指标参数向量的 $\sqrt{n}$ 相合估计, 即 $\hat{\beta}_0$ 满足 $\hat{\beta}_0\in\mathcal{B}_n$. 注意到 $\sup_{x\in\mathcal{X},\beta\in\mathcal{B}_n}|g(\beta^{\rm T}x)-g(\beta_0^{\rm T}x)|=O(n^{-1/2})$, 并使用 Zhu 和 Xue (2006) 中的引理 2, 容易证明 ${\rm I}_3=o_P(n^{-1/2})$.

为了证明定理 5.2.2, 下面对过程 I_1 进行逼近. 按照 Xia 和 Li (1999) 中的引理 A.2, 有

$$\frac{1}{n}\sum_{i=1}^{n}K_h(\beta_0^{\mathrm{T}}X_i-u)\{(\beta_0^{\mathrm{T}}X_i-u)/h\}\varepsilon_i=O_P(\delta_n). \tag{5.2.31}$$

由文献 Xia 等 (2004) 中引理 A.1 的证明过程, 能够获得

$$\frac{1}{nf(u)}\sum_{i=1}^{n}K_h(\hat{\beta}_0^{\mathrm{T}}X_i-u)\varepsilon_i=\frac{1}{nf(u)}\sum_{i=1}^{n}K_h(\beta_0^{\mathrm{T}}X_i-u)\varepsilon_i+O_P(h\delta_n). \tag{5.2.32}$$

由式 (5.2.27), 式 (5.2.31) 和式 (5.2.32), 并使用式 (5.2.30) 相同的证明过程, 可以证明

$$\begin{aligned}
\mathrm{I}_1=&[S_{n,0}^{\hat{\beta}_0}S_{n,2}^{\hat{\beta}_0}-(S_{n,1}^{\hat{\beta}_0})^2]^{-1}S_{n,2}^{\hat{\beta}_0}\Big(\frac{1}{n}\sum_{i=1}^{n}K_h(\hat{\beta}_0^{\mathrm{T}}X_i-u)\varepsilon_i\Big)\\
&-[S_{n,0}^{\hat{\beta}_0}S_{n,2}^{\hat{\beta}_0}-(S_{n,1}^{\hat{\beta}_0})^2]^{-1}S_{n,1}^{\hat{\beta}_0}\Big(\frac{1}{n}\sum_{i=1}^{n}K_h(\hat{\beta}_0^{\mathrm{T}}X_i-u)\{(\hat{\beta}_0^{\mathrm{T}}X_i-u)/h\}\varepsilon_i\Big)\\
=&\frac{1}{nf(u)}\sum_{i=1}^{n}K_h(\beta_0^{\mathrm{T}}X_i-u)\varepsilon_i+O_P(\delta_n(h+\delta_n))\\
=:&\,\widetilde{\mathrm{I}}_1(u)+O_P(\delta_n(h+\delta_n))
\end{aligned}$$

一致对 $u\in\mathcal{U}$ 成立. 该结论也意味着 $\|\mathrm{I}_1-\widetilde{\mathrm{I}}_1(u)\|_\infty=O_P(\delta_n(h+\delta_n))$ 成立.

下面将推导 $\widetilde{\mathrm{I}}_1(u)$ 的渐近分布. 为了方便, 令

$$\begin{aligned}
\{nhf(u)\sigma^{-2}\nu_0^{-1}\}^{1/2}\widetilde{\mathrm{I}}_1(u)&=\{nhf(u)\sigma^2\nu_0\}^{-1/2}\sum_{i=1}^{n}K\left(\frac{\beta_0^{\mathrm{T}}X_i-u}{h}\right)\varepsilon_i\\
&=:\{nhf(u)\sigma^2\nu_0\}^{-1/2}\xi(u).
\end{aligned} \tag{5.2.33}$$

分割区间 $[b_1,b_2]$ 成 N 个子区间$J_r=[d_{r-1},d_r),r=1,2,\cdots,N-1,J_N=[d_{N-1},b_2]$, 其中 $d_r=b_1+\dfrac{b_2-b_1}{N}r$. 定义 $U_i=\beta_0^{\mathrm{T}}X_i$ 和 $\widetilde{U}_i=d_rI(U_i\in J_r),r=1,\cdots,N$. 明显有 $U_i-\widetilde{U}_i=O(N^{-1})$. 对随机变量序列 $\{\varepsilon_i\},i=1,\cdots,n$, 采用大数定律有

$$\begin{aligned}
\xi(u)&=\sum_{i=1}^{n}\left[K\left(\frac{U_i-u}{h}\right)-K\left(\frac{\widetilde{U}_i-u}{h}\right)\right]\varepsilon_i+\sum_{i=1}^{n}K\left(\frac{\widetilde{U}_i-u}{h}\right)\varepsilon_i\\
&=O_P(h^{-1})+\sum_{i=1}^{n}K\left(\frac{\widetilde{U}_i-u}{h}\right)\varepsilon_i\\
&=:O_P(h^{-1})+\widetilde{\xi}(u).
\end{aligned} \tag{5.2.34}$$

一致地, 对 $u\in[b_1,b_2]$ 成立. 由 $\widetilde{U}_i$ 的定义, 有

$$\widetilde{\xi}(u)=\sum_{r=1}^{N}K\left(\frac{d_r-u}{h}\right)\sum_{i=1}^{n}I(\widetilde{U}_i\in J_r)\varepsilon_i.$$

令 $\widetilde{\xi}_t=\sum_{r=1}^{t}\sum_{i=1}^{n}I(U_i\in J_r)\varepsilon_i=\sum_{i=1}^{n}I(b_1\leqslant U_i\leqslant d_t)\varepsilon_i,\widetilde{\xi}_0=0$. 由 Zhang 等 (2009) 中引理 2, 对于任意的 $t=1,\cdots,N$ 和 $u\in[b_1,b_2]$, 则有

$$|\widetilde{\xi}_t-N^{1/2}W(G(d_t))|=O(N^{1/4}\log N)\quad \text{a.s.},$$

其中 $W(\cdot)$ 是一个 Wiener 过程, 且 $G(c)=\int_{b_1}^{c}\sigma^2f(v)\mathrm{d}v$. 由 Abel 变换, 则有

$$\widetilde{\xi}(u)=K\left(\frac{b_2-u}{n}\right)\widetilde{\xi}_N-\sum_{r=1}^{N-1}\left[K\left(\frac{d_{r+1}-u}{h}\right)-K\left(\frac{d_r-u}{h}\right)\right]\widetilde{\xi}_r$$

和

$$\begin{aligned}&\left\|\sum_{r=1}^{N-1}\left[K\left(\frac{d_{r+1}-u}{h}\right)-K\left(\frac{d_r-u}{h}\right)\right]\left[\widetilde{\xi}_r-N^{1/2}W(G(d_r))\right]\right\|_\infty\\ \leqslant&\left\|\max_{1\leqslant r\leqslant N}|\widetilde{\xi}_r-N^{1/2}W(G(d_r))|\sum_{r=1}^{N-1}\left|K\left(\frac{d_{r+1}-u}{h}\right)-K\left(\frac{d_r-u}{h}\right)\right|\right\|\\ =&O_P(N^{1/4}\log N).\end{aligned}$$

因此, 可以推得

$$\begin{aligned}\widetilde{\xi}(u)=&N^{1/2}K\left(\frac{b_2-u}{h}\right)W(G(b_2))\\&-N^{1/2}\sum_{r=1}^{N-1}\left[K\left(\frac{d_{r+1}-u}{h}\right)-K\left(\frac{d_r-u}{h}\right)\right]W(G(d_r))+O_P(N^{1/4}\log N)\end{aligned}\tag{5.2.35}$$

一致地对 $u\in[b_1,b_2]$ 成立.

对一个 Wiener 过程, 由 Csörgö 和 Révész (1981, 44 页) 可知

$$\sup_{t\in[b_1,b_2]}|W(G(t+\varsigma))-W(G(t))|=O\left((\varsigma\log(1/\varsigma))^{1/2}\right)\quad \text{a.s.},$$

其中 ς 是一个任意小的数. 由这个性质和 $K(\cdot)$ 的有界性, 有

$$\begin{aligned}&\sum_{r=1}^{N-1}\left[K\left(\frac{d_{r+1}-u}{h}\right)-K\left(\frac{d_r-u}{h}\right)\right]W(G(d_r))\\ =&\int_{b_1}^{b_2}W(G(v))\mathrm{d}K\left(\frac{v-u}{h}\right)+O_P\left((N^{-1}\log N)^{1/2}\right)\end{aligned}$$

一致地对 $u \in [b_1, b_2]$ 成立. 联合式 (5.2.34) 和式 (5.2.35), 容易证明

$$\begin{aligned}&\left\|(nh)^{-1/2}\xi(u) - h^{-1/2}\int_{b_1}^{b_2} K\left(\frac{v-u}{h}\right)\mathrm{d}W(G(v))\right\|_\infty\\ =&O_P\big((nh^3)^{-1/2} + (nh)^{-1/2}N^{1/4}\log N\big).\end{aligned} \tag{5.2.36}$$

如果 N 的阶为 $N = O(n)$ 时, 则上面的阶为 $O_P\big((nh^3)^{-1/2} + (nh^2)^{-1/4}\log n\big)$. 令

$$\begin{aligned}Z_{1n}(u) &= h^{-1/2}\int_{b_1}^{b_2} K\left(\frac{v-u}{h}\right)\mathrm{d}W(G(v)),\\ Z_{2n}(u) &= h^{-1/2}\int_{b_1}^{b_2} K\left(\frac{v-u}{h}\right)[\sigma^2 f(v)]^{1/2}\mathrm{d}W(v-b_1),\\ Z_{3n}(u) &= h^{-1/2}\int_{b_1}^{b_2} K\left(\frac{v-u}{h}\right)\mathrm{d}W(v-b_1).\end{aligned}$$

对一个高斯过程, 由 Claeskens 和 Van Keilegom (2003) 的引理 2.1~引理 2.5, 有

$$\begin{aligned}&\|Z_{1n}(u) - Z_{2n}(u)\|_\infty = O_P(h^{1/2}),\\ &\|(\sigma^2 f(u))^{-1/2}Z_{2n}(u) - Z_{3n}(u)\|_\infty = O_P(h^{1/2}).\end{aligned} \tag{5.2.37}$$

由式 (5.2.36) 和式 (5.2.37), 有

$$\big\|(nh\sigma^2 f(u))^{-1/2}\xi(u) - Z_{3n}(u)\big\|_\infty = O_P\big((nh^3)^{-1/2} + (nh^2)^{-1/4}\log n + h^{1/2}\big).$$

由上式和式 (5.2.33), 并使用定理 5.2.1 和 Bickel 和 Rosenblatt (1973) 的定理 3.1, 当 $h = O(n^{-\rho}), 1/5 < \rho < 1/3$, 则有

$$\begin{aligned}&P\Big\{\Big(-2\log\big(h/(b_2-b_1)\big)\Big)^{1/2}\Big(\nu_0^{-1/2}\big\|(nh\sigma^2 f(u))^{-1/2}\xi(u)\big\|_\infty - d_{n0}\Big) < x\Big\}\\ &\to \exp\big(-2\exp(-x)\big).\end{aligned}$$

总结上面的结果, 完成了定理 5.2.2 的证明. □

定理 5.2.3 的证明　按照定理 5.2.2 相同的证明思路, 也能完成定理 5.2.3 的证明, 因此此处省略了详细的证明过程. □

定理 5.2.4 的证明　为了证明定理 5.2.4, 首先需要得到偏差和方差的收敛速度. 首先考虑 $\widehat{\mathrm{Bias}}(\hat g(u;\hat\beta_0)|\mathcal{D})$ 和 $2^{-1}h^2\mu_2 g''(u)$ 之间差的收敛速度. 由引理 5.2.2 证明的标准方法, 有

$$\begin{aligned}\|\widehat{\mathrm{Bias}}(\hat g(u;\hat\beta_0)|\mathcal{D}) - 2^{-1}h^2\mu_2 g''(u)\|_\infty &= O_P\Big(h^2\big(\sqrt{\log n/nh_*^5}\big)\Big)\\ &= O_P(h^2(n^{-1/7}\log^{1/2} n)),\end{aligned} \tag{5.2.38}$$

其中 $h_* = n^{-1/7}$ 是估计二阶导数 $g''(\cdot)$ 的辅助窗宽.

此外, 由引理 5.2.1, 则有

$$\left\|\frac{h}{n}X^{\mathrm{T}}W^2X - f(u)\widetilde{S}(u)\right\|_{\infty} = o_P(1),$$

其中 $\widetilde{S}(u) = \begin{pmatrix} \nu_0 & 0 \\ 0 & \nu_2 \end{pmatrix}$. 对于方差 σ^2 的估计, 如果取 $m = cn^{\tau}$, 其中常数 $c > 0$ 和 $0 \leqslant \tau \leqslant \frac{1}{3}$, Tong 和 Wang (2005) 证明 $\hat{\sigma}^2$ 是 σ^2 的相合估计, 且 $\mathrm{Bias}(\hat{\sigma}^2) = O(n^{-3+3\tau})$.

由上面的结果, 以及定理 5.2.1, 通过一些简单计算, 容易证明

$$\left\|nh\widehat{\mathrm{Var}}\{\hat{g}(u;\hat{\beta}_0)|\mathcal{D}\} - \frac{\nu_0}{f(u)}\sigma^2\right\|_{\infty} = o_P(1). \tag{5.2.39}$$

由式 (5.2.38) 和式 (5.2.39), 以及定理 5.2.2, 很容易证明定理 5.2.4. □

定理 5.2.5 的证明 在原假设 H_0 下, 模型 (5.2.1) 变为如下模型

$$Y_i = \gamma_0 + \gamma_1(\beta_0^{\mathrm{T}}X_i) + \varepsilon_i, \quad i = 1, \cdots, n.$$

为了方便, 下面使用矩阵和向量概念. 令 e_n 为所有元素为 1 的 $n \times 1$ 的向量, $X^* = \Gamma X$ 是 $n \times p$ 的矩阵. 由定理 5.2.1, 可知 $\hat{\beta}_0$ 是 β_0 的 $\sqrt{n}$ 相合估计. 由 $\hat{\varepsilon}^*$ 的定义, 以及 γ_0 和 γ_1 的最小二乘估计, 则有

$$\begin{aligned}
\hat{\varepsilon}^* &= \Gamma\varepsilon - (\hat{\gamma}_0 - \gamma_0)\Gamma e_n + \gamma_1(\Gamma X\beta_0) - \hat{\gamma}_1(\Gamma X\hat{\beta}_0) \\
&= \Gamma\varepsilon - (\hat{\gamma}_0 - \gamma_0)\Gamma e_n - (\hat{\gamma}_1 - \gamma_1)(X^*\beta_0) \\
&\quad - (\hat{\gamma}_1 - \gamma_1)X^*(\hat{\beta}_0 - \beta_0) - \gamma_1 X^*(\hat{\beta}_0 - \beta_0) \\
&=: J_1 - J_2 - J_3 - J_4 - J_5
\end{aligned}$$

和 $J_1 \sim N(0, \sigma^2 I_n)$. 令 J_{ki} 表示向量 $J_k (k = 1, \cdots, 5)$ 的第 i 个分量, 则有

$$\sum_{i=1}^{m}\hat{\varepsilon}_i^{*2} = \sum_{i=1}^{m}(J_{1i} - J_{2i} - J_{3i} - J_{4i} - J_{5i})^2. \tag{5.2.40}$$

首先考虑 $J_{ki}^2 (k = 1, \cdots, 5)$ 的收敛速度. 由 Cauchy-Schwarz 不等式, 有

$$J_{3i}^2 = (\hat{\gamma}_1 - \gamma_1)^2\left[\sum_{j=1}^{p}X_{ij}^*\beta_{0j}\right]^2 \leqslant (\hat{\gamma}_1 - \gamma_1)^2\|\beta_0\|^2\sum_{j=1}^{p}X_{ij}^{*2}, \tag{5.2.41}$$

其中 β_{0j} 是向量 β_0 的第 j 个分量. 由约束条件 $\|\beta_0\| = 1$ 和 $|\hat{\gamma}_1 - \gamma_1| = O_P(n^{-1/2})$, 以及条件 (C5.2.6), 有

$$\sum_{i=n_0}^{m}J_{3i}^2 \leqslant (\hat{\gamma}_1 - \gamma_1)^2\sum_{j=1}^{p}\sum_{i=n_0}^{n/(\log\log n)^4}X_{ij}^{*2} = O_P\Big((\log\log n)^{-4}\Big). \tag{5.2.42}$$

由 $\|\hat{\beta}_0-\beta_0\|=O_P(n^{-1/2})$, 条件 (C5.2.6), 以及上面相同的证明方法, 容易证明

$$\sum_{i=n_0}^{m} J_{4i}^2=O_P\Big(n^{-1}(\log\log n)^{-4}\Big),\quad \sum_{i=n_0}^{m} J_{5i}^2=O_P\Big((\log\log n)^{-4}\Big).$$

由 $|\hat{\gamma}_0-\gamma_0|=O_P(n^{-1/2})$ 和 $\varGamma$ 的定义, 则容易验证 $\sum\limits_{i=1}^{m} J_{2i}^2=O_P(n^{-1})=o_P(1)$. 注意到

$$\frac{1}{m}\sum_{i=1}^{m} J_{1i}^2\leqslant \sigma^2+\max_{1\leqslant m\leqslant n}\frac{1}{m}\sum_{i=1}^{m}(J_{1i}^2-\sigma^2)=o_P(\log\log n). \tag{5.2.43}$$

下面将证明 (5.2.40) 中交叉项的收敛速度. 既然 J_{1i} 控制着其他项的收敛速度, 因此仅仅需要考虑 $J_{1i}J_{ki},k=2,3,4,5$ 的收敛速度. 由 Cauchy-Schwarz 不等式, 式 (5.2.42) 和式 (5.2.43), 有

$$\left|\frac{1}{\sqrt{m}}\sum_{i=n_0}^{m} J_{1i}J_{3i}\right|\leqslant\left\{\frac{1}{m}\sum_{i=n_0}^{m} J_{1i}^2\right\}^{1/2}\left\{\sum_{i=n_0}^{m} J_{3i}^2\right\}^{1/2}=O_P\Big((\log\log n)^{-3/2}\Big). \tag{5.2.44}$$

类似地, 有

$$\left|\frac{1}{\sqrt{m}}\sum_{i=n_0}^{m} J_{1i}J_{2i}\right|\leqslant\left\{\frac{1}{m}\sum_{i=n_0}^{m} J_{1i}^2\right\}^{1/2}\left\{\sum_{i=n_0}^{m} J_{2i}^2\right\}^{1/2}=O_P\Big((\log\log n/n)^{1/2}\Big),$$

$$\left|\frac{1}{\sqrt{m}}\sum_{i=n_0}^{m} J_{1i}J_{4i}\right|\leqslant\left\{\frac{1}{m}\sum_{i=n_0}^{m} J_{1i}^2\right\}^{1/2}\left\{\sum_{i=n_0}^{m} J_{4i}^2\right\}^{1/2}=O_P\Big(n^{-1/2}(\log\log n)^{-3/2}\Big)$$

和

$$\left|\frac{1}{\sqrt{m}}\sum_{i=n_0}^{m} J_{1i}J_{5i}\right|\leqslant\left\{\frac{1}{m}\sum_{i=n_0}^{m} J_{1i}^2\right\}^{1/2}\left\{\sum_{i=n_0}^{m} J_{5i}^2\right\}^{1/2}=O_P\Big((\log\log n)^{-3/2}\Big).$$

总结上面的结果, 则有

$$\frac{1}{\sqrt{m}}\sum_{i=n_0}^{m}\hat{\varepsilon}_i^{*2}=\frac{1}{\sqrt{m}}\sum_{i=n_0}^{m} J_{1i}^2+O_P\Big((\log\log n)^{-3/2}\Big). \tag{5.2.45}$$

令

$$T_n^*=\max_{1\leqslant m\leqslant n}\frac{1}{\sqrt{2m\sigma^4}}\sum_{i=1}^{m}(J_{1i}^2-\sigma^2).$$

由 Darling 和 Erdös (1956) 中的定理 1, 则有

$$P\Big(\sqrt{2\log\log n}T_n^* - \{2\log\log n + 0.5\log\log\log n - 0.5\log(4\pi)\} \leqslant x\Big) \\ \to \exp(-\exp(-x)). \tag{5.2.46}$$

由式 (5.2.46), 容易验证

$$T_n^* = \big(2\log\log n\big)^{1/2}\big(1 + o_P(1)\big)$$

和

$$T_{\log n}^* = \big(2\log\log\log n\big)^{1/2}\big(1 + o_P(1)\big),$$

上式表示 T_n^* 在 $m < \log n$ 时不能取到最大值. 由式 (5.2.17), 有

$$T_{\mathrm{AN}}^* = \max_{1\leqslant m\leqslant n/(\log\log n)^4} \frac{1}{\sqrt{2m\sigma^4}} \sum_{i=1}^{m}(\hat{\varepsilon}_i^{*2} - \sigma^2) + o_P\Big((\log\log n)^{-3/2}\Big).$$

再一次使用 Tong 和 Wang (2005) 的结果: $|\hat{\sigma}^2 - \sigma^2| = O(n^{-3+3\tau})$, 并由式 (5.2.45), 能够证明

$$T_{\mathrm{AN}}^* = T_n^* + O_P\Big((\log\log n)^{-3/2}\Big).$$

总结上面的结果, 完成了定理 5.2.5 的证明. □

5.3 纵向数据单指标混合效应模型的同时置信带

5.3.1 引言及模型介绍

在研究纵向数据时, 为了避免多元非参数回归中的“维数灾祸”问题, 同时得到组内相关的相关结构, Pang 和 Xue (2012) 提出如下单指标混合效应模型

$$Y_{ij} = g(X_{ij}^{\mathrm{T}}\beta_0) + Z_{ij}^{\mathrm{T}}b_i + \varepsilon_{ij}, \quad i = 1, \cdots, n, \quad j = 1, \cdots, m, \tag{5.3.1}$$

其中 β_0 是一个 $p\times 1$ 指标参数向量, b_i 为 0 均值, 自协方差阵为 $\varPhi$ 的 $q\times 1$ 随机效应向量, $g(\cdot)$ 为一个未知的联系函数, ε_{ij} 为 0 均值, 方差为 $\sigma_\varepsilon^2 > 0$ 的随机误差. 这里 $\varPhi$ 是一个与 ϕ 向量有关的正定矩阵; X_{ij} 和 Y_{ij} 是随机观测值, Z_{ij} 是 $q\times 1$ 已知的固定设计向量. 假定 b_i 和 ε_{ij} 是相互独立且服从正态分布. 为保证单指标部分的可识别性，假定 $\|\beta_0\| = 1$, 且参数向量 β_0 的第一个非零元素是正的.

关于单指标模型的研究和应用已经有很多, 但对于相关数据, 如纵向数据、类数据、面板数据等, 单指标模型的研究很少. 在相关数据的研究方法中, 随机效应模

型是处理相关数据的一种常用方法, 如 Zeger 和 Diggle (1994), Ke 和 Wang (2001), Hall 和 Maiti (2006), Ruckstuhl 等 (2000), Wu 和 Zhang (2002), Jiang (2007), Field 等 (2008) 等. 混合效应模型在单指标模型应用和研究中面临着很大难题, 模型中感兴趣参数 β_0 的估计和随机效应部分 b_i 的预测相互影响, 而且联系函数 $g(\cdot)$ 未知. Pang 和 Xue(2012) 提出了一种迭代估计方法得到了单指标参数向量和联系函数的估计量, 并且证明了所得到估计具有很好的渐近性质.

非参数同时置信带是对函数全局统计推断的一种常用工具, 构造同时置信带的主要动机之一是它可以检查非参数模型或者半参数模型中非参数函数的图形表示. 关于同时置信带理论研究及应用, 有很多统计学者进行了研究, 研究进展和详细讨论见 5.1 节. 对于单指标混合效应模型 (5.3.1), 由于随机效应项的引入和指标参数向量估计对同时置信带的构造都有显著影响. 此外, 方差的估计也加大了单指标混合效应模型估计的难度.

本节估计的思想是建立在 Pang 和 Xue (2012) 的基础上, 先给出了 β_0 的一个相合的初始估计, 接着利用 Pang 和 Xue (2012) 中的迭代估计算法对方差参数, 未知联系函数和指标参数进行估计. 在单指标参数 β_0 的 $\sqrt{n}$ 相合估计存在时, 得到了联系函数估计曲线和真实函数曲线之间最大绝对偏差的渐近分布. 利用所得到的关于联系函数理论性质, 可以进一步构造联系函数的同时置信带.

5.3.2 估计方法

假设样本 $\{(Y_{ij},X_{ij}),i=1,\cdots,n,j=1,\cdots,m\}$ 来自模型 (5.3.1). 记 $Y_i=(Y_{i1},\cdots,Y_{im})^{\mathrm{T}}$, $X_i=(X_{i1},\cdots,X_{im})^{\mathrm{T}}$, $Z_i=(Z_{i1},\cdots,Z_{im})^{\mathrm{T}}$, $\varepsilon_i=(\varepsilon_{i1},\cdots,\varepsilon_{im})^{\mathrm{T}}$ 且 $G(X_i\beta_0)=(g(X_{i1}^{\mathrm{T}}\beta_0),\cdots,g(X_{im}^{\mathrm{T}}\beta_0))^{\mathrm{T}}$, 则模型 (5.3.1) 可以被写成

$$Y_i=G(X_i\beta_0)+Z_ib_i+\varepsilon_i,\quad i=1,\cdots,n. \tag{5.3.2}$$

很容易可以看出 $E(Y_i|X_i)=G(X_i\beta_0)$ 和 $\mathrm{Cov}(Y_i|X_i)=Z_i\varPhi Z_i^{\mathrm{T}}+\sigma_\varepsilon^2I_m$, 其中 I_m 是 $m\times m$ 单位阵, Z_i 为 $m\times q$ 已知的设计阵.

因为 $\|\beta_0\|=1$ 意味着 β_0 的真实值在一个单位球的边界上, $g(X_{ij}^{\mathrm{T}}\beta_0)$ 在边界点上, β_0 的导数不存在. 然而, 在构造 β_0 估计方程时, 必须使用 $g(X_{ij}^{\mathrm{T}}\beta_0)$ 对 β_0 的导数. 类似第 4 章中处理该问题的 "去一分量" 方法. 记 $\beta_0=(\beta_1,\cdots,\beta_p)^{\mathrm{T}}$ 和 $\beta^{(r)}=(\beta_1,\cdots,\beta_{r-1},\beta_{r+1},\cdots,\beta_p)^{\mathrm{T}}$ 是一个删除第 r 个元素 β_r 后的 $p-1$ 维参数参数向量. 不失一般性, 假定真实参数向量 β_0 有一个正的元素 β_r. 那么, $\beta^{(r)}$ 满足限制条件 $\|\beta^{(r)}\|<1$. 这样联系函数 $g(\cdot)$ 对参数向量 $\beta^{(r)}$ 在一个邻域中存在无穷阶可微, 其 Jacobian 矩阵表示为

$$J_{\beta^{(r)}}=(\gamma_1,\cdots,\gamma_p)^{\mathrm{T}},$$

其中 $\gamma_s(1 \leqslant s \leqslant p, s \neq r)$ 是一个 $p-1$ 维的单位向量, 且当 $s<r$ 时, 其第 s 个元素为 1, 当 $s>r$ 时, 其第 $s-1$ 个元素为 1, $\gamma_r = -(1-\|\beta^{(r)}\|^2)^{-1/2}\beta^{(r)}$.

下面介绍 Pang 和 Xue (2012) 对指标参数向量 β_0, 联系函数 $g(\cdot)$ 及其导数 $g'(\cdot)$ 的估计方法.

步骤 0 首先, 给出关于 β_0 的一个相合估计, 并把它记为 $\widetilde{\beta}$.

步骤 1 联系函数 $g(\cdot)$ 及其导数 $g'(\cdot)$ 的估计. 在给定初始估计 $\widetilde{\beta}$ 时, 应用 Fan 和 Gijbels (1996) 提出局部线性回归方法估计联系函数 $g(\cdot)$ 及其导数 $g'(\cdot)$. 即 $g(\cdot)$ 和 $g'(\cdot)$ 估计可以通过关于 a 和 b 最小化下面的加权平方和得到

$$\sum_{i=1}^{n}\sum_{j=1}^{m}\{Y_{ij}-a-b(X_{ij}^{\mathrm{T}}\widetilde{\beta}-u)\}^2K_h(X_{ij}^{\mathrm{T}}\widetilde{\beta}-u), \tag{5.3.3}$$

其中 $K_h(\cdot)=h^{-1}K(\cdot/h)$, $K(\cdot)$ 是一个核函数, 且 $h=h_n$ 为窗宽. 给定 $\widetilde{\beta}$ 后, $g(u)$ 和 $g'(u)$ 的估计可以表示为 $\hat{g}(u;\widetilde{\beta})=\hat{a}$ 和 $\hat{g}'(u;\widetilde{\beta})=\hat{b}$. 通过一些简单计算, 可以得到

$$(\hat{g}(u;\widetilde{\beta}), h\hat{g}'(u;\widetilde{\beta}))^{\mathrm{T}} = S_n(u;\widetilde{\beta})^{-1}V_n(u;\widetilde{\beta}), \tag{5.3.4}$$

其中 $S_n(u;\widetilde{\beta})=\begin{pmatrix} S_{n,0}(u;\widetilde{\beta}) & S_{n,1}(u;\widetilde{\beta}) \\ S_{n,1}(u;\widetilde{\beta}) & S_{n,2}(u;\widetilde{\beta})\end{pmatrix}$ 和 $V_n(u;\widetilde{\beta})=(V_{n,0}(u;\widetilde{\beta}),V_{n,1}(u;\widetilde{\beta}))^{\mathrm{T}}$,

$$S_{n,l}(u;\widetilde{\beta})=\frac{1}{n}\sum_{i=1}^{n}\sum_{j=1}^{m}\left(\frac{X_{ij}^{\mathrm{T}}\widetilde{\beta}-u}{h}\right)^l K_h(X_{ij}^{\mathrm{T}}\widetilde{\beta}-u), \quad l=0,1,2, \tag{5.3.5}$$

$$V_{n,l}(u;\widetilde{\beta})=\frac{1}{n}\sum_{i=1}^{n}\sum_{j=1}^{m}\left(\frac{X_{ij}^{\mathrm{T}}\widetilde{\beta}-u}{h}\right)^l K_h(X_{ij}^{\mathrm{T}}\widetilde{\beta}-u)Y_{ij}, \quad l=0,1. \tag{5.3.6}$$

步骤 2 方差参数估计. 在对指标参数向量进行估计时, 需要得到关于方差参数的相合估计, 假定模型 (5.3.1) 中的方差参数是

$$\Lambda=\sigma_b^2 J_m J_m^{\mathrm{T}}+\sigma_\varepsilon^2 I_m, \tag{5.3.7}$$

其中 $J_m=(1,\cdots,1)^{\mathrm{T}}$ 是一个 m 维全是 1 的向量. 进一步假定随机效应项 b_i 和误差项 ε_{ij} 来自正态分布, 则观测值 Y_i 独立地服从 $N(G(X_i\beta_0),\Lambda)$ 分布. 在给定 $\widetilde{\beta}$ 和联系函数估计量 $\hat{g}(u,\widetilde{\beta})$ 基础上, σ_ε^2 和 σ_b^2 的对数似然函数可以写成

$$\begin{aligned}&-n(m-1)\log(\sigma_\varepsilon^2)-n\log(\sigma_\varepsilon^2+m\sigma_b^2)-\frac{m}{\sigma_\varepsilon^2+m\sigma_b^2}\sum_{i=1}^{n}(\bar{Y}_i-\bar{\hat{g}}_i)^2\\&-\frac{1}{\sigma_\varepsilon^2}\sum_{i=1}^{n}\sum_{j=1}^{m}\left\{Y_{ij}-\hat{g}(X_{ij}^{\mathrm{T}}\widetilde{\beta};\widetilde{\beta})-(\bar{Y}_i-\bar{\hat{g}}_i)\right\}^2,\end{aligned} \tag{5.3.8}$$

其中 $\bar{Y}_i = m^{-1}\sum_{j=1}^{m} Y_{ij}$ 和 $\bar{g}_i = m^{-1}\sum_{j=1}^{m} \hat{g}(X_{ij}^{\mathrm{T}}\widetilde{\beta};\widetilde{\beta})$. σ_ε^2 和 σ_b^2 的最大似然估计可以表示为

$$\hat{\sigma}_\varepsilon^2(\widetilde{\beta}) = \frac{1}{n(m-1)}\sum_{i=1}^{n}\sum_{j=1}^{m}\left\{Y_{ij} - \hat{g}(X_{ij}^{\mathrm{T}}\widetilde{\beta};\widetilde{\beta}) - (\bar{Y}_i - \bar{g}_i)\right\}^2, \tag{5.3.9}$$

$$\hat{\sigma}_b^2(\widetilde{\beta}) = \frac{1}{n}\sum_{i=1}^{n}(\bar{Y}_i - \bar{g}_i)^2 - \frac{1}{m}\hat{\sigma}_\varepsilon^2(\widetilde{\beta}). \tag{5.3.10}$$

从而, 得到了关于 Λ 的估计量 $\hat{\Lambda}(\widetilde{\beta}) = \hat{\sigma}_b^2(\widetilde{\beta})J_m J_m^{\mathrm{T}} + \hat{\sigma}_\varepsilon^2(\widetilde{\beta})I_m$.

步骤 3　指标参数向量的估计. 给定初始估计量 $\widetilde{\beta}$ 和 $\hat{\Lambda}(\widetilde{\beta})$ 时, $\beta^{(r)}$ 的估计量 $\breve{\beta}^{(r)}$ 可以通过解下面的估计方程得到

$$Q_n(\hat{G},\beta^{(r)}) = \frac{1}{n}\sum_{i=1}^{n} J_{\beta^{(r)}}^{\mathrm{T}} X_i^{\mathrm{T}} \hat{G}'_\Delta(X_i\beta_0)\hat{\Lambda}^{-1}(\widetilde{\beta})\{Y_i - \hat{G}(X_i\beta_0)\} = 0, \tag{5.3.11}$$

其中 $\hat{G}'_\Delta(X_i\beta_0) = \mathrm{diag}\{\hat{g}'(X_{i1}^{\mathrm{T}}\beta_0;\beta_0),\cdots,\hat{g}'(X_{im}^{\mathrm{T}}\beta_0;\beta_0)\}$.

关于估计方程 (5.3.11) 的解, 可以通过下面迭代算法进行求解 $\beta^{(r)}$

$$\breve{\beta}_0^{(r)} = \widetilde{\beta}^{(r)} + B_n^{-1}(\hat{G},\widetilde{\beta}^{(r)})Q_n(\hat{G},\widetilde{\beta}^{(r)}),$$

其中

$$B_n(\hat{G},\widetilde{\beta}^{(r)}) \equiv \frac{1}{n}\sum_{i=1}^{n} J_{\widetilde{\beta}^{(r)}}^{\mathrm{T}} X_i^{\mathrm{T}}\hat{G}'_\Delta(X_i\beta_0)\hat{\Lambda}^{-1}(\widetilde{\beta})\hat{G}'_\Delta(X_i\beta_0)X_i J_{\widetilde{\beta}^{(r)}}.$$

由于 $\|\breve{\beta}_0\| = 1$ 和 $\|\beta_0\| = 1$, 可以证明

$$\breve{\beta}_0 - \beta_0 = J_{\beta^{(r)}}(\breve{\beta}_0^{(r)} - \beta_0^{(r)}) + O_P(n^{-1}),$$

则使用下面的迭代算法得到关于 β_0 的估计

$$\hat{\beta}_0^* = \widetilde{\beta} + J_{\widetilde{\beta}^{(r)}}B_n^{-1}(\hat{G},\widetilde{\beta}^{(r)})Q_n(\hat{G},\widetilde{\beta}^{(r)}).$$

更新 $\widetilde{\beta} = \hat{\beta}^*/\|\hat{\beta}^*\|$.

步骤 4　重复步骤 1 到步骤 3 直到收敛. 记 β_0 的最终估计为 $\hat{\beta}$.

步骤 5　最后将指标参数向量 β_0 的估计量 $\hat{\beta}$ 代替公式 (5.3.4) 中的 $\widetilde{\beta}$, 得到了 $g(\cdot)$ 和 $g'(\cdot)$ 的最终估计, 分别记为 $\hat{g}(u) = \hat{g}(u;\hat{\beta})$ 和 $\hat{g}'(u) = \hat{g}'(u;\hat{\beta})$.

注 5.3.1　在步骤 0 中, 需要给出 β_0 的一个初始估计, 因为初始估计决定最终估计的好坏. 在第 5.3.5 节的数值模拟和实际数据分析中, 初始估计是通过两个步骤得到的: 第一步, 在独立数据集 $\{(Y_{ik},X_{ik},Z_{ik}),i=1,\cdots,n\}$ 基础上, 使用

profile 最小二乘方法 (Liang et al., 2010; Wang et al., 2010b) 得到 β_0 一些估计 $\widetilde{\beta}_{(k)}$, $k=1,\cdots,m$, 这些估计过程中, 都忽略了随机效应部分 Z_ib_i; 第二步, 对 $\widetilde{\beta}_{(k)}$, $k=1,\cdots,m$, 求平均, 得 $\widetilde{\beta}=m^{-1}\sum\limits_{k=1}^{m}\widetilde{\beta}_{(k)}$, 可以当作 β_0 的一个初始估计. 通过后面的模拟中的结果, 可以看出这个初始估计是相合的.

注 5.3.2 众所周知估计 $\hat{g}'(u)$ 的收敛速度比估计 $\hat{g}(u)$ 估计的收敛速度慢. 如果相同的窗宽被采用, 会导致 β_0 的估计 $\hat{\beta}$ 一个较慢的收敛速度, 所以, 我们采用了另外一个窗宽 h_1 去估计 $g'(u)$.

5.3.3 渐近性质

记$\delta_n=\sqrt{\log n/(nh)}$, $\mu_l=\int t^lK(t)\mathrm{d}t$, 和 $\nu_l=\int t^lK^2(t)\mathrm{d}t$, $l=0,1,2$. 为了记号的容易, 记对任意函数 $g(u)$, $\|g\|_\infty=\sup_{u\in[b_1,b_2]}|g(u)|$, 对任意维数为 p 的方阵 $A(u)=(a_{ij}(u))$, $\|A\|_\infty=\left(\sum\limits_{i=1}^{p}\sum\limits_{j=1}^{p}\|a_{ij}\|_\infty^2\right)^{1/2}$.

为了得到估计量的渐近性质, 下面给出一些定理的正则条件.

(C5.3.1) 对任意 i, $(X_{i1}^{\mathrm{T}}\beta,\cdots,X_{im}^{\mathrm{T}}\beta)^{\mathrm{T}}$ 的联合密度存在, 且对任意 $j_1\neq j_2$, $X_{ij}^{\mathrm{T}}\beta$ 的边际密度函数 $f_j(u)$ 和 $(X_{ij_1}^{\mathrm{T}}\beta,X_{ij_2}^{\mathrm{T}}\beta_0)$ 的联合密度 $f_{j_1j_2}(u,s)$ 分别在 $u\in\mathcal{U}$ 和 $(u,s)\in\mathcal{U}\times\mathcal{U}$ 都是连续可导.

进一步假设这里存在一个 j 满足 $f_j(u)$ 是远离 0 有界, $u\in\mathcal{U}$ 均匀, 且 β 在 β_0 附近, 其中, $\mathcal{U}=[b_1,b_2]=\{u=\beta^{\mathrm{T}}x:\beta\in\mathcal{A},x\in\mathcal{X}\subset\mathbb{R}^p\}$ 是 $X^{\mathrm{T}}\beta$ 的紧区间, 且 $\mathcal{A}\subset\mathbb{R}^p$.

(C5.3.2) 函数 $g(u)$ 关于 u 在 $X^{\mathrm{T}}\beta$ 的紧支撑 $\mathcal{U}=[b_1,b_2]$ 具有三次连续导数, 且 $g_{2r}(u)$ 在 $\mathcal{U}$ 上满足一阶 Lipschitz 条件, 其中 $g_{2r}(u)$ 是 $g_2(u)$ 的第 r 个元素, 且 $g_2(u)=E(X_{ij}|X_{ij}^{\mathrm{T}}\beta=u)$, $r=1,\cdots,p$.

(C5.3.3) 对一个 $s>2$, 存在一个 $k=\max\{4,s\}$, 满足 $E(\|X_{ij}\|^k)<\infty$, $E(\|b_i\|^k)<\infty$ 且 $E(|\varepsilon_{ij}|^k)<\infty$, 对一些 $\epsilon<2-s^{-1}$, 满足 $n^{2\epsilon-1}h\to\infty, i=1,\cdots,n$, $j=1,\cdots,m$.

(C5.3.4) 核函数 $K(\cdot)$ 是对称密度函数, 且在它的紧支撑上 $[-c_0,c_0]$ 绝对连续.

(a) $K(c_0)\neq 0$;

或者

(b) $K(c_0)=0$, $K(z)$ 绝对连续且 $K^2(z)$, $(K'(z))^2$ 在 $(-\infty,\infty)$ 上绝对可积.

(C5.3.5) 当 $n\to\infty$, 窗宽 h 满足 $nh^2/\log^2 n\to\infty$ 和 $nh^5\log n\to 0$.

定理 5.3.1 假定正则条件 (C5.3.1)~条件 (C5.3.5) 成立. 若 $\sigma^2=\mathrm{Var}(Y_{ij}|X_{ij})>$

0, 当 $n\to\infty$ 时, 则对所有 $u\in[b_1,b_2]$, 有

$$\|\hat{\beta}-\beta_0\|=O_P(n^{-1/2}), \tag{5.3.12}$$

且

$$\sqrt{nh}\Big\{\hat{g}(u)-g(u)-b(u)\Big\}\xrightarrow{L}N\Big(0,\gamma^2(u)\Big), \tag{5.3.13}$$

其中 $b(u)=h^2\mu_2g''(u)/2$ 和 $\gamma^2(u)=\nu_0\sigma^2/\sum\limits_{j=1}^{m}f_j(u)$.

定理 5.3.1 可以由 Pang 和 Xue (2012) 的定理 2 和定理 3 直接得到. 这里忽略掉了详细证明.

对于方差–协方差模型 (5.3.7), 有 $\sigma^2=\sigma_b^2+\sigma_\varepsilon^2>0$. 在指标参数的估计 $\hat{\beta}$ 是 $\sqrt{n}$ 相合的条件下, 下面两个定理分别给出了联系函数及它导数估计值与真实值间最大绝对偏差的渐近分布. 定理 5.3.2 提供了对联系函数构造同时置信带的理论基础. 因为 $\hat{g}'(\cdot)$ 的收敛速度是相对慢且 $g'(\cdot)$ 估计是对窗宽的选取通常是敏感且在紧集上需要一个大的权重. 定理 5.3.3 在条件 (C5.3.4)(a) 下, 给出了 $\hat{g}'(\cdot)$ 最大绝对偏差的分布.

定理 5.3.2 假设正则条件 (C5.3.1)~条件 (C5.3.5) 成立, 且 $h=O(n^{-\rho}),1/5<\rho\leqslant1/3$, 则对所有 $u\in\mathcal{U}$, 当 $n\to\infty$ 时, 得到

$$\begin{aligned}&P\bigg\{\Big(-2\log\big(h/(b_2-b_1)\big)\Big)^{1/2}\\&\cdot\Big(\sup_{u\in[b_1,b_2]}\Big|\Big(nh\gamma^{-2}(u)\Big)^{1/2}\Big(\hat{g}(u)-g(u)-b(u)\Big)\Big|-d_{n0}\Big)<z\bigg\}\\&\to\exp\Big(-2\exp(-z)\Big),\end{aligned}$$

其中, 如果 $K(c_0)\neq0$,

$$\begin{aligned}d_{n0}=&\Big(-2\log\big(h/(b_2-b_1)\big)\Big)^{1/2}\\&+\frac{1}{\Big(-2\log\big(h/(b_2-b_1)\big)\Big)^{1/2}}\left\{\log\frac{K^2(c_0)}{\nu_0\pi^{1/2}}+\frac{1}{2}\log\log\big((b_2-b_1)/h\big)\right\},\end{aligned}$$

且如果 $K(c_0)=0$,

$$\begin{aligned}d_{n0}=&\Big(-2\log\big(h/(b_2-b_1)\big)\Big)^{1/2}\\&+\frac{1}{\Big(-2\log\big(h/(b_2-b_1)\big)\Big)^{1/2}}\log\left\{\frac{1}{4\nu_0\pi}\int(K'(t))^2\mathrm{d}t\right\},\end{aligned}$$

$K(t)$ 是绝对连续, 且 $K^2(t),(K'(t))^2$ 在 $(-\infty,\infty)$ 可积的.

定理 5.3.3 假设正则条件 (C5.3.1)~条件 (C5.3.5) 成立. 记 $K^*(u)=uK(u)/\mu_2$ 和 $\eta^2(u)=\sigma^2\int K^{*2}(u)\mathrm{d}u/\sum_{j=1}^{m}f_j(u)$. 对所有 $u\in\mathcal{U}$, 当 $n\to\infty$ 时, 有

$$\begin{aligned}&P\Big\{\Big(-2\log\big(h/(b_2-b_1)\big)\Big)^{1/2}\\&\cdot\Big(\sup_{u\in[b_1,b_2]}\Big|\Big(nh^3\eta^{-2}(u)\Big)^{1/2}\Big(\hat{g}'(u)-g'(u)\Big)\Big|-d_{n1}\Big)<z\Big\}\\&\to\exp\Big(-2\exp(-z)\Big),\end{aligned}$$

其中

$$\begin{aligned}d_{n1}=&\Big(-2\log\big(h/(b_2-b_1)\big)\Big)^{1/2}\\&+\frac{1}{\Big(-2\log\big(h/(b_2-b_1)\big)\Big)^{1/2}}\log\left\{\frac{1}{2\pi\sqrt{\nu_2}}\Big(\int t^2(K'(t))^2\mathrm{d}t\Big)^{1/2}\right\}.\end{aligned}$$

如果 $K(c_0)=0, K(t)$ 是绝对连续, 且 $K^2(t),(K'(t))^2$ 在 $(-\infty,\infty)$ 上是可积的.

5.3.4 联系函数的同时置信带

记 $\hat{g}(u)$ 的渐近偏差和方差分别为 $h^2\mu_2g''(u)/2$ 和 $\gamma^2(u)/nh$, 它们都与未知的 $g''(u)$, σ_ε^2, σ_b^2 和 $f_j(u)$ 有关. 所以, 定理 5.3.2 不能直接使用去构造联系函数的同时置信带. 需要通过下面式子去估计 $\hat{g}(u)$ 的渐近偏差

$$\hat{b}(u)=h^2\mu_2\hat{g}''(u;\hat{\beta})/2, \tag{5.3.14}$$

其中估计 $\hat{g}''(u;\hat{\beta})$ 通过局部三次多项式拟合获得, 它与一个适当的辅助窗宽和 $\sqrt{n}$-相合估计 $\hat{\beta}$ 有关. 辅助窗宽 $h_*=O(n^{-1/7})$ 被使用, 因为它是估计 $g''(u)$ 时的最优窗宽且它可以通过最小残差平方准则得到 (Fan and Gijbels, 1996).

σ_ε^2 和 σ_b^2 的估计量已经由式 (5.3.9) 和式 (5.3.10) 分别得到. Pang 和 Xue (2012) 已经证明 $\hat{\sigma}_\varepsilon^2$ 和 $\hat{\sigma}_b^2$ 是 $\sqrt{n}$ 相合 (Pang 和 Xue (2012) 的定理 4). 密度函数 $f_j(u)$, $j=1,\cdots,m$, 可以通过如下核方法得到相合估计

$$\hat{f}_j(u)=\frac{1}{nh}\sum_{i=1}^{n}K\left(\frac{X_{ij}^{\mathrm{T}}\hat{\beta}-u}{h}\right),\quad j=1,\cdots,m.$$

从而, 用 σ_ε^2, σ_b^2 和 $f_j(u)$ 的相合估计 $\hat{\sigma}_\varepsilon^2$, $\hat{\sigma}_b^2$ 和 $\hat{f}_j(u)$ 分别代替它们, 则可以得到 $\gamma^2(u)$ 的相合估计.

定理 5.3.4　假设对所有 $u \in [b_1, b_2]$, $h = O(n^{-\rho})$ 其中 $1/5 < \rho \leqslant 1/3$, $g^{(3)}(\cdot)$ 在 $[b_1, b_2]$ 上连续, 且辅助窗宽 h_* 的阶数是 $n^{-1/7}$. 则在正则条件 (C5.3.1)～条件 (C5.3.5) 下, 当 $n \to \infty$ 时, 对所有 $u \in [b_1, b_2]$, 有

$$P\Big\{\Big(-2\log\big(h/(b_2-b_1)\big)\Big)^{1/2}\Big(\sup_{u\in[b_1,b_2]}\Big|\frac{\sqrt{nh}(\hat{g}(u)-g(u)-\hat{b}(u))}{\hat{\gamma}(u)}\Big|-d_{n0}\Big)<z\Big\}$$

$$\to \exp\Big(-2\exp(-z)\Big),$$

其中 d_{n0} 在定理 5.3.2 中有定义.

通过定理 5.3.4, 得到下面关于 $g(u)$ 的 $100(1-\alpha)\%$ 置信带

$$\Big(\hat{g}(u)-\hat{b}(u)\pm(nh)^{-1/2}\varDelta_{1,\alpha}(u)\Big), \tag{5.3.15}$$

其中 $\varDelta_{1,\alpha}(u)=\Big(d_{n0}+\Big(-2\log\big(h/(b_2-b_1)\big)\Big)^{1/2}\Big[\log 2-\log\big(-\log(1-\alpha)\big)\Big]\Big)\hat{\gamma}(u)$.

定理 5.3.4 的可以应用到关于联系函数的统计推断问题. 例如, 如果 $g(u)$ 在区间 $[b_1, b_2]$ 上的 $100(1-\alpha)\%$ 同时置信带 (5.3.15) 不是线性函数, 则它将推翻联系函数 $g(\cdot)$ 是线性的原假设.

5.3.5　数值模拟及其应用

1. 数值模拟研究

此处利用两个模拟研究去说明本节关于构造联系函数同时置信带的方法的完成情况. 在模拟过程中, 核函数都使用了 Epanechnikov 核函数 $K(t)=0.75(1-t^2)_+$. 窗宽 h 被取为 $h=cn^{-1/3}$, 这个 h 满足条件 (C5.3.5), 而最优窗宽 $h_{\rm opt}=cn^{-1/5}$ ($c>0$ 是一个常数) 是通过最小化下面的广义交错核实 (GCV) 得到的

$$\mathrm{GCV}(h)=\frac{1}{N}\sum_{i=1}^{n}\sum_{j=1}^{m}\{Y_{ij}-\hat{g}_h^*(X_{ij}^{\rm T}\hat{\beta})\}^2/\{N^{-1}\mathrm{tr}(I-S_h)\}^2,$$

其中, $\hat{g}_h^*(\cdot)$ 是一个具有窗宽 h 的估计量, $N=n\times m$ 和 S_h 是具有窗宽 h 的平滑矩阵.

$$S_h=(W(\beta^{\rm T}X_{11}),\cdots,W(\beta^{\rm T}X_{1m}),W(\beta^{\rm T}X_{21}),\cdots,W(\beta^{\rm T}X_{nm}))^{\rm T},$$

其中

$$W(t)=(L_{11}(t,h),\cdots,L_{1m}(t,h),L_{21}(t,h),\cdots,L_{nm}(t,h))^{\rm T},$$

$$L_{ij}(t,h)=\frac{K_h(\beta^{\rm T}X_{ij}-t)[S_{n,2}(t,h)-(\beta^{\rm T}X_{ij}-t)S_{n,1}(t,h)]}{S_{n,0}(t,h)S_{n,2}(t,h)-S_{n,1}^2(t,h)},$$

$$S_{n,l}(t,h)=\frac{1}{n}\sum_{i=1}^{n}\sum_{j=1}^{m}(\beta^{\rm T}X_{ij}-t)^lK_h(\beta^{\rm T}X_{ij}-t),$$

且 $i=1,\cdots,n,j=1,\cdots,m$ 和 $l=0,1,2$.

例 5.3.1 考虑如下单指标模型

$$Y_{ij}=5(X_{ij}^{\mathrm{T}}\beta_0)^2+b_i+\sigma_\varepsilon\varepsilon_{ij},\quad i=1,\cdots,n,\quad j=1,\cdots,m, \tag{5.3.16}$$

其中 $\beta_0=(\sqrt{3}/2,0.5)^{\mathrm{T}}$, X_{ij} 是一个二维向量, 且独立地来自 [0,1] 上的均匀分布, b_i 是一个 0 均值, 方差为 σ_b^2 的正态分布, ε_{ij} 是一个来自一个标准正态分布.

在这个例子中, 考虑了个体观测次数分别取 $n=50$, 100 和 150, 且 m 都取 3. 为了比较, 分别考虑了 $\sigma_\varepsilon=0.5$, 1 和 1.5, 且 $\sigma_b=1$, 1.5 和 2. 为了比较初始步骤给出的关于指标参数 β 的初始估计和最终估计, 基于 1000 次重复模拟, 分别计算了估计偏差, 标准误差 (SE) 和均方误差平方根 (RMSE), 结果见表 5.3.1. 表 5.3.2 报告了基于 1000 次重复模拟的同时置信带的平均覆盖概率 (ACP). 此外, 还给出了联系函数在每种情况下拟合曲线和 95% 的同时置信带的图形, 如图 5.3.1~图 5.3.3 所示.

表 5.3.1 例 5.3.1 中 (β_1,β_2) 的估计结果

β	n	初始估计			最终估计		
		Bias	SE	RMSE	Bias	SE	RMSE
β_1	50	−0.002990	0.038048	0.038166	0.000153	0.014171	0.014172
	100	−0.000326	0.028402	0.028404	0.000973	0.009999	0.010047
	150	−0.000463	0.022468	0.022473	0.000202	0.008164	0.008166
β_2	50	−0.000647	0.066143	0.066146	−0.001081	0.024795	0.024819
	100	−0.002680	0.049317	0.049389	−0.002095	0.017469	0.017594
	150	−0.001232	0.039112	0.039132	−0.000618	0.014189	0.014202

表 5.3.2 例 5.3.1 中联系函数置信带的覆盖概率

σ_b	n	$1-\alpha=0.90$			$1-\alpha=0.95$		
		$\sigma_\varepsilon=0.5$	$\sigma_\varepsilon=1$	$\sigma_\varepsilon=1.5$	$\sigma_\varepsilon=0.5$	$\sigma_\varepsilon=1$	$\sigma_\varepsilon=1.5$
1	50	0.734	0.805	0.855	0.909	0.928	0.960
	100	0.799	0.855	0.869	0.925	0.953	0.958
	150	0.817	0.853	0.907	0.936	0.942	0.955
1.5	50	0.806	0.834	0.848	0.924	0.943	0.949
	100	0.849	0.880	0.879	0.959	0.953	0.963
	150	0.876	0.878	0.907	0.954	0.948	0.955
2	50	0.825	0.834	0.856	0.935	0.946	0.952
	100	0.891	0.891	0.894	0.963	0.950	0.956
	150	0.892	0.889	0.913	0.960	0.958	0.959

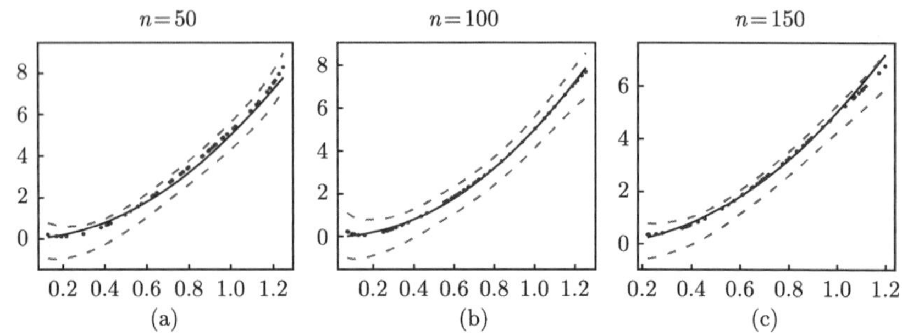

图 5.3.1　当 $\sigma_\varepsilon = 0.5$ 和 $\sigma_b = 1$ 时, 个体数分别为 $n = 50$, 100 和 150 三种情况模型 (5.3.16) 中真实联系函数曲线 (实线), 联系函数的估计曲线 (点线) 和 95%的置信带 (虚线)

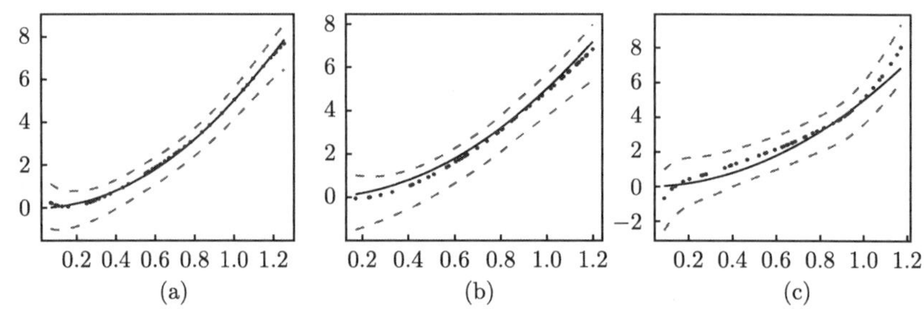

图 5.3.2　当 $n = 100$ 和 $\sigma_b = 1$ 时, $\sigma_\varepsilon = 0.5$, 1 和 1.5 三种情况模型 (5.3.16) 中真实联系函数曲线 (实线), 联系函数的估计曲线 (点线) 和 95%的置信带 (虚线)

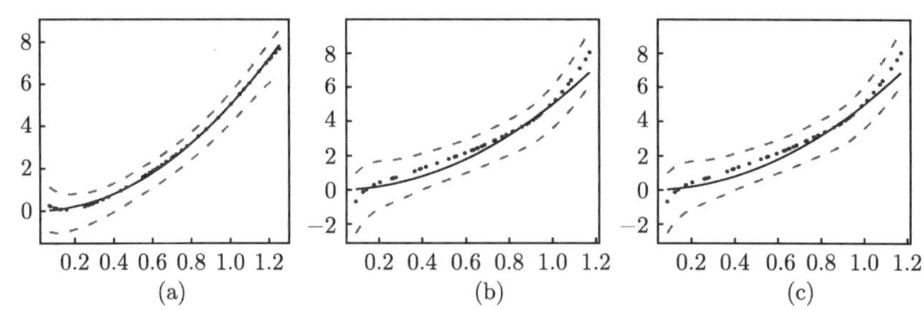

图 5.3.3　当 $n = 100$ 和 $\sigma_\varepsilon = 0.5$ 时, $\sigma_b = 1$, 1.5 和 2 三种情况模型 (5.3.16) 中真实联系函数曲线 (实线), 联系函数的估计曲线 (点线) 和 95%的置信带 (虚线)

例 5.3.2　为了说明维数较高时, 所提方法的完成情况, 数据 $(Y_{ij}, X_{ij}), i = 1, \cdots, n, j = 1, \cdots, m$, 来自下面的模型

$$Y_{ij} = 8\exp\{-(X_{ij}^{\mathrm{T}}\beta_0)^2\} + b_i + \sigma_\varepsilon \varepsilon_{ij}, \quad i = 1, \cdots, n, \quad j = 1, \cdots, m, \qquad (5.3.17)$$

其中 $\beta_0 = (0.2, 0.4, 0.6, 0.6, \sqrt{2}/5)^{\mathrm{T}}$, X_{ij} 是一个 5 维的向量, 且每一个分量独立来自于 $(0,1)$ 上的均匀分布, b_i 是一个 0 均值, 方差为 σ_b^2 的正态分布, 其中 ε_{ij} 是一

个来自一个标准正态分布.

本例同样考虑个体观测次数分别取 $n=50$, 100 和 150, 且 m 都取 3. 为了比较, 分别考虑了 $\sigma_\varepsilon=0.5$, 1 和 1.5, 且 $\sigma_b=1$, 1.5 和 2. 表 5.3.3 报告了基于 1000 次重复模拟的同时置信带的平均覆盖概率 (ACP). 此外, 还给出了联系函数在每种情况下拟合曲线和 95%的同时置信带的图形, 如图 5.3.4~图 5.3.6 所示.

由表 5.3.1~表 5.3.3 以及图 5.3.1~图 5.3.6 可以得到以下结论.

(1) 从表 5.3.1, 可以发现 β_1 和 β_2 的最终估计比初始估计具有较小的 SE 和 RMSE. 而且可以看出在每种情况下偏差都是非常小, 而且随着样本量 n 的增加 SE 和 RMSE 都在减少.

(2) 通过表 5.3.2 和表 5.3.3, 很容易可以看出 ACP 随着 n 增加, 更接近于真实的置信水平. 所以, 所提出的方法结果很好且是稳定的. σ_b^2 和 σ_ε^2 大小对结果的影响不是很显著, 因为当它们发生变化时, 相应的 ACP 比较稳定.

表 5.3.3 例 5.3.2 中联系函数置信带的覆盖概率

σ_b	n	$1-\alpha=0.90$			$1-\alpha=0.95$		
		$\sigma_\varepsilon=0.5$	$\sigma_\varepsilon=1$	$\sigma_\varepsilon=1.5$	$\sigma_\varepsilon=0.5$	$\sigma_\varepsilon=1$	$\sigma_\varepsilon=1.5$
1	50	0.879	0.863	0.864	0.961	0.962	0.952
	100	0.880	0.896	0.895	0.974	0.967	0.963
	150	0.903	0.902	0.898	0.966	0.956	0.957
1.5	50	0.851	0.842	0.848	0.949	0.948	0.945
	100	0.861	0.876	0.872	0.950	0.954	0.951
	150	0.908	0.912	0.894	0.973	0.960	0.965
2	50	0.856	0.860	0.835	0.962	0.959	0.957
	100	0.893	0.894	0.891	0.965	0.970	0.972
	150	0.909	0.915	0.911	0.973	0.967	0.963

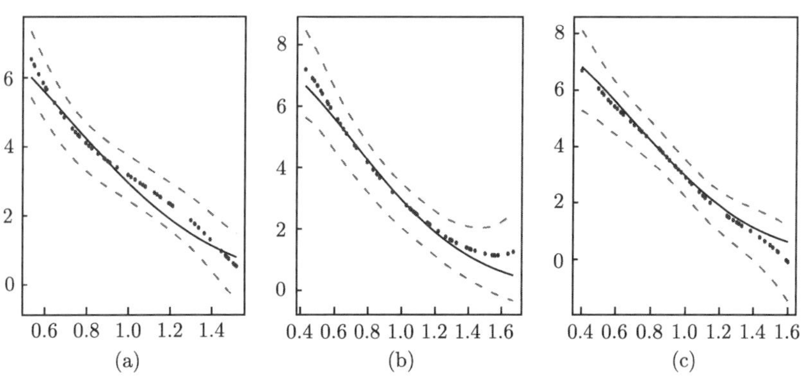

图 5.3.4 当 $\sigma_\varepsilon=0.5$ 和 $\sigma_b=1$ 时, 个体数分别为 $n=50$, 100 和 150 模型 (5.3.17) 中真实联系函数曲线 (实线), 联系函数的估计曲线 (点线) 和 95%的置信带 (虚线)

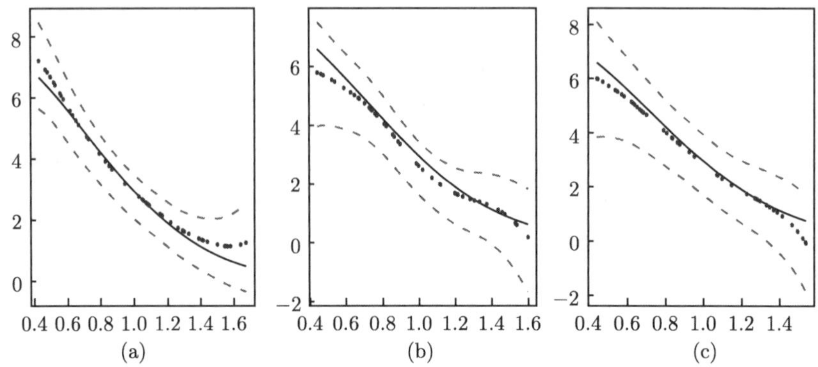

图 5.3.5 当 $n=100$ 和 $\sigma_b=1$ 时, $\sigma_\varepsilon=0.5$, 1 和 1.5 三种情况

模型 (5.3.17) 中真实联系函数曲线 (实线), 联系函数的估计曲线 (点线) 和 95%的置信带 (虚线)

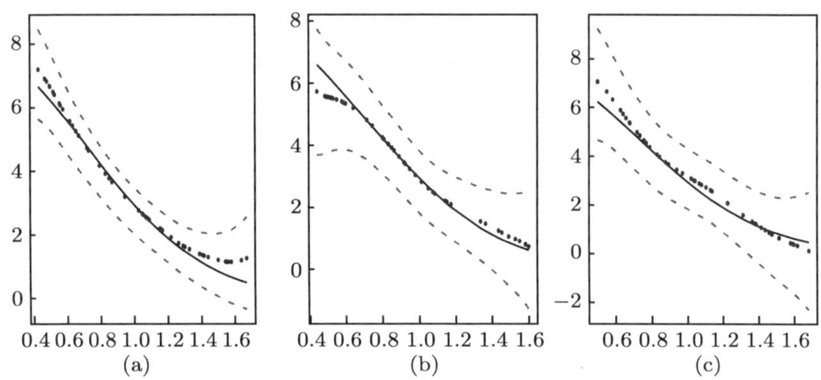

图 5.3.6 当 $n=100$ 和 $\sigma_\varepsilon=0.5$ 时, $\sigma_b=1$, 1.5 和 2 三种情况

模型 (5.3.17) 中真实联系函数曲线 (实线), 联系函数的估计曲线 (点线) 和 95%的置信带 (虚线)

(3) 从图 5.3.1~图 5.3.6 可以看出同时置信带的带宽在 n, σ_b^2 及 σ_ε^2 分别改变时, 变化不是很显著.

2. 实际数据

数据集来自一个关于癫痫病患者的研究, 见文献 Thall 和 Vail (1990), Wang 等 (2005b), Bai 等 (2009), Pang 和 Xue (2012), 详细讨论见第 1 章的例 1.1.3. 这是一个临床随机对照试验, 通过将一种新研发的抗癫痫的药物与能降低癫痫病发作频率的安慰剂进行比较, 来考察该新研发药物的疗效. 59 位患者随机接受两种治疗, 其中 28 个患者服用安慰剂, 31 个患者服用新研发的抗癫痫药物. 在接下来的 8 周内, 每两周对患者进行一次定期检查, 记录其在这两周内癫痫发作的次数. 对于这组数据, 响应变量是患者每两周的发病次数 (NS), 协变量是基于患者的基本情况得到的各种指标, 包括年龄的对数 (LA) 和基准癫痫病数 (除以 4 后取对数, 记为 BSC). 对于该数据的研究, 大家非常关心的一个科学问题是药物是否有助于减少癫痫发作率. 为了说明所提的方法, 采用了下面混合效应单指标模型:

$$\mathrm{NS}_{ij} = g(\beta_1 \mathrm{LA}_{ij} + \beta_2 \mathrm{BSC}_{ij}) + b_i + \varepsilon_{ij}, \quad i = 1, \cdots, 59, \quad j = 1, \cdots, 4. \tag{5.3.18}$$

使用 5.3.2 节的估计程序, 可以得到混合效应单指标模型 (5.3.18) 的估计, 指标参数的估计 (标准误差的估计) 分别是 $\beta_1 = -0.8342(0.0563)$, $\beta_2 = 0.5515(0.1287)$. 使用所提出的方法, 关于响应变量 NS 和 $\hat{\beta}_1\mathrm{LA} + \hat{\beta}_2\mathrm{BSC}$ 的散点图, 联系函数 $g(\cdot)$ 的估计以及 95% 的同时置信带在图 5.3.7 中显示. 从而说明所提方法可以应用到实际数据中, 且有一个与实际数据相吻合的结果.

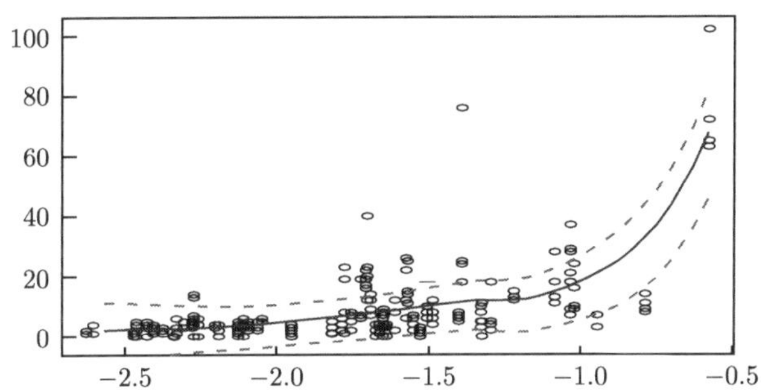

图 5.3.7 模型 (5.3.18) 联系函数的估计以及 95% 的同时置信带

5.3.6 定理的证明

本节给出所有定理的详细证明.

引理 5.3.1 记 $(X_1, Y_1), \cdots, (X_n, Y_n)$ 是 i.i.d. 的随机向量, 其中 Y_i 是尺度化随机变量. 进一步假定 $E|Y_1|^s < \infty, \sup_x \int |y|^s f(x,y)dy < \infty$, 其中 $f(\cdot,\cdot)$ 表示 (X,Y) 的联合密度函数. 记 $K(\cdot)$ 在一个紧集上是有界正函数, 且满足 Lipschitz 条件, 则

$$\sup_x \left| \frac{1}{n} \sum_{i=1}^{n} \left\{ K_h(X_i - x)Y_i - E[K_h(X_i - x)Y_i] \right\} \right| = O_P\left(\left\{ \frac{\log(1/h)}{nh} \right\}^{1/2} \right)$$

对一些 $\delta < 1 - s^{-1}$, $n^{2\delta-1}h \to \infty$ 成立

引理 5.3.1 来自 Mack 和 Silverman (1982), 详细证明可参考文献 Mack 和 Silverman (1982).

定理 5.3.2 的证明 类似 Pang 和 Xue (2012) 中的定理 1 和定理 2 的证明,

可以得到

$$\|\hat{g}(u;\hat{\beta})-g(u)-b(u)-I_1(u)\|_\infty=O_P\left(h\left\{\frac{\log(1/h)}{nh}\right\}^{1/2}+\frac{\log(1/h)}{nh}\right),$$

其中 $b(u)=\dfrac{1}{2}h^2\mu_2 g''(u)$, 且

$$I_1(u)=\left\{n\sum_{j=1}^m f_j(u)\right\}^{-1}\sum_{i=1}^n\sum_{j=1}^m(Z_{ij}^{\mathrm{T}}b_i+\varepsilon_{ij})K_h(X_{ij}^{\mathrm{T}}\beta-u).$$

现在要得到关于 $I_1(u)$ 的分布. 记 $\gamma^2(u)=\nu_0\sigma^2/\sum\limits_{j=1}^m f_j(u)$, 则有

$$\begin{aligned}\{nh\gamma^{-2}(u)\}^{1/2}I_1(u)&=\{nh\overline{f}(u)\sigma^2\nu_0\}^{-1/2}\sum_{i=1}^n\sum_{j=1}^m K\left(\frac{X_{ij}^{\mathrm{T}}\beta_0-u}{h}\right)(Z_{ij}^{\mathrm{T}}b_i+\varepsilon_{ij})\\&=:\{nh\overline{f}(u)\sigma^2\nu_0\}^{-1/2}I_2(u),\end{aligned}\tag{5.3.19}$$

其中 $\overline{f}(u)=\sum\limits_{j=1}^m f_j(u)$.

分割 $[b_1,b_2]$ 成 N 个子区间 $J_r=[d_{r-1},d_r),r=1,2,\cdots,N-1,J_N=[d_{N-1},b_2]$ 其中 $d_r=b_1+\dfrac{b_2-b_1}{N}r$. 定义 $U_{ij}=X_{ij}^{\mathrm{T}}\beta$ 和 $\widetilde{U}_{ij}=d_rI(U_{ij}\in J_r),r=1,\cdots,N$, 且很明显 $U_{ij}-\widetilde{U}_{ij}=O(N^{-1})$. 通过随机序列的大数定律, 有

$$\begin{aligned}I_2(u)=&\sum_{i=1}^n\sum_{j=1}^m\left[K\left(\frac{U_{ij}-u}{h}\right)-K\left(\frac{\widetilde{U}_{ij}-u}{h}\right)\right](Z_{ij}^{\mathrm{T}}b_i+\varepsilon_{ij})\\&+\sum_{i=1}^n\sum_{j=1}^m K\left(\frac{\widetilde{U}_{ij}-u}{h}\right)(Z_{ij}^{\mathrm{T}}b_i+\varepsilon_{ij})\\=&O_P(h^{-1})+\sum_{i=1}^n\sum_{j=1}^m K\left(\frac{\widetilde{U}_{ij}-u}{h}\right)(Z_{ij}^{\mathrm{T}}b_i+\varepsilon_{ij})\\=:&O_P(h^{-1})+I_3(u)\end{aligned}\tag{5.3.20}$$

对一致 $u\in[b_1,b_2]$ 成立. 通过 $\widetilde{U}_{ij}$ 的定义, 得到

$$I_3(u)=\sum_{r=1}^N K\left(\frac{d_r-u}{h}\right)\sum_{i=1}^n\sum_{j=1}^m I(\widetilde{U}_{ij}\in J_r)(Z_{ij}^{\mathrm{T}}b_i+\varepsilon_{ij}).$$

类似 Zhang 等 (2009) 定理 6 的证明, 可以得到

$$I_3(u)=N^{1/2}K\left(\frac{b_2-u}{h}\right)W(G(b_2))$$
$$-N^{1/2}\sum_{r=1}^{N-1}\left[K\left(\frac{d_{r+1}-u}{h}\right)-K\left(\frac{d_r-u}{h}\right)\right]W(G(d_r))+O_P(N^{1/4}\log N),\tag{5.3.21}$$

其中 $W(\cdot)$ 是一个 Wiener 过程, 且

$$G(c)=\int_{b_1}^{c}E(\varepsilon_{11}^2|U_{11}=v)f_1(v)\mathrm{d}v+\int_{b_1}^{c}E(Z_{11}^{\mathrm{T}}\varPhi Z_{11}|U_{11}=v)f_1(v)\mathrm{d}v$$
$$+\int_{b_1}^{c}\int_{b_1}^{c}\left\{N^{-1}\sum_{i=1}^{n}\sum_{j=1}^{m}\sum_{k=1,k\neq j}^{m}E(Z_{ij}^{\mathrm{T}}\varPhi Z_{ik}|U_{ij}=v_1,U_{ik}=v_2)\right\}$$
$$\cdot f_j(v_1)f_k(v_2)\mathrm{d}v_1\mathrm{d}v_2.$$

对一个 Wiener 过程, 由 Csörgö 和 Révész (1981) 中 44 页的结果可知

$$\sup_{t\in[b_1,b_2]}|W(G(t+\varsigma))-W(G(t))|=O\Big((\varsigma\log(1/\varsigma))^{1/2}\Big)\quad \text{a.s.},$$

当 ς 是一个非常小的数时, 使用这个渐近性质和 $K(\cdot)$ 的有界, 可以得到

$$\sum_{r=1}^{N-1}\left[K\left(\frac{d_{r+1}-u}{h}\right)-K\left(\frac{d_r-u}{h}\right)\right]W(G(d_r))$$
$$=\int_{b_1}^{b_2}W(G(v))\mathrm{d}K\left(\frac{v-u}{h}\right)+O\Big((N^{-1}\log N)^{1/2}\Big)$$

对一致 $u\in[b_1,b_2]$ 成立. 结合式 (5.3.20) 和式 (5.3.21), 很容易得到

$$\left\|(nh)^{-1/2}I_2(u)-h^{-1/2}\int_{b_1}^{b_2}K\left(\frac{v-u}{h}\right)\mathrm{d}W(G(v))\right\|_\infty$$
$$=O_P\big((nh^3)^{-1/2}+(nh)^{-1/2}N^{1/4}\log N\big).\tag{5.3.22}$$

这里的阶数是 $O_P\big((nh^3)^{-1/2}+(nh^2)^{-1/4}\log n\big)$, 如果 N 被取到 $N=O(n)$. 记

$$V_{1n}(u)=h^{-1/2}\int_{b_1}^{b_2}K\left(\frac{v-u}{h}\right)\mathrm{d}W(G(v)),$$
$$V_{2n}(u)=h^{-1/2}\int_{b_1}^{b_2}K\left(\frac{v-u}{h}\right)[\sigma^2\overline{f}(v)]^{1/2}\mathrm{d}W(v-b_1),$$
$$V_{3n}(u)=h^{-1/2}\int_{b_1}^{b_2}K\left(\frac{v-u}{h}\right)\mathrm{d}W(v-b_1).$$

对一个 Gaussian 过程, 由 Claeskens 和 Van Keilegom(2003) 中的引理 2.1~引理 2.5, 得到

$$\|V_{1n}(u)-V_{2n}(u)\|_\infty=O_P(h^{1/2}),$$
$$\|(\sigma^2\overline{f}(u))^{-1/2}V_{2n}(u)-V_{3n}(u)\|_\infty=O_P(h^{1/2}). \tag{5.3.23}$$

通过式 (5.3.22) 和式 (5.3.23), 得到

$$\left\|(nh\sigma^2\overline{f}(u))^{-1/2}I_2(u)-V_{3n}(u)\right\|_\infty=O_P\big((nh^3)^{-1/2}+(nh^2)^{-1/4}\log n+h^{1/2}\big).$$

结合式 (5.3.19), 且由定理 5.3.1 及 Bickel 和 Rosenblatt (1973) 中的定理 3.1, 当 $h=O(n^{-\rho})$, $1/5<\rho\leqslant 1/3$, 得到

$$P\Big\{\Big(-2\log\big(h/(b_2-b_1)\big)\Big)^{1/2}\Big(\nu_0^{-1/2}\left\|(nh\sigma^2\overline{f}(u))^{-1/2}I_2(u)\right\|_\infty-d_{n0}\Big)<z\Big\}$$
$$\to\exp\big(-2\exp(-z)\big).$$

综合上面的结论, 可以完成定理 5.3.2 的证明. □

定理 5.3.3 的证明 类似定理 5.3.2 的证明, 可以相应给出定理 5.3.3 的证明. □

定理 5.3.4 的证明 为了证明该定理, 需要得到偏差和方差估计的收敛速度. 通过使用 Pang 和 Xue (2012) 中定理 1 相同的证明过程, 可以得到

$$\begin{aligned}\|\hat{b}(u)-2^{-1}h^2\mu_2g''(u)\|_\infty&=O_P\big(h^2\sqrt{\log n/nh_*^5}\big)\\&=O_P(h^2(n^{-1/7}\log^{1/2}n)),\end{aligned} \tag{5.3.24}$$

其中 $h_*=O(n^{-1/7})$.

接下来需要得到方差估计的收敛速度. 对于方差 σ_ε^2 和 σ_b^2 的极大似然估计在式 (5.3.9) 和式 (5.3.10) 分别给出定义, Pang 和 Xue (2012) 已经证明了 $\hat\sigma_\varepsilon^2-\sigma_\varepsilon^2=O_P(n^{-1/2})$ 和 $\hat\sigma_b^2-\sigma_b^2=O_P(n^{-1/2})$ 从而可以得到 $\hat\sigma^2-\sigma^2=O_P(n^{-1/2})$. 通过简单推导, 很容易可以得到 $\sup_{u\in\mathcal{U}}|\hat{f}_j(u)-f_j(u)|=O_P(h^2+1/nh)$. 通过这些结论和条件 (C5.3.1) 及条件 (C5.3.5), 通过简单计算, 可以得到

$$\begin{aligned}\left\|\hat\gamma^2(u)-\gamma^2(u)\right\|_\infty&=\left\|\nu_0\hat\sigma^2/\hat{\overline{f}}(u)-\nu_0\sigma^2/\overline{f}(u)\right\|_\infty\\&\leqslant\left\|\nu_0\hat\sigma^2/\hat{\overline{f}}(u)-\nu_0\hat\sigma^2/\overline{f}(u)\right\|_\infty+\left\|\nu_0\hat\sigma^2/\overline{f}(u)-\nu_0\sigma^2/\overline{f}(u)\right\|_\infty\\&=O_P(h^2+1/nh)+O_P(n^{-1/2})=o_P(1),\end{aligned} \tag{5.3.25}$$

其中 $\hat{\overline{f}}(u)=\sum_{j=1}^m\hat{f}_j(u)$. 由式 (5.3.24) 和式 (5.3.25), 且有定理 5.3.2 中结果, 可以完成对定理 5.3.4 的证明. □

5.4 小　结

本章针对独立数据单指标模型和纵向数据混合效应单指标模型, 理论上证明了联系函数估计拟合曲线及其导数拟合曲线与它们真实曲线之间最大绝对偏差的渐近分布, 从数值模拟和实际数据分析说明了理论结果在统计推断方面的实用性. 此外, 也提出了自适应的 Neyman 检验, 对联系函数是否满足线性关系进行了检验, 并从数据分析说明了检验方法的有效性.

本章所提出的方法是一般的, 并具有广泛的应用. 它可以作为一个方法或工具, 用于构造其他函数的同时置信带. 因此, 希望对于其他复杂数据非参数或半参数模型, 将来能够对模型中非参数函数的同时置信带构造方面产生更多有意义的理论和应用结果.

第 6 章　纵向数据部分线性单指标模型

近年来, 关于纵向数据半参数部分线性模型的研究已经引起了国内外统计学者的重视, 其中部分线性单指标模型是多元非参数回归中重要的降维方法, 它通过降低非参数部分的维数, 使得部分线性单指标模型避免了“维数灾祸”问题, 同时又把参数模型和非参数模型有机地结合起来, 增强了模型的解释能力. 对纵向数据部分线性单指标模型, 本章主要体现的是“纠偏”的统计思想, 发展了纠偏的经验似然方法、纠偏的 GEE 方法、纠偏的 QIF 方法及纠偏的 GEE 和 QIF 变量选择方法.

6.1　引言及模型介绍

纵向数据建模是一种统计方法, 经常用于一些相同试验单元在不同时间的重复测量的数据研究中. 纵向数据的研究已经应用于许多领域, 如流行病学、计量经济学、医学、生命和社会等科学领域. 令 $\{(Y_{ij},X_{ij},Z_{ij}),1\leqslant i\leqslant n,1\leqslant j\leqslant m_i\}$ 表示对第 i 个个体或试验单元在第 j 次的重复测量, 其中 Y_{ij} 是和协变量向量 $(X_{ij},Z_{ij})\in\mathbb{R}^p\times\mathbb{R}^q$ 相关的响应变量. 总的观测数目为 $N=\sum\limits_{i=1}^{n}m_i$. 本章假定 n 可以充分大, 而 $\{m_i\}$ 为有界正整数序列, 且有 $n=O(N)$, 即考虑非平衡纵向数据情形. 考虑如下纵向数据部分线性单指标模型

$$Y_{ij}=g(X_{ij}^{\mathrm{T}}\beta_0)+Z_{ij}^{\mathrm{T}}\theta_0+\varepsilon_{ij},\quad i=1,\cdots,n,\quad j=1,\cdots,m_i,\tag{6.1.1}$$

其中 (β_0,θ_0) 是 $\mathbb{R}^p\times\mathbb{R}^q$ 上的未知的参数向量真值, $g(\cdot)$ 是一个未知的一元联系函数. ε_{ij} 是随机误差, 记第 i 个个体的随机误差向量为 $\varepsilon_i=(\varepsilon_{i1},\varepsilon_{i2},\cdots,\varepsilon_{im_i})^{\mathrm{T}}$, $\{\varepsilon_i,i=1,\cdots,n\}$ 相互独立, 且 $E(\varepsilon_i|X_i,Z_i)=0$, 其中 $X_i=(X_{i1},X_{i2},\cdots,X_{im_i})^{\mathrm{T}}$, $Z_i=(Z_{i1},Z_{i2},\cdots,Z_{im_i})^{\mathrm{T}}$, $\mathrm{Var}(\varepsilon_i)=\varSigma_i$(正定阵). 考虑到模型的可识别性, 我们要求 $\|\beta_0\|=1$, 这里 $\|\cdot\|$ 表示 Euclidean 范数.

部分线性单指标模型 (6.1.1) 是一个非常广泛的模型, 包含许多重要的统计模型. 例如, 当 $\theta_0=0$, 或者等价于模型中没有协变量 Z_{ij} 时, 模型 (6.1.1) 是具有未知联系函数的纵向数据单指标模型, 该模型已经在第 4 章和第 5 章中进行了详细研究. 纵向数据单指标模型的优点是通过对多元协变量 X_{ij} 进行线性组合 $X_{ij}^{\mathrm{T}}\beta_0$, 如此可以避免多元非参数拟合遇到的“维数祸根”问题. Chiou 和 Müller (2005) 介绍

了一种灵活的边际建模方法, 并提出被估计的估计方程 (EEE) 方法对模型中的指标参数向量 β_0 进行估计. Lai 等 (2012) 使用光滑阈值 GEE 变量选择方法对纵向数据单指标模型进行研究. 当 $p=1$ 和 $\beta_0=1$ 时, 模型 (6.1.1) 就成为第 3 章讨论的纵向数据部分线性模型, 该模型自从 Zeger 和 Diggle (1994) 提出以来, 已经有许多作者用各种方法对其进行深入研究, 如 Lin 和 Carroll (2001), He 等 (2002), Fan 和 Li (2004), Qian (2003), Sun 和 You (2003), You 等 (2006, 2007), Xue 和 Zhu (2007a), Fan 等 (2007), Li 等 (2008) 等. 当 $m_i\equiv 1$ 时, 模型 (6.1.1) 退化为非纵向数据的部分线性单指标模型, 许多作者对该模型也进行了深入研究, 如 Carroll 等 (1997) 研究了广义部分线性单指标模型, 在一般的条件下证明了 (β_0,θ_0) 的估计量具有渐近正态性, 并给出了联系函数 $g(\cdot)$ 的估计的收敛速度; Xue 和 Zhu (2005), Zhu 和 Xue (2006) 构造了模型中未知参数的经验似然置信域; Yu 和 Ruppert (2002) 得到了模型中未知参数的惩罚样条估计, 并证明了它们的 $\sqrt{n}$ 相合性和渐近正态性; Xia 和 Härdle (2006) 研究了该模型半参数估计的有效性和渐近性质. Bai 等 (2008), Bai 等 (2009) 把 QIF 方法分别用于纵向数据部分线性模型和部分线性单指标模型的研究, 证明了估计量的渐近性质. Lai 等 (2013) 研究了纵向数据部分线性单指标模型的估计和假设检验问题.

6.2 节是把 Owen (1988, 1990) 提出的经验似然方法用于纵向数据部分线性单指标模型 (6.1.1) 的研究. 目前, 经验似然方法已经成为一个应用广泛的非参数统计方法, 并已经成功应用到了各种统计模型和数据分析中, Owen (2001) 的专著详细介绍了经验似然方法, 并详细介绍了经验似然方法的一些应用. 对于非纵向数据部分线性单指标模型, Zhu 和 Xue (2006) 提出了纠偏的经验似然方法用于构造模型中兴趣参数的置信域. Zhu 和 Xue (2006) 提出了纠偏的经验似然方法不能直接应用到纵向数据下部分线性单指标模型 (6.1.1), 因为纵向数据有其自身的特点, 即组内相关, 组间独立. Li 等 (2010a) 就是利用纵向数据组间独立的特点, 提出了纠偏的分组经验似然方法对模型 (6.1.1) 进行研究, 所提方法有许多优良的性质: 首先使得构造的模型中兴趣参数的纠偏经验对数似然比函数不仅可以渐近收敛到一个 χ^2 分布, 而且还可以避免欠光滑 (undersmoothing) 来保证参数估计的 $\sqrt{n}$ 相合性, 放宽了窗宽的选取范围, 即从 $O(n^{-1/4})\sim O(n^{-1/7})$, 这样在估计函数 $g(\cdot)$ 和其导数 $g'(\cdot)$ 时只需要使用同一个窗宽即可, 其中也包含了最优窗宽. 与最小二乘估计方法相比, 纠偏的分组经验似然方法可避免使用迭代算法估计模型中的参数向量, 并且可以避免估计渐近方差矩阵, 更重要的是构造的经验似然置信域具有数据自适应性.

对于纵向数据, 由于组内相关性, 经验似然方法需要经过调整才能有效使用. 为获得参数向量 (β_0,θ_0) 最有效的置信域, 通过引入纵向数据的工作相关矩阵, 构造了纠偏的分组经验对数似然比函数, 该方法不同于经典的经验似然方法, 它是把相同个体的测量值看成一个整体, 即通过对个体内数据进行求和, 然后在估计方程中引入工作相关矩阵, 使得所提方法充分考虑到了纵向数据的组内相关结构, 并也充分利用了个体间的相互独立性. 所提方法不同于由 Kitamura (1997) 提出的处理时间序列的滑动分组经验似然方法. 此外对纵向数据模型, You 等 (2006) 提出了分组的经验似然方法对纵向数据部分线性模型进行研究, Xue 和 Zhu (2007b) 也使用类似的方法对纵向数据变系数模型进行了研究, 但是他们都没有考虑纵向数据的组内相关性, 因此构造的经验似然置信域不是最有效的. 本章证明当正确指定相关结构时, 构造的经验似然置信域是渐近有效的. 而对于模型 (6.1.1), 当使用所提方法时, 构造的纠偏的分组经验对数似然比函数不再渐近到一个具有未知权重的自由度为 1 的独立 χ^2 分布的和, 而是渐近到一个标准 χ^2 分布. 这样可避免使用 Monte Carlo 逼近渐近分布, 并且可消除因为 plug-in 方法估计讨厌参数或非参数而导致的不可忽略的偏差. 为了减少偏差而使得经验对数似然比统计量渐近到标准 χ^2 分布, 主要思想是对加权残差进行中心化变换. 即使在经验对数似然比函数中对联系函数 $g(\cdot)$ 和它的导数 $g'(\cdot)$ 使用了 plug-in 估计, 有比较慢的收敛速度, 但是这种中心化变换不会破坏 Wilks 现象, 并证明了纠偏的分组经验对数似然比统计量渐近到一个标准 χ^2 分布.

本章把纠偏技巧进行推广, 提出纠偏的 GEE 方法和纠偏的 QIF 方法, 理论上证明了纠偏 GEE 估计和纠偏 QIF 估计的渐近正态性. 为了找到模型中显著变量, 把提出的纠偏的 GEE 方法和纠偏的 QIF 方法与惩罚函数进行结合, 进一步提出纠偏的 GEE 和 QIF 变量选择方法, 所提方法通过同时施加两个惩罚函数, 可以对线性部分和指标部分同时进行变量选择和参数估计, 并证明了模型选择的相合性和估计量的 oracle 性质. 为了检验模型中联系函数是否为线性函数, 提出广义似然比 (generalized likelihood ratio, GLR) 检验统计方法, 并证明了 GLR 统计量的渐近性质.

6.2 纠偏的经验似然方法

6.2.1 纠偏分组经验似然方法

假设记录数据 $\{(Y_{ij}, X_{ij}, Z_{ij}), i = 1, \cdots, n, j = 1, \cdots, m_i\}$ 从模型 (6.1.1) 产生. 本节主要关心的问题是构造参数向量 (β_0, θ_0) 的置信域. 由可识别性条件 $\|\beta_0\| = 1$ 可知, β_0 的真值是单位球面上的边界点, 则 $g(X_{ij}^{\mathrm{T}}\beta_0)$ 在点 β_0 处不存在导数. 然而在构造经验似然比统计量时必须要求计算 $g(X_{ij}^{\mathrm{T}}\beta_0)$ 关于 β_0 的导数. 为了解决这个问题, 建议使用在第 4 章和第 5 章广泛使用的 “去一分量” 方法 (Xue and Zhu, 2005; Zhu and Xue, 2006), 细节如下.

令 $\beta=(\beta_1,\cdots,\beta_p)^{\mathrm{T}}$, 且 $\beta^{(r)}=(\beta_1,\cdots,\beta_{r-1},\beta_{r+1},\cdots,\beta_p)^{\mathrm{T}}$ 是去掉第 r 个分量 β_r 后的 $p-1$ 维的参数向量. 不失一般性, 假设真实参数向量 β_0 的第 r 个分量 β_r 是非负常数, 否则, 我们考虑 $-\beta_0$ 或者 $\beta_r=-(1-\|\beta_0^{(r)}\|^2)^{1/2}$, 则有

$$\beta_0=\beta_0(\beta_0^{(r)})=(\beta_1,\cdots,\beta_{r-1},(1-\|\beta_0^{(r)}\|^2)^{1/2},\beta_{r+1},\cdots,\beta_p)^{\mathrm{T}}. \tag{6.2.1}$$

这时真实参数向量 $\beta_0^{(r)}$ 满足约束条件 $\|\beta_0^{(r)}\|<1$. 这样联系函数 $g(\cdot)$ 对参数向量 $\beta^{(r)}$ 在一个邻域中存在无穷阶可微, 其 Jacobian 矩阵表示为

$$J_{\beta^{(r)}}=(\gamma_1,\cdots,\gamma_p)^{\mathrm{T}},$$

其中 $\gamma_s(1\leqslant s\leqslant p,s\neq r)$ 是 $p-1$ 维单位向量, 当 $s<r$ 时, 其第 s 个元素为 1; 当 $s>r$ 时, 其第 $s-1$ 个元素为 1, 而 $\gamma_r=-(1-\|\beta^{(r)}\|^2)^{-1/2}\beta^{(r)}$. 既然 $\beta_0^{(r)}$ 能够决定参数向量 β_0, 因此本节仅仅需要考虑参数向量 $(\beta_0^{(r)},\theta_0)$ 置信域的构造问题.

为了方便构造经验对数似然比函数, 首先介绍一些矩阵和向量概念, 令

$$X_i=(X_{i1},X_{i2},\cdots,X_{im_i})^{\mathrm{T}},\quad Z_i=(Z_{i1},Z_{i2},\cdots,Z_{im_i})^{\mathrm{T}},$$

$$Y_i=(Y_{i1},Y_{i2},\cdots,Y_{im_i})^{\mathrm{T}},\quad G(X_i\beta_0)=(g(X_{i1}^{\mathrm{T}}\beta_0),g(X_{i2}^{\mathrm{T}}\beta_0),\cdots,g(X_{im_i}^{\mathrm{T}}\beta_0))^{\mathrm{T}},$$

$$G'_{\Delta}(X_i\beta_0)=\mathrm{diag}(g'(X_{i1}^{\mathrm{T}}\beta_0),g'(X_{i2}^{\mathrm{T}}\beta_0),\cdots,g'(X_{im_i}^{\mathrm{T}}\beta_0)),$$

其中下标 Δ 表示对角矩阵. 基于 Liang 和 Zeger (1986) 在研究纵向数据广义线性模型时提出的广义估计方程 (GEE) 思想, 根据个体之间的相互独立性, 引入下面的辅助随机向量

$$\eta_i(\beta^{(r)},\theta)=\widetilde{\Lambda}_iV_i^{-1}[Y_i-G(X_i\beta)-Z_i\theta], \tag{6.2.2}$$

其中 $V_i=A_i^{1/2}R_i(\alpha)A_i^{1/2}$ 是一个可逆的工作协方差矩阵, A_i 是一个 $m_i\times m_i$ 边际方差对角矩阵, $R_i(\alpha)$ 是一个工作相关矩阵, α 是一个讨厌参数向量, 而工作相关矩阵 $R_i(\alpha)$ 完全由参数向量 α 表示. 注意如果工作相关矩阵 R_i 是 Y_i 正确的相关矩阵时, 则 V_i 将等于协方差矩阵 $\mathrm{Cov}(Y_i)$. 实际问题中, 工作协方差矩阵 V_i 是未知的, 可以通过矩方法进行估计, 详细讨论见文献 Liang 和 Zeger (1986).

在式 (6.2.2) 中, $\widetilde{\Lambda}_i=(G'_{\Delta}(X_i\beta)X_iJ_{\beta^{(r)}},Z_i)^{\mathrm{T}}$, 则

$$G'_{\Delta}(X_i\beta)X_iJ_{\beta^{(r)}}=(g'(X_{i1}^{\mathrm{T}}\beta)X_{i1}^{\mathrm{T}}J_{\beta^{(r)}},\cdots,g'(X_{im_i}^{\mathrm{T}}\beta)X_{im_i}^{\mathrm{T}}J_{\beta^{(r)}})^{\mathrm{T}},$$

其中 $g'(\cdot)$ 是 $g(\cdot)$ 关于 $\beta^{(r)}$ 的导数. 如果 $(\beta_0^{(r)},\theta_0)$ 是真实参数, 则有 $E(\eta_i(\beta_0^{(r)},\theta_0))=0$. 反之, 当 $E(\eta_i(\beta_0^{(r)},\theta_0))=0$ 时, 能够构造估计方程 $\sum\limits_{i=1}^{n}\eta_i(\beta^{(r)},\theta)=0$. 如果假设 $g(\cdot)$ 已知, 估计方程的解正好就是参数向量 $(\beta_0^{(r)},\theta_0)$ 的广义最小二乘估计. 既然纵

向数据不同个体之间具有独立性, 因此, 可以把 Owen (1988) 提出的经验似然方法应用到纵向数据的研究, 即一个自然的分组经验对数似然比函数定义为

$$l(\beta^{(r)},\theta)=-2\max\left\{\sum_{i=1}^{n}\log(np_i)\;\middle|\;p_i\geqslant 0,\ \sum_{i=1}^{n}p_i=1,\ \sum_{i=1}^{n}p_i\eta_i(\beta^{(r)},\theta)=0\right\}. \tag{6.2.3}$$

但是上面的经验对数似然比函数中包含未知的联系函数 $g(\cdot)$ 和它的导数 $g'(\cdot)$, 因此首先需要估计它们. 采用 Fan 和 Gijbels (1996) 提出的局部线性光滑方法对联系函数 $g(\cdot)$ 和它的导数 $g'(\cdot)$ 进行估计. 具体步骤为: 对于任意给定的参数向量 (β,θ), $g(\cdot)$ 和 $g'(\cdot)$ 的估计通过极小化下面的加权最小二乘目标函数

$$\sum_{i=1}^{n}\sum_{j=1}^{m_i}(Y_{ij}-Z_{ij}^{\mathrm{T}}\theta-a-b(X_{ij}^{\mathrm{T}}\beta-t))^2K_h(X_{ij}^{\mathrm{T}}\beta-t) \tag{6.2.4}$$

得到, 即求 a 和 b, 其中 $K_h(\cdot)=h^{-1}K(\cdot/h), K(\cdot)$ 是一个核函数, $h=h_n$ 是一个趋于零的正数序列, 称为窗宽. 令 $(\hat{a},\hat{b})$ 是加权最小二乘函数 (6.2.4) 的解, 则定义估计为 $\hat{g}(t;\beta,\theta)=\hat{a}$ 和 $\hat{g}'(t;\beta,\theta)=\hat{b}$. 经过简单计算可得

$$\hat{g}(t;\beta,\theta)=\sum_{i=1}^{n}\sum_{j=1}^{m_i}W_{nij}(t;\beta)(Y_{ij}-Z_{ij}^{\mathrm{T}}\theta) \tag{6.2.5}$$

和

$$\hat{g}'(t;\beta,\theta)=\sum_{i=1}^{n}\sum_{j=1}^{m_i}\widetilde{W}_{nij}(t;\beta)(Y_{ij}-Z_{ij}^{\mathrm{T}}\theta), \tag{6.2.6}$$

其中

$$W_{nij}(t;\beta)=\frac{N^{-1}K_h(X_{ij}^{\mathrm{T}}\beta-t)[S_{n,2}(t;\beta)-(X_{ij}^{\mathrm{T}}\beta-t)S_{n,1}(t;\beta)]}{S_{n,0}(t;\beta)S_{n,2}(t;\beta)-S_{n,1}^2(t;\beta)}, \tag{6.2.7}$$

$$\widetilde{W}_{nij}(t;\beta)=\frac{N^{-1}K_h(X_{ij}^{\mathrm{T}}\beta-t)[(X_{ij}^{\mathrm{T}}\beta-t)S_{n,0}(t;\beta)-S_{n,1}(t;\beta)]}{S_{n,0}(t;\beta)S_{n,2}(t;\beta)-S_{n,1}^2(t;\beta)} \tag{6.2.8}$$

和

$$S_{n,l}(t;\beta)=\frac{1}{N}\sum_{i=1}^{n}\sum_{j=1}^{m_i}K_h(X_{ij}^{\mathrm{T}}\beta-t)(X_{ij}^{\mathrm{T}}\beta-t)^l,\quad l=0,1,2.$$

上面 $g(\cdot)$ 和式 $g'(\cdot)$ 的估计量是完全忽略了纵向数据组内相关结构得到的, 因为 Lin 和 Carroll (2000) 证明, 当使用核函数估计时, 即使正确指定相关矩阵也将降低非参数分量估计的渐近效.

把它们代入到式 (6.2.2) 和式 (6.2.3) 中, 则可以定义估计的辅助随机向量 $\widetilde{\eta}_i(\beta^{(r)},\theta)$ 和估计的分组经验对数似然比函数 $\widetilde{l}(\beta^{(r)},\theta)$. 当 (β,θ) 已知时, 鉴于估计量

$\hat{g}(X_{ij}^{\mathrm{T}}\beta;\beta,\theta)$ 和 $\hat{g}'(X_{ij}^{\mathrm{T}}\beta;\beta,\theta)$ 有比 $\sqrt{n}$ 慢的收敛速度, Xue 和 Zhu (2005, 2006) 证明这样直接替换将使得经验对数似然比函数 $\widetilde{l}(\beta^{(r)},\theta)$ 渐近收敛到一个自由度为 1 的独立 χ^2 变量的加权和. 为了构造 $(\beta_0^{(r)},\theta_0)$ 的置信域, 需要估计未知的权, 并使用 Monte Carlo 算法逼近渐近分布, 如此产生的累积误差和计算将会降低置信域的精度.

为了看到如何解决这个问题, 首先看一下估计的经验对数似然比函数 $\widetilde{l}(\beta^{(r)},\theta)$ 的结构. 对于经验对数似然比函数 $\widetilde{l}(\beta^{(r)},\theta)$, 估计的辅助随机向量是把联系函数 $g(\cdot)$ 和它的导数 $g'(\cdot)$ 分别用估计量 (6.2.5) 和 (6.2.6) 代入到辅助随机向量 (6.2.2) 中得到, 记为 $\tilde{\eta}_i(\beta^{(r)},\theta)=\hat{\widetilde{\Lambda}}_i(\beta^{(r)},\theta)V_i^{-1}[Y_i-\hat{G}(X_i\beta;\beta,\theta)-Z_i\theta]$. 计算两者之间的差为

$$
\begin{aligned}
&\tilde{\eta}_i(\beta^{(r)},\theta)-\eta_i(\beta^{(r)},\theta)\\
=&\left(\hat{\widetilde{\Lambda}}_i(\beta^{(r)},\theta)-\widetilde{\Lambda}_i(\beta^{(r)},\theta)\right)V_i^{-1}[Y_i-\hat{G}(X_i\beta;\beta,\theta)-Z_i\theta]\\
&-\widetilde{\Lambda}_i(\beta^{(r)},\theta)V_i^{-1}[\hat{G}(X_i\beta;\beta,\theta)-G(X_i\beta)].
\end{aligned}
$$

由定理 6.2.1 的证明可以知道上式中第一项是可以忽略的, 而第二项具有非参数收敛速度. 下面的主要目的就是减少偏差并提高收敛速度, 主要思想就是对 $\widetilde{\Lambda}_i(\beta^{(r)},\theta)$ 进行中心化, 并从理论上证明是非常有效的. 为了定义纠偏的经验对数似然比函数, 首先定义一个概念如下

$$
\Lambda_i=\begin{pmatrix}
g'(X_{i1}^{\mathrm{T}}\beta)(X_{i1}-g_1(X_{i1}^{\mathrm{T}}\beta))^{\mathrm{T}}J_{\beta^{(r)}} & (Z_{i1}-g_2(X_{i1}^{\mathrm{T}}\beta))^{\mathrm{T}}\\
g'(X_{i2}^{\mathrm{T}}\beta)(X_{i2}-g_1(X_{i2}^{\mathrm{T}}\beta))^{\mathrm{T}}J_{\beta^{(r)}} & (Z_{i2}-g_2(X_{i2}^{\mathrm{T}}\beta))^{\mathrm{T}}\\
\vdots & \vdots\\
g'(X_{im_i}^{\mathrm{T}}\beta)(X_{im_i}-g_1(X_{im_i}^{\mathrm{T}}\beta))^{\mathrm{T}}J_{\beta^{(r)}} & (Z_{im_i}-g_2(X_{im_i}^{\mathrm{T}}\beta))^{\mathrm{T}}
\end{pmatrix}^{\mathrm{T}}, \quad (6.2.9)
$$

其中 $g'(\cdot)$ 是联系函数 $g(\cdot)$ 的导数,

$$
g_1(t)=E[X_{ij}|X_{ij}^{\mathrm{T}}\beta=t] \quad 和 \quad g_2(t)=E[Z_{ij}|X_{ij}^{\mathrm{T}}\beta=t].
$$

因此, 定义下面纠偏的辅助随机向量

$$
\hat{\eta}_i(\beta^{(r)},\theta)=\hat{\Lambda}_i(\beta^{(r)},\theta)V_i^{-1}[Y_i-\hat{G}(X_i\beta;\beta,\theta)-Z_i\theta]. \quad (6.2.10)
$$

实际应用中, 工作协方差矩阵 V_i 可以采用矩方法估计 (Liang and Zeger, 1986). 例如, 对纵向数据和面板数据, V_i 的估计为 $n^{-1}\sum\limits_{i=1}^{n}\hat{\varepsilon}_i\hat{\varepsilon}_i{}^{\mathrm{T}}$, 其中 $\hat{\varepsilon}_i=Y_i-\hat{g}(X_i\hat{\beta}_I)-Z_i\hat{\theta}_I$, 且 $(\hat{\beta}_I,\hat{\theta}_I)$ 和 $\hat{g}(\cdot)$ 能够在工作独立的情形下使用 Carroll 等 (1997) 的估计程序得到. 在式 (6.2.10) 中, 有

$$\hat{\Lambda}_i(\beta^{(r)},\theta)=[\hat{G}'_\Delta(X_i\beta;\beta,\theta)(X_i-\hat{G}_1(X_i\beta;\beta))J_{\beta^{(r)}},Z_i-\hat{G}_2(X_i\beta;\beta)]^{\mathrm{T}}$$

$$=\begin{pmatrix}\hat{g}'(X_{i1}^{\mathrm{T}}\beta;\beta,\theta)(X_{i1}-\hat{g}_1(X_{i1}^{\mathrm{T}}\beta;\beta))^{\mathrm{T}}J_{\beta^{(r)}} & (Z_{i1}-\hat{g}_2(X_{i1}^{\mathrm{T}}\beta;\beta))^{\mathrm{T}}\\ \hat{g}'(X_{i2}^{\mathrm{T}}\beta;\beta,\theta)(X_{i2}-\hat{g}_1(X_{i2}^{\mathrm{T}}\beta;\beta))^{\mathrm{T}}J_{\beta^{(r)}} & (Z_{i2}-\hat{g}_2(X_{i2}^{\mathrm{T}}\beta;\beta))^{\mathrm{T}}\\ \vdots & \vdots\\ \hat{g}'(X_{im_i}^{\mathrm{T}}\beta;\beta,\theta)(X_{im_i}-\hat{g}_1(X_{im_i}^{\mathrm{T}}\beta;\beta))^{\mathrm{T}}J_{\beta^{(r)}} & (Z_{im_i}-\hat{g}_2(X_{im_i}^{\mathrm{T}}\beta;\beta))^{\mathrm{T}}\end{pmatrix}^{\mathrm{T}}$$

和

$$\begin{aligned}&\hat{G}(X_i\beta;\beta,\theta)=(\hat{g}(X_{i1}^{\mathrm{T}}\beta;\beta,\theta),\hat{g}(X_{i2}^{\mathrm{T}}\beta;\beta,\theta),\cdots,\hat{g}(X_{im_i}^{\mathrm{T}}\beta;\beta,\theta))^{\mathrm{T}},\\&\hat{G}_l(X_i\beta;\beta)=(\hat{g}_l(X_{i1}^{\mathrm{T}}\beta;\beta),\hat{g}_l(X_{i2}^{\mathrm{T}}\beta;\beta),\cdots,\hat{g}_l(X_{im_i}^{\mathrm{T}}\beta;\beta))^{\mathrm{T}},\quad l=1,2,\\&\hat{G}'_\Delta(X_i\beta;\beta,\theta)=\mathrm{diag}(\hat{g}'(X_{i1}^{\mathrm{T}}\beta;\beta,\theta),\hat{g}'(X_{i2}^{\mathrm{T}}\beta;\beta,\theta),\cdots,\hat{g}'(X_{im_i}^{\mathrm{T}}\beta;\beta,\theta)).\end{aligned}$$

可以看到, 估计的辅助随机向量中, 是在给定 $X_{i1}^{\mathrm{T}}\beta$ 的条件下对 X 和 Z 作了中心化. 这个中心化使得 $\hat{\Lambda}_i(\beta^{(r)},\theta)$ 和 $[\hat{G}(X_i\beta;\beta,\theta)-G(X_i\beta;\beta,\theta)]$ 之间是渐近条件不相关的, 并且这个不相关性在提高余项的收敛速度方面起了非常大的作用. 注意到

$$\begin{aligned}&\hat{G}'_\Delta(X_i\beta;\beta,\theta)(X_i-\hat{G}_1(X_i\beta;\beta))J_{\beta^{(r)}}\\=&(\hat{g}'(X_{i1}^{\mathrm{T}}\beta;\beta,\theta)(X_{i1}-\hat{g}_1(X_{i1}^{\mathrm{T}}\beta;\beta))^{\mathrm{T}}J_{\beta^{(r)}},\cdots,\\&\hat{g}'(X_{im_i}^{\mathrm{T}}\beta;\beta,\theta)(X_{im_i}-\hat{g}_1(X_{im_i}^{\mathrm{T}}\beta;\beta))^{\mathrm{T}}J_{\beta^{(r)}})^{\mathrm{T}},\end{aligned}$$

其中 $\hat{g}_1(t;\beta)$ 和 $\hat{g}_2(t;\beta)$ 分别是 $g_1(t)=E[X_{ij}|X_{ij}^{\mathrm{T}}\beta=t]$ 和 $g_2(t)=E[Z_{ij}|X_{ij}^{\mathrm{T}}\beta=t]$ 的估计, 能够用核估计方法得到, 即

$$\hat{g}_1(t;\beta)=\sum_{i=1}^{n}\sum_{j=1}^{m_i}W_{nij}(t;\beta)X_{ij}\tag{6.2.11}$$

和

$$\hat{g}_2(t;\beta)=\sum_{i=1}^{n}\sum_{j=1}^{m_i}W_{nij}(t;\beta)Z_{ij}.\tag{6.2.12}$$

由纠偏技巧, 如果 $(\beta^{(r)},\theta)$ 是真实参数 $(\beta_0^{(r)},\theta_0)$, 则 $E(\hat{\eta}_i(\beta^{(r)},\theta))=o(1)$. 因此, 纠偏的分组经验对数似然比函数定义为

$$\hat{l}(\beta^{(r)},\theta)=-2\max\left\{\sum_{i=1}^{n}\log(np_i)\,\middle|\,p_i\geqslant 0,\ \sum_{i=1}^{n}p_i=1,\ \sum_{i=1}^{n}p_i\hat{\eta}_i(\beta^{(r)},\theta)=0\right\},\tag{6.2.13}$$

由 Lagrange 乘子法, 有

$$p_i=\frac{1}{n}\frac{1}{1+\lambda^{\mathrm{T}}(\beta^{(r)},\theta)\hat{\eta}_i(\beta^{(r)},\theta)},\quad i=1,\cdots,n.\tag{6.2.14}$$

由式 (6.2.14), $\hat{l}(\beta^{(r)},\theta)$ 可以重写为

$$\hat{l}(\beta^{(r)},\theta)=2\sum_{i=1}^{n}\log\left(1+\lambda^{\mathrm{T}}(\beta^{(r)},\theta)\hat{\eta}_i(\beta^{(r)},\theta)\right), \tag{6.2.15}$$

其中 $\lambda=\lambda(\beta^{(r)},\theta)$ 为 Lagrange 乘子, 满足

$$\frac{1}{n}\sum_{i=1}^{n}\frac{\hat{\eta}_i(\beta^{(r)},\theta)}{1+\lambda^{\mathrm{T}}\hat{\eta}_i(\beta^{(r)},\theta)}=0. \tag{6.2.16}$$

6.2.2 渐近性质

下面将给出纠偏的分组经验对数似然比统计量的渐近结果.

定理 6.2.1 假设在 6.9 节中的正则条件 (C6.9.1)~条件 (C6.9.9) 成立. 如果 $(\beta_0^{(r)},\theta_0)$ 是参数真值, 并且 β_0 的第 r 个分量是正数, 当 $n\to\infty$ 时, 则

$$\hat{l}(\beta_0^{(r)},\theta_0)\xrightarrow{L}\chi^2_{p+q-1},$$

其中 "$\xrightarrow{L}$" 表示依分布收敛, χ^2_{p+q-1} 表示自由度为 $p+q-1$ 的 χ^2 分布.

基于定理 6.2.1, 可以构造参数向量 $(\beta_0^{(r)},\theta_0)$ 的置信域, 即对任给的 $0<\alpha<1$, 存在 c_α 使得 $P(\chi^2_{p+q-1}>c_\alpha)=\alpha$, 则

$$I_\alpha(\beta^{(r)},\theta)=\{(\beta^{(r)},\theta)\in\mathbb{R}^{p-1}\times\mathbb{R}^q\mid \hat{l}(\beta^{(r)},\theta)\leqslant c_\alpha,\|\beta^{(r)}\|<1\}$$

为参数向量 $(\beta_0^{(r)},\theta_0)$ 的具有渐近置信水平 $1-\alpha$ 的置信域.

由定理 6.2.1, 一旦得到了 $(\beta_0^{(r)},\theta_0)$ 的置信域, 根据 $\beta_r=(1-\|\beta_0^{(r)}\|^2)^{1/2}$ 就能获得 (β_0,θ_0) 的置信域.

纠偏的分组经验似然方法比渐近正态方法有以下两个优点: ①参数向量 $(\beta_0^{(r)},\theta_0)$ 的置信域 $I_\alpha(\beta^{(r)},\theta)$ 形状和方向完全由数据决定; ②无须对 $(\beta_0^{(r)},\theta_0)$ 估计量的渐近方差矩阵进行估计, 因为渐近方差矩阵是很难有效估计的, 特别是复杂的模型 (6.1.1).

6.2.3 两种特殊情况

首先考虑纵向数据单指标模型, 即在模型 (6.1.1) 中去掉线性分量部分, 则把辅助随机向量改写为

$$\hat{\eta}_i(\beta^{(r)})=\hat{\Lambda}_i(\beta^{(r)})V_i^{-1}[Y_i-\hat{G}(X_i\beta;\beta)], \tag{6.2.17}$$

其中

$$\hat{\Lambda}_i(\beta^{(r)})=\left(\hat{g}'(X_{i1}^{\mathrm{T}}\beta;\beta)J_{\beta^{(r)}}^{\mathrm{T}}(X_{i1}-\hat{g}_1(X_{i1}^{\mathrm{T}}\beta)),\cdots,\hat{g}'(X_{im_i}^{\mathrm{T}}\beta;\beta)J_{\beta^{(r)}}^{\mathrm{T}}(X_{im_i}-\hat{g}_1(X_{im_i}^{\mathrm{T}}\beta))\right). \tag{6.2.18}$$

在式 (6.2.10) 中, 用 $\hat{\eta}_i(\beta^{(r)})$ 替换 $\hat{l}(\beta^{(r)},\theta)$ 中的 $\hat{\eta}_i(\beta^{(r)},\theta)$, 经验对数似然比函数表示为 $\hat{l}(\beta^{(r)})$, 则有下面的结果.

推论 6.2.1 假设在 6.9 节中的正则条件 (C6.9.1)~条件 (C6.9.9) 成立. 如果 $\beta_0^{(r)}$ 是参数真值, 并且 β_0 的第 r 个分量是正数, 当 $n\to\infty$ 时, 则

$$\hat{l}(\beta_0^{(r)}) \xrightarrow{L} \chi_{p-1}^2.$$

基于推论 6.2.1, 可以定义参数向量 $\beta_0^{(r)}$ 的置信域, 即对任给的 $0<\alpha<1$, 存在 c_α 使得 $P(\chi_{p-1}^2>c_\alpha)=\alpha$, 则

$$I_\alpha(\beta^{(r)})=\{\beta^{(r)}\in\mathbb{R}^{p-1}\mid \hat{l}(\beta^{(r)})\leqslant c_\alpha,\ \|\beta^{(r)}\|<1\}$$

为参数向量 $\beta_0^{(r)}$ 的具有渐近置信水平 $1-\alpha$ 的置信域. 同样地, 一旦得到了 $\beta_0^{(r)}$ 的置信域, 根据 $\beta_r=(1-\|\beta_0^{(r)}\|^2)^{1/2}$ 就能获得 β_0 的置信域.

当 $p=1$ 时, 可知 $\beta=1$, 模型 (6.1.1) 就变成了纵向数据部分线性模型. 在这种情况下, 辅助随机变量就定义为

$$\hat{\eta}_i(\theta)=[Z_i-\hat{G}_2(X_i)]^{\mathrm{T}}V_i^{-1}[Y_i-\hat{G}(X_i)-Z_i\theta], \tag{6.2.19}$$

其中 $\hat{G}(X_i)$ 和 $\hat{G}_2(X_i)$ 类似于前面的表示. 同样由 $\hat{\eta}_i(\theta)$ 替换 $\hat{l}(\beta^{(r)},\theta)$ 中的 $\hat{\eta}_i(\beta^{(r)},\theta)$, 则记为 $\hat{l}(\theta)$, 则有下面的渐近 χ^2 结果.

推论 6.2.2 假设在 6.9 节中的正则条件 (C6.9.1)~条件 (C6.9.9) 成立. 如果 θ_0 是参数真值, 当 $n\to\infty$ 时, 则

$$\hat{l}(\theta_0) \xrightarrow{L} \chi_q^2.$$

基于推论 6.2.2, 可以定义参数向量 θ_0 的置信域, 即对任给的 $0<\alpha<1$, 存在 c_α 使得 $P(\chi_q^2>c_\alpha)=\alpha$, 则

$$I_\alpha(\theta)=\{\theta\in\mathbb{R}^q\mid \hat{l}(\theta)\leqslant c_\alpha\}$$

为参数向量 θ_0 的具有渐近置信水平 $1-\alpha$ 的置信域.

6.2.4 模拟研究及实例分析

1. 模拟研究

本节考虑三种模型, 即纵向数据部分线性单指标模型、纵向数据单指标模型和纵向数据部分线性模型, 通过模拟研究在不同样本容量下对所提的纠偏的分组经验似然 (BCBEL) 方法构造的未知参数的置信域的精度及其覆盖概率大小方面进行说明.

模拟中取样本容量 $n=50,100,150,300$, 为模拟方便个体的重复观测取 $m_i\equiv m=4$. 模型误差 $\varepsilon_i\sim N(0,\Sigma)$, 其中 $\Sigma=\sigma^2\{(1-\rho)I_m+\rho 1_m\}$, 且 I_m 是 $m\times m$ 的单位矩阵, 1_m 是所有元素为 1 的 $m\times m$ 的矩阵. 此时组内协方差矩阵由 ρ 和 σ 决定. 非参数权函数取核权, 其中核函数取 Epanechnikov 核 $K(u)=0.75(1-u^2)_+$. 由 6.9 节中的条件 (C6.9.5), 窗宽 h 的取值范围为 $O(n^{-1/4})\sim O(n^{-1/7})$. 窗宽采用由 "去一个体" 的交错核实法 (CV) 得到的最优窗宽 $h_{\rm opt}$, 使得满足选取的窗宽满足条件 (C6.9.5). 重复模拟次数为 $M=1000$ 次. 下面分别对这三种模型考虑, 对所提方法计算兴趣参数向量的置信域和覆盖概率.

例 6.2.1 考虑下面的纵向数据部分线性单指标模型

$$Y_{ij}=\sin(X_{ij}^{\rm T}\beta_0)+\theta_0 Z_{ij}+\varepsilon_{ij},\quad i=1,\cdots,n,\quad j=1,\cdots,4,\tag{6.2.20}$$

其中 $\beta_0=(1/2,\sqrt{3}/2)^{\rm T}$. 协变量 X_{ij} 设置为 $X_{ij}=(X_{1ij},X_{2ij})^{\rm T}$, 这里 X_{1ij} 和 X_{2ij} 相互独立且都服从标准正态分布 $N(0,1)$, 取 $\theta_0=0.3$, Z_{ij} 为服从 $[0,1]$ 上的均匀分布的随机变量, $\sigma=0.2$, $\rho=0.6$, Y_{ij} 由模型 (6.2.20) 产生. 模拟结果报告在表 6.2.1 和图 6.2.1 中.

表 6.2.1 (β_1,θ_0) 和 (β_2,θ_0) 的置信水平为 95%和 90%的置信域的覆盖概率

n	(β_1,θ_0)		(β_2,θ_0)	
	95%	90%	95%	90%
50	0.9010	0.8330	0.8940	0.8310
100	0.9240	0.8520	0.9210	0.8570
150	0.9360	0.8820	0.9320	0.8780
300	0.9440	0.8910	0.9420	0.8930

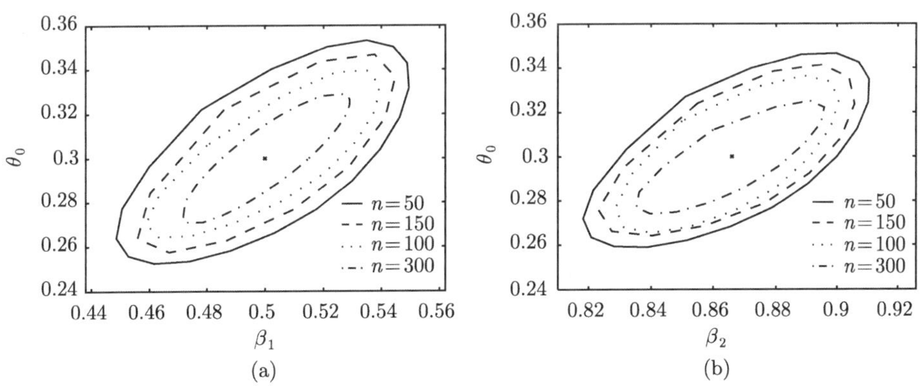

图 6.2.1 (a) (β_1,θ_0) 的置信水平为 0.95 的置信域; (b) (β_2,θ_0) 的置信水平为 0.95 的置信域

为了避免使用迭代算法估计参数向量 (β_0,θ_0), 表 6.2.1 和图 6.2.1 中的结果

是在式 (6.2.10) 和式 (6.2.13) 中假定工作协方差矩阵独立情况下得到的, 即假定 $V_i = I$. 从表 6.2.1 和图 6.2.1 可以看出, 随着样本容量 n 的增加, BCBEL 方法所得到的覆盖概率都趋近于置信水平 0.95 和 0.90, 而置信区域都随着样本的增大而变小. 说明所提方法在置信域的构造方面是可行的.

下面两个模拟例子中, 我们考虑三种不同的工作相关矩阵, 即工作独立情形 ($V_i = I$)、正确指定的协方差矩阵 ($V_i = \Sigma_i$) 情形和未知时估计的工作协方差矩阵情形 $\hat{V}_i$.

例 6.2.2 考虑下面的纵向数据单指标模型

$$Y_{ij} = \exp(X_{ij}^{\mathrm{T}}\beta_0) + \varepsilon_{ij}, \quad i = 1, \cdots, n, \quad j = 1, \cdots, 4, \tag{6.2.21}$$

其中 $\beta_0 = (1/2, \sqrt{3}/2)^{\mathrm{T}}$. 协变量 X_{ij} 设置为 $X_{ij} = (X_{1ij}, X_{2ij})^{\mathrm{T}}$, 这里 X_{1ij} 和 X_{2ij} 相互独立且都服从正态分布 $N(0,1)$. 取 $\sigma = 0.2$, $\rho = 0.6$, Y_{ij} 由模型 (6.2.21) 产生. 例 6.2.2 中假定 V_i 未知, V_i 的估计为 $\hat{V}_i = \dfrac{1}{n}\sum_{i=1}^{n}\hat{\varepsilon}_i\hat{\varepsilon}_i{}^{\mathrm{T}}$, 其中 $\hat{\varepsilon}_i = Y_i - \hat{g}(X_i\hat{\beta}_I)$ 为残差, 且 $\hat{\beta}_I$ 是假定工作独立时的 profile 最小二乘估计 (PLSE). 为了比较, 本例中使用两种方法进行考虑: 所提的纠偏分组经验似然方法和 profile 最小二乘 (PLS) 方法. PLS 方法如下: 首先, 忽略组内相关结构, 采用 Li (1991) 提出的切片逆回归方法得到回归参数 β_0 的一个初始估计. 其次, 有了 β_0 的初始估计, 在式 (6.2.5) 中令 $\theta = 0$, 获得联系函数的估计 $\hat{g}(\cdot)$. 最后, 通过解广义估计方程 $\sum_{i=1}^{n}\hat{\eta}_i(\beta^{(r)}) = 0$, 得到 β_0 最后的 profile 最小二乘估计 $\hat{\beta}_V^{(r)} (r = 1, 2)$, 这里 $\hat{\eta}_i(\beta^{(r)})$ 的定义可以从式 (6.2.17) 发现. 模拟主要从置信区间的覆盖概率 (CP) 和平均区间长度 (AL) 两个方面进行比较. PLS 方法的置信域是基于 profile 最小二乘估计 $\hat{\beta}_V^{(r)}$ 的渐近正态性得到, 其中渐近方差可以由 plug-in 方法估计, 记为 $\hat{\Omega}_{\mathrm{PLS}} = n^{-1}\hat{D}(\hat{\beta}_V^{(r)})^{-1}\hat{B}(\hat{\beta}_V^{(r)})\hat{D}(\hat{\beta}_V^{(r)})^{-1}$, 其中

$$\hat{D}(\hat{\beta}_V^{(r)}) = \frac{1}{n}\sum_{i=1}^{n}\hat{\Lambda}_i(\hat{\beta}_V^{(r)})V_i^{-1}\hat{\Lambda}_i^{\mathrm{T}}(\hat{\beta}_V^{(r)}),$$

$$\hat{B}(\hat{\beta}_V^{(r)}) = \frac{1}{n}\sum_{i=1}^{n}\hat{\Lambda}_i(\hat{\beta}_V^{(r)})V_i^{-1}\hat{\Sigma}_i(\hat{\beta}_V)V_i^{-1}\hat{\Lambda}_i^{\mathrm{T}}(\hat{\beta}_V^{(r)}),$$

这里 $\hat{\Lambda}_i(\hat{\beta}_V^{(r)})$ 是把 profile 最小二乘估计 $\Lambda_i(\hat{\beta}_V^{(r)})$ 代入到式 (6.2.18) 得到的 $\Lambda_i(\hat{\beta}_V^{(r)})$ 的估计. 类似于 $\hat{V}_i$, 也能够得到估计量 $\hat{\Sigma}_i(\hat{\beta}_V)$. 表 6.2.2 报告了纠偏的分组经验似然方法的结果, 表 6.2.3 报告了 profile 最小二乘估计方法的结果, 表中括号中数据表示平均区间长度.

表 6.2.2 基于 BCBEL 方法, β_1 和 β_2 的置信水平为 95%的置信区间的覆盖概率和平均区间长度

n	CP/(AL)					
	β_1			β_2		
	I	$\hat{V}_i$	Σ_i	I	$\hat{V}_i$	Σ_i
50	0.8920 (0.3253)	0.9050 (0.2312)	0.9080 (0.2195)	0.8940 (0.2876)	0.9070 (0.2258)	0.9070 (0.1913)
100	0.9120 (0.1972)	0.9180 (0.1668)	0.9240 (0.1451)	0.9110 (0.2010)	0.9220 (0.1799)	0.9260 (0.1710)
150	0.9290 (0.1553)	0.9310 (0.1276)	0.9350 (0.1098)	0.9290 (0.1481)	0.9330 (0.1243)	0.9370 (0.1131)
300	0.9410 (0.0987)	0.9460 (0.0919)	0.9480 (0.0896)	0.9430 (0.1002)	0.9450 (0.0967)	0.9490 (0.0875)

表 6.2.3 基于 PLS 方法, β_1 和 β_2 的置信水平为 95%的置信区间的覆盖概率和平均区间长度

n	CP/(AL)					
	β_1			β_2		
	I	$\hat{V}_i$	Σ_i	I	$\hat{V}_i$	Σ_i
50	0.8940 (0.4232)	0.9010 (0.2531)	0.9060 (0.2225)	0.8980 (0.3865)	0.9040 (0.2488)	0.9070 (0.2211)
100	0.9090 (0.2117)	0.9130 (0.1812)	0.9170 (0.1514)	0.9070 (0.2090)	0.9150 (0.1831)	0.9180 (0.1503)
150	0.9250 (0.1658)	0.9290 (0.1396)	0.9340 (0.1108)	0.9250 (0.1617)	0.9310 (0.1354)	0.9380 (0.1218)
300	0.9380 (0.1079)	0.9420 (0.1065)	0.9460 (0.0967)	0.9410 (0.1104)	0.9440 (0.1029)	0.9470 (0.0947)

从表 6.2.2 和表 6.2.3 可以看出, 根据置信区间的精度, BCBEL 方法完成得比 PLS 方法要好. 表 6.2.2 和表 6.2.3 也比较了三种工作协方差结构, 即正确指定的相关结构 Σ_i、估计的相关结构 $\hat{V}_i$ 和工作独立的相关结构 I. 随着样本容量 n 的增加, 两种方法对于三种相关结构得到的覆盖概率都趋于置信水平 0.95. 对于相同的观测样本, 从置信区间的精度可以看到, 两种方法在工作协方差矩阵取正确指定的相关矩阵 Σ_i 时模拟结果最好, 而取估计的相关结构 $\hat{V}_i$ 时, 结果比忽略组内相关结构的结果要好. 主要原因是对 Σ_i 和 $\hat{V}_i$ 两种情况, 考虑了纵向数据的组内相关结构,

而对于工作独立的情形, 忽略了纵向数据的组内相关结构, 因此模拟结果比其他两种情况要差, 并导致了置信域精度和有效性的降低. 同时可以发现, 这种精度的损失可以通过样本量 n 的增加而减少.

例 6.2.3 考虑纵向数据部分线性模型

$$Y_{ij} = Z_{ij}\theta_0 + \sin(8X_{ij}) + 2 + \varepsilon_{ij}, \quad i = 1, \cdots, n, \quad j = 1, \cdots, 4, \tag{6.2.22}$$

其中 $\theta_0 = 2$, Z_{ij} 为服从 $(-0.5, 0.5)$ 上的均匀分布的随机变量, X_{ij} 是服从正态分布 $N(0,1)$ 的随机变量, $\sigma = 0.8$, $\rho = 0.6$, Y_{ij} 从模型 (6.2.22) 中产生. 此处通过模拟研究比较 BCBEL 方法与 Fan 和 Li (2004) 提出的 PLS 方法得到的回归系数 θ_0 的置信区间的覆盖概率大小及其区间平均长度大小, profile 最小二乘估计如下

$$\hat{\theta}_V = \left(\sum_{i=1}^{n} \widetilde{Z}_i^{\mathrm{T}} V_i^{-1} \widetilde{Z}_i\right)^{-1} \sum_{i=1}^{n} \widetilde{Z}_i^{\mathrm{T}} V_i^{-1} \widetilde{Y}_i,$$

其中 $\widetilde{Z}_i = (\widetilde{Z}_{i1}, \widetilde{Z}_{i2}, \cdots, \widetilde{Z}_{im_i})^{\mathrm{T}}$, 且 $\widetilde{Z}_{ij} = Z_{ij} - \sum_{k=1}^{n}\sum_{l=1}^{m_k} W_{nkl}(X_{ij}) Z_{kl}$, $\widetilde{Y}_i$ 可类似定义. $\hat{\theta}_V$ 渐近方差的 plug-in 估计为 $\hat{\Omega}_{\mathrm{PLS}} = n^{-1}\hat{D}^{-1}\hat{B}(\hat{\theta}_V)\hat{D}^{-1}$, 其中

$$\hat{D} = \frac{1}{n}\sum_{i=1}^{n} \widetilde{Z}_i^{\mathrm{T}} V_i^{-1} \widetilde{Z}_i, \quad \hat{B}(\hat{\theta}_V) = \frac{1}{n}\sum_{i=1}^{n} \widetilde{Z}_i^{\mathrm{T}} V_i^{-1} \hat{\Sigma}_i(\hat{\theta}_V) V_i^{-1} \widetilde{Z}_i.$$

V_i 未知时的估计为 $\hat{V}_i = \frac{1}{n}\sum_{i=1}^{n} \hat{\varepsilon}_i \hat{\varepsilon}_i^{\mathrm{T}}$, 其中 $\hat{\varepsilon}_i = Y_i - Z_i^{\mathrm{T}}\hat{\theta}_I - \hat{g}(X_i)$ 为残差, 且 $\hat{\theta}_I = \left(\sum_{i=1}^{n} \widetilde{Z}_i^{\mathrm{T}} \widetilde{Z}_i\right)^{-1} \sum_{i=1}^{n} \widetilde{Z}_i^{\mathrm{T}} \widetilde{Y}_i$ 和 $\hat{g}(x) = \sum_{i=1}^{n}\sum_{j=1}^{m} W_{nij}(x)(Y_{ij} - Z_{ij}^{\mathrm{T}}\hat{\theta}_I)$ 分别是假定工作独立时的参数估计和联系函数的估计. 模拟结果报告见表 6.2.4 和表 6.2.5.

表 6.2.4 和表 6.2.5 的结果说明, 例 6.2.3 的结果和例 6.2.2 有类似的结论, 此处不再详细介绍.

表 6.2.4 θ_0 的置信水平为 95%的置信区间的覆盖概率

n	BCBEL			PLS		
	I	$\hat{V}_i$	Σ_i	I	$\hat{V}_i$	Σ_i
50	0.9050	0.9120	0.9180	0.8870	0.8990	0.9040
100	0.9190	0.9300	0.9340	0.9130	0.9210	0.9280
150	0.9330	0.9420	0.9450	0.9290	0.9360	0.9440
300	0.9420	0.9470	0.9470	0.9410	0.9430	0.9460

表 6.2.5 θ_0 的置信水平为 95%的置信区间的平均区间长度

n	BCBEL			PLS		
	I	$\hat{V}_i$	Σ_i	I	$\hat{V}_i$	Σ_i
50	0.2971	0.2824	0.2598	0.3772	0.3489	0.3283
100	0.2116	0.1995	0.1893	0.2694	0.2436	0.2210
150	0.1535	0.1467	0.1326	0.1901	0.1836	0.1687
300	0.1127	0.0997	0.0981	0.1225	0.1086	0.1023

2. 实例分析: CD4 数据分析

现在把本节所提方法用于某艾滋病研究中心的一组 CD4 数据的研究. 该数据集包括从 1984~1991 年感染 HIV 病毒的 283 个患者的 HIV 状态数据. 最初的实验设计对所有患者进行每半年观测一次. 但是, 由于大量的患者错过了其诊断时间并且在整个研究过程中 HIV 感染是随机发生的, 所以, 对不同患者的观测次数及观测时间是不同的, 因此该数据是一个不平衡的纵向数据. $t_{ij}(i=1,\cdots,n,j=1,\cdots,m_i)$ 表示第 i 个患者感染 HIV 病毒以后血清转化和第 j 次测量之间的时间长度 (单位: 年), 其中 m_i 表示第 i 个患者的重复观测次数. 该数据详细的描述可见文献 Kaslow 等 (1987). Wu 等 (1998), Huang 等 (2002), Fan 和 Zhang (2000), Fan 和 Li (2004) 对这个数据集用变系数模型进行拟合. 本数据分析的最基本的目标是描述整个研究期间患者的 CD4 百分率随时间变化的趋势, 并评估患者的吸烟情况、HIV 感染前的 CD4 百分率和 HIV 感染时患者的年龄对患者感染 HIV 后平均 CD4 百分率的影响.

响应变量 Y 表示患者感染 HIV 以后在不同时间时的 CD4 百分率. 本研究中考虑三个变量为协变量: X_1, 患者的吸烟情况, 取值为 1 或 0, 相应地分别表示患者感染后吸烟或不吸烟; X_2, 感染 HIV 之前患者的 CD4 百分率的水平; X_3, 患者感染 HIV 时的年龄. 考虑下面的单指标模型

$$Y(t_{ij})=g\Big(\beta_1X_1(t_{ij})+\beta_2X_2(t_{ij})+\beta_3X_3(t_{ij})\Big)+\varepsilon(t_{ij}),$$

其中 β_1,β_2 和 β_3 分别描述吸烟情况、感染 HIV 之前患者的 CD4 百分率和感染时患者的年龄通过未知联系函数 $g(\cdot)$ 对患者感染 HIV 后平均 CD4 百分率的影响. 为了对模型具有可识别性, 假设 $\|\beta\|=1$, 其中 $\beta=(\beta_1,\beta_2,\beta_3)^{\mathrm{T}}$. 为了构造参数向量 $(\beta_1,\beta_2,\beta_3)^{\mathrm{T}}$ 的置信域, 核函数取 Epanechnikov 核函数, 并采用 "去一个体" 的交错核实 (CV) 方法选取最优窗宽. 通过所提出的 BCBEL 方法和基于 PLS 的正态逼近方法, 来构造参数向量 $(\beta_1,\beta_2,\beta_3)$ 的 95% 的置信域, 图 6.2.2 给出了模拟结果.

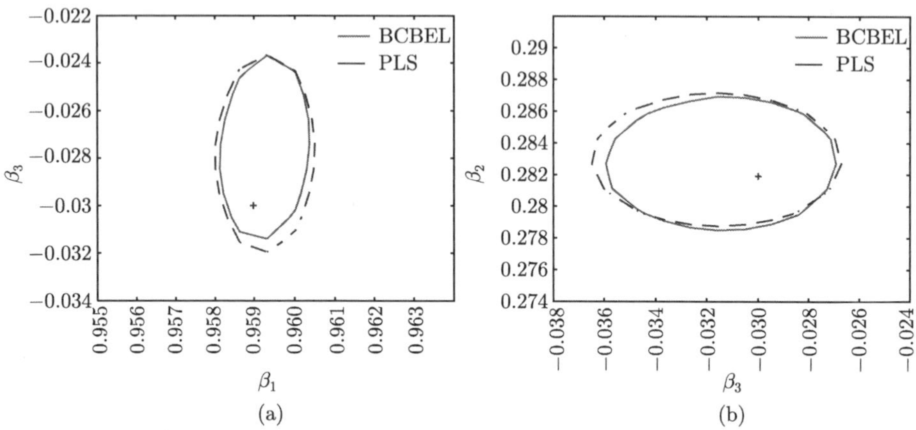

图 6.2.2 基于 BCBEL 和 PLS 两种方法对患者的吸烟情况, 感染 HIV 之前患者的 CD4 百分率和感染时患者的年龄系数的 95% 的置信域

由图 6.2.2 看出, 基于 BCBEL 方法得到的置信域比 PLS 方法得到的置信域稍微小.

6.3 纠偏的 GEE 方法

6.3.1 纠偏的 GEE 估计方法

借鉴 Zhu 和 Xue (2006), Li 等 (2010a) 的纠偏技巧, Liang 和 Zeger (1986) 提出的纵向数据分析的 GEE 的思想, 针对纵向数据部分线性单指标模型, 构造纠偏的 GEE 如下

$$\mathcal{Q}_n(G, g_1, g_2, \beta^{(r)}, \theta) =: \sum_{i=1}^{n} \Lambda_i V_i^{-1}[Y_i - G(X_i\beta) - Z_i\theta] = 0, \tag{6.3.1}$$

其中 Λ_i 在式 (6.2.9) 中定义. 当 $g(\cdot)$, $g'(\cdot)$, $g_1(\cdot)$ 和 $g_2(\cdot)$ 这些函数已知时, 可以直接求解纠偏的 GEE(6.3.1) 获得 $\beta_0^{(r)}$ 和 θ_0 的估计量. 然而 $g(\cdot)$, $g'(\cdot)$, $g_1(\cdot)$ 和 $g_2(\cdot)$ 都是未知的, 所以首先需要估计这些未知量. 由 6.2.1 节, $g(\cdot)$, $g'(\cdot)$, $g_1(\cdot)$ 和 $g_2(\cdot)$ 的估计分别被式 (6.2.5), 式 (6.2.6), 式 (6.2.11) 和式 (6.2.12) 所定义.

有了这些估计量, 把它们代入到纠偏的 GEE(6.3.1) 中, 解下面估计的纠偏的 GEE, 可得 $p-1+q$ 维参数向量 $\xi_0 = (\beta_0^{(r)\mathrm{T}}, \theta_0^{\mathrm{T}})^{\mathrm{T}}$ 的估计

$$\mathcal{Q}_n(\hat{G}, \hat{g}_1, \hat{g}_2, \beta^{(r)}, \theta) = \sum_{i=1}^{n} \hat{\Lambda}_i V_i^{-1}[Y_i - \hat{G}(X_i\beta; \beta, \theta) - Z_i\theta] = 0, \tag{6.3.2}$$

其中 $\hat{G}(X_i\beta;\beta,\theta)=(\hat{g}(X_{i1}^{\mathrm{T}}\beta;\beta,\theta),\hat{g}(X_{i2}^{\mathrm{T}}\beta;\beta,\theta),\cdots,\hat{g}(X_{im_i}^{\mathrm{T}}\beta;\beta,\theta))^{\mathrm{T}}$ 和

$$\hat{\Lambda}_i=\begin{pmatrix}\hat{g}'(X_{i1}^{\mathrm{T}}\beta;\beta,\theta)(X_{i1}-\hat{g}_1(X_{i1}^{\mathrm{T}}\beta;\beta))^{\mathrm{T}}J_{\beta^{(r)}} & (Z_{i1}-\hat{g}_2(X_{i1}^{\mathrm{T}}\beta;\beta))^{\mathrm{T}}\\ \hat{g}'(X_{i2}^{\mathrm{T}}\beta;\beta,\theta)(X_{i2}-\hat{g}_1(X_{i2}^{\mathrm{T}}\beta;\beta))^{\mathrm{T}}J_{\beta^{(r)}} & (Z_{i2}-\hat{g}_2(X_{i2}^{\mathrm{T}}\beta;\beta))^{\mathrm{T}}\\ \vdots & \vdots\\ \hat{g}'(X_{im_i}^{\mathrm{T}}\beta;\beta,\theta)(X_{im_i}-\hat{g}_1(X_{im_i}^{\mathrm{T}}\beta;\beta))^{\mathrm{T}}J_{\beta^{(r)}} & (Z_{im_i}-\hat{g}_2(X_{im_i}^{\mathrm{T}}\beta;\beta))^{\mathrm{T}}\end{pmatrix}^{\mathrm{T}}.$$

Newton-Raphson 迭代算法的 Fisher 方法可用于求解纠偏的 GEE(6.3.2), 并得到 $\beta_0^{(r)}$ 和 θ_0 的估计量. 迭代算法如下.

步骤 1 首先得到 β_0 和 θ_0 的一个初始估计, 记为 $\hat{\beta}_{(0)}$ 和 $\hat{\theta}_{(0)}$.

步骤 2 基于当前估计 $\hat{\beta}_{(k)}$ 和 $\hat{\theta}_{(k)}$, 以及式 (6.2.5), 式 (6.2.6), 式 (6.2.11) 和式 (6.2.12), 得到 $g(\cdot),g'(\cdot),g_1(\cdot)$ 和 $g_2(\cdot)$ 的估计为 $\hat{g}(t;\hat{\beta}_{(k)},\hat{\theta}_{(k)}),\hat{g}'(t;\hat{\beta}_{(k)},\hat{\theta}_{(k)}),\hat{g}_1(t;\hat{\beta}_{(k)})$ 和 $\hat{g}_2(t;\hat{\beta}_{(k)})$. 基于这些估计量, 计算工作协方差矩阵 $\hat{V}_{i,(k)}=\hat{\varepsilon}_{i,(k)}\hat{\varepsilon}_{i,(k)}^{\mathrm{T}},i=1,\cdots,n$, 其中 $\hat{\varepsilon}_{i,(k)}=Y_i-\hat{G}(X_i\hat{\beta}_{(k)})-Z_i\hat{\theta}_{(k)}$. 进一步, 如果 $\Sigma_1=\cdots=\Sigma_n=\Sigma$, 则 $\hat{V}_{i,(k)}=\sum\limits_{i=1}^{n}\hat{\varepsilon}_{i,(k)}\hat{\varepsilon}_{i,(k)}^{\mathrm{T}}/n$.

步骤 3 由步骤 2 得到 $g(\cdot)$, $g'(\cdot),g_1(\cdot)$, $g_2(\cdot)$ 和 V_i 的估计量, 以及估计的纠偏 GEE (6.3.2), 从而能够得到一个更新的参数向量的估计为 $\hat{\xi}_{(k+1)}=(\hat{\beta}_{(k+1)}^{(r)\mathrm{T}},\hat{\theta}_{(k+1)}^{\mathrm{T}})^{\mathrm{T}}$. 计算

$$\hat{\xi}_{(k+1)}=\hat{\xi}_{(k)}+\Pi_n^{-1}(\hat{\beta}_{(k)}^{(r)},\hat{\theta}_{(k)})\mathcal{Q}_n(\hat{G},\hat{g}_1,\hat{g}_2,\hat{\beta}_{(k)}^{(r)},\hat{\theta}_{(k)}), \tag{6.3.3}$$

$$\Pi_n(\hat{\beta}_{(k)}^{(r)},\hat{\theta}_{(k)})=\sum_{i=1}^{n}\hat{\Lambda}_i(\hat{\beta}_{(k)}^{(r)},\hat{\theta}_{(k)})\hat{V}_{i,(k)}^{-1}\hat{\Lambda}_i^{\mathrm{T}}(\hat{\beta}_{(k)}^{(r)},\hat{\theta}_{(k)}).$$

由式 (6.2.1) 和 $\hat{\beta}_{(k+1)}^{(r)}$, 得到 β 的估计为 $\hat{\beta}_{(k+1)}=\beta(\hat{\beta}_{(k+1)}^{(r)})$.

步骤 4 重复步骤 2 和步骤 3, 直到满足 $\|\hat{\xi}_{(k+1)}-\hat{\xi}_{(k)}\|<\varepsilon$ 时, 停止迭代, 其中 ε 是给定的一个容忍参数. 把 ξ_0 最终的估计定义为纠偏 GEE 估计.

值得注意的是采用 Newton-Raphson 迭代算法能够快速有效找到 $\xi_0=(\beta_0^{(r)\mathrm{T}},\theta_0^{\mathrm{T}})^{\mathrm{T}}$ 的最终估计 $\hat{\xi}=(\hat{\beta}^{(r)\mathrm{T}},\hat{\theta}^{\mathrm{T}})^{\mathrm{T}}$. 此外, 能够得到 $\xi^*=(\beta^{\mathrm{T}},\theta^{\mathrm{T}})^{\mathrm{T}}$ 的最终估计为 $\hat{\xi}^*=(\hat{\beta}^{\mathrm{T}},\hat{\theta}^{\mathrm{T}})^{\mathrm{T}}=(\beta(\hat{\beta}^{(r)})^{\mathrm{T}},\hat{\theta}^{\mathrm{T}})^{\mathrm{T}}$. 有了参数向量的估计, 在式 (6.2.5) 中用 $\hat{\beta}$ 和 $\hat{\theta}$ 分别替换 β 和 θ, 则得到联系函数的估计.

注 6.3.1 在步骤 1 中, β_0 和 θ_0 的相合初始估计能够帮助获得最终的 $\sqrt{n}$ 相合估计 $\hat{\beta}$ 和 $\hat{\theta}$. 在实际应用时, 可以在忽略纵向数据组内相关结构的情况下, 采用 Xia 和 Härdle (2006) 提出的 PLSIM 算法得到参数向量 β_0 和 θ_0 的一个初始估计. 后面的模拟研究也显示该初始估计是有效的.

6.3.2 渐近性质

定理 6.3.1　假设在 6.9 节中的正则条件 (C6.9.1)~条件 (C6.9.9) 成立, 并假设 β_0 的第 r 个分量是正的. 进一步假设存在 β_0 的一个初始估计是 $\sqrt{n}$ 相合的 (初始估计能够使用 Xia 和 Härdle (2006) 提出的算法得到), 则存在纠偏的 GEE(6.3.2) 的解 $\hat{\beta}^{(r)}$ 和 $\hat{\theta}$, 当 $n\to\infty$ 时, 有

$$\sqrt{n}\begin{pmatrix}\hat{\beta}^{(r)}-\beta_0^{(r)}\\ \hat{\theta}-\theta_0\end{pmatrix}\xrightarrow{L}N(0,\Pi^{-1}\Omega(\beta_0^{(r)},\theta_0)\Pi^{-1}),$$

其中 $\Omega(\beta_0^{(r)},\theta_0)$ 和 Π 是定义在 6.9 节中条件 (C6.9.9) 的正定矩阵.

现在考虑 $(\hat{\beta}^{\mathrm{T}},\hat{\theta}^{\mathrm{T}})^{\mathrm{T}}$ 的渐近正态性. 由 Wang 等 (2010b) 的结果, 有

$$\hat{\beta}-\beta_0=J_{\beta_0^{(r)}}(\hat{\beta}^{(r)}-\beta_0^{(r)})+O_P(n^{-1}).$$

由定理 6.3.1 和 Slutsky 定理, 得到下面的结果.

定理 6.3.2　在定理 6.3.1 的条件下, 当 $n\to\infty$ 时, 有

$$\sqrt{n}\begin{pmatrix}\hat{\beta}-\beta_0\\ \hat{\theta}-\theta_0\end{pmatrix}\xrightarrow{L}N(0,\Psi),$$

其中

$$\Psi=\begin{pmatrix}J_{\beta_0^{(r)}} & O_{p\times q}\\ O_{q\times(p-1)} & I_q\end{pmatrix}\Pi^{-1}\Omega(\beta_0^{(r)},\theta_0)\Pi^{-1}\begin{pmatrix}J_{\beta_0^{(r)}} & O_{p\times q}\\ O_{q\times(p-1)} & I_q\end{pmatrix}^{\mathrm{T}},$$

且 $O_{p\times q}$ 表示 $p\times q$ 的零矩阵.

6.4 纠偏的 QIF 方法

6.4.1 纠偏的 QIF 估计方法

实际应用中工作协方差矩阵 V_i 是未知的, 如果工作协方差矩阵 V_i 的错误指定时, 回归系数估计的效将会降低. 为了提高回归参数估计的效, Qu 等 (2000) 提出一种 QIF 方法, 该方法主要思想是把工作相关矩阵的逆通过一些基矩阵的线性组合进行逼近, 即

$$R^{-1}\approx a_1M_1+a_2M_2+\cdots+a_kM_k,\tag{6.4.1}$$

其中 M_1 是单位矩阵, $M_2,\cdots,M_k$ 是一些对称的基矩阵, 这些基矩阵能够由工作相关矩阵 R 的结构来决定, 且 $a_1,\cdots,a_k$ 是一些常系数, 可以看成一些讨厌参数. QIF 方法的优点是不需要估计这些讨厌参数 $a_1,\cdots,a_k$. 实际应用中, 需要选择基矩阵

$M_1, \cdots, M_k$. 如果相关矩阵 R 是可交换的, 则 $R^{-1} = a_1 M_1 + a_2 M_2$, 其中 M_1 是一个单位矩阵, M_2 是一个对角线元素为 0, 非对角线元素为 1 的基矩阵. 如果相关矩阵 R 是一阶自相关结构 AR(1), 则 $R^{-1} = a_1 M_1^* + a_2 M_2^* + a_3 M_3^*$, 其中 M_1^* 是一个单位矩阵; M_2^* 是子对角线元素为 1, 其他元素都为 0 的基矩阵; M_3^* 是在 (1,1) 和 (m, m) 位置元素为 1, 其他元素为 0 的基矩阵. 关于 QIF 方法的应用, 可参考文献 Qu 等 (2000), Qu 和 Li (2006). Qu 和 Lindsay (2003) 进一步发展了一种适应性的估计方程方法去更可靠地逼近工作相关矩阵的逆.

基于纠偏的 GEE (6.3.2) 和式 (6.4.1), Lai 等 (2013) 定义了下面纠偏的 QIF 目标函数

$$Q_n(\beta^{(r)}, \theta) = \overline{U}_n^{\mathrm{T}}(\beta^{(r)}, \theta) C_n^{-1}(\beta^{(r)}, \theta) \overline{U}_n(\beta^{(r)}, \theta), \tag{6.4.2}$$

其中 $\overline{U}_n(\beta^{(r)}, \theta) = n^{-1} \sum_{i=1}^{n} \hat{U}_i(\beta^{(r)}, \theta)$, $C_n(\beta^{(r)}, \theta) = n^{-1} \sum_{i=1}^{n} \hat{U}_i(\beta^{(r)}, \theta) \hat{U}_i^{\mathrm{T}}(\beta^{(r)}, \theta)$ 和

$$\hat{U}_i(\beta^{(r)}, \theta) = \begin{pmatrix} \hat{\Lambda}_i A_i^{-1/2} M_1 A_i^{-1/2} [Y_i - \hat{G}(X_i\beta; \beta, \theta) - Z_i\theta] \\ \hat{\Lambda}_i A_i^{-1/2} M_2 A_i^{-1/2} [Y_i - \hat{G}(X_i\beta; \beta, \theta) - Z_i\theta] \\ \vdots \\ \hat{\Lambda}_i A_i^{-1/2} M_k A_i^{-1/2} [Y_i - \hat{G}(X_i\beta; \beta, \theta) - Z_i\theta] \end{pmatrix}. \tag{6.4.3}$$

容易看到定义在式 (6.3.2) 的纠偏的 GEE 是扩展的得分向量 $\sum_{i=1}^{n} \hat{U}_i(\beta^{(r)}, \theta)$ 的线性组合, 且 $\hat{U}_i(\beta^{(r)}, \theta)$ 的维数是 $l = k(p - 1 + q)$, 并大于未知参数向量的个数. 这时, 可以使用 Hansen (1982) 提出的 GMM 方法得到参数向量 $\beta_0^{(r)}$ 和 θ_0 的估计, 即极小化纠偏的 QIF 目标函数 (6.4.2). 类似地, Newton-Raphson 迭代算法的 Fisher 方法可用于得到 $\beta_0^{(r)}$ 和 θ_0 的估计.

令 $(\hat{\beta}_*^{(r)\mathrm{T}}, \hat{\theta}_*^{\mathrm{T}})^{\mathrm{T}}$ 是 $\xi_0 = (\beta_0^{(r)\mathrm{T}}, \theta_0^{\mathrm{T}})^{\mathrm{T}}$ 最终的纠偏 QIF 估计, 进一步 $(\beta^{\mathrm{T}}, \theta^{\mathrm{T}})^{\mathrm{T}}$ 最终的纠偏 QIF 估计是 $(\hat{\beta}_*^{\mathrm{T}}, \hat{\theta}_*^{\mathrm{T}})^{\mathrm{T}} = (\beta(\hat{\beta}_*^{(r)})^{\mathrm{T}}, \hat{\theta}_*^{\mathrm{T}})^{\mathrm{T}}$. 有了参数向量的估计, 可以在式 (6.2.5) 中把 β 和 θ 分别用它们的估计量 $\hat{\beta}_*$ 和 $\hat{\theta}_*$ 替换, 从而得到联系函数 $g(\cdot)$ 的估计. 下面给出的纠偏的 QIF 估计的渐近性质见 Lai 等 (2013).

注 6.4.1 值得注意的是定义在式 (6.4.2) 中的目标函数仅仅包含未知参数向量 $\beta^{(r)}$ 和 θ, 以及工作相关矩阵中的基矩阵. 换句话说, 求解纠偏的 QIF 估计时无需估计讨厌参数 a_i. 因此, 纠偏的 QIF 估计方法并不依赖于相关参数.

6.4.2 渐近性质

定理 6.4.1 假设在 6.9 节中的正则条件 (C6.9.1)~条件 (C6.9.8) 和正则条件 (C6.9.10) 成立, 当 $n \to \infty$ 时, 则有

(1) 极小化 (6.4.2) 的纠偏 QIF 估计 $(\hat{\beta}_*^{(r)\mathrm{T}},\hat{\theta}_*^{\mathrm{T}})^{\mathrm{T}}$ 存在并以概率收敛到 $(\beta_0^{(r)\mathrm{T}},\theta_0^{\mathrm{T}})^{\mathrm{T}}$;

(2) 极小化 (6.4.2) 的纠偏 QIF 估计 $(\hat{\beta}_*^{(r)\mathrm{T}},\hat{\theta}_*^{\mathrm{T}})^{\mathrm{T}}$ 是渐近正态的, 即

$$\sqrt{n}\begin{pmatrix}\hat{\beta}_*^{(r)}-\beta_0^{(r)}\\ \hat{\theta}_*-\theta_0\end{pmatrix}\xrightarrow{L}N\left(0,\left(\Gamma^{\mathrm{T}}\Sigma^{-1}(\beta_0^{(r)},\theta_0)\Gamma\right)^{-1}\right),$$

其中 $\Sigma(\beta_0^{(r)},\theta_0)$ 是定义在 6.9 节中条件 (C6.9.10) 的正定矩阵, 且

$$\Gamma=\lim_{n\to\infty}\frac{1}{n}\sum_{i=1}^{n}E\begin{pmatrix}\Lambda_iA_i^{-1/2}M_1A_i^{-1/2}\Lambda_i^{\mathrm{T}}\\ \Lambda_iA_i^{-1/2}M_2A_i^{-1/2}\Lambda_i^{\mathrm{T}}\\ \vdots\\ \Lambda_iA_i^{-1/2}M_kA_i^{-1/2}\Lambda_i^{\mathrm{T}}\end{pmatrix}$$

是一个秩为 $p-1+q$ 的 $l\times(p-1+q)$ 的矩阵.

由 $\hat{\beta}_*-\beta_0=J_{\beta_0^{(r)}}(\hat{\beta}_*^{(r)}-\beta_0^{(r)})+O_P(n^{-1})$ 和定理 6.4.1, 以及 Slutsky 定理, 则有下面纠偏 QIF 估计 $(\hat{\beta}_*^{\mathrm{T}},\hat{\theta}_*^{\mathrm{T}})^{\mathrm{T}}$ 的渐近正态性.

定理 6.4.2　在定理 6.4.1 的条件下, 当 $n\to\infty$ 时, 则有

$$\sqrt{n}\begin{pmatrix}\hat{\beta}_*-\beta_0\\ \hat{\theta}_*-\theta_0\end{pmatrix}\xrightarrow{L}N(0,\Phi),$$

其中

$$\Phi=\begin{pmatrix}J_{\beta_0^{(r)}} & O_{p\times q}\\ O_{q\times(p-1)} & I_q\end{pmatrix}\left(\Gamma^{\mathrm{T}}\Sigma^{-1}(\beta_0^{(r)},\theta_0)\Gamma\right)^{-1}\begin{pmatrix}J_{\beta_0^{(r)}} & O_{p\times q}\\ O_{q\times(p-1)} & I_q\end{pmatrix}^{\mathrm{T}}.$$

6.5 变量选择

6.5.1 变量选择方法

实际应用中, 并不是所有的解释变量都可以用来预测响应变量, 因此最有兴趣的一件事情是从模型中自动选出对响应变量有显著影响的变量. 目前惩罚方法是最流行的变量选择方法, 可以同时进行参数估计和变量选择. 对一些惩罚函数 $p_\lambda(u)$, 给定 $q_\lambda(u)=p_\lambda'(u)$ 是惩罚函数 $p_\lambda(u)$ 的导数, 考虑下面的纠偏的惩罚 GEE 目标函数

$$\begin{aligned}U^P(\beta^{(r)},\theta)=&\sum_{i=1}^{n}\hat{\Lambda}_iV_i^{-1}[Y_i-\hat{G}(X_i\beta;\beta,\theta)-Z_i\theta]\\&-nq_{\lambda_1}(|\beta^{(r)}|)\mathrm{sgn}(\beta^{(r)})-nq_{\lambda_2}(|\theta|)\mathrm{sgn}(\theta),\end{aligned}\tag{6.5.1}$$

其中

$$q_{\lambda_1}(|\beta^{(r)}|)=(q_{\lambda_1}(|\beta_1|),\cdots,q_{\lambda_1}(|\beta_{r-1}|),q_{\lambda_1}(|\beta_{r+1}|),\cdots,q_{\lambda_1}(|\beta_p|),O_{q\times1}^{\mathrm{T}})^{\mathrm{T}},$$
$$\mathrm{sgn}(\beta^{(r)})=(\mathrm{sgn}(\beta_1),\cdots,\mathrm{sgn}(\beta_{r-1}),\mathrm{sgn}(\beta_{r+1}),\cdots,\mathrm{sgn}(\beta_p),O_{q\times1}^{\mathrm{T}})^{\mathrm{T}},$$

此处 $Q_{q\times1}$ 表示所有元素为 0 构成的 q 维零向量, $\mathrm{sgn}(t)=I(t>0)-I(t<0)$ 是一个符号函数, 且 $q_\lambda(|\beta^{(r)}|)\mathrm{sgn}(\beta^{(r)})$ 是 $q_\lambda(|\beta^{(r)}|)$ 和 $\mathrm{sgn}(\beta^{(r)})$ 中逐个分量的乘积. 类似地, 有 $q_{\lambda_2}(|\theta|)=(O_{(p-1)\times1}^{\mathrm{T}},q_{\lambda_2}(|\theta_1|),\cdots,q_{\lambda_2}(|\theta_q|))^{\mathrm{T}}$, $\mathrm{sgn}(\theta)=(O_{(p-1)\times1}^{\mathrm{T}},$ $\mathrm{sgn}(\theta_1),\cdots,\mathrm{sgn}(\theta_q))^{\mathrm{T}}$.

既然惩罚函数不是连续的, 考虑 $U^P(\beta^{(r)},\theta)$ 一个零交点的逼近. 为了方便, 令 $\xi_0=(\beta_0^{(r)\mathrm{T}},\theta_0^{\mathrm{T}})^{\mathrm{T}}$, $\hat{\xi}=(\hat{\beta}^{(r)\mathrm{T}},\hat{\theta}^{\mathrm{T}})^{\mathrm{T}}$. 按照 Johnson 等 (2008) 中的定义, 如果

$$\overline{\lim_{n\to\infty}}\ \overline{\lim_{\varepsilon\to0+}}\ n^{-1}U_j^P(\hat{\xi}+\varepsilon e_j)U_j^P(\hat{\xi}-\varepsilon e_j)\leqslant0,\quad 1\leqslant j\leqslant p-1+q,$$

则 $(\hat{\beta}^{(r)},\hat{\theta})$ 是对式 (6.5.1) 的一个零交点的逼近, 其中 e_j 是第 j 个位置为 1, 其他位置为 0 的向量, 并且 U_j^P 是 U^P 的第 j 个分量.

在线性回归模型的变量选择研究中, 各种惩罚函数已经用于变量选择的研究. 此处采用由 Fan 和 Li (2001) 提出的 SCAD 惩罚函数. 对于一些 $c>2$, SCAD 惩罚函数定义为

$$p_\lambda'(|x|)=\lambda\left\{I(|x|\leqslant\lambda)+\frac{(c\lambda-|x|)_+}{(c-1)\lambda}I(|x|>\lambda)\right\},$$

其中 $(z)_+$ 表示变量 z 的正部. 从 Bayes 的角度, Fan 和 Li (2001) 建议在 SCAD 惩罚函数中使用 $c=3.7$.

类似地, 对于 QIF 方法, 同样可以考虑下面纠偏的惩罚 QIF 目标函数

$$nQ_n(\beta^{(r)},\theta)+n\sum_{1\leqslant j\leqslant p,j\neq r}p_{\lambda_1}(|\beta_j|)+n\sum_{1\leqslant j\leqslant q}p_{\lambda_2}(|\theta_j|).\tag{6.5.2}$$

既然惩罚函数是非凸的, 纠偏的惩罚 QIF 估计可以定义为函数 (6.5.2) 的局部极小值点.

为了给出惩罚估计的理论性质, 假设真实模型的参数向量为 $\beta_0=(\beta_I^{\mathrm{T}},\beta_{II}^{\mathrm{T}}=O^{\mathrm{T}})^{\mathrm{T}}$ 和 $\theta_0=(\theta_I^{\mathrm{T}},\theta_{II}^{\mathrm{T}}=O^{\mathrm{T}})^{\mathrm{T}}$, 其中 β_I 和 θ_I 分别是 p_0 维和 q_0 维的. 进一步假设 $r\leqslant p_0$, 即, 该假设的目的是为了方便实施 “去一分量” 方法, 并能够正确识别指标参数向量中的非零系数.

6.5.2 渐近性质

定理 6.5.1 (a) 在 6.9 节中的正则条件 (C6.9.1)~条件 (C6.9.9) 成立下, 当 $n\to\infty$ 时, 如果 $\lambda_1\to0$, $\sqrt{n}\lambda_1\to\infty$, $\lambda_2\to0$, $\sqrt{n}\lambda_2\to\infty$, 则纠偏的惩罚 GEE(6.5.1) 存在一个零交点的逼近, 表示为 $(\hat{\beta}^{(r)},\hat{\theta})$, 并满足

(i)

$$\hat{\beta}_{II}^{(r)} = (\hat{\beta}_{p_0+1}, \cdots, \hat{\beta}_p)^{\mathrm{T}} = 0, \quad \hat{\theta}_{II} = (\hat{\theta}_{q_0+1}, \cdots, \hat{\theta}_q)^{\mathrm{T}} = 0;$$

(ii)

$$\sqrt{n}\begin{pmatrix} \hat{\beta}_I^{(r)} - \beta_I^{(r)} \\ \hat{\theta}_I - \theta_I \end{pmatrix} \xrightarrow{L} N(0, \Pi_{11}^{-1}\Omega_{11}(\beta_I^{(r)}, \theta_I)\Pi_{11}^{-1}),$$

其中 Π_{11} 和 Ω_{11} 的定义分别是类似于 Π 和 Ω, 仅仅是使用了 X_i 的前 p_0 列和 Z_i 的前 q_0 列.

(b) 在 6.9 节中的正则条件 (C6.9.1)～条件 (C6.9.8) 和条件 (C6.9.10) 成立下, 当 $n \to \infty$ 时, 如果 $\lambda_1 \to 0$, $\sqrt{n}\lambda_1 \to \infty$, $\lambda_2 \to 0$, $\sqrt{n}\lambda_2 \to \infty$, 则无偏的惩罚 QIF(6.5.2) 存在一个局部的极小值点, 表示为 $(\hat{\beta}^{(r)}, \hat{\theta})$ (仅仅是符号表示), 并满足

(i)

$$\hat{\beta}_{II}^{(r)} = (\hat{\beta}_{p_0+1}, \cdots, \hat{\beta}_p)^{\mathrm{T}} = 0, \quad \hat{\theta}_{II} = (\hat{\theta}_{q_0+1}, \cdots, \hat{\theta}_q)^{\mathrm{T}} = 0;$$

(ii)

$$\sqrt{n}\begin{pmatrix} \hat{\beta}_I^{(r)} - \beta_I^{(r)} \\ \hat{\theta}_I - \theta_I \end{pmatrix} \xrightarrow{L} N\left(0, \left(\Gamma_{11}^{\mathrm{T}}\Sigma_{11}^{-1}(\beta_{\mathrm{I}}^{(r)}, \theta_I)\Gamma_{11}\right)^{-1}\right),$$

其中 Γ_{11} 和 Σ_{11} 的定义分别是类似于 Γ 和 Σ 的定义, 仅仅是使用了 X_i 的前 p_0 列和 Z_i 的前 q_0 列.

在变量选择的过程中, 需要确定截断参数 λ_1 和 λ_2. 实际应用中, 对给定一个有限样本的数据集情况下, 为了实施变量选择程序, 一个重要的问题是首先需要用数据驱动的方法选取截断参数. 此处, 采用下面的 BIC 准则 (Liang et al., 2010) 来选取截断参数 (λ_1, λ_2), 即

$$\mathrm{BIC}_{\lambda_1,\lambda_2} = \log\left(\frac{S_{\lambda_1,\lambda_2}}{n}\right) + df_{\lambda_1,\lambda_2}\frac{\log n}{n},$$

其中

$$S_{\lambda_1,\lambda_2} = \sum_{i=1}^{n}\sum_{j=1}^{m_i}(Y_{ij} - Z_{ij}^{\mathrm{T}}\hat{\theta} - \hat{g}(X_{ij}^{\mathrm{T}}\hat{\beta}))^2,$$

且 df_{λ_1,λ_2} 表示被估计参数中非零参数分量的个数.

6.6 联系函数的假设检验

在实际问题的研究中, 简单模型总是可以提高模型的预测性. 对于模型 (6.1.1), 感兴趣的另一个问题是检验模型中联系函数是否为线性函数, 即关心下面的假设检

验问题

$$H_0 : g(t) = \alpha_0 + \alpha_1 t \longleftrightarrow H_1 : g(t) \neq \alpha_0 + \alpha_1 t, \tag{6.6.1}$$

其中 α_0 和 α_1 是两个未知的参数, 即

$$H_0 : g(t) \text{ 是线性函数} \longleftrightarrow H_1 : g(t) \text{ 是非线性函数}.$$

此处把广义似然比 (GLR) 检验方法用于假设检验问题 (6.6.1) 的研究. Fan 等 (2001) 针对非参数模型提出了 GLR 检验方法进行统计推断, Zhang (2007) 把 GLR 检验方法用于部分线性单指标模型中联系函数的假设检验问题. 此处把 GLR 检验方法推广到纵向数据部分线性单指标模型中联系函数的检验问题 (6.6.1) 的研究中. 在备择假设 H_1 下, 联系函数 $g(\cdot)$ 是一个非线性函数. 令 $\hat{\beta}, \hat{\theta}$ 和 $\hat{g}(\cdot)$ 是 β_0, θ_0 和 $g(\cdot)$ 的纠偏的 QIF 估计. 在原假设 H_0 下, 数据 $\{Y_{ij}, X_{ij}, Z_{ij}, i = 1, \cdots, n; j = 1, \cdots, m_i\}$ 是来自于下面线性模型

$$Y_{ij} = \alpha_0 + \alpha_1 X_{ij}^{\mathrm{T}} \beta_0 + Z_{ij}^{\mathrm{T}} \theta_0 + \varepsilon_{ij}, \quad \|\beta_0\| = 1,$$

则可以构造下面的 GLR 统计量

$$T_{\mathrm{GLR}} = \frac{N}{2} \frac{\mathrm{RSS}_0 - \mathrm{RSS}_1}{\mathrm{RSS}_1}, \tag{6.6.2}$$

其中

$$\mathrm{RSS}_0 = \sum_{i=1}^{n} \sum_{j=1}^{m_i} (Y_{ij} - \tilde{\alpha}_0 - \tilde{\alpha}_1 \tilde{\beta}^{\mathrm{T}} X_{ij} - \tilde{\theta}^{\mathrm{T}} Z_{ij})^2$$

是原假设 H_0 下的残差平方和, 且 $\tilde{\alpha}_0, \tilde{\alpha}_1, \tilde{\beta}$ 和 $\tilde{\theta}$ 分别是原假设 H_0 下 $\alpha_0, \alpha_1, \beta_0$ 和 θ_0 的 QIF 估计. 此外,

$$\mathrm{RSS}_1 = \sum_{i=1}^{n} \sum_{j=1}^{m_i} (Y_{ij} - \hat{g}(\hat{\beta}^{\mathrm{T}} X_{ij}) - \hat{\theta}^{\mathrm{T}} Z_{ij})^2$$

是备择假设 H_1 下的残差平方和.

定理 6.6.1 假设 6.9 节中的正则条件 (C6.9.1)~条件 (C6.9.10) 成立, 当 $n \to \infty$ 时, 在原假设 H_0 下, 则有 $\tau_K T_{\mathrm{GLR}}$ 渐近收敛到一个自由度为 $\tau_K c_K |\mathcal{T}|/h$ 的 χ^2 分布, 其中

$$\tau_K = \left\{ K(0) - 0.5 \int K^2(u) \mathrm{d}u \right\} \left\{ \int (K(u) - 0.5 K * K(u))^2 \mathrm{d}u \right\}^{-1},$$

$$c_K = K(0) - 0.5 \int K^2(u) \mathrm{d}u,$$

且 $K * K$ 表示 K 的卷积, $|\mathcal{T}|$表示 $\mathcal{T}$ 的长度, $\mathcal{T}$的定义见 6.9 节的条件 (C6.9.1) 中.

6.7 模拟研究及实际数据分析

6.7.1 模拟研究

本节将给一些模拟研究对所提方法在有限样本下进行评价. 为了说明不同估计量的完成情况, 纠偏的 GEE 估计表示为 $\hat{\beta}_G,\hat{\theta}_G$, $\hat{g}_G(\cdot)$, 纠偏的 QIF 估计表示为 $\hat{\beta}_Q,\hat{\theta}_Q$, $\hat{g}_Q(\cdot)$. 为了比较, $\hat{\beta}_I,\hat{\theta}_I$ 和 $\hat{g}_I(\cdot)$ 表示工作独立时的估计. 在本节中, 把所提方法与 Wang 和 Qu (2009) 提出的方法进行了比较, 并注意到 Wang 和 Qu (2009) 的方法是针对参数模型, 即线性回归模型, 而我们考虑的模型是非线性模型. 为了公平比较, 在计算 Wang 和 Qu (2009) 的方法时, 假设联系函数 $g(\cdot)$ 是已知的, 并把得到的估计用 $\hat{\beta}_{WQ},\hat{\theta}_{WQ}$ 来表示. 为了评价在 6.6 节提出的变量选择程序, 模拟研究中假定模型中零分量提前已知, 从而计算了参数向量的 oracle 估计进行比较, 并表示为 $\hat{\beta}_O$ 和 $\hat{\theta}_O$.

为了度量估计量的完成情况, 计算了参数向量 β_0 和 θ_0 估计的偏差和标准差, 并计算了 β_0,θ_0 和 $g(\cdot)$ 的估计量的均方误差, 分别定义为

$$\text{MSE}_{\hat{\beta}_H}=\frac{1}{L}\sum_{i=1}^{L}\left(\frac{1}{p}\sum_{k=1}^{p}(\hat{\beta}_{k,H}^{(i)}-\beta_k)^2\right),\quad \text{MSE}_{\hat{\theta}_H}=\frac{1}{L}\sum_{i=1}^{L}\left(\frac{1}{q}\sum_{k=1}^{q}(\hat{\theta}_{k,H}^{(i)}-\theta_k)^2\right)$$

和

$$\text{MSE}_{\hat{g}_H}=\frac{1}{L}\sum_{i=1}^{L}\left(\frac{1}{n}\sum_{j=1}^{n}\left(\frac{1}{m_j}\sum_{k=1}^{m_i}(\hat{g}_H(\hat{t}_k^{(i)})-g(t_k))^2\right)\right),$$
$$\hat{t}_k^{(i)}=X_{jk}^{\mathrm{T}}\hat{\beta}_H^{(i)},\quad t_k=X_{jk}^{\mathrm{T}}\beta_0,$$

其中下标 H 分别代表 I,G,Q 和 WQ, 且 L 表示试验的重复次数. 为了评价变量选择程序的完成情况, 模拟和数据分析中使用如下的准则:

(1) R 统计量的平方准则: $R_\beta^2=\dfrac{|\hat{\beta}^{\mathrm{T}}\beta_0|^2}{|\beta_0^{\mathrm{T}}\beta_0|^2}$ 和 $R_\theta^2=\dfrac{|\hat{\theta}^{\mathrm{T}}\theta_0|^2}{|\theta_0^{\mathrm{T}}\theta_0|^2}$;

(2) 对不同的变量选择方法, 系数估计中零系数和非零系数的个数: “TN” 表示零系数被正确估计成零的平均个数, “TP” 表示非零系数被估计成非零的平均个数.

数据从下面部分线性单指标模型中产生:

$$Y_{ik}=g(t_{ik})+Z_{ik}^{\mathrm{T}}\theta_0+\varepsilon_{ik},\quad t_{ik}=X_{ik}^{\mathrm{T}}\beta_0, \tag{6.7.1}$$

其中 $g(t)=\mathrm{e}^t$, $X_{ik}=(X_{ik1},\cdots,X_{ikp})^{\mathrm{T}}$ 和 Z_{ik} 分别从 $N(0,I_{m_i})$ 和 $U(0,1)$ 产生, $i=1,\cdots,n;k=1,\cdots,m_i$. 误差 $\varepsilon_i=(\varepsilon_{i1},\cdots,\varepsilon_{im_i})^{\mathrm{T}}$ 来自一个均值为零向量, 协

方差矩阵为 $\Sigma_i = \sigma_i^2 \Sigma_0^{m_i}$ 的 m_i 维多元正态分布, $i = 1, \cdots, n$. 此处考虑两种不同类型的相关矩阵 $\Sigma_0^{m_i}$: 一种是具有相关系数 $\rho = 0.6$ 的可交换的相关结构, 另一种是具有相关系数为 $\rho = 0.6$ 的 AR(1) 相关结构. 核函数取 Epanechnikov 核 $K(u) = 0.75(1-u^2)_+$, 窗宽采用 "去一个体" 的交错核实方法进行选取.

例 6.7.1 对模型 (6.7.1), 令 $p = 3, q = 1, m_1 = \cdots = m_n = m = 3$, $\beta_0 = \frac{1}{\sqrt{14}}(3,2,1)^{\mathrm{T}}$ 和 $\theta_0 = 0.3$. 并令 $\sigma_i = 1, i = 1, \cdots, [n/2]$, 和 $\sigma_i = 2, i = [n/2]+1, \cdots, n$, $[x]$ 表示 x 的正数部分. 正确的协方差阵 Σ_0^m 或许是一个可交换的相关结构或者是一个 AR(1) 相关结构. 对于模拟数据, 取样本量大小为 $n = 60$ 和 120, 重复进行 1000 次试验. 为了比较, 模拟研究中分别考虑可交换的相关结构和 AR(1) 相关结构, 模拟结果报告在表 6.7.1 和表 6.7.2 中.

例 6.7.2 本例使用例 6.7.1 相同的模型, 但是本例考虑不平衡纵向数据集. 令 $m_i = 3, \sigma_i = 1, i = 1, \cdots, [n/3]$, $m_i = 4, \sigma_i = 2, i = [n/3]+1, \cdots, [2n/3]$, 且 $m_i = 5, \sigma_i = 3, i = [2n/3]+1, \cdots, n$. 结果报告在表 6.7.3 和表 6.7.4 中.

从表 6.7.1~表 6.7.4 中估计量的偏差. 标准差和 MSE 可以看出, 纠偏的 GEE 估计和纠偏的 QIF 估计都比工作独立时的结果要好, 而当工作相关矩阵被正确指定时, 得到的估计量比错误指定时的结果要好. 此外, 即使工作相关矩阵被错误指定, 纠偏的 GEE 估计和纠偏的 QIF 估计都是可比的, 结果相差不是太大. 既然使用真实的联系函数 $g(\cdot)$ 去计算 Wang 和 Qu (2009) 的估计, 所以他们的估计完成得最好, 这是因为他们的方法没有估计未知的联系函数, 进而提高了参数分量的估计的效率. 此外, 从表 6.7.1~表 6.7.4 也可以发现, 指标参数分量的纠偏的 GEE 估计比纠偏的 QIF 估计有较大的偏差和较小的标准差, 特别是对小样本时的情形. 进一步可以发现随着样本量的增大, 估计量的偏差、标准差和 MSE 都变小, 并且纠偏的 QIF 方法是一种理想的方法, 因为当样本量变大时, 基于纠偏的 QIF 方法的未知参数估计量的 MSE 显著变小. 对于两种方法的计算时间, 使用 CPU 是 3.20GHz 的个人计算机和 Matlab 软件, 纠偏的 GEE 估计方法和纠偏的 QIF 估计方法对样本量为 $n = 60$ 时, 计算时间都小于 12 秒, 而当样本量为 $n = 120$ 时, 两种方法的计算时间都小于 16 秒.

例 6.7.3 对模型 (6.7.1), 令 $p = 20, q = 30, m_1 = \cdots = m_n = m = 3$, $\beta_0 = \frac{1}{\sqrt{14}}(3,2,1,0,\cdots,0)^{\mathrm{T}}$, $\theta_0 = (3,1.5,0,\cdots,0)^{\mathrm{T}}$, 协方差矩阵为 $\Sigma_i = \sigma_1^2 \Sigma_0^m, \sigma_1 = 0.5$, $i = 1, \cdots, [n/3]$; $\Sigma_i = \sigma_2^2 \Sigma_0^m, \sigma_2 = 1.0$, $i = [3/n]+1, \cdots, [2n/3]$; $\Sigma_i = \sigma_3^2 \Sigma_0^m, \sigma_3 = 2.0$, $i = [2n/3]+1, \cdots, n$. Σ_0^m 有一个可交换的相关矩阵, 模拟中工作相关矩阵考虑可交换相关矩阵和 AR(1) 相关矩阵两种情形. 样本量大小取 $n = 50, 100, 200$ 和 400, 模拟的重复试验次数取 100. 结果报告在表 6.7.5 和表 6.7.6 中.

表 6.7.1　对例 6.7.1，当正确相关矩阵是可交换结构时，估计量的偏差，标准差和 MSE(括号中的数据表示标准差)

n	Exchangeable	β_1	β_2	β_3	θ	$\text{MSE}_{\hat\beta}$	$\text{MSE}_{\hat\theta}$	$\text{MSE}_{\hat g}$
60	Independence	0.0012(0.0431)	−0.0013(0.0605)	0.0019(0.0672)	0.2750(0.7156)	0.0034	0.5873	1.3824
	GEE	0.0017(0.0288)	−0.0023(0.0399)	−0.0005(0.0486)	0.0756(0.3669)	0.0016	0.1402	1.2189
	QIF	0.0007(0.0316)	−0.0014(0.0436)	0.0007(0.0510)	0.0546(0.3288)	0.0018	0.1110	1.2007
	QIF_{WQ}	0.0007(0.0253)	−0.0011(0.0356)	0.0006(0.0403)	0.0052(0.2147)	0.0012	0.0472	–
120	Independence	−0.0008(0.0251)	0.0009(0.0358)	0.0007(0.0400)	0.1462(0.4294)	0.0012	0.2056	0.9342
	GEE	−0.0005(0.0173)	0.0010(0.0244)	−0.0004(0.0267)	0.0426(0.2181)	0.0005	0.0493	0.8956
	QIF	−0.0001(0.0179)	0.0003(0.0253)	−0.0002(0.0278)	0.0331(0.2037)	0.0006	0.0425	0.8862
	QIF_{WQ}	−0.0002(0.0153)	0.0005(0.0216)	−0.0005(0.0267)	0.0074(0.1436)	0.0005	0.0207	–
n	AR(1)	β_1	β_2	β_3	θ	$\text{MSE}_{\hat\beta}$	$\text{MSE}_{\hat\theta}$	$\text{MSE}_{\hat g}$
60	Independence	0.0012(0.0431)	−0.0013(0.0605)	0.0019(0.0672)	0.2750(0.7156)	0.0034	0.5873	1.3824
	GEE	0.0016(0.0308)	−0.0017(0.0434)	−0.0015(0.0505)	0.0714(0.3679)	0.0018	0.1403	1.2196
	QIF	0.0009(0.0331)	−0.0009(0.0505)	−0.0009(0.0537)	0.0624(0.3585)	0.0020	0.1323	1.2151
	QIF_{WQ}	−0.0005(0.0277)	−0.0002(0.0387)	0.0007(0.0423)	0.0068(0.2299)	0.0014	0.0528	–
120	Independence	−0.0008(0.0251)	0.0009(0.0358)	0.0007(0.0400)	0.1426(0.4294)	0.0012	0.2056	0.9342
	GEE	−0.0001(0.0179)	0.0002(0.0254)	−0.0002(0.0289)	0.0459(0.2265)	0.0006	0.0533	0.8936
	QIF	0.0003(0.0190)	−0.0002(0.0270)	−0.0004(0.0296)	0.0334(0.2166)	0.0007	0.0480	0.8958
	QIF_{WQ}	0.0003(0.0164)	−0.0001(0.0233)	−0.0007(0.0267)	0.0074(0.1529)	0.0005	0.0234	–

表 6.7.2 对例 6.7.1, 当正确相关矩阵是 AR(1) 结构时, 估计量的偏差, 标准差和 MSE(括号中的数据表示标准差)

n	Exchangeable	β_1	β_2	β_3	θ	$\text{MSE}_{\hat{\beta}}$	$\text{MSE}_{\hat{\theta}}$	$\text{MSE}_{\hat{g}}$
60	Independence	0.0011(0.0431)	−0.0012(0.0602)	0.0020(0.0679)	0.2708(0.7109)	0.0034	0.5782	1.3829
	GEE	0.0013(0.0303)	−0.0021(0.0417)	0.0004(0.0518)	0.0718(0.3644)	0.0018	0.1378	1.2087
	QIF	0.0006(0.0332)	−0.0017(0.0460)	0.0017(0.0536)	0.0558(0.3558)	0.0020	0.1296	1.2087
	QIF_{WQ}	0.0007(0.0268)	−0.0011(0.0378)	0.0003(0.0450)	0.0062(0.2219)	0.0014	0.0492	–
120	Independence	−0.0010(0.0250)	0.0012(0.0355)	0.0007(0.0397)	0.1421(0.4289)	0.0012	0.2040	0.9294
	GEE	−0.0008(0.0182)	0.0012(0.0256)	−0.0002(0.0283)	0.0428(0.2292)	0.0006	0.0543	0.9007
	QIF	−0.0004(0.0191)	0.0007(0.0253)	−0.0001(0.0295)	0.0325(0.2163)	0.0006	0.0478	0.8793
	QIF_{WQ}	−0.0005(0.0164)	0.0009(0.0233)	−0.0004(0.0281)	0.0056(0.1469)	0.0005	0.0216	–
n	AR(1)	β_1	β_2	β_3	θ	$\text{MSE}_{\hat{\beta}}$	$\text{MSE}_{\hat{\theta}}$	$\text{MSE}_{\hat{g}}$
60	Independence	0.0011(0.0431)	−0.0012(0.0602)	0.0020(0.0679)	0.2708(0.7109)	0.0034	0.5782	1.3829
	GEE	0.0015(0.0302)	−0.0020(0.0422)	−0.0006(0.0493)	0.0673(0.3509)	0.0017	0.1275	1.1993
	QIF	0.0011(0.0324)	−0.0012(0.0452)	−0.0008(0.0532)	0.0594(0.3480)	0.0020	0.1245	1.2185
	QIF_{WQ}	0.0001(0.0267)	−0.0003(0.0370)	0.0005(0.0416)	0.0061(0.2192)	0.0013	0.0480	–
120	Independence	−0.0010(0.0250)	0.0012(0.0355)	0.0007(0.0397)	0.1421(0.4289)	0.0012	0.2040	0.9294
	GEE	−0.0005(0.0174)	0.0007(0.0247)	−0.0001(0.0281)	0.0447(0.2216)	0.0006	0.0510	0.8968
	QIF	0.0000(0.0188)	0.0007(0.0263)	−0.0004(0.0289)	0.0313(0.2079)	0.0006	0.0442	0.8866
	QIF_{WQ}	0.0001(0.0160)	0.0001(0.0227)	−0.0006(0.0260)	0.0068(0.1453)	0.0005	0.0212	–

表 6.7.3 对例 6.7.2, 当正确相关矩阵是可交换结构时, 估计量的偏差, 标准差和 MSE(括号中的数据表示标准差)

n	Exchangeable	β_1	β_2	β_3	θ	$\mathrm{MSE}_{\hat{\beta}}$	$\mathrm{MSE}_{\hat{\theta}}$	$\mathrm{MSE}_{\hat{g}}$
60	Independence	−0.0021(0.0546)	0.0016(0.0747)	0.0029(0.0864)	0.2357(0.6789)	0.0054	0.5159	1.3987
	GEE	−0.0011(0.0394)	0.0007(0.0549)	0.0019(0.0621)	0.0870(0.4032)	0.0028	0.1700	1.3735
	QIF	−0.0009(0.0401)	0.0002(0.0563)	0.0021(0.0651)	0.0738(0.4176)	0.0030	0.1796	1.3799
	QIF_{WQ}	−0.0012(0.0270)	0.0008(0.0383)	0.0019(0.0446)	0.0074(0.2480)	0.0014	0.0615	–
120	Independence	−0.0002(0.0325)	0.0008(0.0454)	−0.0011(0.0523)	0.1453(0.4500)	0.0020	0.2235	0.9206
	GEE	−0.0008(0.0206)	0.0010(0.0292)	0.0004(0.0333)	0.0499(0.2383)	0.0008	0.0592	0.9001
	QIF	−0.0005(0.0212)	0.0008(0.0299)	−0.0001(0.0345)	0.0407(0.2234)	0.0008	0.0515	0.9070
	QIF_{WQ}	−0.0005(0.0157)	0.0007(0.0230)	0.0002(0.0258)	0.0009(0.0267)	0.0005	0.0267	–
n	AR(1)	β_1	β_2	β_3	θ	$\mathrm{MSE}_{\hat{\beta}}$	$\mathrm{MSE}_{\hat{\theta}}$	$\mathrm{MSE}_{\hat{g}}$
60	Independence	−0.0021(0.0546)	0.0016(0.0747)	0.0029(0.0864)	0.2357(0.6789)	0.0054	0.5159	1.3987
	GEE	−0.0013(0.0418)	0.0016(0.0574)	0.00107(0.0655)	0.0866(0.4150)	0.0031	0.1796	1.3935
	QIF	−0.0015(0.0417)	0.0015(0.0589)	0.0016(0.0673)	0.0607(0.4220)	0.0033	0.1816	1.3761
	QIF_{WQ}	−0.0015(0.0296)	0.0017(0.0407)	0.0011(0.0457)	0.0085(0.2611)	0.0015	0.0682	–
120	Independence	−0.0002(0.0325)	0.0008(0.0454)	−0.0011(0.0523)	0.1453(0.4500)	0.0020	0.2235	0.9206
	GEE	−0.0006(0.0217)	0.0006(0.0312)	0.0006(0.0349)	0.0446(0.2541)	0.0009	0.0665	0.8915
	QIF	−0.0004(0.0221)	0.0008(0.0315)	−0.0004(0.0364)	0.0289(0.2358)	0.0009	0.0564	0.9028
	QIF_{WQ}	−0.0005(0.0169)	0.0009(0.0246)	−0.0004(0.0275)	−0.0007(0.0290)	0.0005	0.0290	–

表 6.7.4 对例 6.7.2，当正确相关矩阵是AR(1)结构时，估计量的偏差，标准差和 MSE(括号中的数据表示标准差)

n	Exchangeable	β_1	β_2	β_3	θ	$\text{MSE}_{\hat{\beta}}$	$\text{MSE}_{\hat{\theta}}$	$\text{MSE}_{\hat{g}}$
60	Independence	−0.0030(0.0541)	0.0020(0.0754)	0.0051(0.0860)	0.2442(0.6909)	0.0054	0.5366	1.4187
	GEE	−0.0014(0.0425)	−0.0005(0.0599)	0.0051(0.0679)	0.0782(0.4145)	0.0033	0.1777	1.3623
	QIF	−0.0008(0.0434)	−0.0009(0.0614)	0.0042(0.0701)	0.0678(0.4449)	0.0035	0.2023	1.3830
	QIF_{WQ}	−0.0015(0.0316)	0.0012(0.0425)	0.0021(0.0508)	0.0062(0.2534)	0.0018	0.0642	–
120	Independence	0.0005(0.0323)	−0.0000(0.0462)	−0.0014(0.0521)	0.1463(0.4504)	0.0020	0.2240	0.9068
	GEE	−0.0006(0.0226)	0.0007(0.0316)	0.0004(0.0362)	0.0509(0.2553)	0.0009	0.0677	0.9036
	QIF	−0.0004(0.0232)	0.0008(0.0325)	−0.0002(0.0378)	0.0421(0.2485)	0.0010	0.0635	0.9052
	QIF_{WQ}	−0.0006(0.0174)	0.0008(0.0251)	0.0002(0.0286)	0.0004(0.1651)	0.0006	0.0272	–
n	AR(1)	β_1	β_2	β_3	θ	$\text{MSE}_{\hat{\beta}}$	$\text{MSE}_{\hat{\theta}}$	$\text{MSE}_{\hat{g}}$
60	Independence	−0.0030(0.0541)	0.0020(0.0754)	0.0051(0.0860)	0.2442(0.6909)	0.0054	0.5366	1.4187
	GEE	−0.0011(0.0413)	−0.0001(0.0577)	0.0035(0.0642)	0.0850(0.4100)	0.0031	0.1751	1.3768
	QIF	−0.0016(0.0419)	0.0006(0.0593)	0.0034(0.0676)	0.0525(0.3982)	0.0033	0.1612	1.3851
	QIF_{WQ}	−0.0015(0.0282)	0.0018(0.0400)	0.0010(0.0451)	0.0099(0.2448)	0.0015	0.0600	–
120	Independence	0.0005(0.0323)	−0.0000(0.0462)	−0.0014(0.0521)	0.1463(0.4504)	0.0020	0.2240	0.9068
	GEE	−0.0005(0.0208)	0.0006(0.0298)	0.0003(0.0341)	0.0504(0.2654)	0.0008	0.0729	0.8981
	QIF	−0.0006(0.0216)	0.0012(0.0307)	−0.0006(0.0352)	0.0301(0.2323)	0.0009	0.0548	0.9004
	QIF_{WQ}	−0.0005(0.0163)	0.0009(0.0235)	−0.0002(0.0269)	0.0006(0.1577)	0.0005	0.0248	–

从表 6.7.5 和表 6.7.6 中的结果, 来比较几种变量选择的完成情况, 其中表中的 oracle 估计给了 TN_β, TP_β, TN_θ 和 TP_θ 的正确的值. 表中的 R_β^2 和 R_θ^2 的值都接近于 1, 说明提出的变量选择的估计是接近于 oracle 估计的. 一般而言, 随着样本量的增大, 根据 R_β^2, R_θ^2, TN_β, TP_β, TN_θ 和 TP_θ 的值发现所提方法完成变得更好. 对比表 6.7.5 和表 6.7.6 中 R_β^2 和 R_θ^2 的结果也说明, 当工作相关矩阵正确指定时, 得到估计量的结果比错误指定工作相关结构时的结果要好. 此外, 即使工作相关矩阵被错误指定, 纠偏的惩罚 GEE 方法和纠偏的惩罚 QIF 方法仍然能够显著地识别重要变量, 也说明两种变量选择方法对工作相关矩阵的选择并不是很敏感. 即使错误指定工作相关结构, 仍然能够很好地识别重要变量. 对于计算时间, 当样本量取 $n = 50, 100, 200$ 和 400 时, 纠偏的惩罚 GEE 方法花费的时间分别是 2 分钟, 3.99 分钟, 12.7 分钟和 44.6 分钟, 而纠偏的惩罚 QIF 方法花费的时间分别是 1.75 分钟, 3.71 分钟, 11.13 分钟和 34.6 分钟. 说明纠偏的惩罚 QIF 方法在计算时间上是更有效的.

表 6.7.5 例 6.7.3 的模拟结果, 工作相关矩阵为可交换结构, 括号中的值表示相应的标准误差, $\boldsymbol{\xi}^* = (\boldsymbol{\beta}_0^{\mathrm{T}}, \boldsymbol{\theta}_0^{\mathrm{T}})^{\mathrm{T}}$

n	方法	Exchangeable					
		R_β^2	TN_β	TP_β	R_θ^2	TN_θ	TP_θ
50	$\hat{\xi}_O^*$	0.9992(0.0011)	17	3	1.0486(0.1537)	28	2
	$\hat{\xi}_I^*$	0.9470(0.0708)	16.46	2.56	0.9924(0.5084)	27.37	1.72
	$\hat{\xi}_G^*$	0.9612(0.0763)	16.54	2.77	1.0095(0.3235)	27.78	1.91
	$\hat{\xi}_Q^*$	0.9503(0.0930)	16.53	2.65	0.9712(0.2733)	27.69	1.80
	$\hat{\xi}_{WQ}^*$	0.9879(0.0238)	16.81	2.91	0.9862(0.1188)	27.84	1.87
100	$\hat{\xi}_O^*$	0.9996(0.0007)	17	3	1.0157(0.0865)	28	2
	$\hat{\xi}_I^*$	0.9862(0.0258)	16.76	2.90	1.0780(0.2953)	27.69	1.94
	$\hat{\xi}_G^*$	0.9938(0.0184)	16.98	2.93	1.0449(0.1489)	27.92	2
	$\hat{\xi}_Q^*$	0.9916(0.0221)	16.96	2.91	1.0080(0.1124)	27.89	1.97
	$\hat{\xi}_{WQ}^*$	0.9992(0.0012)	17	3	1.0033(0.0569)	28	2
200	$\hat{\xi}_O^*$	0.9999(0.0002)	17	3	1.0114(0.0838)	28	2
	$\hat{\xi}_I^*$	0.9954(0.0151)	16.95	2.96	1.1078(0.2499)	27.82	2
	$\hat{\xi}_G^*$	0.9995(0.0136)	17	3	1.0367(0.0895)	28	2
	$\hat{\xi}_Q^*$	0.9963(0.0146)	16.98	2.96	1.0281(0.0709)	27.69	2
	$\hat{\xi}_{WQ}^*$	0.9997(0.0004)	17	3	1.0073(0.0357)	28	2
400	$\hat{\xi}_O^*$	0.9999(0.0001)	17	3	1.0119(0.0345)	28	2
	$\hat{\xi}_I^*$	0.9987(0.0007)	17	3	1.0770(0.1876)	27.85	2
	$\hat{\xi}_G^*$	0.9998(0.0002)	17	3	1.0105(0.0699)	27.8833	2
	$\hat{\xi}_Q^*$	0.9993(0.0004)	17	2.9833	0.9975(0.0708)	27.8667	1.9833
	$\hat{\xi}_{WQ}^*$	0.9999(0.0001)	17	3	1.0008(0.0255)	28	2

表 6.7.6 例 6.7.3 的模拟结果, 工作相关矩阵为 AR(1) 结构, 括号中的值表示相应的标准误差, $\xi^* = (\beta_0^{\mathrm{T}}, \theta_0^{\mathrm{T}})^{\mathrm{T}}$

n	方法	AR(1)					
		R_β^2	TN_β	TP_β	R_θ^2	TN_θ	TP_θ
50	$\hat{\xi}_O^*$	0.9991(0.0012)	17	3	1.0383(0.1359)	28	2
	$\hat{\xi}_I^*$	0.9470(0.0708)	16.46	2.65	0.9924(0.5084)	27.37	1.72
	$\hat{\xi}_G^*$	0.9545(0.0927)	16.51	2.76	0.9808(0.2268)	27.68	1.91
	$\hat{\xi}_Q^*$	0.9311(0.1048)	16.46	2.58	0.9532(0.3813)	27.6	1.68
	$\hat{\xi}_{WQ}^*$	0.9852(0.0306)	16.76	2.90	1.0072(0.1104)	27.69	1.91
100	$\hat{\xi}_O^*$	0.9995(0.0007)	17	3	1.0173(0.0860)	28	2
	$\hat{\xi}_I^*$	0.9862(0.0258)	16.76	2.90	1.0780(0.2953)	27.69	1.94
	$\hat{\xi}_G^*$	0.9909(0.0227)	16.95	2.90	1.0342(0.1278)	27.76	2
	$\hat{\xi}_Q^*$	0.9882(0.0347)	16.91	2.90	1.0035(0.1743)	27.72	1.95
	$\hat{\xi}_{WQ}^*$	0.9990(0.0013)	16.99	3	1.0041(0.0634)	28	2
200	$\hat{\xi}_O^*$	0.9999(0.0002)	17	3	1.0108(0.0787)	28	2
	$\hat{\xi}_I^*$	0.9954(0.0151)	16.99	2.96	1.1078(0.2499)	27.82	2
	$\hat{\xi}_G^*$	0.9991(0.0034)	17	3	1.0321(0.0846)	27.97	1.99
	$\hat{\xi}_Q^*$	0.9965(0.0142)	17	2.96	1.0243(0.0960)	27.86	1.99
	$\hat{\xi}_{WQ}^*$	0.9996(0.0004)	17	3	1.0073(0.0375)	28	2
400	$\hat{\xi}_O^*$	0.9999(0.0001)	17	3	1.0128(0.0359)	28	2
	$\hat{\xi}_I^*$	0.9993(0.0007)	17	3	1.0770(0.1876)	27.8833	2
	$\hat{\xi}_G^*$	0.9998(0.0002)	17	3	1.0119(0.1034)	27.8167	2
	$\hat{\xi}_Q^*$	0.9998(0.0002)	17	3	0.9901(0.0886)	28	1.9667
	$\hat{\xi}_{WQ}^*$	0.9999(0.0001)	17	3	1.0005(0.0256)	27.9833	2

例 6.7.4 为了说明 GLR 检验方法对联系函数的假设检验的完成情况, 考虑模型

$$Y_{ik} = \xi_0 + \xi_1 t_{ik} + c_0 * \cos(\pi t_{ik}) + Z_{ik}^{\mathrm{T}}\theta_0 + \varepsilon_{ik}, \quad t_{ik} = X_{ik}^{\mathrm{T}}\beta_0,$$

其中, $\beta_0 = \dfrac{1}{\sqrt{14}}(3,2,1)^{\mathrm{T}}$, $\theta_0 = 0.5$, $\xi_0 = 0.3$, $\xi_1 = 1.0$, $0 \leqslant c_0 \leqslant 1$. 数据 $X_{ik} = (X_{ik1}, \cdots, X_{ikp})^{\mathrm{T}}$ 和 Z_{ik} 分别从 $N(0, I_p)$ 和 $U(0,1)$ 中产生, $i = 1, \cdots, n; k = 1, \cdots, m$. 模型误差 $\varepsilon_i = (\varepsilon_{i1}, \cdots, \varepsilon_{im})^{\mathrm{T}}, m = 3$ 来自一个多元正态分布, 具有均值向量为零, 协方差阵为 Σ_i, 其中 $\Sigma_i = \sigma_1^2\Sigma_0, \sigma_1 = 0.5, i = 1, \cdots, [n/3]$; $\Sigma_i = \sigma_2^2\Sigma_0, \sigma_2 = 1.0, i = [n/3]+1, \cdots, [2n/3]$; $\Sigma_i = \sigma_3^2\Sigma_0, \sigma_3 = 2.0, i = [2n/3]+1, \cdots, n$, $[x]$ 表示 x 的整数部分, Σ_0 是相关矩阵. 正确的相关矩阵为可交换的相关矩阵, 为了检查基于纠偏的 QIF 估计的 GLR 检验方法对联系函数是否为线性函数检验的功效函数, 让 c_0 从 0 到 0.8 以 0.025 的步长增大. 在模拟中考虑三种工作相关结构, 即可交换的工作相关结构、AR(1) 工作相关结构和独立的工作相关结构. 为了计算 GLR 检验统计量的功效函数, 对于每个 c_0, 考虑样本量大小为 120, 第 I 类错误为

0.05, 通过 1000 次重复模拟计算检验统计量 $\tau_K T_{\mathrm{GLR}}$, 结果报告在图 6.7.1. 此外, 在图 6.7.2 我们也给了可交换相关结构和 AR(1) 相关结构情形下功效检验的 QQ 图.

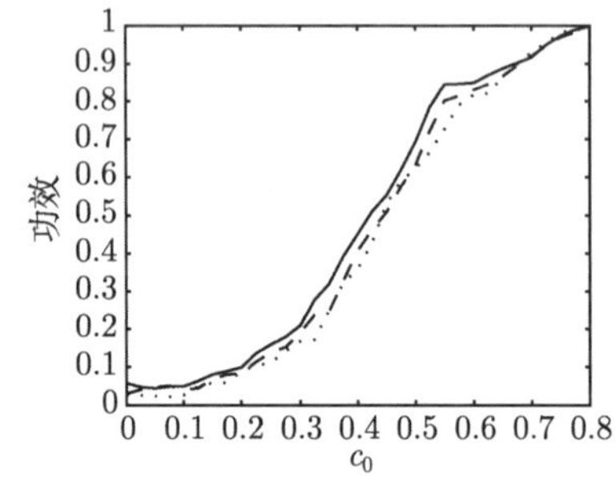

图 6.7.1　当正确相关结构是可交换相关结构时, GLR 检验统计量对 c_0 变化的功效函数曲线

实线表示可交换工作相关矩阵的功效函数曲线, 断线表示 AR(1) 工作相关矩阵的功效函数曲线, 虚线表示独立工作相关矩阵的功效函数曲线

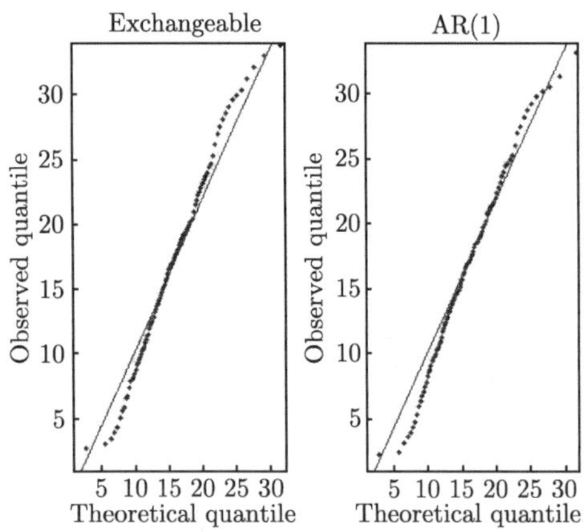

图 6.7.2　当正确相关结构是可交换相关结构时, 基于 1000 次重复模拟, 分别在可交换工作相关矩阵和 AR(1) 工作相关矩阵两种情况下, GLR 统计量在原假设 H_0 下相对于 χ^2 分布的 QQ 图

图 6.7.1 显示, 当 c_0 小的时候, GLR 统计量的大小接近于 0.05, 而当 c_0 接近于 0.8 的时候, 拒绝原假设的概率接近了 0.95. 图 6.7.1 也显示, 当正确指定工作相关结构时, GLR 统计量比错误指定工作相关结构时有较高的功效. 从图 6.7.2 能够发现, 在原假设 H_0 下, GLR 统计量 $\tau_K T_{\mathrm{GLR}}$ 的经验分位数很好地渐近逼近于一个理论 χ^2 分布的分位数.

6.7.2 CD4 实际数据分析

本节把所提出的方法应用于例 1.1.1 的 CD4 的实际数据分析中, 此处不再对该数据进行描述. 该数据也在 6.2.4 节中用经验似然方法进行了分析, 且该数据已经被 Wu 等 (1998), Huang 等 (2002), Fan 和 Zhang (2000), Fan 和 Li (2004), Qu 和 Li (2006) 等统计学者用变系数模型进行拟合和分析.

响应变量 Y 表示患者感染 HIV 以后在不同时间时的 CD4 百分率. 本研究中考虑四个变量为协变量: T, 患者的观测时间; X_1, 患者感染 HIV 时的年龄; X_2, 患者的吸烟情况, 取值为 1 或 0, 相应地分别表示患者感染后吸烟或不吸烟; X_3, 表示感染 HIV 之前患者的 CD4 百分率的水平. 同时也考虑这些协变量的平方和交叉项, 分别是 $X_4 = T^2, X_5 = X_1^2, X_6 = X_3^2, X_7 = T \times X_1, X_8 = T \times X_2, X_9 = T \times X_3, X_{10} = X_1 \times X_2, X_{11} = X_1 \times X_3, X_{12} = X_2 \times X_3$. 为了用部分线性单指标模型对 CD4 数据进行拟合, 把这 13 个协变量分成两组: 线性部分和指标部分. 对这些变量进行标准化变化后, 利用核光滑方法, 对每一个变量和协变量进行非参数拟合, 结果显示在图 6.7.3. 从图上直观可以看到, 变量 $Z = (T, X_2, X_3, X_5, X_9, X_{12})^{\mathrm{T}}$ 可认为是线性部分, 而其他变量可看成是指标部分. 为了与 Wang 和 Qu (2009) 的方法进行比较, 在用 Wang 和 Qu (2009) 的方法对模型进行计算时, 假定模型是线性模型 (即假定联系函数 $g(\cdot)$ 是线性函数). 采用纠偏的惩罚 GEE 方法, 纠偏的惩罚 QIF 方法和 Wang 和 Qu (2009) 的方法, 在假定工作相关矩阵为 AR(1) 结构时, 进行比较. 进一步也考虑了纠偏的惩罚 GEE 方法在假定工作相关矩阵独立时的结

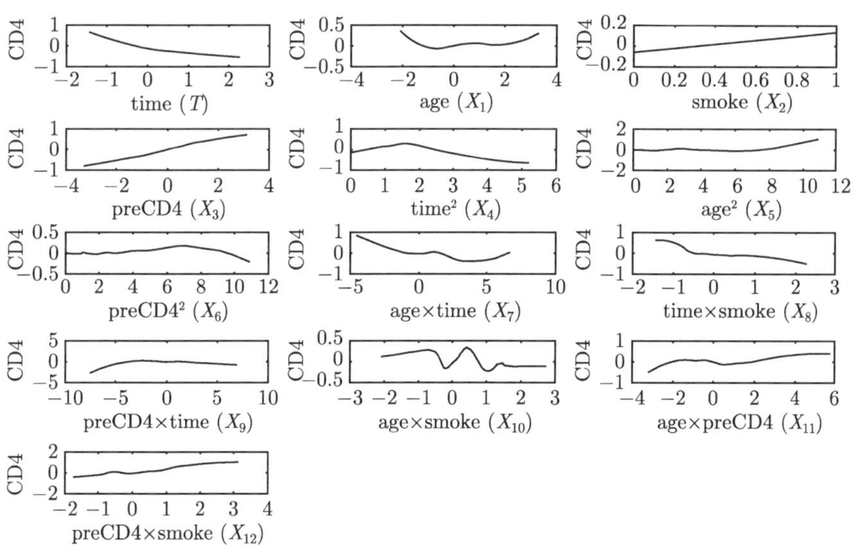

图 6.7.3 每一个协变量和响应变量之间的核光滑拟合图

果, 即忽略了纵向数据的组内相关结构. 对于这三种变量选择方法, 从下面的部分线性单指标模型中选取重要变量, 并同时进行参数估计.

$$Y_i = Z_i\theta + g(X_i\beta) + \varepsilon_i,$$

其中

$$Y_i = \begin{pmatrix} Y_{i1} \\ \vdots \\ Y_{m_i} \end{pmatrix}, \quad Z_i = \begin{pmatrix} T_{i_1} & X_{i2_1} & X_{i3_1} & X_{i5_1} & X_{i9_1} & X_{i12_1} \\ \vdots & \vdots & \vdots & \vdots & \vdots & \vdots \\ T_{i_{m_i}} & X_{i2_{m_i}} & X_{i3_{m_i}} & X_{i5_{m_i}} & X_{i9_{m_i}} & X_{i12_{m_i}} \end{pmatrix},$$

$$X_i = \begin{pmatrix} X_{i1_1} & X_{i4_1} & X_{i6_1} & X_{i7_1} & X_{i8_1} & X_{i10_1} & X_{i11_1} \\ \vdots & \vdots & \vdots & \vdots & \vdots & \vdots & \vdots \\ X_{i1_{m_i}} & X_{i4_{m_i}} & X_{i6_{m_i}} & X_{i7_{m_i}} & X_{i8_{m_i}} & X_{i10_{m_i}} & X_{i11_{m_i}} \end{pmatrix}, \quad \varepsilon_i = \begin{pmatrix} \varepsilon_{i1} \\ \vdots \\ \varepsilon_{m_i} \end{pmatrix}.$$

表 6.7.7 中报告了非零参数的估计和它们 95% 的置信区间. 表中的区间估计是利用类似于 Carroll 等 (1997) 的渐近正态分布结果构造的. 为了比较估计量的均方预测误差 (mean squared prediction error, MSPE), 使用 5 折叠交错核实方法进行计算. 从表 6.7.7 中的结果可以发现, 所有变量选择方法都选出了类似的变量, 并且根据 MSPE 的大小可看出纠偏的惩罚 GEE 方法完成得最好. 既然在计算的时候假定联系函数 $g(\cdot)$ 是线性函数, 因此 Wang 和 Qu (2009) 的方法完成最差, 主要原因是联系函数 $g(\cdot)$ 本质上是非线性的, 而我们给了一个错误的假定. 此外, 如果就变量选择问题而言, 纠偏的惩罚 QIF 方法选出了最少的显著性变量, 但是和纠偏的惩罚 GEE 方法的 MSPE 进行比较, 可发现这种方法得到的 MSPE 的值相差不是太大. 从这点上看, 变量 X_7 对响应变量 Y, 即患者感染 HIV 以后在不同时间时的 CD4 百分率影响不是太显著. 进而说明纠偏的惩罚 QIF 方法是最好的一种方法, 并且对工作相关结构相对于纠偏的惩罚 GEE 方法是最稳健的一种变量选择方法. 原因可能是纠偏的惩罚 QIF 方法可以避免估计工作相关矩阵中的讨厌参数. 图 6.7.4 给了未知联系函数 $g(\cdot)$ 的拟合曲线.

表 6.7.7 CD4 实际数据分析的非零参数的估计和它们 95%的置信区间

方法	参数	估计	置信区间	MSPE
GEE	β_{X_1}	−0.6627	[−0.7469,−0.5785]	0.7294
	β_{X_4}	0.6124	[0.5354,0.6894]	
	β_{X_7}	−0.4310	[−0.4703,−0.3918]	
	θ_T	−0.3528	[−0.4617,−0.2439]	
	θ_{X_3}	0.4527	[0.2535,0.6519]	
QIF	β_{X_1}	−0.9212	[−0.9674,−0.8751]	0.7330
	β_{X_4}	0.3891	[0.2797,0.4984]	
	θ_T	−0.3789	[−0.5263,−0.2314]	
	θ_{X_3}	0.2814	[0.1776,0.3852]	

续表

方法	参数	估计	置信区间	MSPE
QIF_{WQ}	β_{X_8}	−0.1876	[−0.3865,0.0113]	0.8304
	θ_T	−0.3789	[−0.5263,−0.2314]	
	θ_{X_3}	0.2814	[0.1776,0.3852]	
Independence	β_{X_1}	−0.6315	[−0.6887,−0.5743]	0.7332
	β_{X_4}	0.7754	[0.7288,0.8220]	
	θ_T	−0.3517	[−0.4354,−0.2680]	
	θ_{X_3}	0.2824	[0.1891,0.3757]	

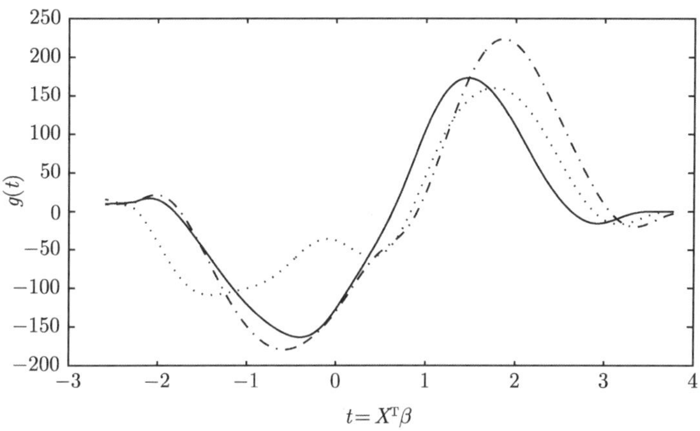

图 6.7.4　联系函数 $g(\cdot)$ 的拟合曲线

实线表示基于纠偏的惩罚 GEE 估计的结果, 虚线表示基于纠偏的惩罚 QIF 估计的结果, 点断线表示基于纠偏的惩罚 GEE 方法在工作相关矩阵独立时的结果

6.8 小　结

本章研究的是纵向数据部分线性单指标模型, 提出了纠偏的分组经验似然方法、纠偏的 GEE 方法、纠偏的 QIF 方法、惩罚的纠偏 GEE 和 QIF 变量选择方法及广义似然比 (GLR) 检验方法. 这些方法都充分考虑了纵向数据的组内相关结构, 不仅在理论上有很好的结果, 而且在应用上也是非常简单有效的. 例如, 理论上证明了纠偏的分组经验对数似然比统计量渐近收敛到一个标准 χ^2 分布, 纠偏的 GEE 估计和 QIF 估计的渐近正态性, 以及所提变量选择方法所得估计的相合性和 oracle 性质等, 这些结果为进行统计推断提供了很好的理论基础.

工作相关矩阵的使用可以帮助提高估计和统计推断的有效性. 例如, 当正确指定工作相关结构时, 所得到的估计、置信域和变量选择结果要比错误指定工作相关矩阵的结果更加有效或完成得更好. 但是即使错误指定工作相关矩阵, 所得到的估计量仍然是相合的. 特别是对于纠偏的 QIF 方法, 从模拟结果发现, 对于指标参数分量和小样本情形, 纠偏的 GEE 估计比纠偏的 QIF 估计更加有效. 此外, 对于纠偏的 QIF 方法, 工作相关矩阵的逆可以通过一些已知基矩阵的线性组合进行逼近, 在估计过程中可以避免估计工作相关矩阵中的讨厌参数向量, 因此, 纠偏的 QIF 方法对工作相关矩阵的选择具有稳健性, 并且在计算上要比纠偏的 GEE 方法小.

进一步感兴趣的问题仍然有很多. 例如, 可以考虑把模型推广到响应变量是离散或计数时的广义部分线性单指标模型或更一般的广义半参数模型. 可以想到, 进一步的理论结果需要证明, 而且计算方面也是面临的一大挑战. 此外, 对于模型中非参数函数同时置信带的研究也是可以考虑的主要问题. 而对于实际数据分析时, 面临的一个主要问题是如何确定哪些协变量是线性部分, 哪些协变量是属于指标部分, 目前通常采用的办法是通过利用核光滑技术拟合协变量和响应变量, 直观上判断它们的边际关系. 当然也可以利用 Fan 等 (2001) 提出的 GLR 检验方法进行检验函数是否为常数或线性函数. 由 Zhang 等 (2011a) 最近的工作, 也可以考虑单指标模型结构的自动识别, 尤其对于高维数据情形. 尽管一些方法可用于判断哪些变量是线性的, 哪些变量是非线性的, 但是目前这方面仍有很多问题值得进一步研究.

困扰纵向数据分析的一个关键性问题是如何估计和选择工作相关矩阵, 因为工作相关矩阵估计和选择的好坏, 直接影响回归参数的估计、置信域的构造、假设检验的功效和非参数建模偏差等的有效性 (Zhou and Qu, 2012). 但是工作相关结构的估计和选择一直是纵向数据分析的一个挑战性的问题, 对于纵向数据线性模型和广义线性模型, 工作相关结构的一些估计和选择方法已经被提出, 如 Chen 和 Lazar (2012) 对 GEE 中的工作相关矩阵提出了经验似然方法进行选取, Zhou 和 Qu (2012) 通过对逐个分组进行惩罚策略提出一种同时估计和选择工作相关矩阵的新方法, Pan (2001), Pan 和 Connett (2002) 提出半参数和非参数的方法对 GEE 中的工作相关结构进行选择. 而对于纵向数据半参数模型, 工作相关结构的估计和选择问题将是进一步需要研究的问题.

6.9 附录: 正则条件和定理的证明

6.9.1 正则条件

为了得到本章的渐近结果, 首先需要作如下假定的正则条件.

(C6.9.1) 对任意的 $i=1,\cdots,n, j=1,\cdots,m_i$, $X_{ij}^{\mathrm{T}}\beta$ 的密度函数 $f(t)$ 在 $\mathcal{T}$ 上满足一阶 Lipschitz 条件, 这里 $\mathcal{T}=\{t=X_{ij}^{\mathrm{T}}\beta : X_{ij}\in A, i=1,\cdots,n, j=1,\cdots,m_i\}$, A 是 X_{ij} 的有界支撑集, $0<\inf_{t\in\mathcal{T}} f(t)\leqslant \sup_{t\in\mathcal{T}} f(t)<\infty$.

(C6.9.2) 联系函数 $g(t)$ 在 $\mathcal{T}$ 上具有有界的二阶连续偏导数; $g_{1s}(t)$ 和 $g_{2k}(t)$ 满

足一阶局部 Lipschitz 条件, 此处 $g_{1s}(t)$ 和 $g_{2k}(t)$ 分别表示 $g_1(t)$ 和 $g_2(t)$ 的第 s 和 k 个分量, 其中 $1 \leqslant s \leqslant p, 1 \leqslant k \leqslant q$.

(C6.9.3) 核函数 $K(u)$ 是一个有界且对称的概率密度函数, 并且满足

$$\int_{-\infty}^{\infty} u^2 K(u)\mathrm{d}u \neq 0, \quad \int_{-\infty}^{\infty} |u|^i K(u)\mathrm{d}u < \infty, \quad i = 1, 2, \cdots.$$

(C6.9.4) 存在正常数 M, 使得

$$\max_{1\leqslant i\leqslant n, 1\leqslant j\leqslant m_i} \sup_{x,z} E(\varepsilon_{ij}^4 | X_{ij} = x, Z_{ij} = z) \leqslant M < \infty$$

和

$$\max_{1\leqslant i\leqslant n, 1\leqslant j\leqslant m_i} \sup_{x} E(\varepsilon_{ij}^4 | X_{ij} = x) \leqslant M < \infty.$$

(C6.9.5) 当 $n \to \infty$ 时, 窗宽 h 满足 $h \to 0, nh^3 \to \infty, nh^8 \to 0$.

(C6.9.6) 存在正的常数 c_1 和 c_2, 使得

$$0 < c_1 \leqslant \min_{1\leqslant i\leqslant n} \lambda_{i1} \leqslant \max_{1\leqslant i\leqslant n} \lambda_{im_i} \leqslant c_2 < \infty,$$

其中 λ_{i1} 和 λ_{im_i} 分别表示 Σ_i 的最小和最大特征根.

(C6.9.7) 存在正的常数 c_3 和 c_4, 使得

$$0 < c_3 \leqslant \min_{1\leqslant i\leqslant n} \lambda'_{i1} \leqslant \max_{1\leqslant i\leqslant n} \lambda'_{im_i} \leqslant c_4 < \infty,$$

其中 λ'_{i1} 和 λ'_{im_i} 分别表示工作协方差矩阵 V_i 的最小和最大特征根.

(C6.9.8) 存在正的常数 M, 使对所有的 i, j, 有

$$\sup_{t\in\mathcal{T}} E(\|Z_{ij}\|^2 | X_{ij}^{\mathrm{T}}\beta = t) \leqslant M < \infty.$$

(C6.9.9) 假定 $\Omega(\beta_0^{(r)}, \theta_0)$ 和 Π 是两个正定矩阵, 其中

$$\Omega(\beta_0^{(r)}, \theta_0) = \lim_{n\to\infty} \frac{1}{n} \sum_{i=1}^{n} E\{\Lambda_i V_i^{-1} (\varepsilon_i \varepsilon_i^{\mathrm{T}}) V_i^{-1} \Lambda_i^{\mathrm{T}}\}$$

和

$$\Pi = \lim_{n\to\infty} \frac{1}{n} \sum_{i=1}^{n} E\left[\Lambda_i V_i^{-1} \Lambda_i^{\mathrm{T}}\right],$$

且 Λ_i 在式 (6.2.9) 中定义.

(C6.9.10) 矩阵 $\frac{1}{n}\sum_{i=1}^{n}U_i(\beta_0^{(r)},\theta_0)U_i^{\mathrm{T}}(\beta_0^{(r)},\theta_0)$ 几乎处处收敛到一个可逆的正定矩阵 $\Sigma(\beta_0^{(r)},\theta_0)$, 其中

$$U_i(\beta_0^{(r)},\theta_0)=\begin{pmatrix}\Lambda_iA_i^{-1/2}M_1A_i^{-1/2}\varepsilon_i\\ \Lambda_iA_i^{-1/2}M_2A_i^{-1/2}\varepsilon_i\\ \vdots\\ \Lambda_iA_i^{-1/2}M_kA_i^{-1/2}\varepsilon_i\end{pmatrix},$$

$$\Sigma(\beta_0^{(r)},\theta_0)=\lim_{n\to\infty}\frac{1}{n}\sum_{i=1}^{n}E[U_i(\beta_0^{(r)},\theta_0)U_i^{\mathrm{T}}(\beta_0^{(r)},\theta_0)].$$

条件 (C6.9.1)~条件 (C6.9.8) 是相当普遍的, 并很容易满足的, 这些条件已经在文献 Li 等 (2010) 中使用. 对于在 β_0 的一个邻域内的参数向量 β, 条件 (C6.9.1) 保证估计量 $\hat{g}(t;\beta,\theta)$ 和 $\hat{g}'(t;\beta,\theta)$ 的分母以很高的概率在 $t\in\mathcal{T}$ 内有界并远离 0. 条件 (C6.9.2) 是非参数和半参数研究中一个常用的光滑条件. 条件 (C6.9.3) 是关于核函数的常用假设. 条件 (C6.9.4) 是研究估计量相合性和渐近正态性的一个必要条件. 由于运用了纠偏技术, 条件 (C6.9.5) 给了包括最优窗宽的范围. 既然窗宽的范围比较大, 所以在估计联系函数 $g(\cdot)$ 和它的导数 $g'(\cdot)$ 时不需要使用两个不同的窗宽, 仅需使用一个窗宽即可. 对 $i=1,\cdots,n$, 条件 (C6.9.6) 和条件 (C6.9.7) 保证协方差阵 Σ_i 和工作协方差阵 V_i 是可逆的. 条件 (C6.9.8) 是关于矩的一个技术条件, 条件 (C6.9.9) 和条件 (C6.9.10) 分别保证纠偏 GEE 估计和纠偏 QIF 估计的渐近方差存在.

6.9.2 一些主要引理和证明

为叙述方便, 以下始终假设 c 表示任一不依赖于 n 和 N 的绝对常数, c 每次出现可以取不同的值. 下面引理 6.9.1~引理 6.9.3 把 Zhu 和 Xue (2006) 中的独立同分布情形下的引理 1~引理 3 推广到了纵向数据情形, 因此此处忽略了详细的证明过程, 进一步引理 6.9.1~引理 6.9.3 的类似证明也可以参考李高荣 (2007) 中的引理 4.1~引理 4.3.

引理 6.9.1 若条件 (C6.9.1)~条件 (C6.9.3) 成立. 如果 $h=cn^{-\alpha},0<\alpha<1/2$, $c>0$ 且 $n=O(N)$, 则对 $i_1=1,\cdots,n$, $j_1=1,\cdots,m_{i_1}$ 和任意的整数 $r\geqslant 2$, 有

$$E\left\{\left|\sum_{i=1}^{n}\sum_{j=1}^{m_i}W_{nij}(X_{i_1j_1}^{\mathrm{T}}\beta;\beta)\varphi(X_{ij}^{\mathrm{T}}\beta)-\varphi(X_{i_1j_1}^{\mathrm{T}}\beta)\right|^r\right\}=O(h^{2r}),\tag{6.9.1}$$

$$E\left\{\left|\sum_{i=1}^{n}\sum_{j=1}^{m_i}\widetilde{W}_{nij}(X_{i_1j_1}^{\mathrm{T}}\beta;\beta)g(X_{ij}^{\mathrm{T}}\beta)-g'(X_{i_1j_1}^{\mathrm{T}}\beta)\right|^r\right\}=O(h^{r}),\tag{6.9.2}$$

其中 $\varphi(\cdot)=g(\cdot)$, $g_{1s}(\cdot)$ 和 $g_{2k}(\cdot)$, $1\leqslant s\leqslant p$, $1\leqslant k\leqslant q$.

引理 6.9.2 在引理 6.9.1 的条件下, 并对任意的整数 $r\geqslant 2$, 有

$$\left\{\begin{array}{l}E\{|W_{nij}(X_{ij}^{\mathrm{T}}\beta;\beta)|^r\}=O((nh)^{-r}),\\ E\left\{\sum\limits_{i=1,i_1\neq i}^{n}\sum\limits_{j=1,j_1\neq j}|W_{nij}(X_{i_1j_1}^{\mathrm{T}}\beta;\beta)|^r\right\}=O((nh)^{1-r}),\end{array}\right.$$

$$\left\{\begin{array}{l}E\{|\widetilde{W}_{nij}(X_{ij}^{\mathrm{T}}\beta;\beta)|^r\}=O((nh)^{-r})+O((n^3h^5)^{-r/2}),\\ E\left\{\sum\limits_{i=1,i_1\neq i}^{n}\sum\limits_{j=1,j_1\neq j}|\widetilde{W}_{nij}(X_{i_1j_1}^{\mathrm{T}}\beta;\beta)|^r\right\}=O(n^{1-r}h^{1-2r}).\end{array}\right.$$

引理 6.9.3 假设条件 (C6.9.1)~条件 (C6.9.5) 成立, 对任意的整数 $r\geqslant 2$, 并一致地对 $i=1,\cdots,n,j=1,\cdots,m_i$, 有

$$E\{|\hat{\varphi}(X_{ij}^{\mathrm{T}}\beta;\beta,\theta)-\varphi(X_{ij}^{\mathrm{T}}\beta)|^r\}=O(h^{2r})+O(n^{-r/2}h^{1-r}),\tag{6.9.3}$$

$$E\{|\hat{g}'(X_{ij}^{\mathrm{T}}\beta;\beta,\theta)-g'(X_{ij}^{\mathrm{T}}\beta)|^r\}=O(h^{r})+O(n^{-r/2}h^{1-2r}),\tag{6.9.4}$$

其中 $\hat{\varphi}(\cdot)=\hat{g}(\cdot)$, $\hat{g}_{1s}(\cdot)$, $\hat{g}_{2k}(\cdot)$, $\varphi(\cdot)=g(\cdot)$, $g_{1s}(\cdot)$ 和 $g_{2k}(\cdot)$, $1\leqslant s\leqslant p$, $1\leqslant k\leqslant q$.

引理 6.9.4 在定理 6.2.1 的条件下, $(\beta^{(r)},\theta)$ 是参数真值, 且 β 的第 r 个分量是正数, 当 $n\to\infty$ 时, 则有

$$\frac{1}{\sqrt{n}}\sum_{i=1}^{n}\hat{\eta}_i(\beta^{(r)},\theta)\xrightarrow{L}N(0,\Omega(\beta^{(r)},\theta)),$$

其中 $\Omega(\beta^{(r)},\theta)=\lim\limits_{n\to\infty}\dfrac{1}{n}\sum\limits_{i=1}^{n}E\{\Lambda_iV_i^{-1}(\varepsilon_i\varepsilon_i^{\mathrm{T}})V_i^{-1}\Lambda_i^{\mathrm{T}}\}$ 定义在条件 (C6.9.9), 且 Λ_i 被定义在式 (6.2.9) 中.

证明 经过简单计算得

$$\frac{1}{\sqrt{n}}\sum_{i=1}^{n}\hat{\eta}_i(\beta^{(r)},\theta)=\frac{1}{\sqrt{n}}\sum_{i=1}^{n}\Lambda_iV_i^{-1}\varepsilon_i+\sum_{\nu=1}^{4}M_\nu,\tag{6.9.5}$$

其中

$$M_1=(M_{11}^{\mathrm{T}}J_{\beta^{(r)}},M_{12}^{\mathrm{T}})^{\mathrm{T}},\quad M_2=(M_{21}^{\mathrm{T}}J_{\beta^{(r)}},O_{1\times q})^{\mathrm{T}},$$

$$M_3=(M_{31}^{\mathrm{T}}J_{\beta^{(r)}},M_{32}^{\mathrm{T}})^{\mathrm{T}},\quad M_4=(M_{41}^{\mathrm{T}}J_{\beta^{(r)}},O_{1\times q})^{\mathrm{T}},$$

$$
\begin{aligned}
M_{11}&=\frac{1}{\sqrt{n}}\sum_{i=1}^{n}\{[\hat{G}'_{\Delta}(X_i\beta;\beta,\theta)-G'_{\Delta}(X_i\beta)][X_i-\hat{G}_1(X_i\beta;\beta)]\}^{\mathrm{T}}V_i^{-1}\varepsilon_i,\\
M_{12}&=\frac{1}{\sqrt{n}}\sum_{i=1}^{n}[G_2(X_i\beta)-\hat{G}_2(X_i\beta;\beta)]^{\mathrm{T}}V_i^{-1}\varepsilon_i,\\
M_{21}&=\frac{1}{\sqrt{n}}\sum_{i=1}^{n}\{G'_{\Delta}(X_i\beta)[G_1(X_i\beta)-\hat{G}_1(X_i\beta;\beta)]\}^{\mathrm{T}}V_i^{-1}\varepsilon_i,\\
M_{31}&=\frac{1}{\sqrt{n}}\sum_{i=1}^{n}\{G'_{\Delta}(X_i\beta)[X_i-\hat{G}_1(X_i\beta;\beta)]\}^{\mathrm{T}}V_i^{-1}[G(X_i\beta)-\hat{G}(X_i\beta;\beta,\theta)],\\
M_{32}&=\frac{1}{\sqrt{n}}\sum_{i=1}^{n}[Z_i-\hat{G}_2(X_i\beta;\beta)]^{\mathrm{T}}V_i^{-1}[G(X_i\beta)-\hat{G}(X_i\beta;\beta,\theta)],\\
M_{41}&=\frac{1}{\sqrt{n}}\sum_{i=1}^{n}\{[\hat{G}'_{\Delta}(X_i\beta;\beta,\theta)-G'_{\Delta}(X_i\beta)][X_i-\hat{G}_1(X_i\beta;\beta)]\}^{\mathrm{T}}\\
&\quad\times V_i^{-1}[G(X_i\beta)-\hat{G}(X_i\beta;\beta,\theta)].
\end{aligned}
$$

为了证明引理 6.9.4, 当 $n\to\infty$ 时, 首先需要证明

$$
\frac{1}{\sqrt{n}}\sum_{i=1}^{n}\Lambda_i V_i^{-1}\varepsilon_i\xrightarrow{L}N(0,\Omega(\beta^{(r)},\theta)). \tag{6.9.6}
$$

为方便证明, 令

$$
\frac{1}{\sqrt{n}}\sum_{i=1}^{n}\Lambda_i V_i^{-1}\varepsilon_i=:\frac{1}{\sqrt{n}}\sum_{i=1}^{n}\xi_{in}.
$$

由 $E(\varepsilon_i|X_i)=0$, 条件 (C6.9.4) 和 $\mathrm{Cov}(\xi_{in})=E\{\Lambda_i V_i^{-1}(\varepsilon_i\varepsilon_i^{\mathrm{T}})V_i^{-1}\Lambda_i^{\mathrm{T}}\}$, 令

$$
\Omega(\beta^{(r)},\theta)=\lim_{n\to\infty}\frac{1}{n}\sum_{i=1}^{n}\mathrm{Cov}(\xi_{in})
$$

和 $\{\xi_{in}\}$ 的第 k 个元素列为 $\{\xi_{in}^{(k)}\}(k=1,\cdots,p+q-1)$, 对任给的 $\varepsilon>0$, 容易证明

$$
\frac{1}{n}\sum_{i=1}^{n}E\{\xi_{in}^{(k)^2}I(|\xi_{in}^{(k)}|>\varepsilon n^{1/2})\}\to 0\quad(n\to\infty),
$$

则由 Lindeberg 中心极限定理可得式 (6.9.6) 成立.

为了证明引理 6.9.4, 只需证明: $M_{l1}\xrightarrow{P}0(l=1,2,3,4), M_{12}\xrightarrow{P}0, M_{32}\xrightarrow{P}0$. 首先考虑 M_{11}. 用 $M_{11,s}$ $(1\leqslant s\leqslant p)$ 表示 M_{11} 的第 s 个分量. 令 $\widetilde{X}_{ijs}=X_{ijs}-\hat{g}_{1s}(X_{ij}^{\mathrm{T}}\beta;\beta)$, $\sigma_i^{jl}(i=1,\cdots,n,j=1,\cdots,m_i,l=1,\cdots,m_i)$ 表示 V_i^{-1} 的第 (j,l) 个

元素, 则有

$$\begin{aligned}M_{11,s}=&\frac{1}{\sqrt{n}}\sum_{i=1}^{n}\sum_{j=1}^{m_i}\sum_{l=1}^{m_i}\left[\sum_{i_1=1}^{n}\sum_{j_1=1}^{m_{i_1}}\widetilde{W}_{ni_1j_1}(X_{ij}^{\mathrm{T}}\beta;\beta)g(X_{i_1j_1}^{\mathrm{T}}\beta)-g'(X_{ij}^{\mathrm{T}}\beta)\right]\widetilde{X}_{ijs}\sigma_i^{jl}\varepsilon_{il}\\&+\frac{1}{\sqrt{n}}\sum_{i=1}^{n}\sum_{j=1}^{m_i}\widetilde{W}_{nij}(X_{ij}^{\mathrm{T}}\beta;\beta)\widetilde{X}_{ijs}\sigma_i^{jj}\varepsilon_{ij}^2+\frac{1}{\sqrt{n}}\sum_{i=1}^{n}\sum_{j\neq l}^{m_i}\widetilde{W}_{nil}(X_{ij}^{\mathrm{T}}\beta;\beta)\widetilde{X}_{ijs}\sigma_i^{jl}\varepsilon_{il}^2\\&+\frac{1}{\sqrt{n}}\sum_{i=1}^{n}\sum_{j=1}^{m_i}\sum_{l=1}^{m_i}\sum_{i_1\neq i}^{n}\sum_{j_1\neq l}^{m_{i_1}}\widetilde{W}_{ni_1j_1}(X_{ij}^{\mathrm{T}}\beta;\beta)\widetilde{X}_{ijs}\sigma_i^{jl}\varepsilon_{il}\varepsilon_{i_1j_1}\\&=:M_{11,s}^{(1)}+M_{11,s}^{(2)}+M_{11,s}^{(3)}+M_{11,s}^{(4)}.\end{aligned}$$

由条件 (C6.9.1) 和引理 6.9.3 知, 能够证明 $E(\widetilde{X}_{ijs}^4)<\infty$. 由条件 (C6.9.4) 和条件 (C6.9.7), 以及引理 6.9.1, 使用 Cauchy-Schwarz 不等式和 Li 等 (2008) 中的引理 4.2, 有

$$\begin{aligned}&E\big(M_{11,s}^{(1)^2}\big)\\&\leqslant cE\left\{\frac{1}{n}\sum_{i=1}^{n}\sum_{j,l=1}^{m_i}\left[\sum_{i_1=1}^{n}\sum_{j_1=1}^{m_{i_1}}\widetilde{W}_{ni_1j_1}(X_{ij}^{\mathrm{T}}\beta;\beta)g(X_{i_1j_1}^{\mathrm{T}}\beta)-g'(X_{ij}^{\mathrm{T}}\beta)\right]^2\right.\\&\left.\cdot\widetilde{X}_{ijs}^2\sigma_i^{jl^2}E(\varepsilon_{il}^2|X_{ijs})\right\}\\&\leqslant cn^{-1}\sum_{i=1}^{n}\sum_{j=1}^{m_i}E^{1/2}\left[\sum_{i_1=1}^{n}\sum_{j_1=1}^{m_{i_1}}\widetilde{W}_{ni_1j_1}(X_{ij}^{\mathrm{T}}\beta;\beta)g(X_{i_1j_1}^{\mathrm{T}}\beta)-g'(X_{ij}^{\mathrm{T}}\beta)\right]^4E^{1/2}\big(\widetilde{X}_{ijs}^4\big)\\&\leqslant ch^2\to0.\end{aligned}$$

由条件 (C6.9.4) 和条件 (C6.9.7), 引理 6.9.2 和 $E(\widetilde{X}_{ijs}^4)<\infty$, 有

$$\begin{aligned}E(|M_{11,s}^{(2)}|)&\leqslant cn^{-1/2}\sum_{i=1}^{n}\sum_{j=1}^{m_i}E^{1/4}\{\widetilde{W}_{nij}^4(X_{ij}^{\mathrm{T}}\beta;\beta)\}E^{1/4}(\widetilde{X}_{ijs}^4)E^{1/2}(\varepsilon_{ij}^4|\widetilde{X}_{ijs})\\&\leqslant c(nh^2)^{-1/2}+c(nh^{5/2})^{-1}\to0.\end{aligned}$$

类似的方法能够证明 $E\big(|M_{11,s}^{(3)}|\big)\to0$.

对于 $M_{11,s}^{(4)}$, 令 $a_{ij,i_1j_1}=\widetilde{W}_{ni_1j_1}(X_{ij}^{\mathrm{T}}\beta;\beta)\widetilde{X}_{ijs}+\widetilde{W}_{nij}(X_{i_1j_1}^{\mathrm{T}}\beta;\beta)\widetilde{X}_{ijs}$ 和数据集 $\mathcal{X}=\{X_{ij},i=1,\cdots,n,j=1,\cdots,m_i\}$. 注意到

$$\sup_x E\{\varepsilon_{ij}^2|X_{ijs}=x\}\leqslant c<\infty$$

和给定数据集 $\mathcal{X}$ 条件下 ε_{ij} 不同个体之间的独立性, 使用引理 6.9.2, 有

$$\begin{aligned}
E\big(M_{11,s}^{(4)2}\big) &= E\left\{\frac{1}{\sqrt{n}}\sum_{i=1}^{n}\sum_{j=1}^{m_i}\sum_{l=1}^{m_i}\sum_{i_1\neq i}^{n}\sum_{j_1\neq l}^{m_{i_1}}\widetilde{W}_{ni_1j_1}(X_{ij}^{\mathrm{T}}\beta;\beta)\widetilde{X}_{ijs}\sigma_i^{jl}\varepsilon_{il}\varepsilon_{i_1j_1}\right\}^2\\
&= E\left\{\frac{1}{\sqrt{n}}\sum_{i=2}^{n}\sum_{j=1}^{m_i}\sum_{l=1}^{m_i}\sum_{i_1=1}^{i-1}\sum_{j_1=1}^{m_{i_1}}a_{ij,i_1j_1}\sigma_i^{jl}\varepsilon_{il}\varepsilon_{i_1j_1}\right\}^2\\
&= n^{-1}\sum_{i=2}^{n}\sum_{j=1}^{m_i}\sum_{l=1}^{m_i}\sum_{i_1=1}^{i-1}\sum_{j_1=1}^{m_{i_1}}E\big\{a_{ij,i_1j_1}^2\sigma_i^{jl^2}E(\varepsilon_{il}^2|\widetilde{X}_{ijs})E(\varepsilon_{i_1j_1}^2|\widetilde{X}_{ijs})\big\}\\
&\leqslant cn^{-1}\sum_{i=1}^{n}\sum_{j=1}^{m_i}\sum_{i_1\neq i}^{n}\sum_{j_1\neq j}^{m_{i_1}}E^{1/2}\big\{\widetilde{W}_{ni_1j_1}^4(X_{ij}^{\mathrm{T}}\beta;\beta)\big\}E^{1/2}(\widetilde{X}_{ijs}^4)\\
&\leqslant c(nh^2)^{-1}+c(nh^{5/2})^{-2}\to 0.
\end{aligned}$$

可见 M_{11} 的第 s 个分量的矩收敛到 0. 由 Markov 不等式, 能够证明 $M_{11,s}\xrightarrow{P}0$ 对每个 $1\leqslant s\leqslant p$ 都成立. 因此, 能够证明 $M_{11}\xrightarrow{P}0$. 令 $M_{21,s}$ 表示 M_{21} 的第 s 个分量, 则

$$M_{21,s}=\frac{1}{\sqrt{n}}\sum_{i=1}^{n}\sum_{j=1}^{m_i}\sum_{l=1}^{m_i}g'(X_{ij}^{\mathrm{T}}\beta)[g_{1s}(X_{ij}^{\mathrm{T}}\beta)-\hat{g}_{1s}(X_{ij}^{\mathrm{T}}\beta;\beta)]\sigma_i^{jl}\varepsilon_{il}.$$

由引理 6.9.3, 条件 (C6.9.4) 和条件 (C6.9.7), 有

$$\begin{aligned}
E(M_{21,s}^2) &\leqslant cn^{-1}E\left[\sum_{i=1}^{n}\sum_{j=1}^{m_i}g'(X_{ij}^{\mathrm{T}}\beta)^2\{g_{1s}(X_{ij}^{\mathrm{T}}\beta)-\hat{g}_{1s}(X_{ij}^{\mathrm{T}}\beta;\beta)\}^2\right]\\
&\leqslant ch^4+c(nh)^{-1}\to 0,
\end{aligned}$$

得到 $M_{21}\xrightarrow{P}0$. 类似地, 能够证明 $M_{12}\xrightarrow{P}0$. 因此, 证明得到

$$M_i\xrightarrow{P}0,\quad i=1,2. \tag{6.9.7}$$

使用式 (6.9.7) 类似的证明方法, 可以证明 $M_3\xrightarrow{P}0$ 和 $M_4\xrightarrow{P}0$. 这些结论和式 (6.9.5)~ 式 (6.9.7), 完成了引理 6.9.4 的证明. □

引理 6.9.5 在定理 6.2.1 的条件下, $(\beta^{(r)},\theta)$ 是参数真值, 且 β 的第 r 个分量是正数, 当 $n\to\infty$ 时, 则有

$$\frac{1}{n}\sum_{i=1}^{n}\hat{\eta}_i(\beta^{(r)},\theta)\hat{\eta}_i^{\mathrm{T}}(\beta^{(r)},\theta)\xrightarrow{P}\varOmega(\beta^{(r)},\theta),$$

其中 $\hat{\eta}_i(\beta^{(r)},\theta)$ 由式 (6.2.11) 定义, $\varOmega(\beta^{(r)},\theta)$ 在条件 (C6.9.9) 中定义.

证明 令 $\Lambda_i^* = \Lambda_i V_i^{-1}$, 并表示

$$\widetilde{G}_{1i} = G_1(X_i\beta) - \hat{G}_1(X_i\beta;\beta), \quad \widetilde{G}_{2i} = G_2(X_i\beta) - \hat{G}_2(X_i\beta;\beta),$$
$$\widetilde{G}_i = G(X_i\beta) - \hat{G}(X_i\beta;\beta,\theta), \quad \widetilde{G}'_{\Delta i} = G'_\Delta(X_i\beta) - \hat{G}'_\Delta(X_i\beta;\beta,\theta)$$

和

$$\begin{aligned}R_{ni} =& (\varepsilon_i^{\mathrm{T}} V_i^{-\mathrm{T}} G'_\Delta(X_i\beta)\widetilde{G}_{1i} J_{\beta^{(r)}}, O_{1\times q})^{\mathrm{T}} - (\varepsilon_i^{\mathrm{T}} V_i^{-\mathrm{T}} \widetilde{G}'_{\Delta i}\widetilde{X}_i J_{\beta^{(r)}}, \varepsilon_i^{\mathrm{T}}\widetilde{G}_{2i})^{\mathrm{T}}\\ &+(\widetilde{G}_i^{\mathrm{T}} V_i^{-\mathrm{T}} G'_\Delta(X_i\beta)\widetilde{X}_i J_{\beta^{(r)}}, \widetilde{G}_i^{\mathrm{T}}\widetilde{Z}_i)^{\mathrm{T}} - (\widetilde{G}_i^{\mathrm{T}} V_i^{-\mathrm{T}} \widetilde{G}'_{\Delta i}\widetilde{X}_i J_{\beta^{(r)}}, O_{1\times q})^{\mathrm{T}},\end{aligned}$$

其中 $V_i^{-\mathrm{T}}$ 表示 V_i^{-1} 的转置, 且 $\widetilde{X}_i, \widetilde{Z}_i$ 定义在引理 6.9.4 中, 则有

$$\begin{aligned}&\frac{1}{n}\sum_{i=1}^n \hat{\eta}_i(\beta^{(r)},\theta)\hat{\eta}_i^{\mathrm{T}}(\beta^{(r)},\theta)\\ =&\frac{1}{n}\sum_{i=1}^n \Lambda_i^*\varepsilon_i\varepsilon_i^{\mathrm{T}}\Lambda_i^{*\mathrm{T}} + \frac{1}{n}\sum_{i=1}^n R_{ni}R_{ni}^{\mathrm{T}} + \frac{1}{n}\sum_{i=1}^n \Lambda_i^*\varepsilon_i R_{ni}^{\mathrm{T}} + \frac{1}{n}\sum_{i=1}^n R_{ni}\varepsilon_i^{\mathrm{T}}\Lambda_i^{*\mathrm{T}}\\ =:& R_1 + R_2 + R_3 + R_4.\end{aligned}$$

由大数定律, 当 $n\to\infty$ 时, 得到

$$R_1 \xrightarrow{P} \Omega(\beta^{(r)},\theta).$$

为了证明引理 6.9.5, 仅需要证明 $R_l \xrightarrow{P} 0, l = 2,3,4$. 首先需要证明 $R_2 \xrightarrow{P} 0$. 令 $R_{2,st}$ 表示 R_2 的第 (s,t) 个元素, 且 $R_{ni,s}$ 表示 R_{ni} 的第 s 个分量. 由 Cauchy-Schwarz 不等式, 则得到

$$|R_{2,st}| \leqslant \left(\frac{1}{n}\sum_{i=1}^n R_{ni,s}^2\right)^{1/2}\left(\frac{1}{n}\sum_{i=1}^n R_{ni,t}^2\right)^{1/2}.$$

由引理 6.9.1 和引理 6.9.3, 能够证明

$$\frac{1}{n}\sum_{i=1}^n R_{ni,s}^2 \xrightarrow{P} 0.$$

如此证明了 $R_2 \xrightarrow{P} 0$. 类似地, 能够证明 $R_3 \xrightarrow{P} 0$ 和 $R_4 \xrightarrow{P} 0$. □

引理 6.9.6 在定理 6.2.1 的条件下, $(\beta^{(r)},\theta)$ 是参数真值, 且 β 的第 r 个分量是正数, 则有

$$\max_{1\leqslant i\leqslant n}\|\hat{\eta}_i(\beta^{(r)},\theta)\| = o_P(n^{1/2}).$$

证明　由引理 6.9.1~引理 6.9.5, 可用 Xue 和 Zhu (2005) 中引理 A.6 的证明方法容易证得本引理, 在此省略. □

引理 6.9.7　*在引理 6.9.4 的条件下, 有*

$$\|\lambda\| = O_P(n^{-1/2}).$$

证明　令 $\lambda = \gamma\phi$, 其中 $\gamma \geqslant 0, \phi \in \mathbb{R}^{p+q-1}$ 和 $\|\phi\| = 1$. 由式 (6.2.16), 有

$$\begin{aligned}
0 &= \frac{1}{n}\phi^{\mathrm{T}}\sum_{i=1}^{n}\frac{\hat{\eta}_i(\beta^{(r)},\theta)}{1+\gamma\phi^{\mathrm{T}}\hat{\eta}_i(\beta^{(r)},\theta)}\\
&= \frac{1}{n}\phi^{\mathrm{T}}\sum_{i=1}^{n}\hat{\eta}_i(\beta^{(r)},\theta) - \frac{1}{n}\gamma\sum_{i=1}^{n}\frac{(\phi^{\mathrm{T}}\hat{\eta}_i(\beta^{(r)},\theta))^2}{1+\gamma\phi^{\mathrm{T}}\hat{\eta}_i(\beta^{(r)},\theta)}\\
&\leqslant \left|\frac{1}{n}\phi^{\mathrm{T}}\sum_{i=1}^{n}\hat{\eta}_i(\beta^{(r)},\theta)\right| - \frac{\gamma}{1+\gamma\max\limits_{1\leqslant i\leqslant n}\|\hat{\eta}_i(\beta^{(r)},\theta)\|}\frac{1}{n}\sum_{i=1}^{n}(\phi^{\mathrm{T}}\hat{\eta}_i(\beta^{(r)},\theta))^2\\
&\leqslant \left|\frac{1}{n}\phi^{\mathrm{T}}\sum_{i=1}^{n}\hat{\eta}_i(\beta^{(r)},\theta)\right| - \frac{\gamma}{1+\gamma\max\limits_{1\leqslant i\leqslant n}\|\hat{\eta}_i(\beta^{(r)},\theta)\|}\mathrm{mineig}(S(\beta^{(r)},\theta)),
\end{aligned}$$

其中 $S(\beta^{(r)},\theta) = \dfrac{1}{n}\sum\limits_{i=1}^{n}\hat{\eta}_i(\beta^{(r)},\theta)\hat{\eta}_i^{\mathrm{T}}(\beta^{(r)},\theta)$, $\mathrm{mineig}(A)$ 表示矩阵 A 的最小特征值. 进一步有

$$\begin{aligned}
&\gamma\mathrm{mineig}(S(\beta^{(r)},\theta)) - \gamma\frac{1}{n}\phi^{\mathrm{T}}\sum_{i=1}^{n}\hat{\eta}_i(\beta^{(r)},\theta)\max_{1\leqslant i\leqslant n}\|\hat{\eta}_i(\beta^{(r)},\theta)\|\\
\leqslant &\left|\frac{1}{n}\phi^{\mathrm{T}}\sum_{i=1}^{n}\hat{\eta}_i(\beta^{(r)},\theta)\right|.
\end{aligned}\tag{6.9.8}$$

由引理 6.9.4 和引理 6.9.5, 有

$$\frac{1}{n}\phi^{\mathrm{T}}\sum_{i=1}^{n}\hat{\eta}_i(\beta^{(r)},\theta) = O_P(n^{-1/2}),\quad \mathrm{mineig}(S(\beta^{(r)},\theta)) = O_P(1).\tag{6.9.9}$$

由引理 6.9.6, 式 (6.9.8) 和式 (6.9.9), 则有 $\gamma = O_P(n^{1/2})$, 即 $\|\lambda\| = O_P(n^{1/2})$. □

6.9.3 定理的证明

本节给出本章所有定理的证明细节.

定理 6.2.1 的证明　假定 $(\beta_0^{(r)},\theta_0)$ 是参数真值, 且 β_0 的第 r 个分量是正数. 在式 (6.2.15) 中应用 Taylor 展式, 并利用引理 6.9.5~引理 6.9.7, 得

$$\hat{l}(\beta_0^{(r)},\theta_0) = 2\sum_{i=1}^{n}\left[\lambda^{\mathrm{T}}\hat{\eta}_i(\beta_0^{(r)},\theta_0) - \frac{1}{2}\{\lambda^{\mathrm{T}}\hat{\eta}_i(\beta_0^{(r)},\theta_0)\}^2\right] + o_P(1).\tag{6.9.10}$$

由式 (6.2.16), 有

$$0=\frac{1}{n}\sum_{i=1}^{n}\frac{\hat{\eta}_i(\beta_0^{(r)},\theta_0)}{1+\lambda^{\mathrm{T}}\hat{\eta}_i(\beta_0^{(r)},\theta_0)}$$
$$=\frac{1}{n}\sum_{i=1}^{n}\hat{\eta}_i(\beta_0^{(r)},\theta_0)-\frac{1}{n}\sum_{i=1}^{n}\hat{\eta}_i(\beta_0^{(r)},\theta_0)\hat{\eta}_i^{\mathrm{T}}(\beta_0^{(r)},\theta_0)\lambda$$
$$+\frac{1}{n}\sum_{i=1}^{n}\frac{\hat{\eta}_i(\beta_0^{(r)},\theta_0)(\lambda^{\mathrm{T}}\hat{\eta}_i(\beta_0^{(r)},\theta_0))^2}{1+\lambda^{\mathrm{T}}\hat{\eta}_i(\beta_0^{(r)},\theta_0)}.$$

再次利用引理 6.9.5~引理 6.9.7, 可得

$$\sum_{i=1}^{n}[\lambda^{\mathrm{T}}\hat{\eta}_i(\beta_0^{(r)},\theta_0)]^2=\sum_{i=1}^{n}\lambda^{\mathrm{T}}\hat{\eta}_i(\beta_0^{(r)},\theta_0)+o_P(1), \tag{6.9.11}$$

$$\lambda=\left[\sum_{i=1}^{n}\hat{\eta}_i(\beta_0^{(r)},\theta_0)\hat{\eta}_i^{\mathrm{T}}(\beta_0^{(r)},\theta_0)\right]^{-1}\sum_{i=1}^{n}\hat{\eta}_i(\beta_0^{(r)},\theta_0)+o_P(n^{-1/2}). \tag{6.9.12}$$

由式 (6.9.10)~式 (6.9.12), 能够证明

$$\hat{l}(\beta_0^{(r)},\theta_0)=\left[\sum_{i=1}^{n}\hat{\eta}_i(\beta_0^{(r)},\theta_0)\right]^{\mathrm{T}}\left[\sum_{i=1}^{n}\hat{\eta}_i(\beta_0^{(r)},\theta_0)\hat{\eta}_i^{\mathrm{T}}(\beta_0^{(r)},\theta_0)\right]^{-1}\left[\sum_{i=1}^{n}\hat{\eta}_i(\beta_0^{(r)},\theta_0)\right]+o_P(1),$$

由引理 6.9.5, 有

$$\hat{l}(\beta_0^{(r)},\theta_0)=\left[\frac{1}{\sqrt{n}}\sum_{i=1}^{n}\hat{\eta}_i(\beta_0^{(r)},\theta_0)\right]^{\mathrm{T}}\Omega^{-1}(\beta_0^{(r)},\theta_0)\left[\frac{1}{\sqrt{n}}\sum_{i=1}^{n}\hat{\eta}_i(\beta_0^{(r)},\theta_0)\right]+o_P(1). \tag{6.9.13}$$

由引理 6.9.4 得

$$\Omega^{-\frac{1}{2}}(\beta_0^{(r)},\theta_0)\frac{1}{\sqrt{n}}\sum_{i=1}^{n}\hat{\eta}_i(\beta_0^{(r)},\theta_0)\xrightarrow{L}N(0,I_{p+q-1}), \tag{6.9.14}$$

其中 I_{p+q-1} 是一个 $(p+q-1)\times(p+q-1)$ 的单位矩阵. 由式 (6.9.13) 和式 (6.9.14) 即可证得 $\hat{l}(\beta_0^{(r)},\theta_0)$ 以分布渐近收敛于自由度为 $p+q-1$ 的 χ^2 分布. □

推论 6.2.1 和推论 6.2.2 的证明类似于定理 6.2.1 的证明, 此处省略. □

定理 6.3.1 的证明 为了证明纠偏 GEE 估计的渐近正态性, 首先需要证明存在纠偏的 GEE(6.3.2)$\sqrt{n}$ 相合解的存在性.

首先需要证明事实: 假定条件 (C6.9.1)~条件 (C6.9.9) 成立, 以概率趋于 1, 纠偏 GEE (6.3.2) 在空间 $\mathcal{B}_n=\{\xi=(\beta^{(r)\mathrm{T}},\theta^{\mathrm{T}})^{\mathrm{T}}:\|\beta^{(r)}-\beta_0^{(r)}\|\leqslant B_1n^{-1/2},\|\theta-\theta_0\|\leqslant B_2n^{-1/2}\}$ 内存在一个解, 其中 B_1 和 B_2 为常数, 满足 $0<B_1,B_2<\infty$.

由式 (6.3.2), 令

$$\mathcal{Q}_n(\beta^{(r)},\theta)=\sum_{i=1}^{n}\hat{\Lambda}_i(\beta,\theta)V_i^{-1}[Y_i-\hat{G}(X_i\beta;\beta,\theta)-Z_i\theta], \tag{6.9.15}$$

其中 $\hat{G}(X_i\beta;\beta,\theta)=(\hat{g}(X_{i1}^{\mathrm{T}}\beta;\beta,\theta),\hat{g}(X_{i2}^{\mathrm{T}}\beta;\beta,\theta),\cdots,\hat{g}(X_{im_i}^{\mathrm{T}}\beta;\beta,\theta))^{\mathrm{T}}$ 和

$$\hat{\Lambda}_i(\beta,\theta)=\begin{pmatrix}\hat{g}'(X_{i1}^{\mathrm{T}}\beta;\beta,\theta)(X_{i1}-\hat{g}_1(X_{i1}^{\mathrm{T}}\beta;\beta))^{\mathrm{T}}J_{\beta^{(r)}} & (Z_{i1}-\hat{g}_2(Z_{i1}^{\mathrm{T}}\beta;\beta))^{\mathrm{T}}\\ \hat{g}'(X_{i2}^{\mathrm{T}}\beta;\beta,\theta)(X_{i2}-\hat{g}_1(X_{i2}^{\mathrm{T}}\beta;\beta))^{\mathrm{T}}J_{\beta^{(r)}} & (Z_{i2}-\hat{g}_2(Z_{i2}^{\mathrm{T}}\beta;\beta))^{\mathrm{T}}\\ \vdots & \vdots\\ \hat{g}'(X_{im_i}^{\mathrm{T}}\beta;\beta,\theta)(X_{im_i}-\hat{g}_1(X_{im_i}^{\mathrm{T}}\beta;\beta))^{\mathrm{T}}J_{\beta^{(r)}} & (Z_{im_i}-\hat{g}_2(Z_{im_i}^{\mathrm{T}}\beta;\beta))^{\mathrm{T}}\end{pmatrix}^{\mathrm{T}}.$$

下面需要证明

$$\sup_{\xi\in\mathcal{B}_n}\left\|\mathcal{Q}_n(\beta^{(r)},\theta)-\mathcal{Q}(\beta_0^{(r)},\theta_0)+n\Pi(\xi-\xi_0)\right\|=o_P(\sqrt{n}), \tag{6.9.16}$$

其中 Π 在条件 (C6.9.9) 中定义, $\mathcal{Q}(\beta_0^{(r)},\theta_0)=\sum_{i=1}^{n}\Lambda_i(\beta_0)V_i^{-1}[Y_i-G(X_i\beta_0)-Z_i\theta_0]=\sum_{i=1}^{n}\Lambda_i(\beta_0)V_i^{-1}\varepsilon_i$, 且 $\Lambda_i(\beta_0)$ 定义在式 (6.2.9) 中, 并用 β_0 替换 β.

为了简单, 令

$$\begin{aligned}&G'_{\Delta}(X_i\beta_0)=\mathrm{diag}(g'(X_{i1}^{\mathrm{T}}\beta_0),g'(X_{i2}^{\mathrm{T}}\beta_0),\cdots,g'(X_{im_i}^{\mathrm{T}}\beta_0)),\\&\hat{G}'_{\Delta}(X_i\beta;\beta,\theta)=\mathrm{diag}(\hat{g}'(X_{i1}^{\mathrm{T}}\beta;\beta,\theta),\hat{g}'(X_{i2}^{\mathrm{T}}\beta;\beta,\theta),\cdots,\hat{g}'(X_{im_i}^{\mathrm{T}}\beta;\beta,\theta)),\\&\hat{G}_l(X_i\beta;\beta)=(\hat{g}_l(X_{i1}^{\mathrm{T}}\beta;\beta),g_l(X_{i2}^{\mathrm{T}}\beta;\beta),\cdots,\hat{g}_l(X_{im_i}^{\mathrm{T}}\beta;\beta))^{\mathrm{T}},\quad l=1,2,\end{aligned}$$

则有

$$\begin{aligned}\mathcal{Q}_n(\beta^{(r)},\theta)&=\sum_{i=1}^{n}\hat{\Lambda}_i(\beta,\theta)V_i^{-1}[Y_i-\hat{G}(X_i\beta;\beta,\theta)-Z_i\theta]\\&=:K_0(\beta^{(r)})+\sum_{\nu=1}^{6}K_\nu,\end{aligned} \tag{6.9.17}$$

其中

$$\begin{aligned}&K_0(\beta^{(r)})=\sum_{i=1}^{n}\Big[G'_{\Delta}(X_i\beta_0)(X_i-G_1(X_i\beta_0))J_{\beta^{(r)}},Z_i-G_2(X_i\beta_0)\Big]^{\mathrm{T}}V_i^{-1}\varepsilon_i,\\&K_1=(K_{11}^{\mathrm{T}}J_{\beta^{(r)}},K_{12}^{\mathrm{T}})^{\mathrm{T}},\quad K_2=(K_{21}^{\mathrm{T}}J_{\beta^{(r)}},K_{22}^{\mathrm{T}})^{\mathrm{T}},\\&K_3=(K_{31}^{\mathrm{T}}J_{\beta^{(r)}},K_{32}^{\mathrm{T}})^{\mathrm{T}},\quad K_4=(K_{41}^{\mathrm{T}}J_{\beta^{(r)}},O_{1\times q})^{\mathrm{T}},\\&K_5=(K_{51}^{\mathrm{T}}J_{\beta^{(r)}},O_{1\times q})^{\mathrm{T}},\quad K_6=(K_{61}^{\mathrm{T}}J_{\beta^{(r)}},O_{1\times q})^{\mathrm{T}}\end{aligned}$$

和

$$
\begin{aligned}
K_{11} &= \sum_{i=1}^{n} \left\{ G'_{\Delta}(X_i\beta_0)(X_i - \hat{G}_1(X_i\beta;\beta)) \right\}^{\mathrm{T}} V_i^{-1}[G(X_i\beta_0) - \hat{G}(X_i\beta;\beta,\theta)], \\
K_{12} &= \sum_{i=1}^{n} \left[Z_i - \hat{G}_2(X_i\beta;\beta) \right]^{\mathrm{T}} V_i^{-1}[G(X_i\beta_0) - \hat{G}(X_i\beta;\beta,\theta)], \\
K_{21} &= \sum_{i=1}^{n} \left\{ G'_{\Delta}(X_i\beta_0)(X_i - \hat{G}_1(X_i\beta;\beta)) \right\}^{\mathrm{T}} V_i^{-1}(Z_i\theta_0 - Z_i\theta), \\
K_{22} &= \sum_{i=1}^{n} \left[Z_i - \hat{G}_2(X_i\beta;\beta) \right]^{\mathrm{T}} V_i^{-1}(Z_i\theta_0 - Z_i\theta), \\
K_{31} &= \sum_{i=1}^{n} \left\{ G'_{\Delta}(X_i\beta_0)[G_1(X_i\beta_0) - \hat{G}_1(X_i\beta;\beta)] \right\}^{\mathrm{T}} V_i^{-1}\varepsilon_i, \\
K_{32} &= \sum_{i=1}^{n} \left[G_2(X_i\beta_0) - \hat{G}_2(X_i\beta;\beta) \right]^{\mathrm{T}} V_i^{-1}\varepsilon_i, \\
K_{41} &= \sum_{i=1}^{n} \left[\{\hat{G}'_{\Delta}(X_i\beta;\beta,\theta) - G'_{\Delta}(X_i\beta_0)\}(X_i - \hat{G}_1(X_i\beta;\beta)) \right]^{\mathrm{T}} V_i^{-1}\varepsilon_i, \\
K_{51} &= \sum_{i=1}^{n} \left[\{\hat{G}'_{\Delta}(X_i\beta;\beta,\theta) - G'_{\Delta}(X_i\beta_0)\}(X_i - \hat{G}_1(X_i\beta;\beta)) \right]^{\mathrm{T}} \\
&\quad \times V_i^{-1}[G(X_i\beta_0) - \hat{G}(X_i\beta;\beta,\theta)], \\
K_{61} &= \sum_{i=1}^{n} \left[\{\hat{G}'_{\Delta}(X_i\beta;\beta,\theta) - G'_{\Delta}(X_i\beta_0)\}(X_i - \hat{G}_1(X_i\beta;\beta)) \right]^{\mathrm{T}} V_i^{-1}(Z_i\theta_0 - Z_i\theta).
\end{aligned}
$$

对常数 $0 < B_1 < \infty$, 令 $\mathcal{B}_{1n} = \{\beta^{(r)} : \|\beta^{(r)} - \beta_0^{(r)}\| \leqslant B_1 n^{-1/2}\}$. 注意到对所有的 $\beta^{(r)} \in \mathcal{B}_{1n}$, $J_{\beta^{(r)}} - J_{\beta_0^{(r)}} = O_P(n^{-1/2})$, 则有

$$
\begin{aligned}
K_0(\hat{\beta}^{(r)}) - \mathcal{Q}(\beta_0^{(r)}, \theta_0) &= \sum_{i=1}^{n} \left[G'_{\Delta}(X_i\beta_0)(X_i - G_1(X_i\beta_0))(J_{\beta^{(r)}} - J_{\beta_0^{(r)}}), 0 \right]^{\mathrm{T}} V_i^{-1}\varepsilon_i \\
&= \frac{c}{\sqrt{n}} \sum_{i=1}^{n} \left[G'_{\Delta}(X_i\beta_0)(X_i - G_1(X_i\beta_0)), 0 \right]^{\mathrm{T}} V_i^{-1}\varepsilon_i
\end{aligned}
$$

对一些常数 $0 < c < \infty$ 成立. 利用大数定律, 条件 (C6.9.4) 和条件 (C6.9.7), 能够证得

$$
\sup_{\beta^{(r)} \in \mathcal{B}_{1n}} \|K_0(\hat{\beta}^{(r)}) - \mathcal{Q}(\beta_0^{(r)}, \theta_0)\| = o_P(\sqrt{n}). \tag{6.9.18}
$$

首先处理 $K_2 \sim K_6$, 然后处理 K_1. 对于 K_2, 首先考虑 K_{21}. 经过一些简单推

导, 有

$$
\begin{aligned}
K_{21}=&\sum_{i=1}^{n}\left\{G'_{\Delta}(X_i\beta_0)(X_i-G_1(X_i\beta_0))\right\}^{\mathrm{T}}V_i^{-1}Z_i(\theta_0-\theta)\\
&+\sum_{i=1}^{n}\left\{G'_{\Delta}(X_i\beta_0)(G_1(X_i\beta_0)-\hat{G}_1(X_i\beta;\beta))\right\}^{\mathrm{T}}V_i^{-1}Z_i(\theta_0-\theta)\\
=:&\,K_{21,1}+K_{21,2}.
\end{aligned}
$$

由条件 (C6.9.5) 和 Wang 等 (2010b) 中的引理 A.4 的结果, 即

$$
\sup_{(x,\beta)\in\mathcal{A}_n}|g'(x^{\mathrm{T}}\beta_0)-\hat{g}'(x^{\mathrm{T}}\beta;\beta,\theta_0)|=O_P((nh^3/\log n)^{-1/2}), \tag{6.9.19}
$$

其中 $\mathcal{A}_n=\{(x,\beta)\in A\times\mathbb{R}^p,\|\beta-\beta_0\|\leqslant B_1n^{1/2}\}$, 且 $B_1>0$ 为常数. 明显, $K_{21,2}$ 比 $K_{21,1}$ 有一个较快的收敛速度. 因此, 此处仅需要证明 $K_{21,1}$ 的收敛速度. 令 $\mathcal{B}_{2n}=\{\theta:\|\theta-\theta_0\|\leqslant B_2n^{-1/2}\}$, B_2 是一些常数, 满足 $0<B_2<\infty$. 应用大数定律, 有

$$
\sup_{\theta\in\mathcal{B}_{2n}}\|K_{21,1}\|=o_P(\sqrt{n}),
$$

从而 $\sup_{\theta\in\mathcal{B}_{2n}}\|K_{21}\|=o_P(\sqrt{n})$. 进一步, 对所有的 $\beta^{(r)}\in\mathcal{B}_{1n}$, 由 $J_{\beta^{(r)}}-J_{\beta_0^{(r)}}=O_P(n^{-1/2})$, 有

$$
\begin{aligned}
\sup_{\xi\in\mathcal{B}_n}\|K_{21}^{\mathrm{T}}J_{\beta^{(r)}}\|&=\sup_{\xi\in\mathcal{B}_n}\|K_{21}^{\mathrm{T}}J_{\beta_0^{(r)}}+(K_{21}^{\mathrm{T}}J_{\beta^{(r)}}-K_{21}^{\mathrm{T}}J_{\beta_0^{(r)}})\|\\
&\leqslant\sup_{\xi\in\mathcal{B}_n}\|K_{21}^{\mathrm{T}}J_{\beta_0^{(r)}}\|+\sup_{\xi\in\mathcal{B}_n}\|(K_{21}^{\mathrm{T}}J_{\beta^{(r)}}-K_{21}^{\mathrm{T}}J_{\beta_0^{(r)}})\|\\
&=o_P(\sqrt{n}).
\end{aligned}
$$

类似地, 容易证明 $\sup_{\theta\in\mathcal{B}_{2n}}\|K_{22}\|=o_P(\sqrt{n})$. 因此, 证明了 $\sup_{\xi\in\mathcal{B}_n}\|K_2\|=o_P(\sqrt{n})$.

对于 K_3, 首先考虑 K_3 中的 K_{31} 项. 令 $K_{31,s}$ 表示 K_{31} 中的第 s 个分量, $1\leqslant s\leqslant p$, 且 σ^{jl} 表示 V_i^{-1} 的第 (j,l) 个元素, $i=1,\cdots,n,j=1,\cdots,m_i,l=1,\cdots,m_i$, 则有

$$
\frac{1}{\sqrt{n}}K_{31,s}=\frac{1}{\sqrt{n}}\sum_{i=1}^{n}\sum_{j=1}^{m_i}\sum_{l=1}^{m_i}g'(X_{ij}^{\mathrm{T}}\beta_0)[g_{1s}(X_{ij}^{\mathrm{T}}\beta_0)-\hat{g}_{1s}(X_{ij}^{\mathrm{T}}\beta;\beta)]\sigma_i^{jl}\varepsilon_{il}.
$$

既然 $\|\beta^{(r)}-\beta_0^{(r)}\|\leqslant B_1n^{-1/2}$, 意味着对所有的 $\beta^{(r)}\in\mathcal{B}_{1n}$, 有 $\|\beta-\beta_0\|\leqslant B_1n^{-1/2}$. 由引理 6.9.3 和 Wang 等 (2010b) 中引理 A.4 的证明, 以及条件 (C6.9.4)、条件

(C6.9.5) 和条件 (C6.9.7), 有

$$E\Big(\frac{1}{\sqrt{n}}K_{31,s}\Big)^2 \leqslant cn^{-1}E\left[\sum_{i=1}^{n}\sum_{j=1}^{m_i} g'(X_{ij}^{\mathrm{T}}\beta_0)^2\{g_{1s}(X_{ij}^{\mathrm{T}}\beta_0)-\hat{g}_{1s}(X_{ij}^{\mathrm{T}}\beta;\beta)\}^2\right]$$
$$\leqslant ch^4+c(nh)^{-1}\longrightarrow 0$$

对所有的

$$\beta\in\mathcal{B}_\beta=\{\beta:\|\beta-\beta_0\|\leqslant B_1 n^{-1/2}\}$$

成立. 上面结果也意味着 $\sup_{\beta\in\mathcal{B}_\beta}\|K_{31}\|=o_P(\sqrt{n})$. 使用相同的证明方法, 能够得到 $\sup_{\beta\in\mathcal{B}_\beta}\|K_{32}\|=o_P(\sqrt{n})$. 类似于 K_2 的证明, 证得 $\sup_{\xi\in\mathcal{B}_n}\|K_3\|=o_P(\sqrt{n})$.

对 K_{41}, 令 $M_{41,s}$ 表示 M_{41} 的第 s 个分量, $1\leqslant s\leqslant p$, 且 $\widetilde{X}_{ijs}=X_{ijs}-\hat{g}_{1s}(X_{ij}^{\mathrm{T}}\beta;\beta)$. 并令 σ_i^{jl} 表示 V_i^{-1} 的第 (j,l) 个元素, $i=1,\cdots,n, j=1,\cdots,m_i, l=1,\cdots,m_i$. 由式 (6.2.6) 和模型 (6.1.1), 有

$$\begin{aligned}
&\frac{1}{\sqrt{n}}M_{41,s}\\
&=\frac{1}{\sqrt{n}}\sum_{i=1}^{n}\sum_{j=1}^{m_i}\sum_{l=1}^{m_i}\left\{\sum_{i_1=1}^{n}\sum_{j_1=1}^{m_{i_1}}\widetilde{W}_{ni_1j_1}(X_{ij}^{\mathrm{T}}\beta;\beta)g(X_{i_1j_1}^{\mathrm{T}}\beta)-g'(X_{ij}^{\mathrm{T}}\beta_0)\right\}\widetilde{X}_{ijs}\sigma_i^{jl}\varepsilon_{il}\\
&\quad+\frac{1}{\sqrt{n}}\sum_{i=1}^{n}\sum_{j=1}^{m_i}\widetilde{W}_{nij}(X_{ij}^{\mathrm{T}}\beta;\beta)\widetilde{X}_{ijs}\sigma_i^{jj}\varepsilon_{ij}^2+\frac{1}{\sqrt{n}}\sum_{i=1}^{n}\sum_{j\neq l}^{m_i}\widetilde{W}_{nil}(X_{ij}^{\mathrm{T}}\beta;\beta)\widetilde{X}_{ijs}\sigma_i^{jl}\varepsilon_{il}^2\\
&\quad+\frac{1}{\sqrt{n}}\sum_{i=1}^{n}\sum_{j=1}^{m_i}\sum_{l=1}^{m_i}\sum_{i_1\neq i}^{n}\sum_{j_1\neq l}^{m_{i_1}}\widetilde{W}_{ni_1j_1}(X_{ij}^{\mathrm{T}}\beta;\beta)\widetilde{X}_{ijs}\sigma_i^{jl}\varepsilon_{il}\varepsilon_{i_1j_1}\\
&=:M_{41,s}^{(1)}+M_{41,s}^{(2)}+M_{41,s}^{(3)}+M_{41,s}^{(4)}.
\end{aligned}$$

由引理 6.9.3 和条件 (C6.9.1), 能够证明 $E(\widetilde{X}_{ijs}^4)<\infty$. 再次注意到对所有的 $\beta^{(r)}\in\mathcal{B}_{1n}$, $\|\beta-\beta_0\|\leqslant B_1n^{-1/2}$, 并由条件 (C6.9.4) 和条件 (C6.9.7), 引理 6.9.1, Li 等 (2008) 中的引理 4.2, 以及使用 Cauchy-Schwarz 不等式, 有

$$\begin{aligned}
&E(M_{41,s}^{(1)^2})\\
&\leqslant cE\left\{\frac{1}{n}\sum_{i=1}^{n}\sum_{j,l=1}^{m_i}\left[\sum_{i_1=1}^{n}\sum_{j_1=1}^{m_{i_1}}\widetilde{W}_{ni_1j_1}(X_{ij}^{\mathrm{T}}\beta;\beta)g(X_{i_1j_1}^{\mathrm{T}}\beta)-g'(X_{ij}^{\mathrm{T}}\beta_0)\right]^2\right.\\
&\quad\left.\times\widetilde{X}_{ijs}^2\sigma_i^{jl^2}E(\varepsilon_{il}^2|X_{ijs})\right\}\\
&\leqslant cn^{-1}\sum_{i=1}^{n}\sum_{j=1}^{m_i}E^{1/2}\left[\sum_{i_1=1}^{n}\sum_{j_1=1}^{m_{i_1}}\widetilde{W}_{ni_1j_1}(X_{ij}^{\mathrm{T}}\beta;\beta)g(X_{i_1j_1}^{\mathrm{T}}\beta)-g'(X_{ij}^{\mathrm{T}}\beta_0)\right]^4E^{1/2}(\widetilde{X}_{ijs}^4)\\
&\leqslant ch^2\to 0
\end{aligned}$$

对所有的 $\beta \in \mathcal{B}_\beta = \{\beta : \|\beta - \beta_0\| \leqslant B_1 n^{-1/2}\}$ 都成立. 再次使用条件 (C6.9.4) 和条件 (C6.9.7), $E(\widetilde{X}_{ijs}^4) < \infty$ 和引理 6.9.2, 有

$$\begin{aligned}E(|M_{41,s}^{(2)}|) &\leqslant cn^{-1/2}\sum_{i=1}^{n}\sum_{j=1}^{m_i} E^{1/4}\{\widetilde{W}_{nij}^4(X_{ij}^{\mathrm{T}}\beta;\beta)\}E^{1/4}(\widetilde{X}_{ijs}^4)E^{1/2}(\varepsilon_{ij}^4|\widetilde{X}_{ijs})\\ &\leqslant c(nh^2)^{-1/2} + c(nh^{5/2})^{-1} \to 0.\end{aligned}$$

类似地, 能够证明 $E(|M_{41,s}^{(3)}|) \to 0$. 对 $M_{41,s}^{(4)}$, 令

$$a_{ij,i_1j_1} = \widetilde{W}_{ni_1j_1}(X_{ij}^{\mathrm{T}}\beta;\beta)\widetilde{X}_{ijs} + \widetilde{W}_{nij}(X_{i_1j_1}^{\mathrm{T}}\beta;\beta)\widetilde{X}_{ijs}$$

和数据集 $\mathcal{X} = \{X_{ij}, i = 1, \cdots, n, j = 1, \cdots, m_i\}$. 由 $\sup_x E\{\varepsilon_{ij}^2|X_{ijs} = x\} \leqslant c < \infty$ 和给定数据集 $\mathcal{X}$ 条件下, ε_{ij} 在不同个体之间的独立性, 并由引理 6.9.2, 可知

$$\begin{aligned}E(M_{41,s}^{(4)2}) &= E\left\{\frac{1}{\sqrt{n}}\sum_{i=1}^{n}\sum_{j=1}^{m_i}\sum_{l=1}^{m_i}\sum_{i_1\neq i}^{n}\sum_{j_1\neq l}^{m_{i_1}}\widetilde{W}_{ni_1j_1}(X_{ij}^{\mathrm{T}}\beta;\beta)\widetilde{X}_{ijs}\sigma_i^{jl}\varepsilon_{il}\varepsilon_{i_1j_1}\right\}^2\\ &= E\left\{\frac{1}{\sqrt{n}}\sum_{i=2}^{n}\sum_{j=1}^{m_i}\sum_{l=1}^{m_i}\sum_{i_1=1}^{i-1}\sum_{j_1=1}^{m_{i_1}} a_{ij,i_1j_1}\sigma_i^{jl}\varepsilon_{il}\varepsilon_{i_1j_1}\right\}^2\\ &= n^{-1}\sum_{i=2}^{n}\sum_{j=1}^{m_i}\sum_{l=1}^{m_i}\sum_{i_1=1}^{i-1}\sum_{j_1=1}^{m_{i_1}} E\{a_{ij,i_1j_1}^2\sigma_i^{jl^2}E(\varepsilon_{il}^2|\widetilde{X}_{ijs})E(\varepsilon_{i_1j_1}^2|\widetilde{X}_{ijs})\}\\ &\leqslant cn^{-1}\sum_{i=1}^{n}\sum_{j=1}^{m_i}\sum_{i_1\neq i}^{n}\sum_{j_1\neq j}^{m_{i_1}} E^{1/2}\{\widetilde{W}_{ni_1j_1}^4(X_{ij}^{\mathrm{T}}\beta;\beta)\}E^{1/2}(\widetilde{X}_{ijs}^4)\\ &\leqslant c(nh^2)^{-1} + c(nh^{5/2})^{-2} \to 0.\end{aligned}$$

上面结果显示 $\sup_{\beta\in\mathcal{B}_\beta}\|K_{41}\| = o_P(\sqrt{n})$. 因此, 用相同的方式能证明 $\sup_{\xi\in\mathcal{B}_n}\|K_4\| = o_P(\sqrt{n})$. 回顾 Wang 等 (2010b) 中引理 A.4 下面的结果

$$\sup_{(x,\beta)\in\mathcal{A}_n}|g(x^{\mathrm{T}}\beta_0) - \hat{g}(x^{\mathrm{T}}\beta;\beta,\theta_0)| = O_P((nh/\log n)^{-1/2}), \tag{6.9.20}$$

其中 $\mathcal{A}_n = \{(x,\beta) \in A \times \mathbb{R}^p, \|\beta - \beta_0\| \leqslant B_1 n^{1/2}\}$, $B_1 > 0$ 是一个常数. 由 K_{41} 和 K_{51} 的结构, 条件 (C6.9.5) 和条件 (6.9.20), 容易证明 K_{51} 比 K_{41} 有较快的收敛速度. 因此, 容易证得 $\sup_{\xi\in\mathcal{B}_n}\|K_5\| = o_P(\sqrt{n})$.

对于 K_{61}, 对比 K_{61} 和 K_{21}, 不难发现 K_{61} 包含 $\hat{G}'_\Delta(X_i\beta;\beta,\theta) - G'_\Delta(X_i\beta_0)$ 项, 而 K_{21} 包含 $G'_\Delta(X_i\beta_0)$ 项, 其他项是相同的. 由式 (6.9.19), 条件 (C6.9.5)~条件 (C6.9.8) 和 $\theta \in \mathcal{B}_{2n} = \{\theta : \|\theta - \theta_0\| \leqslant B_2 n^{-1/2}\}$, $0 < B_2 < \infty$ 是常数, 容易证明 K_{61}

比 K_{21} 有较快的收敛速度, 并进一步能够得到 $\sup_{\xi\in\mathcal{B}_n}\|K_{61}\|=o_P(\sqrt{n})$. 相同的证明方法可得 $\sup_{\xi\in\mathcal{B}_n}\|K_6\|=o_P(\sqrt{n})$.

下面开始处理 K_1. 首先考虑 $K_{11}^{\mathrm{T}}J_{\beta^{(r)}}$, 经过一些简单推导, 有

$$
\begin{aligned}
&K_{11}^{\mathrm{T}}J_{\beta^{(r)}}\\
=&\sum_{i=1}^{n}[G(X_i\beta_0)-\hat{G}(X_i\beta;\beta,\theta)]^{\mathrm{T}}V_i^{-1}\Big\{G'_{\Delta}(X_i\beta_0)[X_i-\hat{G}_1(X_i\beta;\beta)]J_{\beta^{(r)}}\Big\}\\
=&-\sum_{i=1}^{n}[\hat{G}(X_i\beta;\beta,\theta)-G(X_i\beta_0)]^{\mathrm{T}}V_i^{-1}\Big\{G'_{\Delta}(X_i\beta_0)[X_i-G_1(X_i\beta_0)]J_{\beta^{(r)}}\Big\}\\
&-\sum_{i=1}^{n}[\hat{G}(X_i\beta;\beta,\theta)-G(X_i\beta_0)]^{\mathrm{T}}V_i^{-1}\Big\{G'_{\Delta}(X_i\beta_0)[G_1(X_i\beta_0)-\hat{G}_1(X_i\beta;\beta)]J_{\beta^{(r)}}\Big\}\\
=:&\,K_{11,1}+K_{11,2}.
\end{aligned}
$$

$K_{11,2}$ 包含 $\hat{G}(X_i\beta;\beta,\theta)-G(X_i\beta_0)$ 和 $G_1(X_i\beta_0)-\hat{G}_1(X_i\beta;\beta)$. 类似于 K_3 的证明方法和引理 6.9.3 或结果 (6.9.19) 和结果 (6.9.20), 容易证明 $\sup_{\xi\in\mathcal{B}_n}\|K_{11,2}\|=o_P(1)$.

对 $K_{11,1}$ 在 $\beta_0^{(r)}$ 处使用 Taylor 展式, 有

$$
\begin{aligned}
K_{11,1}=&-(\beta^{(r)}-\beta_0^{(r)})^{\mathrm{T}}\sum_{i=1}^{n}\left(\left\{\frac{\partial\hat{G}(X_i\beta;\beta,\theta)}{\partial\beta^{(r)}}\right\}^{\mathrm{T}}\Bigg|_{\beta^{(r)}=\beta_0^{(r)}}\right.\\
&\left.-\Big\{G'_{\Delta}(X_i\beta_0)[X_i-G_1(X_i\beta_0)]J_{\beta_0^{(r)}}\Big\}^{\mathrm{T}}\right)\\
&\times V_i^{-1}\Big\{G'_{\Delta}(X_i\beta_0)[X_i-G_1(X_i\beta_0)]J_{\beta_0^{(r)}}\Big\}\\
&-(\beta^{(r)}-\beta_0^{(r)})^{\mathrm{T}}\sum_{i=1}^{n}\Big\{G'_{\Delta}(X_i\beta_0)[X_i-G_1(X_i\beta_0)]J_{\beta_0^{(r)}}\Big\}^{\mathrm{T}}\\
&\times V_i^{-1}\Big\{G'_{\Delta}(X_i\beta_0)[X_i-G_1(X_i\beta_0)]J_{\beta_0^{(r)}}\Big\}+o_P(\sqrt{n})\\
=:&-K_{11,1}^{(1)}-K_{11,1}^{(2)}+o_P(\sqrt{n}).
\end{aligned}
$$

由 Cui 等 (2011) 中的命题 1 和它的证明, 能够推出如下结果: 当窗宽 h 满足条件 (C6.9.5) 和 V_i 满足条件 (C6.9.7), 对 $i=1,\cdots,n$, 有

$$
E\left\{\left\|\left\{\frac{\partial\hat{G}(X_i\beta;\beta,\theta)}{\partial\beta^{(r)}}\Bigg|_{\beta^{(r)}=\beta_0^{(r)}}-G'_{\Delta}(X_i\beta_0)[X_i-G_1(X_i\beta_0)]J_{\beta_0^{(r)}}\right\}^{\mathrm{T}}V_i^{-1}\right\|^2\Bigg|\mathcal{X}\right\}=o_P(1),
$$

其中 $\mathcal{X}=\{X_1,\cdots,X_n\}$. 使用 $\sup_{\beta^{(r)}\in\mathcal{B}_{1n}}\|\beta^{(r)}-\beta_0^{(r)}\|=O(n^{-1/2})$, 上面方程和大数定律, 有

$$
\sup_{\beta^{(r)}\in\mathcal{B}_{1n}}\|K_{11,1}^{(1)}\|=o_P(\sqrt{n}).\tag{6.9.21}
$$

类似可得

$$\begin{aligned}K_{12}^{\mathrm{T}}=&-\sum_{i=1}^{n}[\hat{G}(X_i\beta;\beta,\theta)-G(X_i\beta_0)]^{\mathrm{T}}V_i^{-1}[Z_i-\hat{G}_2(X_i\beta;\beta)]\\=&-\sum_{i=1}^{n}[\hat{G}(X_i\beta;\beta,\theta)-G(X_i\beta_0)]^{\mathrm{T}}V_i^{-1}[Z_i-G_2(X_i\beta_0)]\\&-\sum_{i=1}^{n}[\hat{G}(X_i\beta;\beta,\theta)-G(X_i\beta_0)]^{\mathrm{T}}V_i^{-1}[G_2(X_i\beta_0)-\hat{G}_2(X_i\beta;\beta)]\\=:&-K_{12,1}-K_{12,2}.\end{aligned}$$

既然 $K_{12,2}$ 包含 $\hat{G}(X_i\beta;\beta,\theta)-G(X_i\beta_0)$ 和 $G_2(X_i\beta_0)-\hat{G}_2(X_i\beta;\beta)$, 由条件 (C6.9.7) 可证得 $\sup_{\xi\in\mathcal{B}_n}\|K_{12,2}\|=o_P(1)$, 式 (6.9.19) 和式 (6.9.20). 由定义在式 (6.2.5) 中联系函数 $g(t)$ 的估计 $\hat{g}(t;\beta,\theta)$, 对所有的 $\theta\in\mathcal{B}_{2n}$, 有

$$K_{12,1}=(\theta-\theta_0)^{\mathrm{T}}\sum_{i=1}^{n}[Z_i-G_2(X_i\beta)]^{\mathrm{T}}V_i^{-1}[Z_i-G_2(X_i\beta)]+o_P(\sqrt{n}).$$

由上面结果, 并回顾式 (6.3.1) 中 $\varLambda_i$ 的定义, 以及 $K_1,K_{11,1}^{(2)}$ 和 $K_{12,1}$ 的定义. 当 $n\to\infty$ 时, 使用大数定律可得

$$\sup_{\xi\in\mathcal{B}_n}\left\|K_1+n\varPi(\xi-\xi_0)\right\|=o_P(\sqrt{n}).\tag{6.9.22}$$

总结上面的结果, 完成了式 (6.9.16) 的证明, 即证明了

$$\sup_{\xi\in\mathcal{B}_n}\left\|\mathcal{Q}_n(\beta^{(r)},\theta)-\mathcal{Q}(\beta_0^{(r)},\theta_0)+n\varPi(\xi-\xi_0)\right\|=o_P(\sqrt{n}).$$

对于任意的 $\widetilde{\xi}=(\widetilde{\beta}^{(r)\mathrm{T}},\widetilde{\theta}^{\mathrm{T}})^{\mathrm{T}}\in\mathcal{B}_n$, 由式 (6.9.16), 有

$$(\widetilde{\xi}-\xi_0)^{\mathrm{T}}\mathcal{Q}_n(\widetilde{\beta}^{(r)},\widetilde{\theta})=(\widetilde{\xi}-\xi_0)^{\mathrm{T}}\mathcal{Q}(\beta_0^{(r)},\theta_0)-n(\widetilde{\xi}-\xi_0)^{\mathrm{T}}\varPi(\widetilde{\xi}-\xi_0)+o_P(1).\tag{6.9.23}$$

注意到存在一个常数 $0<B<\infty$ 使得式 (6.9.23) 的主项被 $n(\widetilde{\xi}-\xi_0)^{\mathrm{T}}\varPi(\widetilde{\xi}-\xi_0)\sim B^2$ 所控制. 然而对任意给定的 $\delta>0$, $|(\widetilde{\xi}-\xi_0)^{\mathrm{T}}\mathcal{Q}(\beta_0^{(r)},\theta_0)|=BO_P(1)$. 如果 B 选的足够大, 则以概率 $1-\delta$, 事件 $(\widetilde{\xi}-\xi_0)^{\mathrm{T}}\mathcal{Q}_n(\widetilde{\beta}^{(r)},\widetilde{\theta})<0$ 成立. 由 δ 的任意性, 能够证明纠偏的 GEE(6.3.2) 在 $\mathcal{B}_n$ 上有一个解.

下面将证明纠偏 GEE 估计的渐近正态性. 假设纠偏的 GEE $\mathcal{Q}_n(\beta^{(r)},\theta)=0$ 在 $\mathcal{B}_n$ 内的解为 $\hat{\xi}=(\hat{\beta}^{(r)\mathrm{T}},\hat{\theta}^{\mathrm{T}})^{\mathrm{T}}$, 即 $\mathcal{Q}_n(\hat{\beta}^{(r)},\hat{\theta})=0$. 由式 (6.9.16), 有

$$0=\mathcal{Q}(\beta_0^{(r)},\theta_0)-n\varPi(\xi-\xi_0)+o_P(\sqrt{n}).$$

因此有

$$\sqrt{n}\begin{pmatrix} \hat{\beta}^{(r)}-\beta_0^{(r)} \\ \hat{\theta}-\theta_0 \end{pmatrix}=\Pi^{-1}n^{-1/2}\mathcal{Q}(\beta_0^{(r)},\theta_0)+o_P(1), \tag{6.9.24}$$

其中 Π 是定义在条件 (C6.9.9) 中的正定矩阵. 所以, 由上面的表示和中心极限定理, 完成了估计量 $(\hat{\beta}^{(r)\mathrm{T}},\hat{\theta}^{\mathrm{T}})^{\mathrm{T}}$ 的渐近正态性. □

定理 6.4.1 的证明 一些简单推导有

$$\overline{\hat{U}}_n(\beta_0^{(r)},\theta_0)=\frac{1}{n}\sum_{i=1}^{n}U_i(\beta_0^{(r)},\theta_0)+\frac{1}{n}\sum_{i=1}^{n}\Big(\hat{U}_i(\beta_0^{(r)},\theta_0)-U_i(\beta_0^{(r)},\theta_0)\Big). \tag{6.9.25}$$

注意到 $\mathcal{J}_1=\dfrac{1}{n}\sum\limits_{i=1}^{n}(\hat{U}_i(\beta_0^{(r)},\theta_0)-U_i(\beta_0^{(r)},\theta_0))$ 是一个 $l=k(p+q-1)$ 维向量. 考虑 $\mathcal{J}_1$ 的前 $p+q-1$ 个分量, 表示为 $\mathcal{J}_{11}$, 即

$$\begin{aligned}\mathcal{J}_{11}=&\frac{1}{n}\sum_{i=1}^{n}\Big[(\hat{\Lambda}_i-\Lambda_i)A_i^{-\frac{1}{2}}M_1A_i^{-\frac{1}{2}}\varepsilon_i+(\hat{\Lambda}_i-\Lambda_i)A_i^{-\frac{1}{2}}M_1A_i^{-\frac{1}{2}}(\hat{G}(X_i\beta_0)-G(X_i\beta_0))\\&-\Lambda_iA_i^{-\frac{1}{2}}M_1A_i^{-\frac{1}{2}}(\hat{G}(X_i\beta_0)-G(X_i\beta_0))\Big]\\=:&\,\mathcal{J}_{11_1}+\mathcal{J}_{11_2}-\mathcal{J}_{11_3}.\end{aligned} \tag{6.9.26}$$

既然 $\hat{\Lambda}_i-\Lambda_i$ 的第一列是 $\begin{pmatrix}\mathcal{J}_{11_1,\Lambda}\\ g_2(X_{i1}^{\mathrm{T}}\beta_0)-\hat{g}_2(X_{i1}^{\mathrm{T}}\beta_0)\end{pmatrix}$, 其中

$$\begin{aligned}\mathcal{J}_{11_1,\Lambda}=&\,g'(X_{i1}^{\mathrm{T}}\beta_0)J_{\beta_0^{(r)}}^{\mathrm{T}}(g_1(X_{i1}^{\mathrm{T}}\beta_0)-\hat{g}_1(X_{i1}^{\mathrm{T}}\beta_0))\\&+(\hat{g}'(X_{i1}^{\mathrm{T}}\beta_0)-g'(X_{i1}^{\mathrm{T}}\beta_0))J_{\beta_0^{(r)}}^{\mathrm{T}}(X_{i1}-g_1(X_{i1}^{\mathrm{T}}\beta_0))\\&+(\hat{g}'(X_{i1}^{\mathrm{T}}\beta_0)-g'(X_{i1}^{\mathrm{T}}\beta_0))J_{\beta_0^{(r)}}^{\mathrm{T}}(g_1(X_{i1}^{\mathrm{T}}\beta_0)-\hat{g}_1(X_{i1}^{\mathrm{T}}\beta_0)).\end{aligned}$$

由引理 6.9.1~引理 6.9.3, 容易证得

$$\sqrt{n}\overline{\hat{U}}_i(\beta_0^{(r)},\theta_0)=\sqrt{n}\left(\frac{1}{n}\sum_{i=1}^{n}U_i(\beta_0^{(r)},\theta_0)\right)+O_P\left(h+\left(\frac{1}{n^2h^7}\right)^{1/4}\right). \tag{6.9.27}$$

由条件 (C6.9.5) 和中心极限定理, 有

$$\sqrt{n}\overline{\hat{U}}_i(\beta_0^{(r)},\theta_0)\xrightarrow{L}N(0,\Sigma(\beta_0^{(r)},\theta_0)), \tag{6.9.28}$$

其中 $\Sigma(\beta_0^{(r)},\theta_0)$ 定义在条件 (C6.9.10) 中.

类似于引理 6.9.5, 经过一些推导可得

$$C_n(\beta_0^{(r)},\theta_0)=\frac{1}{n}\sum_{i=1}^{n}U_i(\beta_0^{(r)},\theta_0)U_i^{\mathrm{T}}(\beta_0^{(r)},\theta_0)+o_P(1).$$

由条件 (C6.9.10) 和大数定律, 有

$$C_n(\beta_0^{(r)},\theta_0)\xrightarrow{P}\Sigma(\beta_0^{(r)},\theta_0). \tag{6.9.29}$$

既然 $(\hat{\beta}^{(r)\mathrm{T}},\hat{\theta}^{\mathrm{T}})^{\mathrm{T}}=\arg\min_{\beta^{(r)},\theta}Q_n(\beta^{(r)},\theta)$, 明显有 $Q_n(\hat{\beta}^{(r)},\hat{\theta})\leqslant Q_n(\beta_0^{(r)},\theta_0)$. 因此, 结合式 (6.9.28) 和式 (6.9.29), 有

$$Q_n(\beta_0^{(r)},\theta_0)=\overline{\hat{U}}_n^{\mathrm{T}}(\beta_0^{(r)},\theta_0)C_n^{-1}(\beta_0^{(r)},\theta_0)\overline{\hat{U}}_n(\beta_0^{(r)},\theta_0)=O_P(n^{-1})=o_P(1),$$

由上式可得 $Q_n(\hat{\beta}^{(r)},\hat{\theta})\xrightarrow{P}0$. 类似于 Bai 等 (2008) 中引理 4, 能够证明纠偏的 QIF 估计 $(\hat{\beta}^{(r)\mathrm{T}},\hat{\theta}^{\mathrm{T}})^{\mathrm{T}}$ 以概率收敛到 $(\beta_0^{(r)\mathrm{T}},\theta_0^{\mathrm{T}})^{\mathrm{T}}$.

下面将证明纠偏 QIF 估计的渐近正态性. 注意到

$$Q_n(\beta^{(r)},\theta)=\overline{\hat{U}}_n^{\mathrm{T}}(\beta^{(r)},\theta)C_n^{-1}(\beta^{(r)},\theta)\overline{\hat{U}}_n(\beta^{(r)},\theta),$$

并令 $\beta^{(r)}=\beta_0^{(r)}+\dfrac{u_1}{\sqrt{n}}$ 和 $\theta=\theta_0+\dfrac{u_2}{\sqrt{n}}$. 令 $\xi=(\beta^{(r)\mathrm{T}},\theta^{\mathrm{T}})^{\mathrm{T}}$ 和 $\xi_0=(\beta_0^{(r)\mathrm{T}},\theta_0^{\mathrm{T}})^{\mathrm{T}}$. 这时, $\xi=\xi_0+\dfrac{u}{\sqrt{n}}, u=(u_1^{\mathrm{T}},u_2^{\mathrm{T}})^{\mathrm{T}}$ 和

$$Q_n\left(\beta_0^{(r)}+\frac{u_1}{\sqrt{n}},\theta_0+\frac{u_2}{\sqrt{n}}\right)=Q_n\left(\xi_0+\frac{u}{\sqrt{n}}\right)=:Q_n^*(u).$$

令 $\hat{u}=\arg\min_u Q_n^*(u)$, 则 $\hat{\xi}=\xi_0+\dfrac{\hat{u}}{\sqrt{n}}$ 或者 $\hat{u}=\sqrt{n}(\hat{\xi}-\xi_0)$. 进一步有

$$\begin{aligned}Q_n^*(u)&=\left[\frac{1}{n}\sum_{i=1}^n\hat{U}_i\left(\xi_0+\frac{u}{\sqrt{n}}\right)\right]^{\mathrm{T}}C_n^{-1}\left(\xi_0+\frac{u}{\sqrt{n}}\right)\left[\frac{1}{n}\sum_{i=1}^n\hat{U}_i\left(\xi_0+\frac{u}{\sqrt{n}}\right)\right],\\ Q_n^*(0)&=\left[\frac{1}{n}\sum_{i=1}^n\hat{U}_i(\xi_0)\right]^{\mathrm{T}}C_n^{-1}(\xi_0)\left[\frac{1}{n}\sum_{i=1}^n\hat{U}_i(\xi_0)\right],\end{aligned} \tag{6.9.30}$$

计算得 $Q_n^*(u)-Q_n^*(0)=V_a^{(n)}(u)$. 由引理 6.9.1~引理 6.9.3, 以及引理 6.9.4 的类似证明方法, 可证得

$$\frac{1}{n}\sum_{i=1}^n\hat{U}_i\left(\xi_0+\frac{u}{\sqrt{n}}\right)=\frac{1}{n}\sum_{i=1}^n\tilde{U}_i\left(\xi_0+\frac{u}{\sqrt{n}}\right)+o_P(1)=:\frac{1}{n}\sum_{i=1}^n\tilde{U}_i(u)+o_P(1), \tag{6.9.31}$$

其中

$$\frac{1}{n}\sum_{i=1}^n\tilde{U}_i(u)=\frac{1}{n}\sum_{i=1}^n\begin{pmatrix}\tilde{\Lambda}_i(u)A_i^{-\frac{1}{2}}M_1A_i^{-\frac{1}{2}}(Y_i-G(X_i\beta(u))-Z_i\theta(u))\\ \vdots\\ \tilde{\Lambda}_i(u)A_i^{-\frac{1}{2}}M_kA_i^{-\frac{1}{2}}(Y_i-G(X_i\beta(u))-Z_i\theta(u))\end{pmatrix},$$

其中$\beta(u)=(\beta_1(u),\cdots,\beta_p(u))^{\mathrm{T}},\beta^{(r)}(u)=\beta_0^{(r)}+\dfrac{u_1}{\sqrt{n}},\beta_r(u)=\sqrt{1-\|\beta^{(r)}(u)\|},\theta(u)=\theta_0+\dfrac{u_2}{\sqrt{n}}$ 和

$$\tilde{\Lambda}_i(u)=\begin{pmatrix} g'(X_{i1}^{\mathrm{T}}\beta(u))(X_{i1}-g_1(X_{i1}^{\mathrm{T}}\beta(u)))^{\mathrm{T}}J_{\beta_0^{(r)}}, & (Z_{i1}-g_2(X_{i1}^{\mathrm{T}}\beta(u)))^{\mathrm{T}} \\ \vdots & \vdots \\ g'(X_{im_i}^{\mathrm{T}}\beta(u))(X_{im_i}-g_1(X_{im_i}^{\mathrm{T}}\beta(u)))^{\mathrm{T}}J_{\beta_0^{(r)}}, & (Z_{im_i}-g_2(X_{im_i}^{\mathrm{T}}\beta(u)))^{\mathrm{T}} \end{pmatrix}^{\mathrm{T}}.$$

类似可得

$$Q_n^*(u)=\left[\frac{1}{n}\sum_{i=1}^n\tilde{U}_i(u)\right]^{\mathrm{T}}C_n^{-1}(\xi_0)\left[\frac{1}{n}\sum_{i=1}^n\tilde{U}_i(u)\right]+o_P\left(\frac{1}{\sqrt{n}}\right) \tag{6.9.32}$$

和

$$Q_n^*(0)=\left[\frac{1}{n}\sum_{i=1}^n\tilde{U}_i(0)\right]^{\mathrm{T}}C_n^{-1}(\xi_0)\left[\frac{1}{n}\sum_{i=1}^n\tilde{U}_i(0)\right]+o_P\left(\frac{1}{\sqrt{n}}\right). \tag{6.9.33}$$

因此有

$$\begin{aligned} V_a^{(n)}(u)=&\left[\frac{1}{n}\sum_{i=1}^n(\tilde{U}_i(u)-\tilde{U}_i(0))\right]^{\mathrm{T}}C_n^{-1}(\xi_0)\left[\frac{1}{n}\sum_{i=1}^n(\tilde{U}_i(u)-\tilde{U}_i(0))\right]\\ &+\left[\frac{1}{n}\sum_{i=1}^n\tilde{U}_i(0)\right]^{\mathrm{T}}C_n^{-1}(\xi_0)\left[\frac{1}{n}\sum_{i=1}^n(\tilde{U}_i(u)-\tilde{U}_i(0))\right]\\ &+\left[\frac{1}{n}\sum_{i=1}^n(\tilde{U}_i(u)-\tilde{U}_i(0))\right]^{\mathrm{T}}C_n^{-1}(\xi_0)\left[\frac{1}{n}\sum_{i=1}^n\tilde{U}_i(0)\right]+o_P\left(\frac{1}{\sqrt{n}}\right). \end{aligned} \tag{6.9.34}$$

对 $\varphi(X_{ij}^{\mathrm{T}}\beta(u))$ 使用 Taylor 展式, 有

$$\varphi(X_{ij}^{\mathrm{T}}\beta(u))=\varphi(X_{ij}^{\mathrm{T}}\beta_0)+\varphi'(X_{ij}^{\mathrm{T}}\beta_0)X_{ij}^{\mathrm{T}}J_{\beta_0^{(r)}}\left(\beta^{(r)}(u)-\beta_0^{(r)}\right)+o_P\left(\frac{1}{\sqrt{n}}\right), \tag{6.9.35}$$

其中 $\varphi(\cdot)$ 表示函数 $g(\cdot),g'(\cdot),g_1(\cdot)$ 和 $g_2(\cdot)$ 中的任何一个.

由式 (6.9.32) 和式 (6.9.35), 以及一些推导, 可得

$$\begin{aligned} \frac{1}{n}\sum_{i=1}^n(\tilde{U}_i(u)-\tilde{U}_i(0))&=-\frac{1}{n}\sum_{i=1}^n\begin{pmatrix}\tilde{\Lambda}_i(0)A_i^{-\frac{1}{2}}M_1A_i^{-\frac{1}{2}}\tilde{\Lambda}_{i*}^{\mathrm{T}}(0)\\ \vdots \\ \tilde{\Lambda}_i(0)A_i^{-\frac{1}{2}}M_kA_i^{-\frac{1}{2}}\tilde{\Lambda}_{i*}^{\mathrm{T}}(0)\end{pmatrix}\frac{u}{\sqrt{n}}+o_P\left(\frac{1}{\sqrt{n}}\right)\\ &=-\Gamma_{1n}\frac{u}{\sqrt{n}}+o_P\left(\frac{1}{\sqrt{n}}\right), \end{aligned} \tag{6.9.36}$$

其中

$$\tilde{\Lambda}_{i*}^{\mathrm{T}}(0)=\begin{pmatrix} g'(X_{i1}^{\mathrm{T}}\beta_0)X_{i1}^{\mathrm{T}}J_{\beta_0^{(r)}} & Z_{i1}^{\mathrm{T}} \\ \vdots & \vdots \\ g'(X_{im_i}^{\mathrm{T}}\beta_0)X_{im_i}^{\mathrm{T}}J_{\beta_0^{(r)}} & Z_{im_i}^{\mathrm{T}} \end{pmatrix}.$$

进一步, 注意到

$$\sqrt{n}\left(\frac{1}{n}\sum_{i=1}^{n}\tilde{U}_i(0)\right)=:W\xrightarrow{L}N(0,\Sigma(\beta_0^{(r)},\theta_0)) \tag{6.9.37}$$

和

$$\begin{aligned}\Gamma_{1n}&\xrightarrow{P}\lim_{n\to\infty}\frac{1}{n}\sum_{i=1}^{n}E\left[\begin{pmatrix}\tilde{\Lambda}_i(0)A_i^{-\frac{1}{2}}M_1A_i^{-\frac{1}{2}}\tilde{\Lambda}_{i*}^{\mathrm{T}}(0)\\ \vdots \\ \tilde{\Lambda}_i(0)A_i^{-\frac{1}{2}}M_kA_i^{-\frac{1}{2}}\tilde{\Lambda}_{i*}^{\mathrm{T}}(0)\end{pmatrix}\right]\\ &=\lim_{n\to\infty}\frac{1}{n}\sum_{i=1}^{n}E\left[\begin{pmatrix}\tilde{\Lambda}_i(0)A_i^{-\frac{1}{2}}M_1A_i^{-\frac{1}{2}}\tilde{\Lambda}_{i}^{\mathrm{T}}(0)\\ \vdots \\ \tilde{\Lambda}_i(0)A_i^{-\frac{1}{2}}M_kA_i^{-\frac{1}{2}}\tilde{\Lambda}_{i}^{\mathrm{T}}(0)\end{pmatrix}\right]=\Gamma.\end{aligned} \tag{6.9.38}$$

因此, 由式 (6.9.29), 式 (6.9.36), 式 (6.9.37), 式 (6.9.34) 退化到

$$V_a^{(n)}(u)=\frac{1}{n}u^{\mathrm{T}}\Gamma^{\mathrm{T}}\Sigma^{-1}(\beta_0^{(r)},\theta_0)\Gamma u-\frac{2}{n}u^{\mathrm{T}}\Gamma^{\mathrm{T}}\Sigma^{-1}(\beta_0^{(r)},\theta_0)W+o_P\Big(\frac{1}{n}\Big). \tag{6.9.39}$$

由 Slutsky 定理, 能够发现

$$\hat{Q}_n^*(u)-\hat{Q}_n^*(0)\xrightarrow{L}V_a(u)\ \text{对任何的}\ u,\ \|u\|\leqslant M,$$

且 $V_a(u)$ 的唯一极小值是 $u=(\Gamma^{\mathrm{T}}\Sigma^{-1}(\beta_0^{(r)},\theta_0)\Gamma)^{-1}\Gamma^{\mathrm{T}}\Sigma^{-1}(\beta_0^{(r)},\theta_0)W$. 注意到 $\hat{u}$ 是 $Q_n^*(u)$ 的极小值, 并使用 Bai 等 (2008) 中引理 4, van der Vaart (2000) 中的 Argmax 定理和其推论, 能够推出

$$\hat{u}\xrightarrow{L}\Big(\Gamma^{\mathrm{T}}\Sigma^{-1}(\beta_0^{(r)},\theta_0)\Gamma\Big)^{-1}\Gamma^{\mathrm{T}}\Sigma^{-1}(\beta_0^{(r)},\theta_0)W.$$

这时,

$$\hat{u}\xrightarrow{L}N\Big(0,(\Gamma^{\mathrm{T}}\Sigma^{-1}(\beta_0^{(r)},\theta_0)\Gamma)^{-1}\Big).$$

此处 $\hat{u}=\sqrt{n}(\hat{\xi}-\xi_0)$, 则有

$$\sqrt{n}\begin{pmatrix}\hat{\beta}^{(r)}-\beta_0^{(r)}\\ \hat{\theta}-\theta_0\end{pmatrix}\xrightarrow{L}N\Big(0,(\Gamma^{\mathrm{T}}\Sigma^{-1}(\beta_0^{(r)},\theta_0)\Gamma)^{-1}\Big).$$

因此, 完成了定理 6.4.1 的证明. □

定理 6.5.1 的证明 (a) 考虑下面纠偏的 GEE

$$\sum_{i=1}^{n}\hat{\Lambda}_i V_i^{-1}[Y_i-\hat{G}(X_i\beta;\beta,\theta)-Z_i\theta]=0. \tag{6.9.40}$$

在约束 $\beta_{II}=0,\theta_{II}=0$ 时, 令 $(\hat{\beta}_I,\hat{\theta}_I)$ 是上面纠偏 GEE 的解, 即仅仅使用了 X_i 的前 p_0 列和 Z_i 的前 q_0 列相对应的 p_0-1+q_0 个估计方程. 令 $\hat{\beta}=(\hat{\beta}_I^{\mathrm{T}},\hat{\beta}_{II}^{\mathrm{T}}=0^{\mathrm{T}})^{\mathrm{T}}$, $\hat{\theta}=(\hat{\theta}_I^{\mathrm{T}},\hat{\theta}_{II}^{\mathrm{T}}=0^{\mathrm{T}})^{\mathrm{T}}$. 对于纠偏的惩罚 GEE 估计 $(\hat{\beta},\hat{\theta})$, 性质 (a)(i) 和 (a)(ii) 是显然的. 现在需要证明 $(\hat{\beta},\hat{\theta})$ 是一个零交点的逼近值. 令 $\hat{\Lambda}_{ij}$ 是 $\hat{\Lambda}_i$ 的第 j 行. 对于 $1\leqslant j\leqslant p_0-1$ 和 $p\leqslant j\leqslant p+q_0-1$, 由 $(\hat{\beta}_I,\hat{\theta}_I)$ 的构造, 有

$$\sum_{i=1}^{n}\hat{\Lambda}_{ij}^{\mathrm{T}}V_i^{-1}[Y_i-\hat{G}(X_i\hat{\beta};\hat{\beta},\hat{\theta})-Z_i\hat{\theta}]=0.$$

进一步, 既然 $\lambda_1\to 0$, 并且 $\hat{\beta}_I$ 和 $\hat{\theta}_I$ 是相合的, 则有 $nq_{\lambda_1}(|\hat{\beta}_j|)=0$ 对 $j<p_0$ 和 $nq_{\lambda_2}(|\hat{\theta}_j|)=0$ 对 $j\leqslant q_0$. 对于 $1\leqslant j\leqslant p_0-1$ 和 $p\leqslant j\leqslant p+q_0-1$, 这证明了 $U_j^P(\hat{\beta},\hat{\theta})=0$, 即证明了对这些 j 的零交点性质, 因为纠偏的 GEE 是连续的.

对于 $p_0\leqslant j\leqslant p-1$ 和 $j\geqslant p+q_0$, 由 $(\hat{\beta},\hat{\theta})$ 的 $\sqrt{n}$ 相合性, 并由定理 6.3.1 的证明, 得

$$\begin{aligned}&\sum_{i=1}^{n}\hat{\Lambda}_{ij}^{\mathrm{T}}V_i^{-1}[Y_i-\hat{G}(X_i\hat{\beta};\hat{\beta},\hat{\theta})-Z_i\hat{\theta}]\\=&\sum_{i=1}^{n}\Lambda_{ij}^{\mathrm{T}}V_i^{-1}[Y_i-G(X_i\beta;\beta,\theta)-Z_i\theta]+o_P(\sqrt{n}).\end{aligned}$$

此外, 由中心极限定理可知上式右边第一项是 $O_P(\sqrt{n})$, 且当 $p_0\leqslant j\leqslant p-1$ 时, $\sum_{i=1}^{n}\hat{\Lambda}_{ij}^{\mathrm{T}}V_i^{-1}[Y_i-\hat{G}(X_i\beta;\beta,\theta)-Z_i\theta]=O_P(\sqrt{n})=o_P(n\min\{\lambda_1,\lambda_2\})$ 被 $-nq_{\lambda_1}(\varepsilon)$ 控制, 当 $j\geqslant p+q_0$ 时, 而被 $nq_{\lambda_2}(\varepsilon)$ 所控制, 此处 $\varepsilon\to 0+$. 因此 $U_j^P(\hat{\xi}+\varepsilon e_j)$ 和 $U_j^P(\hat{\xi}-\varepsilon e_j)$ 有相反的符号, 显示了零交点的条件, 进而完成了证明.

(b) 证明非常类似于 (a) 的证明. 首先仅仅使用 X_i 的前 p_0 列和 Z_i 的前 q_0 列, 并使用纠偏的 QIF 方法得到估计量 $(\hat{\beta}_I,\hat{\theta}_I)$. 令 $\hat{\beta}=(\hat{\beta}_I^{\mathrm{T}},\hat{\beta}_{II}^{\mathrm{T}}=0^{\mathrm{T}})^{\mathrm{T}}$ 和 $\hat{\theta}=(\hat{\theta}_I^{\mathrm{T}},\hat{\theta}_{II}^{\mathrm{T}}=0^{\mathrm{T}})^{\mathrm{T}}$. $(\hat{\beta},\hat{\theta})$ 自动满足 (b)(i) 和 (b)(ii). 现在仅仅需要证明该估计量是纠偏的惩罚 QIF 目标函数 (6.5.2) 的局部极小值点. 由一阶微分条件, 仅仅需要验证下面的结论

$$\begin{aligned}&\dot{Q}_{nj}(\hat{\beta},\hat{\theta})=0,\quad 1\leqslant j\leqslant p_0-1,\quad p\leqslant j\leqslant p+q_0-1,\\&|\dot{Q}_{nj}(\hat{\beta},\hat{\theta})|=o_P(\lambda),\quad p_0\leqslant j\leqslant p-1,\quad j\geqslant p+q_0.\end{aligned}$$

基于纠偏的惩罚 QIF 估计 $(\hat{\beta},\hat{\theta})$ 的构造, 容易知道上面第一个方程自然成立. 由定理 6.4.1 的证明过程, $(\hat{\beta},\hat{\theta})$ 的 $\sqrt{n}$ 相合性, 以及在真实参数的 Taylor 展开, 能够证明上面第二式成立. 因此完成了定理的证明. □

定理 6.6.1 的证明 定理 6.6.1 的证明过程类似于文献 Zhang (2007) 中定理和 Liang 等 (2010) 中定理 5 的证明, 结合本节的主要引理, 类似可以完成本定理的证明. 因此, 证明细节省略. □

第 7 章　纵向数据变系数模型

本章主要讨论纵向数据变系数模型, 首先介绍纵向数据变系数模型的一些估计和统计推断方法, 然后重点介绍纵向数据变系数测量误差模型修正的经验似然方法.

7.1 引　　言

7.1.1 变系数模型

设 $\{(Y_i, X_i, U_i), i = 1, \cdots, n\}$ 为含有 n 个个体的样本, 则变系数模型具有如下形式:

$$Y_i = X_i^{\mathrm{T}}\beta(U_i) + \varepsilon_i, \quad i = 1, \cdots, n, \tag{7.1.1}$$

其中 $\beta(\cdot) = (\beta_1(\cdot), \cdots, \beta_p(\cdot))^{\mathrm{T}}$ 为 $p \times 1$ 未知函数系数向量, X_i 和 U_i 为协变量, Y_i 为响应变量, ε_i 为模型误差并且满足 $E(\varepsilon_i|X_i, U_i) = 0$. 就 $X_{i1} \equiv 1$ 而论, 允许模型 (7.1.1) 有变截距项, $i = 1, \cdots, n$. 模型 (7.1.1) 包含许多经典的模型. 该模型的吸引之处在于系数 $\beta_i(U)$ 依赖于 U, 不仅消减了建模偏差, 而且避免了 "维数祸根". 尤其是在纵向数据的研究中, 允许考察协变量随时间影响响应变量的程度. 因此该模型有较强的适应性, 并且有着广泛的应用背景.

自从 Cleveland 等 (1992) 研究变系数模型以来, 许多学者对变系数模型进行了深入研究. 在独立数据下, Fan 和 Zhang (1999) 基于局部多项式方法, 给出了 $\beta(\cdot)$ 的两阶段估计过程, 证明了所得估计达到了最优的非参数收敛速度. Cai (2002) 利用两阶段局部似然方法讨论了 $\beta(\cdot)$ 的估计, 并证明了所得估计的渐近性质且达到了最优的收敛速度. Fan 和 Zhang (2000) 研究了 $\beta(\cdot)$ 的同时置信带构造和假设检验问题. Lu 和 Mao (2004) 利用 B 样条方法, 研究了 $\beta(\cdot)$ 的估计问题. Lu 等 (2008) 对模型 (7.1.1) 提出了一个惩罚样条估计方法, 并证明了所得估计量是相合的并且具有渐近正态性. Wang 和 Xia (2009) 结合局部多项式方法以及 Lasso, 给出了一个变量选择程序. 在一定的条件下, 证明了该变量选择程序可以相合地识别出真实模型. 张日权和卢一强 (2009) 对变系数模型进行了较为详细的论述及系统的研究. 关于变系数模型的其他研究工作参见文献 Cai 等 (2000b); Cai 等 (2000a); Eubank 和 Huang(2004); Honda (2004); Ip 等 (2007); Wang 和 Zhang (2009); Wang (2009); Eggermont 等 (2010); Zhao 和 Xue (2011) 等.

在纵向数据研究中，由于变系数模型允许考察协变量随时间影响响应变量的程度，许多学者考虑了如下变系数模型的估计和统计推断问题

$$Y_i(t_{ij}) = X_i^{\mathrm{T}}(t_{ij})\beta(t_{ij}) + \varepsilon_i(t_{ij}), \quad i=1,\cdots,n, \quad j=1,\cdots,m_i, \tag{7.1.2}$$

其中 $X_i(t)=(1,X_{i1}(t),\cdots,X_{ip}(t))^{\mathrm{T}}$, $X_{il}(t), l=1,\cdots,p$, 是时间 t 的实值协变量，$t_{ij}\in\mathbb{R}$, $\beta(t)=(\beta_0(t),\cdots,\beta_p(t))^{\mathrm{T}}$ 是未知的函数系数向量，且 $\beta_l(t)\in\mathbb{R}, l=0,\cdots,p$, 误差 $\varepsilon_i(t)$ 是均值为 0 的随机过程，且 $\varepsilon_i(t)$ 和 $X_i(t)$ 是独立的.

Wu 等 (1998) 通过最小化局部最小二乘准则构造了 $\beta(t)$ 的核估计，并证明了所得估计的渐近正态性，根据该渐近性质可以构造 $\beta(t)$ 的渐近置信域. Hoover 等 (1998) 分别利用光滑样条方法以及加权局部多项式方法研究了 $\beta(t)$ 的估计问题. Fan 和 Zhang (2000) 针对 $\beta(t)$ 中不同分量具有不同光滑度的情况，提出了一个两阶段估计过程. Wu 等 (2000) 提出先中心化协变量，然后采用局部最小二乘方法给出了函数系数的两步核估计，并证明了估计量的渐近性质. Huang 等 (2002) 利用基函数逼近方法，研究了 $\beta(t)$ 的整体光滑估计过程. Huang(2004) 考虑了系数函数的多项式样条估计，并研究了估计量的渐近性质. Qu 和 Li (2006) 采用二次推断函数方法研究了变系数模型的估计和检验问题. Xue 和 Zhu (2007) 利用经验似然方法，提出了 $\beta(t)$ 的两种纠偏的经验似然比，并证明了所构造的经验对数似然比渐近服从标准的 χ^2 分布，基于该结果可以构造 $\beta(t)$ 的逐点置信区间. Wang 等 (2008) 结合基函数逼近以及 SCAD 惩罚估计方法，研究了模型 (7.1.2) 的变量选择问题. 在一定的条件下，证明了所提出的变量选择方法可以相合地识别出真实模型，并证明了系数函数估计量可以达到最优收敛速度. Wang 等 (2008) 尽管考虑了模型 (7.1.2) 的变量选择问题，但未考虑 $p\gg n$ 的情形. 针对该问题，Wei 等 (2011) 采用 group Lasso 和基函数逼近方法同时变量选择和估计非零的函数系数. 关于模型 (7.1.2) 的统计推断的更多研究参见文献 Wu 和 Chiang (2000); Chiang 等 (2001); Tang 和 Cheng (2008) 等.

7.1.2 变系数测量误差模型

3.3.4 节介绍了部分线性测量误差模型. 在采用变系数模型建模分析实际问题时，协变量的精确值往往不能直接观测到，观测到的是带有测量误差的观测变量. 因此，本节介绍变系数测量误差模型，也称为变系数 EV (errors-in-variables) 模型.

为了简单，假定模型 (7.1.2) 中不存在变截距项，并假定模型中的协变量不能准确测量，观测到的是带有可加测量误差的变量，这时变系数模型 (7.1.2) 变为下面的变系数 EV 模型

$$\begin{cases} Y_i(t_{ij}) = X_i^{\mathrm{T}}(t_{ij})\beta(t_{ij}) + \varepsilon_i(t_{ij}), \\ W_i(t_{ij}) = X_i(t_{ij}) + U_i(t_{ij}), \quad i = 1, \cdots, n, \quad j = 1, \cdots, m_i, \end{cases} \tag{7.1.3}$$

其中 $X_i(t) = (X_{i1}(t), \cdots, X_{ip}(t))^{\mathrm{T}}$ 是 t 的实值协变量, $\beta(t) = (\beta_1(t), \cdots, \beta_p(t))^{\mathrm{T}}$ 是未知回归系数向量, 误差 $\varepsilon_i(t)$ 是均值为 0 的随机过程且 $\varepsilon_i(t)$ 是独立的. $U(t)$ 为测量误差, 类似 Li 和 Greene (2007), 假定 $U(t)$ 与 $Y(t)$ 以及 $X(t)$ 相互独立, 且其均值为 0, 协方差阵为 Σ_u 与 t 无关. 如果 $X(t)$ 中某个分量不含测量误差, 则 U 中相应的分量和 Σ_u 对应的分量为 0. 产生测量误差的原因有很多, 如仪器精度不够, 感兴趣变量无法直接测量等, 已有很多学者讨论了测量误差模型. You 等 (2006), Li 和 Greene (2007) 采用局部纠偏方法估计函数系数 $\beta(t)$. Wang 和 Zhang (2009) 利用核实数据研究了变系数 EV 模型. Zhang 等 (2011c) 讨论变系数部分线性 EV 模型的估计和检验问题. Yang 等 (2014b) 讨论了模型 (7.1.3) 中函数系数 $\beta(t)$ 的经验似然逐点置信带的构造问题. 尽管基于 $\beta(t)$ 的渐近分布可以构造置信带, 但需估计渐近偏差和方差. 为了避免该问题, 推荐采用经验似然方法构造函数系数的置信带. 该方法广泛使用. 如 Xue 和 Zhu (2006) 与 Zhu 和 Xue (2006) 分别研究了单指标模型和部分线性单指标模型中参数的置信域构造. Xue 和 Zhu (2007a) 考虑了纵向数据部分线性模型的经验似然推断. Cui 和 Chen (2003) 利用经验似然方法研究了 EV 模型中参数的经验似然推断. 更多相关研究参见文献 Zhao 和 Xue (2009); Xue (2009a, 2009b); Wang 和 Rao (2002); Stute 等 (2007); Li 等 (2008); Huang 和 Zhang (2009); Hua 等 (2009); Wang 等 (2011); You 和 Zhou (2006); Zhou 和 Liang (2009); Li 等 (2010a); Li 等 (2012a) 等.

7.2 估计方法

7.2.1 光滑核估计

Wu 等 (1998) 提出了光滑核估计方法估计函数系数, 并给出了估计量的渐近正态性, 由此构造 $\beta(t)$ 的置信域. 下面介绍这种方法. 假设 $(X(t), Y(t))$ 与 $(X_i(t), Y_i(t))$ 同分布, 对每个给定的 $t \in \mathbb{R}$, 模型 (7.1.2) 等价形式为

$$Y(t) = X^{\mathrm{T}}(t)\beta(t) + \varepsilon(t), \tag{7.2.1}$$

其中 $\varepsilon(t)$ 是均值为 0 的随机过程, 方差为 $\sigma^2(t)$ 且对任意 $t_1 \neq t_2$, 协方差为 $\rho_\varepsilon(t_1, t_2)$, $\varepsilon(t)$ 和 $X(t)$ 相互独立. 下面假定给定 $t \in \mathbb{R}$ 下的条件期望

$$E_{XX^{\mathrm{T}}}(t) = E[X(t)X^{\mathrm{T}}(t)]$$

和

$$E_{XY}(t) = E[X(t)Y(t)]$$

存在, 且 $E_{XX^{\mathrm{T}}}(t)$ 可逆. 那么, 对任意 $t\in\mathbb{R}$, $\beta(t)$ 是 $E\{[Y(t)-X^{\mathrm{T}}(t)b(t)]^2\}$ 的唯一极小值点, 且形式为

$$\beta(t)=E_{XX^{\mathrm{T}}}^{-1}(t)E_{XY}(t). \tag{7.2.2}$$

因此, 一个自然的想法就是采用局部最小二乘准则估计 $\beta(t)$. 设 $K(\cdot)$ 是 Borel 可测的核函数, h 是依赖 n 和 m_i 的正窗宽, 则 $\beta(t)$ 的局部核估计 $\hat{\beta}(t;h)$ 可关于 $b(t)$ 最小化

$$L_N(t)=\sum_{i=1}^{n}\sum_{j=1}^{m_i}[Y_i(t_{ij})-X_i^{\mathrm{T}}(t_{ij})b(t)]^2K\left(\frac{t-t_{ij}}{h}\right) \tag{7.2.3}$$

得到. 采用矩阵形式可将式 (7.2.3) 等价变为

$$L_N(t)=\sum_{i=1}^{n}(Y_i-X_i\beta(t))^{\mathrm{T}}K_i(t;h)(Y_i-X_i\beta(t)),$$

其中

$$X_i=\begin{pmatrix}1 & X_{i1}(t_{i1}) & \cdots & X_{ip}(t_{i1})\\ \vdots & \vdots & & \vdots\\ 1 & X_{i1}(t_{im_i}) & \cdots & X_{ip}(t_{im_i})\end{pmatrix},\quad Y_i=\begin{pmatrix}Y_i(t_{i1})\\ \vdots\\ Y_i(t_{im_i})\end{pmatrix},$$

且 $K_i(\cdot;\cdot)$ 是对称核矩阵, 即

$$K_i(t;h)=\mathrm{diag}\left(K\left(\frac{t-t_{i1}}{h}\right),\cdots,K\left(\frac{t-t_{im_i}}{h}\right)\right).$$

假定 $\sum\limits_{i=1}^{n}X_i^{\mathrm{T}}K_i(t;h)X_i$ 可逆, 那么极小化式 (7.2.3) 可以得到 $\hat{\beta}(t;h)$, 即

$$\hat{\beta}(t;h)=\left(\sum_{i=1}^{n}X_i^{\mathrm{T}}K_i(t;h)X_i\right)^{-1}\left(\sum_{i=1}^{n}X_i^{\mathrm{T}}K_i(t;h)Y_i\right).$$

$\hat{\beta}(t;h)$ 的主要优点在于它的数学表达式简单清晰, 且具有较好的渐近性质. 尽管如此, 由于 $\hat{\beta}(t;h)$ 仅包含一个窗宽, 当 $\beta_0(t),\cdots,\beta_p(t)$ 具有不同光滑度时, 它不能对 $\beta(t)$ 提供适当的光滑. 因此, 有必要对其他最小二乘光滑方法进行进一步研究, 如光滑样条估计、局部多项式估计等, 它们采用多个光滑参数去拟合 $\beta_0(t),\cdots,\beta_p(t)$ 的不同光滑度.

注意到 $\hat{\beta}(t;h)$ 含有窗宽 h 需要选择. 由于个体之间是独立的, Wu 等 (1998) 建议采用 Rice 和 Siliverman (1991) 提出的 "去一个体" 交错核实 ("leave-one-subject-out" cross-validation) 方法选择窗宽. "去一个体" 交错核实准则为

$$\mathrm{CV}(h)=\frac{1}{N}\sum_{i=1}^{n}\sum_{j=1}^{m_i}[Y_i(t_{ij})-X_i^{\mathrm{T}}(t_{ij})\hat{\beta}^{-i}(t_{ij};h)]^2,$$

其中 $\hat{\beta}^{-i}(t_{ij};h)$ 是删除第 i 个个体以后的所有观测得到的 $\beta(t)$ 的估计, $N=\sum_{i=1}^{n}m_i$ 是总的观测次数. 极小化 CV(h) 得到窗宽 $h_{\rm cv}$, 即 $h_{\rm cv}=\inf_{h>0}{\rm CV}(h)$. 该方法可以推广到其他光滑估计中光滑参数的选取, 如光滑样条估计、局部多项式估计等.

Wu 等 (1998) 给出了 $\hat{\beta}(t;h)$ 的渐近分布, 以及渐近偏差和方差的估计, 从而构造 $\beta(t)$ 的置信域. 进一步, 他们也讨论了 $\beta(t)$ 的 Bonferroni 类置信带.

7.2.2 光滑样条估计

Hoover 等 (1998) 利用 Eubank (1988) 提出的样条方法讨论了模型 (7.2.1) 中函数系数的光滑样条估计. 假定模型 (7.2.1) 中函数系数 $\beta_0(t),\cdots,\beta_p(t)$ 是二阶连续可微的, 且二阶导数 $\beta_0''(t),\cdots,\beta_p''(t)$ 有界且平方可积, 记 $X_{ijl}=X_{il}(t_{ij}),i=1,\cdots,n,j=1,\cdots,m_i,l=0,\cdots,p$. $\beta_0(t),\cdots,\beta_p(t)$ 的一个光滑样条估计可通过极小化

$$J(\beta,\lambda)=\sum_{i=1}^{n}\sum_{j=1}^{m_i}\left[Y_i(t_{ij})-\left\{\sum_{l=0}^{p}X_{ijl}\beta_l(t_{ij})\right\}\right]^2+\sum_{l=0}^{p}\lambda_l\int\{\beta_l''(t)\}^2{\rm d}t \tag{7.2.4}$$

得到, 其中 $\lambda=(\lambda_0,\cdots,\lambda_p)^{\rm T}$ 是正的光滑参数. 式 (7.2.4) 右边包含两项, 第一项提供了 $\beta_l(t)$ 对数据拟合程度的度量, 第二项用来度量 $\beta_l(t)$ 的光滑度. 光滑参数 λ_l 反映了拟合的相对重要性和 $\beta_l(t)$ 的光滑性. 太大的 λ_l 会对 $\beta_l(t)$ 过分地惩罚, 导致过光滑的估计; 相反地, 太小的 λ_l 会对 $\beta_l(t)$ 欠光滑估计.

为了极小化 $J(\beta,\lambda)$, 将函数系数 $\beta_0(t),\cdots,\beta_p(t)$ 利用样条基表示. 对每个 $\beta_l(t)$ 可以表示为

$$\beta_l(t)=\sum_{r=1}^{d}\gamma_{rl}B_r(t)=B^{\rm T}(t)\gamma_l, \tag{7.2.5}$$

其中 $d\geqslant 1(-\infty<t<\infty)$, $\gamma_l=(\gamma_{1l},\cdots,\gamma_{dl})^{\rm T}$ 是实值系数, $B(t)=(B_1(t),\cdots,B_d(t))^{\rm T}$ 是基函数. 那么, 可以找到系数向量 γ_l 使得二次函数 $J(\beta,\lambda)$ 达到最小. 对每个个体 i, 记

$$\begin{aligned}&Y_i=(Y_i(t_{i1}),\cdots,Y_i(t_{im_i}))^{\rm T},\quad X_{i,l}={\rm diag}(X_{il}(t_{i1}),\cdots,X_{il}(t_{im_i})),\\&t_i=(t_{i1},\cdots,t_{im_i})^{\rm T},\end{aligned}$$

$$B_i=\begin{pmatrix}B_1(t_{i1})&\cdots&B_d(t_{i1})\\ \vdots&&\vdots\\ B_1(t_{im_i})&\cdots&B_d(t_{im_i})\end{pmatrix},$$

且 Ω 是 $d\times d$ 矩阵, 其第 (i,j) 元素为 $\Omega_{ij}=\int\{B_i''(t)B_j''(t)\}\mathrm{d}t$. 那么式 (7.2.4) 等价表示为

$$J(\beta,\lambda)=\sum_{i=1}^{n}\left\{Y_i-\sum_{l=0}^{p}(X_{i,l}B_i\gamma_l)\right\}^{\mathrm{T}}\left\{Y_i-\sum_{l=0}^{p}(X_{i,l}B_i\gamma_l)\right\}+\sum_{l=0}^{p}(\lambda_l\gamma_l^{\mathrm{T}}\Omega\gamma_l). \quad (7.2.6)$$

如果令 $\partial J(\beta,\lambda)/\partial\gamma_{rl}=0$, 那么式 (7.2.6) 的极小值点 $(\gamma_0,\cdots,\gamma_p)$ 满足下列正则方程组

$$\sum_{i=1}^{n}\left\{(X_{i,l}B_i)^{\mathrm{T}}\sum_{l=0}^{p}(X_{i,l}B_i\gamma_l)\right\}+\sum_{l=0}^{p}(\lambda_l\Omega\gamma_l)=\sum_{i=1}^{n}\{(X_{i,l}B_i)^{\mathrm{T}}Y_i\},\quad l=0,\cdots,p. \quad (7.2.7)$$

如果正则方程 (7.2.6) 存在唯一解 $(\hat{\gamma}_0,\cdots,\hat{\gamma}_p)$, 那么, 不失一般性, 存在 $d\times m_i$ 矩阵 $N_{il},i=1,\cdots,n,l=0,\cdots,p$, 使得

$$\hat{\gamma}_l=\sum_{i=1}^{n}(N_{il}Y_i),\quad l=0,\cdots,p. \quad (7.2.8)$$

将式 (7.2.8) 代入式 (7.2.5) 得到 $\beta(t)$ 的估计, 即

$$\hat{\beta}_l(t)=\sum_{r=1}^{d}\{\hat{\gamma}_{rl}B_r(t)\}=\sum_{i=1}^{n}\{B^{\mathrm{T}}(t)N_{il}Y_i\},\quad l=0,\cdots,p.$$

Hoover 等 (1998) 指出正则方程组 (7.2.7) 的解的存在性和唯一性依赖于设计矩阵 $X_{i,l}$ 和 t_i, $i=1,\cdots,n$. 在实际应用中, 必须选择合适的光滑参数 λ 和基函数. 如果方程组 (7.2.7) 的唯一解存在, 可以采用 Hastie 和 Tibshirani(1990) 提出的后移 (backfitting) 算法得到. 光滑参数 λ 采用 "去一个体" 交错核实方法选择. 但 $\hat{\beta}_l(t)$ 的理论性质需进一步深入研究.

Chiang 等 (2001) 考虑了模型 (7.2.1) 的一种特殊情况, 协变量 $X(t)$ 与时间 t 无关, 即 $X(t)\equiv X$. 这种情况在纵向数据研究中是很常见的, 如性别、药物剂量等. 针对这类模型, 提出了 $\beta(t)$ 的逐元光滑样条估计. 由于协变量与时间无关, 响应变量和协变量的关系由下面的变系数模型给出

$$Y(t)=X^{\mathrm{T}}\beta(t)+\varepsilon(t), \quad (7.2.9)$$

其中 $\beta(t)$ 和 $\varepsilon(t)$ 在式 (7.2.1) 中已定义. 假定 $E(XX^{\mathrm{T}})$ 可逆且逆矩阵记为 $E_{XX^{\mathrm{T}}}^{-1}$. 对式 (7.2.9) 两边乘 X 取期望, 很容易得到

$$\beta(t)=(E_{XX^{\mathrm{T}}}^{-1})E[XY(t)].$$

对每个 $r=0,\cdots,k(k<p)$, $\beta(t)$ 的第 $r+1$ 个分量 $\beta_r(t)$ 为

$$\beta_r(t)=E\left[\left(\sum_{l=0}^{p}e_{r+1,l+1}X_l\right)Y(t)\right], \tag{7.2.10}$$

其中 $e_{m,k}$ 是 $E_{XX^{\mathrm{T}}}^{-1}$ 的第 (m,k) 个元素.

基于式 (7.2.10), 估计 $\beta(t)$ 的一个自然方法就是构造每个分量 $\beta_r(t)$ 的光滑估计. 由于 $E(XX^{\mathrm{T}})$ 未知且不依赖 t, 可通过样本均值来估计, 即

$$E(\widehat{XX}^{\mathrm{T}})=n^{-1}\sum_{i=1}^{n}(X_iX_i^{\mathrm{T}}).$$

进一步假定 $E(\widehat{XX}^{\mathrm{T}})$ 可逆且记逆矩阵为 $E(\widehat{XX}^{\mathrm{T}})^{-1}$. 自然地, $e_{m,k}$ 的估计为 $\hat{e}_{m,k}$, 是 $E(\widehat{XX}^{\mathrm{T}})^{-1}$ 的第 (m,k) 个元素.

假定设计点列的支撑限制在紧集 $[a,b]$, 对所有 $t\in[a,b]$, $\beta_r(t)$ 二阶可微, 通过极小化

$$J_\omega(\beta_r,\lambda_r)=\sum_{i=1}^{n}\sum_{j=1}^{m_i}\left\{\omega_i\left[\hat{Z}_{ijr}-\beta_r(t_{ij})\right]^2\right\}+\lambda_r\int_a^b[\beta_r''(s)]^2\mathrm{d}s \tag{7.2.11}$$

获得 $\beta_r(t)$ 的惩罚最小二乘估计 $\hat{\beta}_r(t;\omega)$, 其中 λ_r 是非负的光滑参数, $\omega=(\omega_1,\cdots,\omega_n)$ 是非负权且 $\hat{Z}_{ijr}=\sum_{l=0}^{p}(\hat{e}_{r+1,l+1}X_{i1}Y_{ij})$. 那么 $\beta(t)$ 的估计 $\hat{\beta}(t;\omega)=(\hat{\beta}_0(t;\omega),\cdots,\hat{\beta}_p(t;\omega))^{\mathrm{T}}$, ω_i 通常选取 $\omega_i\equiv 1/N$ 和 $\omega_i\equiv 1/(nm_i)$.

定义 $\mathcal{H}_{[a,b]}$ 是紧支撑函数集, 满足

$$\mathcal{H}_{[a,b]}=\left\{g(\cdot):g\text{和}g'\text{在区间 }[a,b]\text{ 上一致连续, 且}\int_a^b[g''(s)]^2\mathrm{d}s<\infty\right\}.$$

令 $J_\omega(\beta_r,\lambda_r)$ 的 Gateaux 导数为 0, 则对在 $\mathcal{H}_{[a,b]}$ 的稠密子集中所有 g 在式 (7.2.11) 的最小值点满足正则方程组

$$\sum_{i=1}^{n}\sum_{j=1}^{m_i}\left\{\omega_i[\hat{Z}_{ijr}-\hat{\beta}_r(t_{ij};\omega)]g(t_{ij})\right\}=\lambda_r\int_a^b\hat{\beta}_r''(s;\omega)g''(s)\mathrm{d}s.$$

Wahha (1975) 指出当 t 或 s 固定时, 存在一个对称函数 $S_{\lambda_r}(t,s)$ 属于 $\mathcal{H}_{[a,b]}$ 使得 $\hat{\beta}_r(t;\omega)$ 是三次样条估计, 其形式为

$$\hat{\beta}_r(t;\omega)=\sum_{i=1}^{n}\sum_{j=1}^{m_i}\left[\omega_iS_{\lambda_r}(t,t_{ij})\hat{Z}_{ijr}\right].$$

$S_{\lambda_r}(t,s)$ 的显示表达式是未知的, 可以通过一个等价的核函数逼近 $S_{\lambda_r}(t,s)$ 获得其显示表达式.

值得注意的是, 当 $E[XY(t)]$ 的每个分量的相合估计得到后, 则可获得 $E[XY(t)]$ 的相合估计记为 $E[\widehat{XY}(t)]$, 进而得到 $\beta(t)$ 的估计

$$\tilde{\beta}(t) = E(\widehat{XX}^{\mathrm{T}})^{-1}E[\widehat{XY}(t)].$$

该估计是不同于最小化式 (7.2.11) 所得的惩罚最小二乘估计. 为了解释该现象, 考虑一个简单的例子. 假定 $X = (1, X)^{\mathrm{T}}$, $E(X) = 1$ 且 $\mathrm{Var}(X) = 1$, 那么, $\beta(t) = (\beta_0(t), \beta_1(t))^{\mathrm{T}}$,

$$XX^{\mathrm{T}} = \begin{pmatrix} 1 & X \\ X & X^2 \end{pmatrix}$$

且

$$E[XY(t)] = \begin{pmatrix} \beta_0(t) + \beta_1(t) \\ \beta_0(t) + 2\beta_1(t) \end{pmatrix}.$$

$E[\widehat{XY}(t)]$ 的第一个和第二个分量分别是 $\beta_0(t) + \beta_1(t)$ 和 $\beta_0(t) + 2\beta_1(t)$ 的相合估计. 因此 $\tilde{\beta}(t)$ 是 $\beta_0(t) + \beta_1(t)$ 和 $\beta_0(t) + 2\beta_1(t)$ 相合估计的线性组合, 且随机权依赖 X_i. 当 $\beta_0(t)$ 和 $\beta_1(t)$ 满足不同光滑条件时, 与估计 $\beta_0(t)$ 和 $\beta_1(t)$ 相比, 估计 $\beta_0(t) + \beta_1(t)$ 和 $\beta_0(t) + 2\beta_1(t)$ 可能导致更大的均方误差. 一般来说, $\hat{\beta}(t;\omega)$ 比 $\tilde{\beta}(t)$ 更令人满意. 当 X 的维数大于 2 时, 类似的现象也成立.

Hoover 等 (1998) 通过最小化式 (7.2.4) 获得光滑样条估计. 从计算上看, 最小化式 (7.2.4) 要求解线性系统, 这个线性系统的解涉及 $\beta(t)$ 的所有分量. 而最小化式 (7.2.11) 仅涉及 $\beta_r(t)$. 那么, 当 p 很大时, 最小化式 (7.2.11) 比最小化式 (7.2.4) 更简单. 另外, $\hat{\beta}_r(t;\omega)$ 是个简单的线性表达形式, 类似独立数据的方法其理论性质很容易获得. 目前最小化式 (7.2.4) 所得的光滑样条估计理论性质有待进一步研究.

$\hat{\beta}_r(t;\omega)$ 涉及权 ω 和光滑参数 λ_r 的选择. 最直观的选择就是 $\omega_i = 1/N$ 和 $\omega_i = 1/(nm_i)$, 分别意味着每个观测和每个个体取相等的权. ω_i 最优选择可能依赖数据的相关结构, 但是, 相关结构通常未知且很难估计. 在实际应用中, 取 $\omega_i = 1/N$ 或 $\omega_i = 1/(nm_i)$ 可得到较好的估计. 对光滑参数的选取, 类似 Hoover 等 (1998) 采用 "去一个体" 交错核实方法. Chiang 等 (2001) 详细研究了 $\hat{\beta}_r(t;\omega)$ 的渐近性质.

7.2.3 局部多项式估计

Hoover 等 (1998) 除了讨论光滑样条估计外, 还给出了 $\beta(t)$ 的局部多项式估计. 令 $W_{ij}(t)$, $i = 1, \cdots, n$, $j = 1, \cdots, m_i$ 是关于 t 和 t_{ij} 的权函数. 在实际应用中, $W_{ij}(t)$ 可以选择核函数 $K\{(t - t_{ij})h^{-1}\}$ 或者类似 Hastie 和 Tibshirabi (1990) 基于最近邻值. 对每个 $1 \leqslant i \leqslant n$, 令 $\mathcal{B}_i$ 是 $m_i \times d$ 矩阵, 其第 (q, r) 个元素为

$(t_{iq}-t)^{r-1}$, $\mathcal{W}_i=\mathrm{diag}(W_{i1}(t),\cdots,W_{im_i}(t))$ 是对角权矩阵, $b(t)=(b_0(t),\cdots,b_p(t))$, 且 $b_l(t)=(b_{1l}(t),\cdots,b_{dl}(t))$. 通过最小化下列局部加权最小二乘目标函数

$$L(t)=\sum_{i=1}^{n}\left[Y_i-\sum_{l=0}^{p}\{X_{i,l}\mathcal{B}_ib_l(t)\}\right]^{\mathrm{T}}\mathcal{W}_i\left[Y_i-\sum_{l=0}^{p}\{X_{i,l}\mathcal{B}_ib_l(t)\}\right] \tag{7.2.12}$$

得到 $\hat{b}(t)$. 为了简便起见, 记 $\mathcal{M}_{il}(t)=(X_{i,l}\mathcal{B}_i)^{\mathrm{T}}\mathcal{W}_i(t)$, $\mathcal{N}(t)$ 是矩阵, 其 (r,l) 块矩阵为 $\sum\limits_{i=1}^{n}\{(X_{i,l}\mathcal{B}_i)^{\mathrm{T}}\mathcal{W}_i(t)(X_{i,r}\mathcal{B}_i)\}$, $r,l=0,1,\cdots,p$. 那么与式 (7.2.12) 对应的正则方程为

$$\mathcal{N}(t)\hat{b}(t)=\mathcal{M}\circ Y, \tag{7.2.13}$$

其中 $\mathcal{M}\circ Y$ 是 $d+p+1$ 列矩阵, 形式为 $\left(\sum\limits_{i=1}^{n}\mathcal{M}_{i0}Y_i,\cdots,\sum\limits_{i=1}^{n}\mathcal{M}_{ip}Y_i\right)^{\mathrm{T}}$. 如果 $\mathcal{N}(t)$ 是可逆的, 那么局部加权最小二乘估计 $\hat{b}(t)$ 存在. 由 $\hat{b}(t)$ 可以得到 $\beta(t)$ 的局部多项式估计. 关于 $\beta(t)$ 的局部多项式估计的渐近性质有待进一步展开研究.

注 7.2.1 当多项式是局部常数拟合时, 在式 (7.2.13) 中有 $d=1$, 那么基于式 (7.2.13) 获得的估计就是核估计 (Wu et al., 1998). 记 $X_{ijl}=X_{il}(t_{ij})$, X_i 为第 i 个个体的协变量矩阵,

$$X_i=\begin{pmatrix} X_{i10} & X_{i11} & \cdots & X_{i1p}\\ \vdots & \vdots & & \vdots\\ X_{im_i0} & X_{im_i1} & \cdots & X_{im_ip}\end{pmatrix},$$

$K_i(t)=\mathrm{diag}(K\{(t-t_{i1})h^{-1}\},\cdots,K\{(t-t_{im_i})h^{-1}\})$ 是核矩阵. 如果 $\sum\limits_{i=1}^{n}X_i^{\mathrm{T}}K_i(t)X_i$ 是可逆的, $\beta(t)$ 的核估计为

$$\hat{\beta}(t)=\left(\sum_{i=1}^{n}X_i^{\mathrm{T}}K_i(t)X_i\right)^{-1}\left(\sum_{i=1}^{n}X_i^{\mathrm{T}}K_i(t;h)Y_i\right).$$

注 7.2.2 当多项式是局部线性回归时, 在式 (7.2.13) 中 $d=2$, 那么基于式 (7.2.13) 获得的估计就是局部线性回归估计. 记 $\mathcal{V}_{ij}(t)=(X_{ij0},X_{ij0}(t_{ij}-t),\cdots,X_{ijp},X_{ijp}(t_{ij}-t))^{\mathrm{T}}$, $\mathcal{V}_i(t)=(\mathcal{V}_{i1}(t),\cdots,\mathcal{V}_{im_i}(t))^{\mathrm{T}}, i=1,\cdots,n, j=1,\cdots,m_i$. 如果 $\sum\limits_{i=1}^{n}\mathcal{V}_i^{\mathrm{T}}K_i(t)\mathcal{V}_i$ 是可逆的, 那么

$$\hat{b}(t)=\left(\sum_{i=1}^{n}\mathcal{V}_i^{\mathrm{T}}K_i(t)\mathcal{V}_i\right)^{-1}\left(\sum_{i=1}^{n}\mathcal{V}_i^{\mathrm{T}}K_i(t;h)Y_i\right).$$

因此, 局部线性回归估计定义为

$$\hat{\beta}(t) = (I_{p+1} \otimes (1,0))\hat{b}(t),$$

其中 $\otimes$ 为 Kronecker 乘积.

7.2.4 多项式样条估计

Huang 等 (2004) 针对模型 (7.2.1) 提出了多项式样条估计, 并讨论了估计的大样本性质. 多项式样条是在内节点集合上将多项式与光滑结合在一起的分片多项式. 假设区间 $\mathcal{T}$ 上的节点序列为 $\xi_0 < \xi_1 < \cdots < \xi_{M+1}$, 其中 ξ_0 和 ξ_{M+1} 是 $\mathcal{T}$ 的端点. $\mathcal{T}$ 上的 $d \geqslant 0$ 次多项式样条就是每个区间 $[\xi_m, \xi_{m+1}), 0 \leqslant m \leqslant M-1$ 和 $[\xi_M, \xi_{M+1})$ 上的 d 次多项式, 且都有 $d-1(d \geqslant 1)$ 阶连续导数. 分片常数函数、线性样条、二次样条和三次样条分别对应于 $d = 0,1,2,3$. 具有特殊幂次和节点的样条函数的采集来自线性函数空间. 关于样条函数的系统论述参见文献 Boor (1978) 和 Schumaker (1981).

假设模型 (7.2.1) 中的函数系数 $\beta_l(t)(l = 0,\cdots,p)$ 是光滑的, 则存在一个基函数集合 $B_{lk}(\cdot)$ 和常数 γ_{lk} 使得

$$\beta_l(t) \approx \sum_{k=1}^{K_l} \gamma_{lk} B_{lk}(t), \quad l = 0,\cdots,p. \tag{7.2.14}$$

由式 (7.2.1) 和式 (7.2.14), 可得

$$Y_i(t_{ij}) \approx \sum_{l=0}^{p}\sum_{k=1}^{K_l} X_{ijl} B_{lk}(t_{ij})\gamma_{lk} + \varepsilon_i(t_{ij}).$$

因此, 可以构造加权最小二乘目标函数

$$l = \frac{1}{n}\sum_{i=1}^{n}\omega_i \sum_{j=1}^{m_i}\left(Y_i(t_{ij}) - \sum_{l=0}^{p}\sum_{k=1}^{K_l} X_{ijl}B_{lk}(t_{ij})\gamma_{lk}\right)^2, \tag{7.2.15}$$

最小化式 (7.2.15) 可以得到 γ_{lk} 的估计. ω_i 是非负权函数. 通常选取 $\omega_i = 1$ 和 $\omega_i = 1/m_i$, 分别意味着每个观测和每个个体取相等的权. 对 $i = 1,\cdots,n, j = 1,\cdots,m_i$, $l = 0,\cdots,p$, 记 $\gamma_l = (\gamma_{l1},\cdots,\gamma_{lK_l})^{\mathrm{T}}, \gamma = (\gamma_0^{\mathrm{T}},\cdots,\gamma_p^{\mathrm{T}})^{\mathrm{T}}$,

$$B(t) = \begin{pmatrix} B_{01}(t) & \cdots & B_{0K_0}(t) & 0 & \cdots & 0 & 0 & \cdots & 0 \\ \vdots & & \vdots & \vdots & & \vdots & \vdots & & \vdots \\ 0 & \cdots & 0 & 0 & \cdots & 0 & B_{p1}(t) & \cdots & B_{pK_p}(t) \end{pmatrix},$$

$U_{ij}^{\mathrm{T}}=X_i^{\mathrm{T}}(t_{ij})B(t_{ij}), U_i=(U_{i1},\cdots,U_{im_i})^{\mathrm{T}}, W_i=\mathrm{diag}(\omega_i,\cdots,\omega_i), Y_i=(Y_i(t_{i1}),\cdots,Y_i(t_{im_i}))^{\mathrm{T}}$. 那么, 式 (7.2.15) 等价于

$$l=l(\gamma)=\frac{1}{n}\sum_{i=1}^{n}(Y_i-U_i\gamma)^{\mathrm{T}}W_i(Y_i-U_i\gamma).$$

如果 $\sum_{i=1}^{n}U_i^{\mathrm{T}}W_iU_i$ 是可逆的, 那么最小二乘估计 $\hat{\gamma}$ 是唯一的, 且为

$$\hat{\gamma}=\left(\sum_{i=1}^{n}U_i^{\mathrm{T}}W_iU_i\right)^{-1}\sum_{i=1}^{n}U_i^{\mathrm{T}}W_iY_i.$$

利用这个矩阵表达式, $\beta(t)$ 的样条估计为

$$\hat{\beta}(t)=B(t)\hat{\gamma}.$$

多项式样条估计涉及三个光滑参数的选择: 样条的次数, 节点的位置以及节点数. 类似 Rice 和 Wu (2001), 采用等距的节点和固定的样条次数, 仅选择节点数 K_l. 根据 7.2.1 节提出的思想, 采用 "去一个体" 交错核实方法选择来选择 K_l. 设 $\hat{\beta}^{(-i)}(t)$ 是删除了第 i 个个体的观测后得到的样条估计, 则 $K=(K_0,\cdots,K_p)$ 的交错核实得分函数为

$$\mathrm{CV}(K)=\sum_{i=1}^{n}\sum_{j=1}^{m_i}\left\{\omega_i\left(Y_i(t_{ij})-X_i^{\mathrm{T}}(t_{ij})\hat{\beta}^{(-i)}(t_{ij})\right)^2\right\}.$$

极小化 $\mathrm{CV}(K)$ 可得到交错核实光滑参数 K_{CV}. 该方法的一个优点在于删掉一个个体的全部测量仍保持时间数据中的相关性.

当个体数很大时, 采用 "去一个体" 交错核实方法来选择 K_l 会造成较大的计算量. 在这种情况下, 可以将个体分成大致相等的部分. 记 $k[i]$ 是包含 i 个个体的部分, $\hat{\beta}^{-k[i]}(t)$ 是删除了第 $k[i]$ 部分的观测后得到的样条估计. 此时, 交错核实得分函数为

$$\mathrm{CV}^*(K)=\sum_{i=1}^{n}\sum_{j=1}^{m_i}\left\{\omega_i\left(Y_i(t_{ij})-X_i^{\mathrm{T}}(t_{ij})\hat{\beta}^{-k[i]}(t_{ij})\right)^2\right\}.$$

极小化 $\mathrm{CV}^*(K)$ 可得到交错核实光滑参数 K_{CV^*}.

7.2.5 变量选择

1. SCAD 惩罚变量选择方法

Wang 等 (2008) 利用基函数逼近和 SCAD 惩罚最小二乘方法研究了模型 (7.1.2)

的变量选择问题. 由式 (7.2.15), 可以定义如下惩罚最小二乘目标函数

$$Q(\gamma)=\frac{1}{n}\sum_{i=1}^{n}\omega_i\sum_{j=1}^{m_i}\left(Y_i(t_{ij})-\sum_{l=0}^{p}\sum_{k=1}^{K_l}X_{ijl}B_{lk}(t_{ij})\gamma_{lk}\right)^2+\sum_{l=0}^{p}p_\lambda(\|\gamma_l\|_K), \quad (7.2.16)$$

其中 $\|\gamma_l\|_K^2=\gamma_l^{\mathrm{T}}R_l\gamma_l$, $R_l=(r_{ij})_{K_l\times K_l}$ 矩阵且 $r_{ij}=\int_{\mathcal{T}}B_{li}(t)B_{lj}(t)\mathrm{d}t$. 惩罚函数 $p_\lambda(\cdot)$ 可以采用 2.2.3 节中介绍的各种惩罚函数. 在这里, 基于 SCAD 惩罚函数的各种优点, Wang 等 (2008) 采用了 SCAD 惩罚函数. 令 $Y=(Y_1^{\mathrm{T}},\cdots,Y_n^{\mathrm{T}})^{\mathrm{T}}$, $U=(U_1^{\mathrm{T}},\cdots,U_n^{\mathrm{T}})^{\mathrm{T}}$, $W=\mathrm{diag}(W_1,\cdots,W_n)$, 则式 (7.2.16) 可变为

$$Q(\gamma)=\frac{1}{n}(Y-U\gamma)^{\mathrm{T}}W(Y-U\gamma)+\sum_{l=0}^{p}p_\lambda(\|\gamma_l\|_K). \quad (7.2.17)$$

记 $\hat{\gamma}=(\hat{\gamma}_0^{\mathrm{T}},\cdots,\hat{\gamma}_p^{\mathrm{T}})^{\mathrm{T}}$ 为最小化式 (7.2.17) 的解, 那么 $\beta(t)$ 的估计为 $\hat{\beta}(t)=B(t)\hat{\gamma}$.

式 (7.2.17) 中的权矩阵 W 可以取工作协方差矩阵的逆, 即 $W=V^{-1}$, 其中 V 是工作协方差矩阵. 当 V 是正确的工作协方差矩阵时, 得到的估计更有效. 实际上, 式 (7.2.16) 和式 (7.2.17) 并未考虑纵向数据的组内相关性, 采用的是工作独立的相关结构, 但并不影响估计的相合性, 仅仅影响估计的效.

为了得到式 (7.2.17) 的最小值, Wang 等 (2008) 利用二次逼近的方法给出了一个迭代算法. 由于式 (7.2.17) 中的惩罚函数在原点是奇异的, 所以普通的梯度计算方法不能直接使用. 类似 Fan 和 Li(2001), 在任一给定的非零 u_0 的某个小邻域内, 惩罚函数 $p_\lambda(\cdot)$ 在 u_0 点可以近似表示为

$$p_\lambda(u)\approx p_\lambda(u_0)+\frac{1}{2}\{p'_\lambda(u_0)/u_0\}(u^2-u_0^2).$$

因此, 对给定的初始值 γ_l^0, 且满足 $\|\gamma_l^0\|_K>0, l=0,\cdots,p$, 可以得到

$$p_\lambda(\|\gamma_l\|_K)\approx p_\lambda(\|\gamma_l^0\|_K)+\frac{1}{2}\{p'_\lambda(\|\gamma_l^0\|_K)/\|\gamma_l^0\|_K\}(\|\gamma_l\|_K^2-\|\gamma_l^0\|_K^2). \quad (7.2.18)$$

结合式 (7.2.18), 除去一个常数项, 式 (7.2.17) 可写为

$$Q(\gamma)=\frac{1}{n}(Y-U\gamma)^{\mathrm{T}}W(Y-U\gamma)+\frac{1}{2}\gamma^{\mathrm{T}}\varOmega_\lambda(\gamma^0)\gamma, \quad (7.2.19)$$

其中

$$\varOmega_\lambda(\gamma^0)=\mathrm{diag}\left\{\frac{p'_\lambda(\|\gamma_0^0\|_K)}{\|\gamma_0^0\|_K}R_0,\cdots,\frac{p'_\lambda(\|\gamma_p^0\|_K)}{\|\gamma_p^0\|_K}R_p\right\}.$$

注意到式 (7.2.19) 为一个二次型, 因此可以通过下式求解

$$\left\{U^{\mathrm{T}}WU+\frac{n}{2}\varOmega_\lambda(\gamma^0)\right\}\gamma=U^{\mathrm{T}}VY. \quad (7.2.20)$$

从而, 可以得到如下迭代计算步骤:

步骤 1 给初始值 $\gamma=\gamma^0$;

步骤 2 令 $\gamma^0=\gamma^m$, 通过解方程 (7.2.20) 得到 γ^{m+1};

步骤 3 重复步骤 2, 直到收敛, 并记最终 γ 的估计为 $\hat{\gamma}$.

在步骤 1 中, γ 的初值采用桥回归. 在该迭代算法中, 涉及调整参数 $K_l(l=0,\cdots,p)$ 和 λ 的选择. Wang 等 (2008) 建议采用交错核实法选择调整参数 K_l 和 λ. 通过选择合适的调整参数, Wang 等 (2008) 证明了该变量选择方法可以相合地识别出真实模型, 所得的非零函数系数的估计达到了最优的收敛速度, 且与基于真实模型所给估计具有相同的渐近分布, 即具有所谓的 oracle 性质.

2. group Lasso 惩罚估计

当 $p\geqslant n$ 或 $\sum\limits_{l=0}^{p}K_l\geqslant n$ 时, Wang 等 (2008) 提出的 SCAD 惩罚估计不再适用. 为了解决该问题, Wei 等 (2011) 结合基函数逼近采用 Yuan 和 Li (2006) 提出的 group Lasso 方法研究了模型 (7.1.2) 的变量选择问题. 定义如下 group Lasso 惩罚估计

$$\hat{\gamma}=\arg\min_{\gamma}\frac{1}{2}\sum_{i=1}^{n}\sum_{j=1}^{m_i}\left(Y_i(t_{ij})-\sum_{l=0}^{p}\sum_{k=1}^{K_l}X_{ijl}B_{lk}(t_{ij})\gamma_{lk}\right)^2+\sum_{l=0}^{p}\lambda\|\gamma_l\|_K,\qquad(7.2.21)$$

其中 λ 是调整参数. 类似式 (7.2.17), 式 (7.2.21) 可变为

$$\hat{\gamma}=\arg\min_{\gamma}\frac{1}{2}(Y-U\gamma)^{\mathrm{T}}(Y-U\gamma)+\sum_{l=0}^{p}\lambda\|\gamma_l\|_K,\qquad(7.2.22)$$

则 $\beta_l(t)$ 的 group Lasso 估计为 $\hat{\beta}_l(t)=\sum\limits_{k=1}^{K_l}\hat{\gamma}_{lk}B_{lk}(t),l=0,\cdots,p$.

为了实现变量选择的准确性以及降低 group Lasso 估计的偏差, 令 $\varpi=(\varpi_0,\cdots,\varpi_p)^{\mathrm{T}}$ 是一给定的权向量, 其中 $0\leqslant\varpi_l\leqslant\infty,0\leqslant l\leqslant p$, 则 γ 的加权 group Lasso 估计为

$$\hat{\gamma}^*=\arg\min_{\gamma}\frac{1}{2}(Y-U\gamma)^{\mathrm{T}}(Y-U\gamma)+\sum_{l=0}^{p}\tilde{\lambda}\varpi_l\|\gamma_l\|_K,\qquad(7.2.23)$$

其中 $\tilde{\lambda}$ 是调整参数. $\beta_l(t)$ 的加权 group Lasso 估计为 $\hat{\beta}_l^*(t)=\sum\limits_{k=1}^{K_l}\hat{\gamma}_{lk}^*B_{lk}(t),l=0,\cdots,p$. 当权依赖 β 的初始估计时, 我们称 $\hat{\beta}_l^*$ 为自适应 group Lasso 估计. 记 $\bar{\beta}(t)$

是一个相合的初始估计. Wei 等 (2011) 取权为

$$\varpi_l = \begin{cases} (\sqrt{K_l}\|\bar{\beta}_l\|_2)^{-1}, & \|\bar{\beta}_l\|_2 > 0, \\ \infty, & \|\bar{\beta}_l\|_2 = 0, \end{cases} \tag{7.2.24}$$

这里定义 $0 \cdot \infty = 0$. Wei 等 (2011) 证明了自适应 group Lasso 具有 oracle 性质, 并给出了坐标下降算法. 对该算法中的调整参数的选取, Wei 等 (2011) 建议采用 BIC 信息准则选择调整参数.

7.2.6　经验似然推断

根据 7.2.1 节~7.2.4 节提到的估计方法及估计的渐近正态性可以构造函数系数的逐点置信带. 但需要相合地估计渐近偏差和渐近方差, 这可能会影响置信带构造的精度. 为了避免该问题, Xue 和 Zhu(2007b) 用经验似然方法研究了模型 (7.2.1), 提出了两种纠偏的经验对数似然比函数, 由此构造函数系数的置信带, 下面对 Xue 和 Zhu (2007b) 提出的经验似然方法进行简单介绍.

1. 自然的经验似然

注意到 $E\{[Y(t) - X^{\mathrm{T}}(t)\beta(t)]X(t)|t\} = 0$. 因此, 可以引入辅助随机向量

$$\mathcal{Z}_i(\beta(t)) = \sum_{j=1}^{m_i}[Y_i(t_{ij}) - X_i^{\mathrm{T}}(t_{ij})\beta(t)]X_i(t_{ij})K\left(\frac{t_{ij}-t}{h}\right),$$

其中 h 是窗宽, $K(\cdot)$ 是核函数.

由于 $\{\mathcal{Z}_i(\beta(t)), 1 \leqslant i \leqslant n\}$ 是独立的, 且 $E[\mathcal{Z}_i(\beta(t))] = 0$. 因此, 可以定义 $\beta(t)$ 的一个自然的经验对数似然比函数

$$\mathcal{R}(\beta(t)) = -2\max\left\{\sum_{i=1}^{n}\log(np_i)\middle| p_i \geqslant 0, \sum_{i=1}^{n}p_i = 1, \sum_{i=1}^{n}p_i\mathcal{Z}_i(\beta(t)) = 0\right\},$$

其中 $p_i = p_i(t), i = 1, \cdots, n$. 如果 0 在点 $(\mathcal{Z}_1(\beta(t)), \cdots, \mathcal{Z}_n(\beta(t)))$ 所构成的凸集内部, 那么 $\mathcal{R}(\beta(t))$ 存在唯一的解. 由 Lagrange 乘子法, $\mathcal{R}(\beta(t))$ 可写为

$$\mathcal{R}(\beta(t)) = 2\sum_{i=1}^{n}\log(1 + \theta^{\mathrm{T}}\mathcal{Z}_i(\beta(t))),$$

其中 θ 是 $(p+1)\times 1$ 向量, 称为 Lagrange 乘子, 满足

$$\sum_{i=1}^{n}\frac{\mathcal{Z}_i(\beta(t))}{1 + \theta^{\mathrm{T}}\mathcal{Z}_i(\beta(t))} = 0. \tag{7.2.25}$$

对式 (7.2.25) 用 Taylor 展开可以证明: 对一个固定点 $t_0 \in \mathbb{R}$, 如果 $\beta(t_0)$ 是真参数, 那么

$$\mathcal{R}(\beta(t_0)) = \left(\frac{1}{\sqrt{Nh}}\sum_{i=1}^{n}\mathcal{Z}_i(\beta(t_0))\right)^{\mathrm{T}}\tilde{\mathcal{D}}^{-1}(\beta(t_0))\left(\frac{1}{\sqrt{Nh}}\sum_{i=1}^{n}\mathcal{Z}_i(\beta(t_0))\right) + o_P(1), \tag{7.2.26}$$

其中 $\tilde{\mathcal{D}}(\beta(t_0)) = (Nh)^{-1}\sum_{i=1}^{n}\mathcal{Z}_i(\beta(t_0))\mathcal{Z}_i^{\mathrm{T}}(\beta(t_0))$, $N = \sum_{i=1}^{n} m_i$.

因此, 在适当的条件下, 如果 $Nh \to \infty, Nh^5 \to 0$, $\mathcal{R}(\beta(t_0))$ 渐近于自由度为 $p+1$ 的 χ^2 分布. 基于该结论去构造 $\beta(t)$ 的置信带, 需欠光滑消除偏差, 因为窗宽 h 的取值范围为 $(c_1N^{-1/2}, c_2N^{-1/5})$, h 的取值不包含最优窗宽, 其中 $c_1 > 0$ 和 $c_2 > 0$ 是常数. 为了解决该问题, Xue 和 Zhu(2007b) 提出了两种纠偏的经验似然比: 均值校正的经验似然和残差调整的经验似然.

2. 均值校正的经验似然

假定设计点列 $\{t_{ij}, 1 \leqslant i \leqslant n, 1 \leqslant j \leqslant m_i\}$ 是 i.i.d., 且具有公共的密度 f, 记 $S(f)$ 为 f 的支撑. 设 t_0 是 $S(f)$ 的内点, 并记

$$\sigma^{*2}(t_0) = E[\varepsilon^2(t_0)],$$

$$\rho_\varepsilon^*(t_0) = \lim_{\delta\to 0} E[\varepsilon(t_0+\delta)\varepsilon(t_0)]$$

且

$$\gamma_{lr}^*(t_0) = E[X_{il}(t_{ij})X_{ir}(t_{ij})|t_{ij} = t_0],$$

$\Gamma^*(t_0) = (\gamma_{lr}^*(t_0))$ 是 $(p+1)\times(p+1)$ 正定矩阵. 由 Wu 等 (1998) 的引理 A1 可以证明: 在适当的条件下,

$$(Nh)^{-1/2}\sum_{i=1}^{n}\mathcal{Z}_i(\beta(t_0)) \xrightarrow{L} N(b^*(t_0), v^2(t_0)\Gamma^*(t_0)),$$

其中 $b^*(t_0) = (b_0^*(t_0), b_1^*(t_0), \cdots, b_p^*(t_0))^{\mathrm{T}}$, $b_l^*(t_0)$ 和 $v^2(t_0)$ 为

$$\begin{aligned} b_l^*(t_0) = h_0^{\frac{5}{2}}\sum_{r=0}^{p}&[\beta_r'(t_0)\gamma_{lr}^{*\prime}(t_0)f(t_0) + \beta_r'(t_0)\gamma_{lr}^*(t_0)f'(t_0) \\ &+(1/2)\beta_r''(t_0)\gamma_{lr}^*(t_0)f(t_0)]\int u^2K(u)\mathrm{d}u, \end{aligned}$$

$$v^2(t_0) = \sigma^{*2}(t_0)f(t_0)\int K^2(u)\mathrm{d}u + \rho_\varepsilon^*(t_0)\lambda h_0 f^2(t_0),$$

$\lim_{n\to\infty} N^{-6/5}\sum_{i=1}^{n} m_i^2 = \lambda$, 对某一个常数 $h_0 > 0$, $h = h_0N^{-1/5}$. 由式 (7.2.26) 可知,

$\mathcal{R}(\beta(t_0))$ 不是渐近标准 χ^2 分布. 一个校正的自然想法就是消除与 $b^*(t_0)$ 有关的估计量. 具体操作如下: 首先估计 $b_l^*(t_0), l=0,1,\cdots,p$, 可以证明

$$E\{X_{il}(t_{ij})X_i^{\mathrm{T}}(t_{ij})[\beta(t_{ij})-\beta(t_0)]K((t_0-t_{ij})/h)\}(N/h)^{1/2}=b_l^*(t_0)+o(1),$$

则 $b_l^*(t_0)$ 的相合估计为

$$\hat{b}_l^*(t_0)=\frac{1}{\sqrt{Nh}}\sum_{i=1}^{n}\sum_{j=1}^{m_i}X_{il}(t_{ij})X_i^{\mathrm{T}}(t_{ij})[\hat{\beta}(t_{ij})-\hat{\beta}(t_0)]K((t_0-t_{ij})/h), \tag{7.2.27}$$

其中 $\hat{\beta}(t)$ 是 7.2.1 节中 Wu 等 (1998) 得到的光滑核估计. $b^*(t_0)$ 的估计量为 $\hat{b}^*(t_0)=(\hat{b}_0^*(t_0),\cdots,\hat{b}_p^*(t_0))$. 记 $\tilde{\zeta}(\beta(t_0))=(Nh)^{-1/2}\sum\limits_{i=1}^{n}\mathcal{Z}_i(\beta(t_0))$, $\tilde{\xi}(\beta(t_0))=\hat{b}^{*\mathrm{T}}(t_0)\tilde{\mathcal{D}}^{-1}(\beta(t_0))[2\tilde{\zeta}(\beta(t_0))-\hat{b}(t_0)]$. 因此, 可以定义 $\beta(t_0)$ 的一个均值校正的经验似然比函数

$$\tilde{\mathcal{R}}(\beta(t_0))=\mathcal{R}(\beta(t_0))-\tilde{\xi}(\beta(t_0)).$$

Xue 和 Zhu (2007b) 证明了在适当条件下, 无须欠光滑, $\tilde{\mathcal{R}}(\beta(t_0))$ 是渐近收敛到标准 χ^2 分布. 基于该结果, 可以构造 $\beta(t_0)$ 的逐点置信带.

3. 残差调整的经验似然

由式 (7.2.27), 可以对辅助随机向量进行残差调整. 因此, 引入残差调整的辅助随机向量

$$\hat{\mathcal{Z}}_i(\beta(t))=\sum_{j=1}^{m_i}\{Y_i(t_{ij})-X_i^{\mathrm{T}}(t_{ij})\beta(t)-X_i^{\mathrm{T}}(t_{ij})[\hat{\beta}(t_{ij})-\hat{\beta}(t)]\}X_i(t_{ij})K\left(\frac{t_{ij}-t}{h}\right),$$

从而, 可以定义 $\beta(t)$ 的一个残差调整的经验对数似然比函数

$$\hat{\mathcal{R}}(\beta(t))=-2\max\left\{\sum_{i=1}^{n}\log(np_i)\middle|p_i\geqslant 0,\sum_{i=1}^{n}p_i=1,\sum_{i=1}^{n}p_i\hat{\mathcal{Z}}_i(\beta(t))=0\right\}.$$

在适当的条件下, 可以证明: 对一个固定点 $t_0\in\mathbb{R}$, 如果 $\beta(t_0)$ 是真参数, 则

$$\hat{\mathcal{R}}(\beta(t_0))=\left(\frac{1}{\sqrt{Nh}}\sum_{i=1}^{n}\hat{\mathcal{Z}}_i(\beta(t_0))\right)^{\mathrm{T}}\hat{\mathcal{D}}^{-1}(\beta(t_0))\left(\frac{1}{\sqrt{Nh}}\sum_{i=1}^{n}\hat{\mathcal{Z}}_i(\beta(t_0))\right)+o_P(1), \tag{7.2.28}$$

其中 $\hat{\mathcal{D}}(\beta(t_0))=(Nh)^{-1}\sum\limits_{i=1}^{n}\hat{\mathcal{Z}}_i(\beta(t_0))\hat{\mathcal{Z}}_i^{\mathrm{T}}(\beta(t_0))$.

Xue 和 Zhu (2007b) 证明了

$$(Nh)^{-1/2}\sum_{i=1}^{n}\hat{\mathcal{Z}}_i(\beta(t_0))\xrightarrow{L}N(0,\upsilon^2(t_0)\Gamma^*(t_0))$$

且

$$\frac{1}{Nh}\sum_{i=1}^{n}\hat{\mathcal{Z}}_i(\beta(t_0))\hat{\mathcal{Z}}_i^{\mathrm{T}}(\beta(t_0))\xrightarrow{P}\upsilon^2(t_0)\Gamma^*(t_0).$$

由式 (7.2.28) 可知, $\hat{\mathcal{R}}(\beta(t))$ 渐近于自由度为 $p+1$ 的 χ^2 分布, 该结果也不需要欠光滑的条件.

7.3 测量误差模型修正的经验似然方法

在 7.2 节中介绍的纵向数据变系数模型的估计方法都是在协变量能直接观测的情形下讨论. 当协变量含测量误差时, 上述提出的估计方法会导致不相合的估计. Yang 等 (2014b) 采用经验似然方法研究了模型 (7.1.3) 中函数系数逐点置信带的构造, 具体方法和结论是本章的重点内容.

7.3.1 自然的经验似然

为了考虑纵向数据的组内相关性, Lin 和 Carroll(2000) 提出了广义估计方程 GEE. 令 $Y_i=(Y_i(t_{i1}),\cdots,Y_i(t_{im_i}))^{\mathrm{T}}$, $X_i=(X_i(t_{i1}),\cdots,X_i(t_{im_i}))^{\mathrm{T}}$, $W_i=(W_i(t_{i1}),\cdots,W_i(t_{im_i}))^{\mathrm{T}}$ 和 $U_i=(U_i(t_{i1}),\cdots,U_i(t_{im_i}))^{\mathrm{T}}$. 类似 Lin 和 Carroll(2000), 如果模型 (7.1.3) 中 X_i 可直接观测, 对给定 $t\in\mathbb{R}$, 基于整体协方差结构构造的 $\beta(t)$ 的无偏得分函数为

$$Z_{i,\mathrm{GV}}^*(\beta(t))=X_i^{\mathrm{T}}K_{ih}^{1/2}(t)V_i^{-1}K_{ih}^{1/2}(t)(Y_i-X_i\beta(t)),$$

其中 $K_{ih}(t)=\mathrm{diag}\{K_h(t-t_{i1}),\cdots,K_h(t-t_{im_i})\}$, h 是窗宽, $K_h(\cdot)=K(\cdot/h)$, $K(\cdot)$ 是核函数, 且 V_i 是工作协方差矩阵.

当 X_i 的测量含有误差, 观测到的值为 W_i 时, 在 $Z_{i,\mathrm{GV}}^*(\beta(t))$ 中直接用 W_i 取代 X_i 会导致一个有偏的得分函数. 为了消除测量误差的影响, 构造如下 $\beta(t)$ 的无偏得分函数

$$\begin{aligned}Z_{i,\mathrm{GV}}(\beta(t))=&W_i^{\mathrm{T}}K_{ih}^{1/2}(t)V_i^{-1}K_{ih}^{1/2}(t)(Y_i-W_i\beta(t))\\&+\left(1_{m_i}^{\mathrm{T}}K_{ih}^{1/2}(t)V_i^{-1}K_{ih}^{1/2}(t)1_{m_i}\right)\Sigma_u\beta(t),\end{aligned}$$

其中 1_{m_i} 是所有元素为 1 的 $m_i\times 1$ 的向量.

注意到 $\{Z_{i,\mathrm{GV}}(\beta(t)),1\leqslant i\leqslant n\}$ 是独立的, 且 $E[Z_{i,\mathrm{GV}}(\beta(t))|t]=0$. 因此, 基于整体协方差结构可以定义 $\beta(t)$ 的一个自然的经验对数似然比函数

$$l_{\mathrm{GV}}(\beta(t))=-2\max\left\{\sum_{i=1}^{n}\log(np_i)\middle|p_i\geqslant 0,\sum_{i=1}^{n}p_i=1,\sum_{i=1}^{n}p_iZ_{i,\mathrm{GV}}(\beta(t))=0\right\},$$

其中 $p_i = p_i(t), i = 1, \cdots, n$.

对于非参数函数的估计, Lin 和 Carroll (2000) 指出在工作协方差结构是独立结构时得到的估计是最有效的. Chen 和 Jin (2005) 解释了造成这种现象的原因是工作协方差结构考虑的是整体的, 而观察值是局部的, 两者匹配错误. 进一步, 他们提出了基于局部协方差结构的估计. 借鉴 Chen 和 Jin (2005) 的统计思想, 引入基于局部协方差结构的辅助随机向量,

$$\begin{aligned} Z_{i,\mathrm{LV}}(\beta(t)) =& W_i^{\mathrm{T}} K_{ih}^{1/2}(t) V_i^{*-} K_{ih}^{1/2}(t)(Y_i - W_i\beta(t)) \\ &+ \left\{ 1_{m_i}^{\mathrm{T}} K_{ih}^{1/2}(t) V_i^{*-} K_{ih}^{1/2}(t) 1_{m_i} \right\} \Sigma_u \beta(t), \end{aligned}$$

其中 $V_i^* = I_i V_i I_i$, 且

$$\begin{aligned} I_i =& \mathrm{diag}[I\{K_h(t - t_{i1}) > 0\}, \cdots, I\{K_h(t - t_{im_i}) > 0\}] \\ =& \mathrm{diag}\{I(|t - t_{i1}| \leqslant h), \cdots, I(|t - t_{im_i}| \leqslant h)\}, \end{aligned}$$

$I(\cdot)$ 是示性函数, V_i^{*-} 是矩阵 V_i^* 的 Moore-Penrose 广义逆. 因此, 基于局部协方差结构, $\beta(t)$ 的经验对数似然比函数为

$$l_{\mathrm{LV}}(\beta(t)) = -2\max\left\{ \sum_{i=1}^n \log(np_i) \middle| p_i \geqslant 0, \sum_{i=1}^n p_i = 1, \sum_{i=1}^n p_i Z_{i,\mathrm{LV}}(\beta(t)) = 0 \right\}.$$

分别极大化 $-l_{\mathrm{GV}}(\beta(t))$ 和 $-l_{\mathrm{LV}}(\beta(t))$ 可以得到 $\beta(t)$ 的极大经验似然估计, 记为 $\hat{\beta}_{\mathrm{GVEL}}(t)$ 和 $\hat{\beta}_{\mathrm{LVEL}}(t)$. 由 Qin 和 Lawless (1994) 的结果可证明, $\hat{\beta}_{\mathrm{GVEL}}(t)$ 和 $\hat{\beta}_{\mathrm{LVEL}}(t)$ 分别是估计方程 $\sum\limits_{i=1}^n Z_{i,\mathrm{GV}}(\beta(t)) = 0$ 和 $\sum\limits_{i=1}^n Z_{i,\mathrm{LV}}(\beta(t)) = 0$ 的解. 因此, 基于整体协方差结构和局部协方差结构 $\beta(t)$ 的极大经验似然估计分别为

$$\begin{aligned} \hat{\beta}_{\mathrm{GVEL}}(t) =& \left\{ \sum_{i=1}^n \left[W_i^{\mathrm{T}} K_{ih}^{1/2}(t) V_i^{-1} K_{ih}^{1/2}(t) W_i - 1_{m_i}^{\mathrm{T}} K_{ih}^{1/2}(t) V_i^{-1} K_{ih}^{1/2}(t) 1_{m_i} \Sigma_u \right] \right\}^{-1} \\ &\times \sum_{i=1}^n W_i^{\mathrm{T}} K_{ih}^{1/2}(t) V_i^{-1} K_{ih}^{1/2}(t) Y_i \end{aligned}$$

和

$$\begin{aligned} \hat{\beta}_{\mathrm{LVEL}}(t) =& \left\{ \sum_{i=1}^n \left[W_i^{\mathrm{T}} K_{ih}^{1/2}(t) V_i^{*-} K_{ih}^{1/2}(t) W_i - 1_{m_i}^{\mathrm{T}} K_{ih}^{1/2}(t) V_i^{*-} K_{ih}^{1/2}(t) 1_{m_i} \Sigma_u \right] \right\}^{-1} \\ &\times \sum_{i=1}^n W_i^{\mathrm{T}} K_{ih}^{1/2}(t) V_i^{*-} K_{ih}^{1/2}(t) Y_i. \end{aligned}$$

从 7.3.4 节的图 7.3.1 可以看出, 当曲线低度或中度弯曲时, 与基于局部协方差结构得到的 $\beta(t)$ 的极大经验似然估计 (LVMELE) 相比, 基于整体协方差结构得到的 $\beta(t)$ 的极大经验似然估计 (GVMELE) 给出了更合理的结果. Lin 等 (2007) 有类似的结论. Chen 和 Jin (2005) 指出, 当协方差结构采用真实相关结构时, 基于局部协方差结构给出的估计更有效. 但在实际应用中, 相关结构往往是未知的. Lin 和 Carroll (2000) 证实了当忽略组内相关结构时, 基于整体协方差结构给出的估计是最有效的. 因而 GVMELE 避免了估计相关结构,

Lin 等 (2007) 指出当相关结构估计较差时, 基于局部协方差结构给出的估计是不相合的. 除此之外, 相关矩阵的估计会造成计算的负担, 可能会在构造置信带时造成累积误差. 因此, 从实际应用来看, GVMELE 不需要估计相关结构, 计算更加简单.

值得注意的是, 对于纵向数据线性模型或部分线性模型, 即使当相关矩阵的估计是相合的, 对兴趣参数所构造的经验对数似然比函数渐近收敛于具有未知权重的自由度为 1 的 χ^2 变量的加权和, 而并非是标准的 χ^2 分布, 相关讨论见文献 Wang 等 (2010a) 和 Li 等 (2008).

鉴于上述原因, 下面将构造函数系数的经验对数似然比函数时忽略纵向数据的组内相关性, 即在 $l_{\mathrm{GV}}(\beta(t))$ 中, 取 V_i 是单位矩阵. 引入如下辅助随机向量

$$Z_i(\beta(t))=\sum_{j=1}^{m_i}\left\{W_i(t_{ij})\left[Y_i(t_{ij})-W_i^{\mathrm{T}}(t_{ij})\beta(t)\right]+\Sigma_u\beta(t)\right\}K_h(t-t_{ij}),\quad i=1,\cdots,n.$$

如果 $\beta(t)$ 是真实系数, 则 $E[Z_i(\beta(t))]=0$. 利用这个信息, 可以定义 $\beta(t)$ 的一个自然的经验对数似然比函数

$$l(\beta(t))=-2\max\left\{\sum_{i=1}^{n}\log(np_i)\middle|p_i\geqslant 0,\sum_{i=1}^{n}p_i=1,\sum_{i=1}^{n}p_iZ_i(\beta(t))=0\right\}.$$

对于给定的 $\beta(t)$, 如果 0 在点 $\Big(Z_1(\beta(t)),\cdots,Z_n(\beta(t))\Big)$ 的凸集内部, 那么 $l(\beta(t))$ 存在唯一解. 由 Lagrange 乘子法, $l(\beta(t))$ 可表示为

$$l(\beta(t))=2\sum_{i=1}^{n}\log(1+\theta^{\mathrm{T}}Z_i(\beta(t))),\tag{7.3.1}$$

其中 θ 是 $p\times 1$ 的 Lagrange 乘子向量, 且满足

$$\sum_{i=1}^{n}\frac{Z_i(\beta(t))}{1+\theta^{\mathrm{T}}Z_i(\beta(t))}=0.\tag{7.3.2}$$

记 $\tilde{D}(\beta(t))=(Nh)^{-1}\sum\limits_{i=1}^{n}Z_i(\beta(t))Z_i^{\mathrm{T}}(\beta(t))$, 其中 $N=\sum\limits_{i=1}^{n}m_i$. 由式 (7.3.1) 及

Taylor 展开, 可以证明

$$l(\beta(t))=\left(\frac{1}{\sqrt{Nh}}\sum_{i=1}^{n}Z_i(\beta(t))\right)^{\mathrm{T}}\tilde{D}^{-1}(\beta(t))\left(\frac{1}{\sqrt{Nh}}\sum_{i=1}^{n}Z_i(\beta(t))\right)+o_P(1).\quad(7.3.3)$$

首先引入一些记号. 令 $\mathcal{S}(f)$ 是 f 的紧支撑. 假定 t_0 是 $\mathcal{S}(f)$ 的内点, 记

$$\sigma^2(t_0)=E[\varepsilon_1^2(t_0)],$$
$$\rho_\varepsilon(t_0)=\lim_{\varDelta\to0}E[\varepsilon_1(t_0+\varDelta)\varepsilon_1(t_0)]$$

和

$$\gamma_{lr}(t_0)=E[X_{il}(t_{ij})X_{ir}(t_{ij})|t_{ij}=t_0].$$

为了得到本节的渐近结果, 需给出一些正则条件.

(C7.3.1) 对某一个常数 $h_0>0$, $h=h_0N^{-1/5}$.

(C7.3.2) 对某一 $0\leqslant\lambda<\infty$, $\lim_{n\to\infty}N^{-6/5}\sum\limits_{i=1}^{n}m_i^2=\lambda$.

(C7.3.3) 核函数 $K(\cdot)$ 是具有紧支撑的对称概率密度函数且满足

$$\int u^4K(u)\mathrm{d}u<\infty.$$

(C7.3.4) 存在常数 $\delta\in(2/5,2]$, 使得

$$\sup_t E[|\varepsilon_i(t_{ij})|^{2+\delta}|t_{ij}=t]<\infty,\quad \sup_t E[X_{il}^4(t_{ij})|t_{ij}=t]<\infty,$$

且 $\sup_t E[U_{il}^4(t_{ij})|t_{ij}=t]<\infty$, $i=1,\cdots,n,j=1,\cdots,m_i,l=1,\cdots,p$.

(C7.3.5) 对于所有 $l,r=1,\cdots,p,\gamma_{lr}(t)$, $\beta_r(t)$ 和 $f(t)$ 在 t_0 点具有连续的二阶导数.

(C7.3.6) $\sigma^2(t)$ 和 $\rho_\varepsilon(t)$ 在 t_0 连续.

(C7.3.7) $\varGamma(t_0)=(\gamma_{lr}(t_0))$ 是 $p\times p$ 的正定矩阵.

定理 7.3.1 假设正则条件 (C7.3.2)~条件 (C7.3.7) 成立, 当 $n\to\infty$ 时, 有 $Nh\to\infty$, $Nh^5\to0$. 如果 $\beta(t_0)$ 是真参数, 则

$$l(\beta(t_0))\xrightarrow{L}\chi_p^2.$$

记

$$\hat{\mathbb{V}}(t)=\frac{1}{Nh}\sum_{i=1}^{n}\sum_{j=1}^{m_i}[W_i(t_{ij})W_i^{\mathrm{T}}(t_{ij})-\varSigma_u]K_h(t-t_{ij}).$$

如果矩阵 $\hat{\mathbb{V}}(t)$ 是可逆的, $\beta(t)$ 的极大经验似然估计 (MELE) 为

$$\hat{\beta}_{\mathrm{EL}}(t) = \hat{\mathbb{V}}^{-1}(t)(Nh)^{-1}\sum_{i=1}^{n}\sum_{j=1}^{m_i} W_i(t_{ij})Y_i(t_{ij})K_h(t-t_{ij}). \tag{7.3.4}$$

注意到 $\hat{\beta}_{\mathrm{EL}}(t)$ 是 $\hat{\beta}_{\mathrm{GVEL}}$ 的特殊情形, 即 V_i 取单位阵. 下面定理将给出 MELE 的渐近分布.

定理 7.3.2 假设正则条件 (C7.3.1)~条件 (C7.3.7) 成立, 当 $n\to\infty$ 时, 则有

$$\sqrt{Nh}[\hat{\beta}_{\mathrm{EL}}(t_0)-\beta(t_0)] - B(t_0) \xrightarrow{L} N(0, \Sigma(t_0)),$$

其中 $B(t_0) = (f(t_0))^{-1}\Gamma^{-1}(t_0)b(t_0)$, $\Sigma(t_0) = (f(t_0))^{-2}\Gamma^{-1}(t_0)\Sigma^*(t_0)\Gamma^{-1}(t_0)$, $\Gamma(t_0)$ 在条件 (C7.3.7) 中定义, $b(t_0) = (b_1(t_0),\cdots,b_p(t_0))^{\mathrm{T}}$, $b_l(t_0)$ 和 $\Sigma^*(t_0)$ 分别为

$$\begin{aligned} b_l(t_0) = h_0^{5/2}\sum_{r=1}^{p}&[\beta_r'(t_0)\gamma_{lr}'(t_0)f(t_0) + \beta_r'(t_0)\gamma_{lr}(t_0)f'(t_0) \\ &+(1/2)\beta_r''(t_0)\gamma_{lr}(t_0)f(t_0)]\int u^2K(u)\mathrm{d}u, \end{aligned}$$

$$\begin{aligned} \Sigma^*(t_0) = &\{\sigma^2(t_0)(\Gamma(t_0)+\Sigma_u) + E[\eta(t_0)\beta(t_0)\beta^{\mathrm{T}}(t_0)\eta^{\mathrm{T}}(t_0)]\}f(t_0)\int K^2(u)\mathrm{d}u \\ &+\{\rho_\varepsilon(t_0)(\Gamma(t_0)+\Sigma_u) + E[\eta(t_0)\beta(t_0)\beta^{\mathrm{T}}(t_0)\eta^{\mathrm{T}}(t_0)]\}\lambda h_0 f^2(t_0), \end{aligned}$$

其中, $\eta(t_0) = \Sigma_u - X(t_0)U^{\mathrm{T}}(t_0) - U(t_0)U^{\mathrm{T}}(t_0)$, h_0 和 λ 在条件 (C7.3.1) 和条件 (C7.3.2) 中已定义.

注 7.3.1 从定理 7.3.2 的证明可以看出, 如果 $h = o(N^{-1/5})$, 条件 (C7.3.2)~条件 (C7.3.7) 不变, 则渐近偏差项消失且有

$$\sqrt{Nh}[\hat{\beta}_{\mathrm{EL}}(t_0)-\beta(t_0)] \xrightarrow{L} N(0, \Sigma(t_0)).$$

如果 Σ_u 是零矩阵, Xue 和 Zhu (2007b) 中定理的结论是定理 7.3.2 的特殊情况, 即不存在测量误差的结果.

7.3.2 残差调整的经验似然

从 7.3.5 节中定理的证明可以看出, $(Nh)^{-1/2}\sum\limits_{i=1}^{n} Z_i(\beta(t_0))$ 渐近服从非零均值向量 $b(t_0)$ 和协方差阵 $\Sigma^*(t_0)$. 该结果暗含了当取最优窗宽时, 所提出的自然经验对数似然比函数的渐近分布不是标准 χ^2 分布. 为了避免该问题, 一个自然的想法就是通过对辅助随机向量 $Z_i(\beta(t))$ 进行调整, 消除掉偏差项 $b(t_0)$. 从定理证明可以看出

$$E\{[W_{il}(t_{ij})W_i^{\mathrm{T}}(t_{ij}) - \Sigma_{u,l}][\beta(t_{ij})-\beta(t_0)]K_h(t_0-t_{ij})\}(N/h)^{1/2} = b_l(t_0) + o(1),$$

其中 $\Sigma_{u,l}$ 是 Σ_u 的第 l 行. 那么, $b_l(t_0)$ 的相合估计定义为

$$\hat{b}_l(t_0)=\frac{1}{\sqrt{Nh}}\sum_{i=1}^{n}\sum_{j=1}^{m_i}[W_{il}(t_{ij})W_i^{\mathrm{T}}(t_{ij})-\Sigma_{u,l}][\hat{\beta}_{\mathrm{EL}}(t_{ij})-\hat{\beta}_{\mathrm{EL}}(t_0)]K_h(t_0-t_{ij}).$$

因此, 可以引入如下校正的残差调整的辅助随机向量

$$\begin{aligned}\tilde{Z}_i(\beta(t))=&\sum_{j=1}^{m_i}\Big\{W_i(t_{ij})[Y_i(t_{ij})-W_i^{\mathrm{T}}(t_{ij})\beta(t)]+\Sigma_u\beta(t)\\&-[W_i(t_{ij})W_i^{\mathrm{T}}(t_{ij})-\Sigma_u][\hat{\beta}_{\mathrm{EL}}(t_{ij})-\hat{\beta}_{\mathrm{EL}}(t)]\Big\}K_h(t-t_{ij}).\end{aligned}$$

显然, $\tilde{Z}_i(\beta(t))$ 是 $Z_i(\beta(t))$ 的调整. $\beta(t)$ 的校正的残差调整的经验对数似然比函数定义为

$$\tilde{l}(\beta(t))=-2\max\left\{\sum_{i=1}^{n}\log(np_i)\middle|p_i\geqslant 0,\sum_{i=1}^{n}p_i=1,\sum_{i=1}^{n}p_i\tilde{Z}_i(\beta(t))=0\right\}.$$

下列定理给出了 $\tilde{l}(\beta(t))$ 的渐近结果.

定理 7.3.3 假设正则条件 (C7.3.1)~条件 (C7.3.7) 成立, 且核函数 $K(\cdot)$ 在 t_0 处是二次可微的. 如果 $\beta(t_0)$ 是真参数, 当 $n\to\infty$ 时, 则有

$$\tilde{l}(\beta(t_0))\xrightarrow{L}\chi_p^2.$$

基于定理 7.3.3 可以构造 $\beta(t_0)$ 的近似 $1-\alpha$ 置信域, 即

$$R_\alpha(\check{\beta}(t_0))=\Big\{\check{\beta}(t_0)\Big|\tilde{l}(\check{\beta}(t_0))\leqslant\chi_p^2(1-\alpha)\Big\}.$$

极大化 $-\tilde{l}(\beta(t))$ 可以得到 $\beta(t)$ 的极大经验似然估计, 记为 $\hat{\beta}_{\mathrm{RAEL}}(t)$. $\hat{\beta}_{\mathrm{RAEL}}(t)$ 就是估计方程 $\sum\limits_{i=1}^{n}\tilde{Z}_i(\beta(t))=0$ 的解, 其形式为

$$\begin{aligned}\hat{\beta}_{\mathrm{RAEL}}(t)=&\hat{\mathbb{V}}^{-1}(t)(Nh)^{-1}\sum_{i=1}^{n}\sum_{j=1}^{m_i}\Big\{W_i(t_{ij})Y_i(t_{ij})\\&-[W_i(t_{ij})W_i^{\mathrm{T}}(t_{ij})-\Sigma_u][\hat{\beta}_{\mathrm{EL}}(t_{ij})-\hat{\beta}_{\mathrm{EL}}(t)]\Big\}K_h(t-t_{ij}).\end{aligned}$$

在定理 7.3.4 中, 讨论了 $\hat{\beta}_{\mathrm{RAEL}}(t)$ 的渐近正态性.

定理 7.3.4 假设正则条件 (C7.3.1)~ 条件 (C7.3.7) 成立, 且核函数 $K(\cdot)$ 在 t_0 处是二次可微的, 当 $n\to\infty$ 时, 则有

$$\sqrt{Nh}[\hat{\beta}_{\mathrm{RAEL}}(t_0)-\beta(t_0)]\xrightarrow{L}N(0,\Sigma(t_0)).$$

注 7.3.2 定理 7.3.2 表明, 如果采用最优窗宽, $\hat{\beta}_{\mathrm{EL}}(t)$ 是有偏的. 为了消除偏差, 需采用欠光滑. 从定理 7.3.4 可以看出, $\hat{\beta}_{\mathrm{RAEL}}(t)$ 不仅消除了偏差, 而且避免了欠光滑. Xue 和 Zhu (2007b) 并没有讨论残差调整的极大经验似然估计的渐近性质. 当协变量不含测量误差时, 仍有类似的渐近结果, 即用零矩阵直接取代定理 7.3.4 中的 Σ_u.

7.3.3 Profile 经验似然

如果对 $\beta(t)$ 的某一分量感兴趣, 类似 Xue 和 Zhu (2007b), 利用部分 profile 经验似然构造 $\beta_r(t_0), r=1,\cdots,p$ 的置信区间. 由式 (7.3.4), 分量 $\beta_r(t)$ 的估计量是 $\hat\beta_{\mathrm{EL},r}(t)=e_r^{\mathrm{T}}\hat\beta_{\mathrm{EL}}(t), r=1,\cdots,p$. 记

$$Z_{i,r}(\beta_r(t))=e_r^{\mathrm{T}}\hat{\mathbb{V}}^{-1}(t)Z_i(\hat\beta_{\mathrm{EL},1}(t),\cdots,\hat\beta_{\mathrm{EL},r-1}(t),\beta_r(t),\hat\beta_{\mathrm{EL},r+1}(t),\cdots,\hat\beta_{\mathrm{EL},p}(t)),$$

$$\tilde Z_{i,r}(\beta_r(t))=e_r^{\mathrm{T}}\hat{\mathbb{V}}^{-1}(t)\tilde Z_i(\hat\beta_{\mathrm{EL},1}(t),\cdots,\hat\beta_{\mathrm{EL},r-1}(t),\beta_r(t),\hat\beta_{\mathrm{EL},r+1}(t),\cdots,\hat\beta_{\mathrm{EL},p}(t)),$$

其中 e_r 是长度为 p 且第 r 个位置为 1 的单位向量, $r=1,\cdots,p$.

类似式 (7.3.1), $\beta_r(t)$ 的自然的和残差调整的经验对数似然比函数分别定义为

$$l_r(\beta_r(t))=2\sum_{i=1}^n\log(1+\theta_1^{\mathrm{T}}Z_{i,r}(\beta_r(t))),$$

$$\tilde l_r(\beta_r(t))=2\sum_{i=1}^n\log(1+\theta_2^{\mathrm{T}}\tilde Z_{i,r}(\beta_r(t))),$$

其中 θ_1 和 θ_2 是 Lagrange 乘子, 定义类似式 (7.3.2) 给定.

在定理 7.3.1 和定理 7.3.3 的假定下, 可以证明 $l_r(\beta_r(t))$ 和 $\tilde l_r(\beta_r(t))$ 的渐近分布分别是自由度为 1 的 χ^2 分布.

定理 7.3.5 在定理 7.3.1 的条件下, 有 $l_r(\beta_r(t_0))\xrightarrow{L}\chi_1^2$. 当定理 7.3.3 的条件满足时, 有 $\tilde l_r(\beta_r(t_0))\xrightarrow{L}\chi_1^2$, 其中 $r=1,\cdots,p$.

基于定理 7.3.5, 可以定义 $\beta_r(t_0)$ 的近似 $1-\alpha$ 置信区间为

$$I_{r,\alpha}(\check\beta_r(t_0))=\left\{\check\beta_r(t_0)\middle|l_r(\check\beta_r(t_0))\leqslant\chi_1^2(1-\alpha)\right\},$$

$$\tilde I_{r,\alpha}(\check\beta_r(t_0))=\left\{\check\beta_r(t_0)\middle|\tilde l_r(\check\beta_r(t_0))\leqslant\chi_1^2(1-\alpha)\right\},$$

其中 $r=1,\cdots,p$.

注 7.3.3 当 Σ_u 未知时, 通常的方法是假定有重复观测, 即 $W_i^l(t_{ij})=X_i(t_{ij})+U_i^l(t_{ij}), l=1,2,\cdots,m_{ij}$ (Liang et al., 1999; Liang and Li, 2009). 记 $\overline{W}_i(t_{ij})=\dfrac{1}{m_{ij}}\sum_{l=1}^{m_{ij}}W_i^l(t_{ij})$, 那么, Σ_u 的一个相合、无偏的矩估计为

$$\hat\Sigma_u=\frac{\sum_{i=1}^n\sum_{j=1}^{m_i}\sum_{l=1}^{m_{ij}}(W_i^l(t_{ij})-\overline{W}_i(t_{ij}))(W_i^l(t_{ij})-\overline{W}_i(t_{ij}))^{\mathrm{T}}}{\sum_{i=1}^n\sum_{j=1}^{m_i}(m_{ij}-1)}.$$

记 $\overline{U}_i(t_{ij})=\dfrac{1}{m_{ij}}\sum_{l=1}^{m_{ij}}U_i^l(t_{ij})$. 注意到 $\mathrm{Cov}(\overline{U}_i(t_{ij}))=m_{ij}^{-1}\Sigma_u$, 分别用 $\overline{W}_i(t_{ij})$ 和 $m_{ij}^{-1}\hat\Sigma_u$ 取代 $W_i(t_{ij})$ 和 Σ_u. 定理 7.3.1~定理 7.3.5 仍成立.

7.3.4 模拟研究和实例分析

1. 模拟研究

模拟数据产生来自下面模型

$$Y(t)=\beta_1(t)X_1(t)+\beta_2(t)X_2(t)+\varepsilon(t), \tag{7.3.5}$$

其中 $X_1(t)$ 来自均匀分布 $U(t/12,2+t/12)$, $X_2(t)$ 与 $X_1(t)$ 独立且服从标准正态分布. 函数系数分别为 $\beta_1(t)=1-[(t-6)/6]^2$, $\beta_2(t)=\sin(\pi t/6)$. 假定 $W_2(t)=X_2(t)+U(t)$ 且 $U(t)\sim N(0,\sigma_u^2)$. 在模拟过程中, σ_u^2 分别取 $0.2^2,0.4^2$ 和 0.6^2 以代表数据不同的污染水平. 为了使得每个个体重复观测的次数 m_i 不同, 产生 50 个不同的时间点 s_{i1}, 且 $s_{i1}\sim U(0,1)$, 使得 $s_{il}=s_{i1}+(l-1),l=1,2,\cdots,12$. 对时间点列 s_{il} 随机缺失 40%, 剩下的时间点列记为 $t_{ij},i=1,\cdots,50,j=1,\cdots,m_i$. $Y(t)$ 由模型 (7.3.5) 产生, 其中 $\varepsilon(t)$ 为零均值的 Gaussian 过程, 协方差函数为

$$\mathrm{Cov}(\varepsilon_{i_1}(t_{i_1j_1}),\varepsilon_{i_2}(t_{i_2j_2}))=\begin{cases}0.2\exp(-|t_{i_1j_1}-t_{i_2j_2}|), & i_1=i_2,\\ 0, & i_1\neq i_2.\end{cases}$$

取核函数为 $K(u)=0.75(1-u^2)_+$, 并且用交错核实法选取窗宽.

首先, 模拟研究比较了 $\beta_1(t)$ 和 $\beta_2(t)$ 的两种估计: GVMELE 和 LVMELE. 在真实相关结构 (LVEL-True), AR(1) 相关结构 (LVEL-AR) 和交换的相关结构 (LVEL-Exch) 等三种相关结构下计算了 LVMELE. 通过 500 次运行的结果如图 7.3.1 所示. 从图 7.3.1 可以看出, 当曲线中度或低度弯曲时, GVMELE 拟合效果更好. 在一些明显摆动的地方, 即使采用的是真实相关结构, LVMELE 有点欠光滑. Lin 等 (2007) 有类似发现. Chen 和 Jin (2005) 指出在真实相关结构的情况下, LVMELE 是更有效的估计. 但在实际应用中, 相关结构往往未知. GVMELE 给出了更合理的估计, 因为其避免了相关结构的估计.

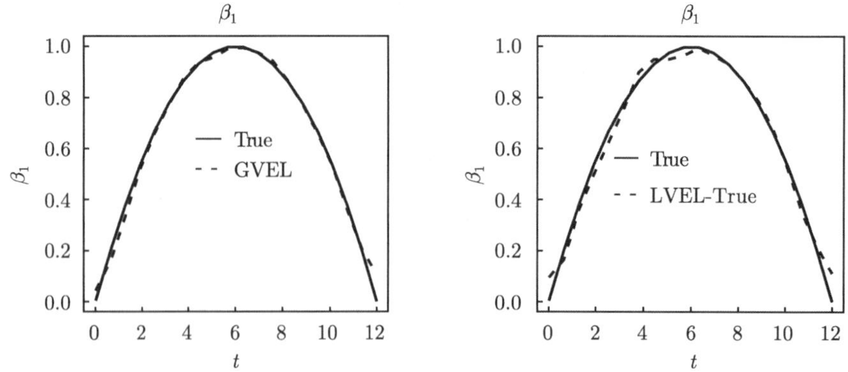

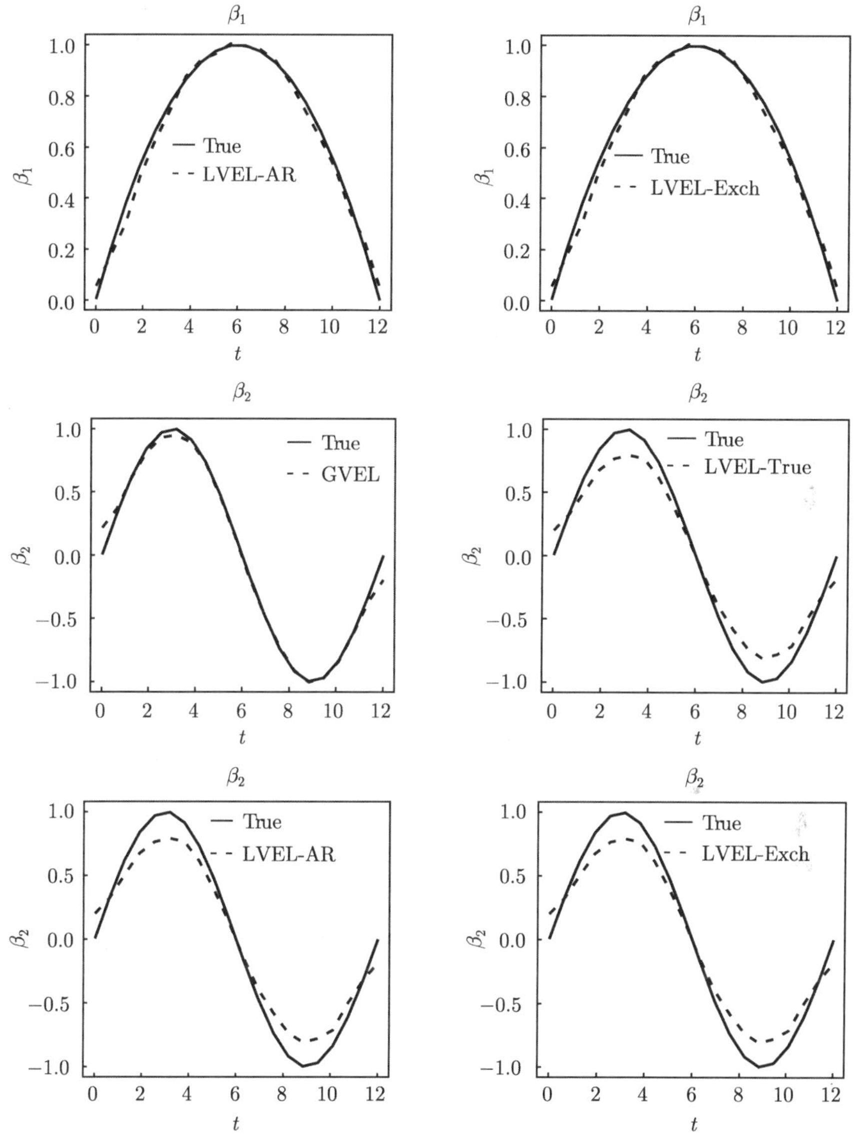

图 7.3.1 基于 GVEL 和 LVEL 方法, 当 $\sigma_u^2 = 0.4^2$ 时, $\beta_1(t)$ 和 $\beta_2(t)$ 的估计

其次, 为说明提出方法的有限样本性质, 比较了校正的残差调整的经验似然方法 (CRAEL) 与 Naive 残差调整的经验似然方法 (NRAEL), 即忽略测量误差, 直接用 $W_i(t_{ij})$ 取代 7.2.5 节 $\beta(t)$ 的残差调整的经验对数似然比函数中的 $X_i(t_{ij})$. 由于 $X_1(t)$ 测量不含误差, 基于 CRAEL 方法和 NRAEL 方法所得结果类似, 因此没有显示该结果. 图 7.3.2 给出了 $\beta_2(t)$ 的估计. 从图 7.3.2 可以看出, NRAEL 方法是有偏的, 而 CRAEL 方法有效地消除了测量误差引起的偏差.

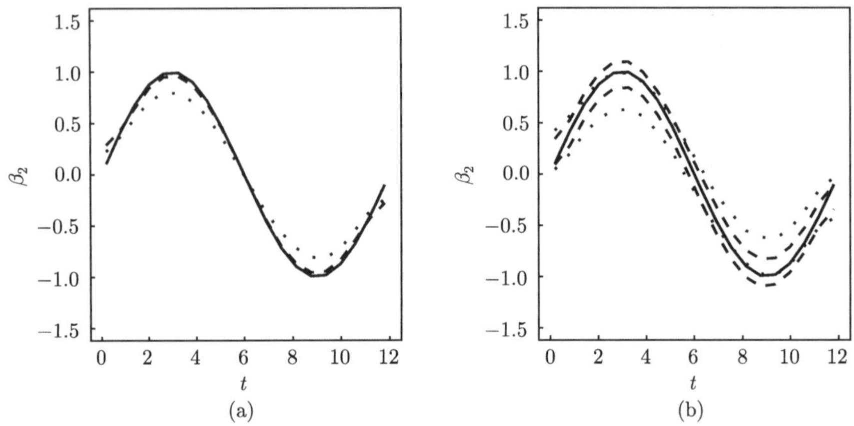

图 7.3.2　当 $\sigma_u^2 = 0.4^2$ 时, 基于 CRAEL(虚线) 和 NRAEL(点线), $\beta_2(t)$ 的估计 (图 (a)) 和 95%的逐点置信带 (图 (b)), 实线是真实曲线

下面对 CRAEL 方法和正态逼近方法 (NA) 进行比较, 其中正态逼近方法是基于定理 7.3.2. 模拟研究比较了 95% 的置信区间及其相应的覆盖概率, 模拟结果见图 7.3.3 和图 7.3.4 所示. 从图 7.3.3 和图 7.3.4. 可以得到如下结论.

(1) 图 7.3.3 表明, CRAEL 比 NA 给出了更短的置信区间, 基于相应的覆盖概率略有不同. 这表明 CRAEL 优于 NA, 且 CRAEL 除了边界点外, 拟合效果较好.

(2) 图 7.3.3 表明, 覆盖概率的精度和置信区间的长度依赖测量误差. 对固定样本容量, 当测量误差程度增加时, 覆盖概率减少且置信区间长度增加.

接下来, 考虑 $X_1(t)$ 和 $X_2(t)$ 都含测量误差的情形. 数据仍产生来自模型 (7.3.5). 假定 $W(t) = X(t) + U(t)$, 测量误差 $U(t)$ 由二维的均值为 0, 协方差阵分别为 $0.2^2 I_2$ 和 $0.4^2 I_2$ 的多元正态分布产生. 为了说明所提出的 CRAEL 方法的性质, 计算了当协变量不含测量误差的残差调整的经验似然, 即 Σ_u 是零矩阵. 模拟结果如图 7.3.5

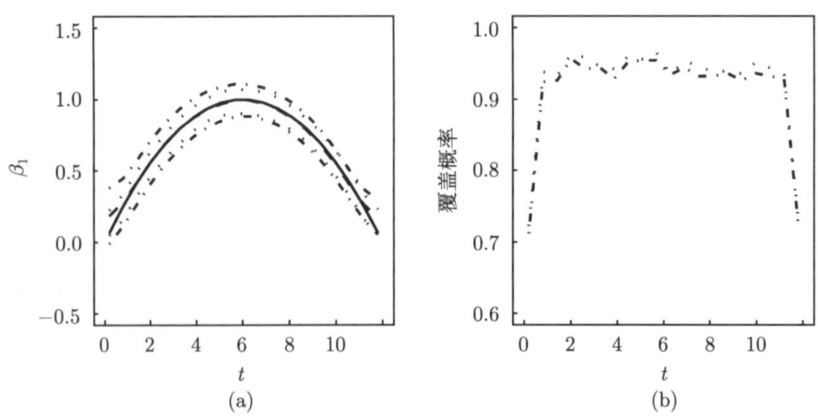

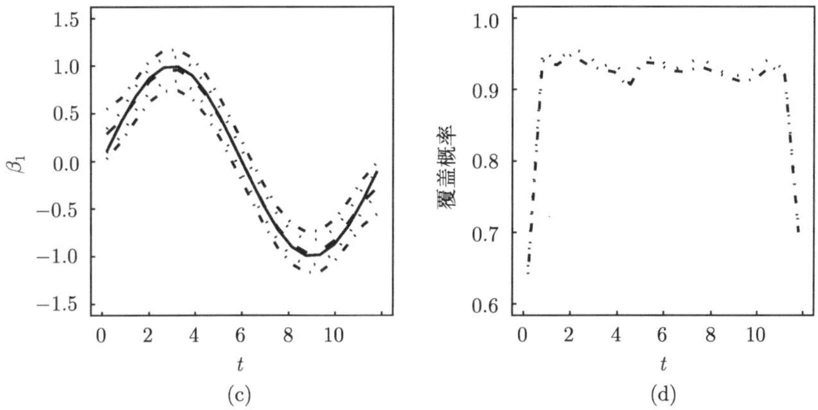

图 7.3.3 当 $\sigma_u^2=0.4^2$ 时, 基于 CRAEL(点线) 和 NA(点虚线)$\beta_1(t)$ 和 $\beta_2(t)$ 的 95% 的逐点置信带及其相应的覆盖概率

实线是真实曲线, 虚线是 $\beta_1(t)$ 和 $\beta_2(t)$ 的估计. 图 (a)~(b) 对应 $\beta_1(t)$, 图 (c)~(d) 对应 $\beta_2(t)$

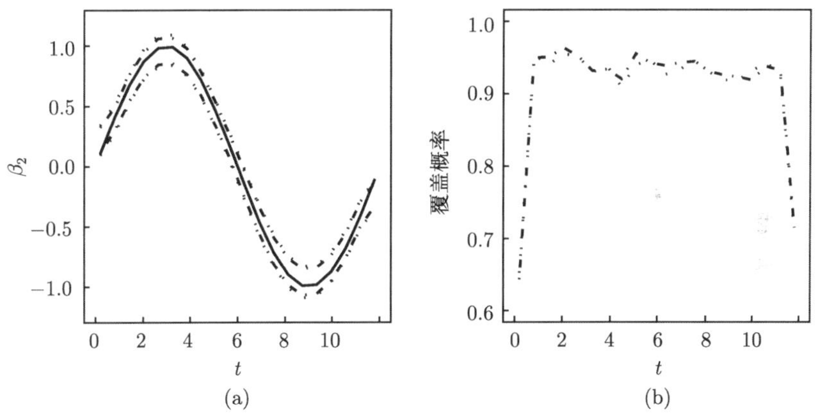

图 7.3.4 基于 CRAEL 方法 $\beta_2(t)$ 的 95% 的逐点置信带及其相应的覆盖概率

$\sigma_u^2=0.2^2$(点虚线), $\sigma_u^2=0.4^2$ (点线). 实线是真实曲线

所示. 从图 7.3.5 可知, 尽管协变量不含测量误差时, 残差调整的经验似然给出了更短的置信区间和更高的覆盖概率, 但是所提出的 CRAEL 方法也很接近变量不含测量误差时的结果. 因此, CRAEL 方法是可行的. 同时, 逐点置信带及其相应的覆盖概率依赖测量误差. 该发现和图 7.3.3 的结论一致.

最后, 通过模拟讨论了是否 $\beta(t)$ 的估计对 Σ_u 的选择是敏感的. 测量误差 $U(t)$ 服从二元正态分布, 均值为 0, 协方差矩阵为 0.4^2I_2. 考虑 Σ_u 两种不同的情形: 通过重复测量得到 $\hat{\Sigma}_u$ 和错误指定测量误差协方差结构. 在模拟研究中, Σ_u 错误指定

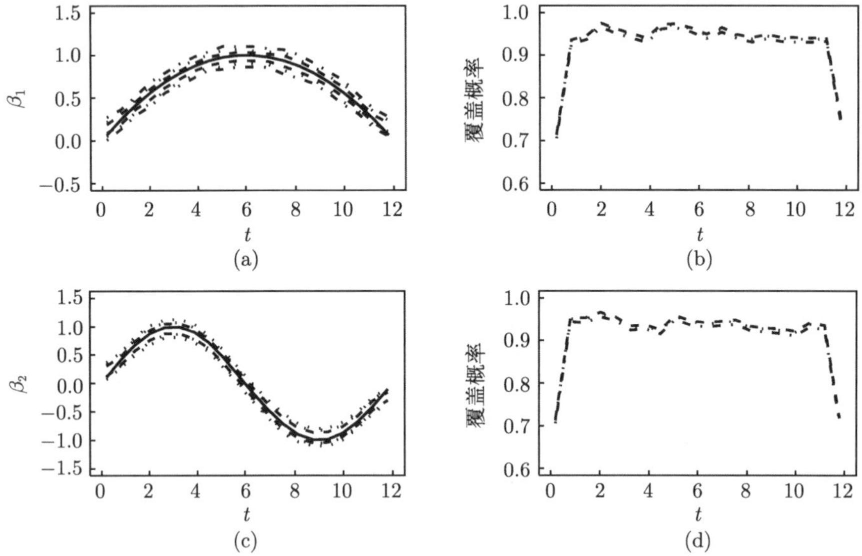

图 7.3.5　基于 CRAEL 方法 $\beta_1(t)$ 和 $\beta_2(t)$ 的 95% 的逐点置信带及其相应的覆盖概率 $\Sigma_u^2=0$(虚线), $\Sigma_u^2=0.2^2I_2$(点线), $\Sigma_u^2=0.4^2I_2$(点虚线). 实线是真实曲线

测结构为 $\begin{pmatrix} 0.4^2 & \rho^2 \\ \rho^2 & 0.4^2 \end{pmatrix}$, $\rho=0.1,0.2,0.3$. 为了估计 Σ_u, 产生 $W_i(t_{ij})$ 的二次重复观测, 即 $m_{ij}\equiv 2$. 图 7.3.6(a)～(b) 表明, 当 Σ_u 用 $\hat{\Sigma}_u$ 取代时, $\beta(t)$ 估计效果很好. 在真实 Σ_u 附近波动测量误差协方差结构时, 从图 7.3.6(c)～(d) 可以看出估计结果是稳定的.

2. 实例分析

现在通过分析 3.3.6 节的数据集来说明经验似然方法在本节中的应用. 假设 t_{ij} 是感染 HIV 后第 i 个个体第 j 次测量的时间 (年度); Y_{ij} 是在时间 t_{ij} 处第 i 个个体的 CD4 细胞百分率; $X_{i1}\equiv 1$; X_{i2} 是第 i 个个体的吸烟情况, 其取值为 1 或 0(1 表示感染后吸烟, 0 表示不吸烟); X_{i3} 是第 i 个个体的中心化感染前 CD4 百分率, 其值是由来自第 i 个个体的实际感染前 CD4 百分率的值减去其平均值得到. 一般情况下, 个体感染前 CD4 百分率的测量可能含有误差. 因此, 假定 X_{i3} 的测量含误差 U, 其中 $E(U)=0$ 且 $\mathrm{Var}(U)=\sigma_u^2$. 为了估计测量误差方差 σ_u^2, 需要感染前 CD4 百分率的重复观测值. 由于该数据集不含重复观测样本, 因此不可能估计 σ_u^2. 我们进行了一个敏感性分析, 即取 σ_u 分别为 $0.5\mathrm{SD}(X_3)$ 和 0, 其中 SD 是样本标准差. 采用 Epanechnikov 核函数和窗宽 $h=0.489$ 计算了 $\beta_1(t),\beta_2(t)$ 和 $\beta_3(t)$ 的估计, 以及基于 CRAEL 方法和 NA 方法的 95% 逐点置信区间. 图 7.3.7 报告了模拟结果.

图 7.3.7(a) 给出了当 $\sigma_u=0$ 和 $\sigma_u=0.5\mathrm{SD}(X_3)$ 时 $\beta_3(t)$ 的估计. 正如所期待的, 当考虑测量误差时, 感染前的 CD4 百分率和感染后的 CD4 百分率有更强的正相关. 从图 7.3.7(b)~(d) 发现总体的平均基准 CD4 百分率在 HIV 感染初期迅速地下降, 但感染 4 年后下降的速度慢了下来. 在 HIV 感染期间吸烟对感染后 CD4 百分率影响不大; 感染前的 CD4 百分率和感染后的 CD4 百分率有密切联系. 该发现与 Wu 等 (1998) 的核光滑方法得到的结论一致. 从图 7.3.7(b)~(d) 发现 CRAEL 方法优于 NA.

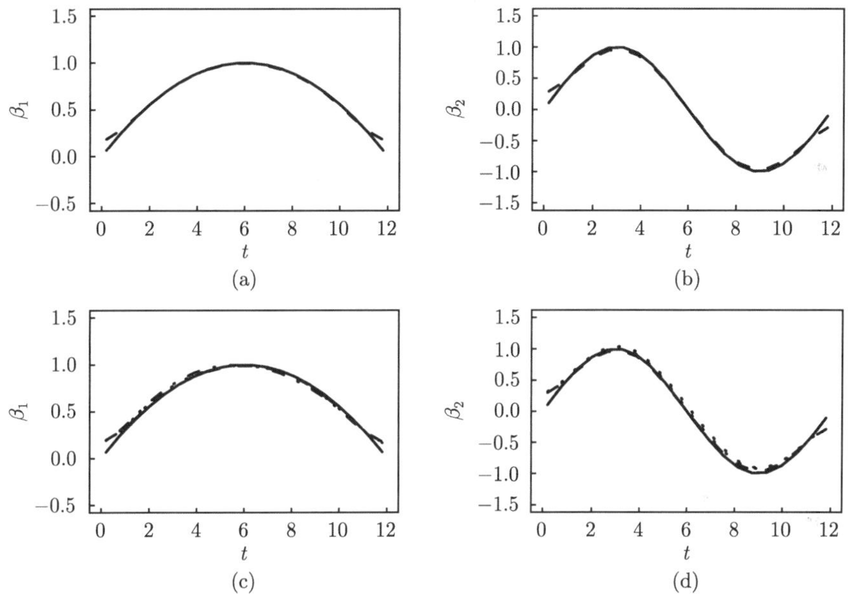

图 7.3.6 $\beta(t)$ 的估计

图 (a) 和图 (b) 分别对应 $\beta_1(t)$ 和 $\beta_2(t)$, $\hat{\Sigma}_u$(虚线). 图 (c) 和图 (d) 分别对应 $\beta_1(t)$ 和 $\beta_2(t)$, $\rho=0.1$(虚线),0.2 (点线) 和 0.3 (点虚线)

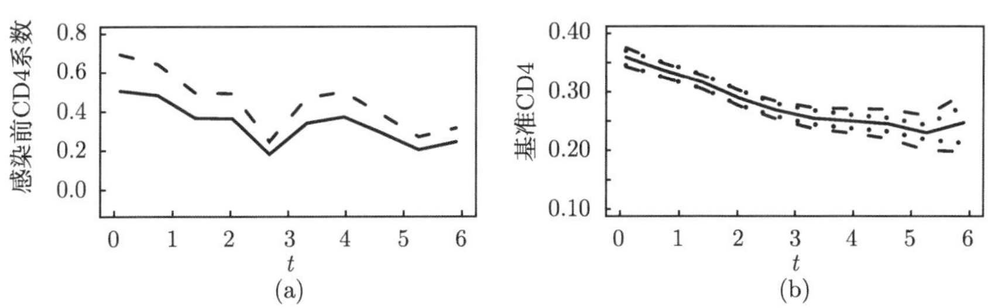

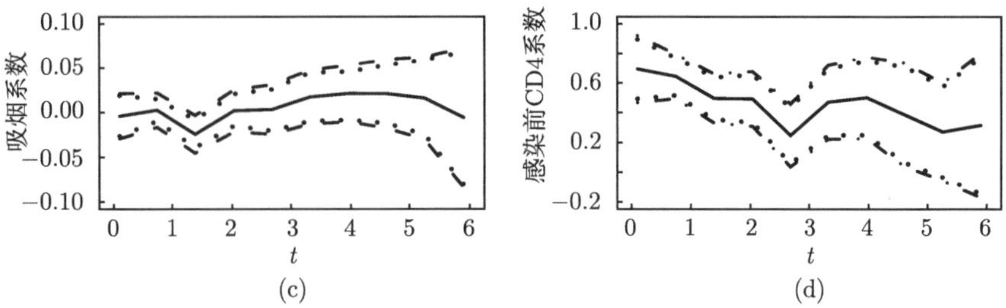

图 7.3.7　应用于艾滋病数据

基于 CD4 细胞百分率, 基准 CD4 百分率, 吸烟和感染前 CD4 百分率的估计的系数曲线. 实线是估计的曲线, 点线和虚线分别为基于 CRAEL 和 NA 的 95% 逐点置信区间. 图 (a) 是当 $\sigma_u = 0$(实线) 和 $\sigma_u = 0.5\mathrm{SD}(X_3)$ (虚线) 时 $\beta_3(t)$ 的估计; 图 (b) 是截距影响; 图 (c) 是吸烟影响; 图 (d) 是感染前 CD4 影响

7.3.5　定理的证明

定理的证明依赖如下两个引理.

引理 7.3.1　如果正则条件 (C7.3.1)~条件 (C7.3.7) 成立, 则

$$E\left[\frac{1}{\sqrt{Nh}}\sum_{i=1}^{n} Z_i(\beta(t_0))\right] = b(t_0) + o(1),$$

$$\mathrm{Cov}\left[\frac{1}{\sqrt{Nh}}\sum_{i=1}^{n} Z_i(\beta(t_0))\right] = \Sigma^*(t_0) + o(1).$$

证明　令 $\tilde{\xi}(t_0) = (Nh)^{-1/2}\sum_{i=1}^{n} Z_i(\beta(t_0))$. 通过简单的计算, $\tilde{\xi}(t_0)$ 的第 l 个分量为

$$\tilde{\xi}_l(t_0) = \frac{1}{\sqrt{Nh}}\sum_{i=1}^{n} Z_{il}(\beta(t_0)),$$

其中 $Z_{il}(\beta(t_0)) = \sum_{j=1}^{m_i}[\xi_{il}(t_0, t_{ij})K_h(t_0 - t_{ij})]$,

$$\begin{aligned}\xi_{il}(t_0, t_{ij}) = & \sum_{r=1}^{p}\{[W_{il}(t_{ij})W_{ir}(t_{ij}) - \Sigma_{u,lr}][\beta_r(t_{ij}) - \beta_r(t_0)]\} \\ & + W_{il}(t_{ij})\varepsilon_i(t_{ij}) + \eta_{il}(t_{ij})\beta(t_{ij}),\end{aligned}$$

$\eta_i(t_{ij}) = \Sigma_u - X_i(t_{ij})U_i^{\mathrm{T}}(t_{ij}) - U_i(t_{ij})U_i^{\mathrm{T}}(t_{ij})$, $\eta_{il}(t_{ij})$ 是 $\eta_i(t_{ij})$ 的第 l 行, $\Sigma_{u,lr}$ 是矩阵 Σ_u 第 (l, r) 个元素. 又

$$
\begin{aligned}
E[Z_{il}(\beta(t_0))] &= \sum_{j=1}^{m_i} \int E[\xi_{il}(t_0, t_{ij})|t_{ij} = u] K_h(t_0 - u) f(u) \mathrm{d}u \\
&= m_i h \sum_{r=1}^{p} \int [\beta_r(t_0 - hu) - \beta_r(t_0)] \times \gamma_{lr}(t_0 - hu) f(t_0 - hu) K(u) \mathrm{d}u.
\end{aligned}
$$

那么, 由条件 (C7.3.1), 条件 (C7.3.3) 和式 (7.3.6), 对上式等式右边进行 Taylor 展开, 有

$$
E\left[\frac{1}{\sqrt{Nh}} \sum_{i=1}^{n} Z_i(\beta(t_0))\right] = b(t_0) + o(1).
$$

现考虑 $\tilde{\xi}(t_0)$ 的协方差. 由于

$$
\mathrm{Cov}[\tilde{\xi}_l(t_0), \tilde{\xi}_r(t_0)] = E[\tilde{\xi}_l(t_0)\tilde{\xi}_r(t_0)] - E[\tilde{\xi}_l(t_0)]E[\tilde{\xi}_r(t_0)],
$$

因此, 对于 $l, r = 1, \cdots, p$, 需要计算

$$
\begin{aligned}
&E\left\{\left[\frac{1}{\sqrt{Nh}} \sum_{i=1}^{n} Z_{il}(\beta(t_0))\right]\left[\frac{1}{\sqrt{Nh}} \sum_{i=1}^{n} Z_{ir}(\beta(t_0))\right]\right\} \\
=&(Nh)^{-1}\left\{\sum_{i=1}^{n} E\left[Z_{il}(\beta(t_0)) Z_{ir}(\beta(t_0))\right] + \sum_{i_1 \neq i_2} E\left[Z_{i_1 l}(\beta(t_0)) Z_{i_2 r}(\beta(t_0))\right]\right\}. \quad (7.3.6)
\end{aligned}
$$

对式 (7.3.6) 中右边的第一项, 通过简单计算可得

$$
\begin{aligned}
Z_{il}(\beta(t_0)) Z_{ir}(\beta(t_0)) =& \sum_{j=1}^{m_i} \xi_{il}(t_0, t_{ij}) \xi_{ir}(t_0, t_{ij}) K_h^2(t_0 - t_{ij}) \\
&+ \sum_{j_1 \neq j_2} \xi_{il}(t_0, t_{ij_1}) \xi_{ir}(t_0, t_{ij_2}) K_h(t_0 - t_{ij_1}) K_h(t_0 - t_{ij_2}). \quad (7.3.7)
\end{aligned}
$$

当 $n \to \infty$, 可得

$$
\begin{aligned}
&E[\xi_{il}(t_0, t_{ij}) \xi_{ir}(t_0, t_{ij}) | t_{ij} = u] \\
=& \sum_{c=1}^{p} \Big\{ [\beta_c(u) - \beta_c(t_0)]^2 \times E[(W_{il}(t_{ij}) W_{ic}(t_{ij}) \\
&- \Sigma_{u,lc})(W_{ir}(t_{ij}) W_{ic}(t_{ij}) - \Sigma_{u,rc}) | t_{ij} = u] \Big\} \\
&+ \sigma^2(u) E[W_{il}(t_{ij}) W_{ir}(t_{ij}) | t_{ij} = u] + E[\eta_{il}(t_{ij}) \beta(t_{ij}) \beta^{\mathrm{T}}(t_{ij}) \eta_{ir}^{\mathrm{T}}(t_{ij}) | t_{ij} = u] \\
&+ \sum_{c_1 \neq c_2} \Big\{ [\beta_{c_1}(u) - \beta_{c_1}(t_0)][\beta_{c_2}(u) - \beta_{c_2}(t_0)] \\
&\times E[(W_{il}(t_{ij}) W_{ic_1}(t_{ij}) - \Sigma_{u,lc_1})(W_{ir}(t_{ij}) W_{ic_2}(t_{ij}) - \Sigma_{u,rc_2}) | t_{ij} = u] \Big\} \\
\longrightarrow& \sigma^2(t_0)[\gamma_{lr}(t_0) + \Sigma_{u,lr}] + E[\eta_{1l}(t_0) \beta(t_0) \beta^{\mathrm{T}}(t_0) \eta_{1r}^{\mathrm{T}}(t_0)], \quad \text{如果 } u \to t_0.
\end{aligned}
$$

结合上式, 有

$$
\begin{aligned}
&E\left[\sum_{j=1}^{m_i}\xi_{il}(t_0,t_{ij})\xi_{ir}(t_0,t_{ij})K_h^2(t_0-t_{ij})\right]\\
=&\sum_{j=1}^{m_i}\int E[\xi_{il}(t_0,t_{ij})\xi_{ir}(t_0,t_{ij})|t_{ij}=u]K_h^2(t_0-u)f(u)\mathrm{d}u\\
=&m_ih\left\{\sigma^2(t_0)[\gamma_{lr}(t_0)+\Sigma_{u,lr}]+E[\eta_{1l}(t_0)\beta(t_0)\beta^{\mathrm{T}}(t_0)\eta_{1r}^{\mathrm{T}}(t_0)]\right\}f(t_0)\\
&\times\int K^2(u)\mathrm{d}u+o(m_ih).
\end{aligned}\tag{7.3.8}
$$

类似地, 当 $n\to\infty$, $u_1\to t_0$ 且 $u_2\to t_0$, 可以证明

$$
\begin{aligned}
&E[\xi_{il}(t_0,t_{ij_1})\xi_{ir}(t_0,t_{ij_2})|t_{ij_1}=u_1,t_{ij_2}=u_2]\\
\longrightarrow&\rho_\varepsilon(t_0)[\gamma_{lr}(t_0)+\Sigma_{u,lr}]+E[\eta_{1l}(t_0)\beta(t_0)\beta^{\mathrm{T}}(t_0)\eta_{1r}^{\mathrm{T}}(t_0)],
\end{aligned}
$$

且式 (7.3.7) 中右边的第二项的期望为

$$
\begin{aligned}
&E\left[\sum_{j_1\neq j_2}\xi_{il}(t_0,t_{ij_1})\xi_{ir}(t_0,t_{ij_2})K_h(t_0-t_{ij_1})K_h(t_0-t_{ij_2})\right]\\
=&\sum_{j_1\neq j_2}\left\{\int\int E\left[\xi_{il}(t_0,t_{ij_1})\xi_{ir}(t_0,t_{ij_2})|t_{ij_1}=u_1,t_{ij_2}=u_2\right]\right.\\
&\left.\times K_h(t_0-u_1)K_h(t_0-u_2)f(u_1)f(u_2)\mathrm{d}u_1\mathrm{d}u_2\right\}\\
=&h^2m_i(m_i-1)\left\{\rho_\varepsilon(t_0)[\gamma_{lr}(t_0)+\Sigma_{u,lr}]+E[\eta_{1l}(t_0)\beta(t_0)\beta^{\mathrm{T}}(t_0)\eta_{1r}^{\mathrm{T}}(t_0)]\right\}f^2(t_0)\\
&+o(h^2m_i(m_i-1)).
\end{aligned}\tag{7.3.9}
$$

结合式 (7.3.7), 式 (7.3.8) 和式 (7.3.9) 可得

$$
\begin{aligned}
&(Nh)^{-1}\sum_{i=1}^nE[Z_{il}(\beta(t_0))Z_{ir}(\beta(t_0))]\\
=&\Big\{\sigma^2(t_0)[\gamma_{lr}(t_0)+\Sigma_{u,lr}]+E[\eta_{1l}(t_0)\beta(t_0)\beta^{\mathrm{T}}(t_0)\eta_{1r}^{\mathrm{T}}(t_0)]\Big\}f(t_0)\int K^2(u)\mathrm{d}u\\
&+hN^{-1}\Big(\sum_{i=1}^nm_i^2-N\Big)\Big\{\rho_\varepsilon(t_0)[\gamma_{lr}(t_0)+\Sigma_{u,lr}]+E[\eta_{1l}(t_0)\beta(t_0)\beta^{\mathrm{T}}(t_0)\eta_{1r}^{\mathrm{T}}(t_0)]\Big\}\\
&\times f^2(t_0)+o\left(hN^{-1}\Big(\sum_{i=1}^nm_i^2-N\Big)\right).
\end{aligned}\tag{7.3.10}
$$

由 $h=N^{-1/5}h_0$ 和 $\lim\limits_{n\to\infty}N^{-6/5}\sum\limits_{i=1}^n m_i^2=\lambda$, 很容易证明当 $n\to\infty$, 有

$$hN^{-1}\left(\sum_{i=1}^n m_i^2-N\right)\longrightarrow\lambda h_0.$$

类似 Wu 等 (1998) 中式 (A.13) 的证明, 当 $n\to\infty$ 时, 有

$$\begin{aligned}&\left|(Nh)^{-1}\sum_{i_1\neq i_2}E[Z_{il}(\beta(t_0))Z_{ir}(\beta(t_0))]-E\left[(Nh)^{-1/2}\sum_{i=1}^n Z_{il}(\beta(t_0))\right]\right.\\&\left.\times E\left[(Nh)^{-1/2}\sum_{i=1}^n Z_{ir}(\beta(t_0))\right]\right|\longrightarrow 0.\end{aligned}\tag{7.3.11}$$

由条件 (C7.3.1), 结合式 (7.3.6), 式 (7.3.10) 和式 (7.3.11) 可得

$$\mathrm{Cov}\left[\frac{1}{\sqrt{Nh}}\sum_{i=1}^n Z_i(\beta(t_0))\right]=\Sigma^*(t_0)+o(1).$$

引理 7.3.2 假定正则条件 (C7.3.2)~条件 (C7.3.5) 成立, 那么窗宽满足 $\sup\lim\limits_{n\to\infty}Nh^5<\infty$. 如果 $\beta(t_0)$ 是真参数, 则

$$\max_{1\leqslant i\leqslant n}\|Z_i(\beta(t_0))\|=o_P((Nh)^{1/2}).$$

证明 令

$$\begin{aligned}M_{1i}(t_0)&=\sum_{j=1}^{m_i}W_i(t_{ij})\varepsilon_i(t_{ij})K_h(t_0-t_{ij}),\\M_{2i}(t_0)&=\sum_{j=1}^{m_i}[W_i(t_{ij})W_i^{\mathrm T}(t_{ij})-\Sigma_u][\beta(t_{ij})-\beta(t_0)]K_h(t_0-t_{ij}),\\M_{3i}(t_0)&=\sum_{j=1}^{m_i}\eta_i(t_{ij})\beta(t_{ij}),\end{aligned}$$

则 $Z_i(\beta(t_0))=:M_{1i}(t_0)+M_{2i}(t_0)+M_{3i}(t_0)$. 由 Markov 不等式, 对任意 $\varepsilon>0$ 和 $\delta>0$, 有

$$\begin{aligned}P\left\{\max_{1\leqslant i\leqslant n}\|M_{1i}(t_0)\|\geqslant\varepsilon(Nh)^{1/2}\right\}&\leqslant\sum_{i=1}^n E[\|M_{1i}(t_0)\|^{2+\delta}]/[\varepsilon(Nh)^{1/2}]^{2+\delta}\\&\leqslant c_1N^{-2\delta/5}+c_2N^{-(5\delta-2)/10}\left(N^{-6/5}\sum_{i=1}^n m_i^2\right)\\&\longrightarrow 0,\end{aligned}$$

其中 c_1 和 c_2 是正常数. 因此, 可得

$$\max_{1\leqslant i\leqslant n}\|M_{1i}(t_0)\|=o_P((Nh)^{1/2}).$$

类似地, 可以证明

$$\max_{1\leqslant i\leqslant n}\|M_{ji}(t_0)\|=o_P((Nh)^{1/2}),\quad j=2,3.$$

因此, 引理 7.3.2 得证.

定理 7.3.1 的证明　由引理 7.3.1 和 $Nh\to\infty, Nh^5\to 0$, 有

$$E\left[(Nh)^{-1/2}\sum_{i=1}^{n}Z_i(\beta(t_0))\right]=o(1),$$

$$\mathrm{Cov}[(Nh)^{-1/2}\sum_{i=1}^{n}Z_i(\beta(t_0))]=\Sigma^*(t_0)+o(1),$$

其中 $\Sigma^*(t_0)$ 在定理 7.3.2 中已定义. 因此, 可得

$$(Nh)^{-1/2}\sum_{i=1}^{n}Z_i(\beta(t_0))\xrightarrow{L}N(0,\Sigma^*(t_0)).\tag{7.3.12}$$

从式 (7.3.10) 的证明可得

$$\frac{1}{Nh}\sum_{i=1}^{n}Z_i(\beta(t_0))Z_i^{\mathrm{T}}(\beta(t_0))\xrightarrow{P}\Sigma^*(t_0).\tag{7.3.13}$$

由式 (7.3.12), 式 (7.3.13) 和引理 7.3.2, 利用类似 Owen (1990) 的证明, 可得

$$\|\theta\|=O_P((Nh)^{-1/2}),\tag{7.3.14}$$

应用引理 7.3.2 和式 (7.3.12)~式 (7.3.14), 对式 (7.3.1) 用 Taylor 展开可得

$$l(\beta(t_0))=2\sum_{i=1}^{n}\left\{\theta^{\mathrm{T}}Z_i(\beta(t_0))-[\theta^{\mathrm{T}}Z_i(\beta(t_0))]^2/2\right\}+o_P(1).\tag{7.3.15}$$

由式 (7.3.2), 应用引理 7.3.2 和式 (7.3.12)~式 (7.3.14) 可得

$$\sum_{i=1}^{n}[\theta^{\mathrm{T}}Z_i(\beta(t_0))]^2=\sum_{i=1}^{n}\theta^{\mathrm{T}}Z_i(\beta(t_0))+o_P(1),\tag{7.3.16}$$

$$\theta=\left\{\sum_{i=1}^{n}Z_i(\beta(t_0))Z_i^{\mathrm{T}}(\beta(t_0))\right\}^{-1}\sum_{i=1}^{n}Z_i(\beta(t_0))+o_P((Nh)^{-1/2}).\tag{7.3.17}$$

应用式 (7.3.15)~式 (7.3.17), 通过简单计算可得式 (7.3.3). 因此结合式 (7.3.3)、式 (7.3.12) 和式 (7.3.13) 即证明了定理 7.3.1. □

定理 7.3.2 的证明 类似 Wu 等 (1998) 中式 (A.1) 的证明, 由式 (7.3.4), 通过简单计算可得

$$(1+o_P(1))[\hat{\beta}_{\mathrm{EL}}(t_0)-\beta(t_0)]=(f(t_0))^{-1}\varGamma^{-1}(t_0)\left[(Nh)^{-1}\sum_{i=1}^{n}Z_i(\beta(t_0))\right]. \tag{7.3.18}$$

由条件 (C7.3.5) 和引理 7.3.1, 可以证得

$$\frac{1}{\sqrt{Nh}}\sum_{i=1}^{n}Z_i(\beta(t_0))\xrightarrow{L}N(b(t_0),\varSigma^*(t_0)). \tag{7.3.19}$$

那么, 由式 (7.3.18) 和式 (7.3.19) 即证明了定理 7.3.2.

定理 7.3.3 的证明 为了得到定理 7.3.3, 需要证明

$$\frac{1}{\sqrt{Nh}}\sum_{i=1}^{n}\tilde{Z}_i(\beta(t_0))\xrightarrow{L}N(0,\varSigma^*(t_0)), \tag{7.3.20}$$

$$\frac{1}{Nh}\sum_{i=1}^{n}\tilde{Z}_i(\beta(t_0))\tilde{Z}_i^{\mathrm{T}}(\beta(t_0))\xrightarrow{P}\varSigma^*(t_0). \tag{7.3.21}$$

通过简单计算可得

$$\tilde{Z}_{il}(\beta(t_0))=:I_{1il}(t_0)+I_{2il}(t_0)-I_{3il}(t_0), \tag{7.3.22}$$

其中

$$\begin{aligned}
I_{1il}(t_0)&=\sum_{j=1}^{m_i}[W_{il}(t_{ij})\varepsilon_i(t_{ij})+\eta_{il}(t_{ij})\beta(t_{ij})]K_h(t_0-t_{ij}),\\
I_{2il}(t_0)&=\sum_{j=1}^{m_i}\sum_{r=1}^{p}[W_{il}(t_{ij})W_{ir}(t_{ij})-\varSigma_{u,lr}][\beta_r(t_{ij})-\beta_r(t_0)]K_h(t_0-t_{ij}),\\
I_{3il}(t_0)&=\sum_{j=1}^{m_i}\sum_{r=1}^{p}[W_{il}(t_{ij})W_{ir}(t_{ij})-\varSigma_{u,lr}][\hat{\beta}_{\mathrm{EL},r}(t_{ij})-\hat{\beta}_{\mathrm{EL},r}(t_0)]K_h(t_0-t_{ij}).
\end{aligned}$$

由条件 (C7.3.1)~条件 (C7.3.5) 和 Taylor 公式, 得

$$\begin{aligned}
&\frac{1}{\sqrt{Nh}}\sum_{i=1}^{n}[I_{2il}(t_0)-I_{3il}(t_0)]\\
=&\frac{1}{\sqrt{Nh}}\sum_{i=1}^{n}\sum_{j=1}^{m_i}\sum_{r=1}^{p}[W_{il}(t_{ij})W_{ir}(t_{ij})-\varSigma_{u,lr}]\\
&\times\{[\beta_r'(t_0)-\hat{\beta}_r'(t_0)](t_{ij}-t_0)+o_P(|t_{ij}-t_0|^2)\}K_h(t_0-t_{ij}).
\end{aligned}$$

利用定理 7.3.3 的条件, 有

$$\frac{1}{\sqrt{Nh}}\sum_{i=1}^{n}\sum_{j=1}^{m_i}\sum_{r=1}^{p}[W_{il}(t_{ij})W_{ir}(t_{ij})-\Sigma_{u,lr}](t_{ij}-t_0)^v K_h(t_0-t_{ij})=O_P(1),\quad v=1,2,$$

且 $\beta_r'(t_0)-\hat{\beta}_r'(t_0)\xrightarrow{P}0$. 因此, 可得

$$\frac{1}{\sqrt{Nh}}\sum_{i=1}^{n}[I_{2il}(t_0)-I_{3il}(t_0)]\xrightarrow{P}0. \tag{7.3.23}$$

类似定理 7.3.1 的证明, 结合式 (7.3.22) 和式 (7.3.23), 有

$$E\left[\frac{1}{\sqrt{Nh}}\sum_{i=1}^{n}\tilde{Z}_i(\beta(t_0))\right]=o(1),$$

$$\mathrm{Cov}\left[\frac{1}{\sqrt{Nh}}\sum_{i=1}^{n}\tilde{Z}_i(\beta(t_0))\right]=\Sigma^*(t_0)+o(1).$$

因此, 式 (7.3.20) 成立. 类似式 (7.3.10) 的证明可得式 (7.3.21).

应用式 (7.3.20) 和式 (7.3.21), 类似定理 7.3.1 的证明可得定理 7.3.3.

定理 7.3.4 的证明 简单计算可得

$$\hat{\beta}_{\mathrm{RAEL}}(t_0)-\beta(t_0)=\hat{\mathbb{V}}^{-1}(t_0)(Nh)^{-1}\sum_{i=1}^{n}\tilde{Z}_i(\beta(t_0)).$$

类似定理 7.3.2 的证明可得

$$(1+o_P(1))[\hat{\beta}_{\mathrm{RAEL}}(t_0)-\beta(t_0)]=(f(t_0))^{-1}\Gamma^{-1}(t_0)\left[(Nh)^{-1}\sum_{i=1}^{n}\tilde{Z}_i(\beta(t_0))\right] \tag{7.3.24}$$

由式 (7.3.20) 和式 (7.3.24) 可得定理 7.3.4.

定理 7.3.5 的证明类似定理 7.3.1 和定理 7.3.3 的证明, 因此这里略去了它的证明.

第 8 章　面板数据固定效应模型

本章讨论面板数据非参数固定效应模型和部分线性固定效应模型的同时置信带问题, 同时讨论了消除固定效应的方法, 并提出 bootstrap 方法对同时置信带的构造进行改进.

8.1 引　　言

面板数据 (panel data) 是对多个个体进行观测, 并记录每个个体在某段时间内的观测值而得到的数据集. 面板数据有两个维数: 截面数据的维数和时间序列的维数. 许多研究学者通过复杂的模型对这样的两维面板数据进行拟合, 并提取信息进行统计推断, 而这些研究是不能够通过完全的时间序列和截面数据进行分析的. 随着面板数据的广泛应用, 最近面板数据分析已经成为一个流行和热点的研究问题. Arellano (2003), Hsiao (2003) 和 Baltigi (2005) 三本专著对面板数据参数模型给了一个极好的回顾. 为了放松面板数据参数模型较强的假设条件, 最近几年计量经济学家和统计学家已经对非参数和半参数模型进行研究. 例如, Henderson 等 (2008), Su 和 Ullah (2011), 魏传华和吴喜之 (2009) 研究了面板数据非参数固定效应模型. Henderson 和 Ullah (2005), Su 和 Ullah (2007) 研究了面板数据非参数随机效应模型. Baltagi 和 Li (2002), Li 和 Stengos (1996), Su 和 Ullah (2006), Zhang 等 (2011b) 等考虑了面板数据部分线性固定效应模型.

本章考虑面板数据非参数固定效应模型和面板数据部分线性固定效应模型, 首先介绍面板数据非参数固定效应模型

$$Y_{it} = \alpha_i + g(X_{it}) + \varepsilon_{it}, \quad i = 1, \cdots, n, \quad t = 1, \cdots, T, \tag{8.1.1}$$

其中 $\{Y_{it}\}$ 是响应变量, $\{\alpha_i\}$ 是不可测量的个体效应, $g(\cdot)$ 是一个一元的未知光滑函数, $\{X_{it}\}$ 是取自区间 [0,1] 上的解释变量或协变量, $\{\varepsilon_{it}\}$ 是均值为 0 的随机误差. 模型中 T 表示时间序列的长度, n 表示个体的大小或截面的维数, 本章假定 T 是固定的. 此外, 假设 $\{\alpha_i\}$ 是具有零均值和有限方差 $\sigma_\alpha^2 > 0$ 的独立同分布的随机变量序列. 在固定效应模型中, 要求个体效应 $\{\alpha_i\}$ 与解释变量 $\{X_{it}\}$ 是相关的, 并具有某种未知的相关结构. 因此, 模型 (8.1.1) 是固定效应模型. 考虑到模型的可识别性, 假设 $\sum\limits_{i=1}^{n} \alpha_i = 0$. 进一步, 如果个体效应 $\{\alpha_i\}$ 与解释变量 $\{X_{it}\}$ 不相关, 则称

模型 (8.1.1) 是随机效应模型.

其次介绍如下的面板数据部分线性固定效应模型

$$Y_{it}=X_{it}^{\mathrm{T}}\beta+g(Z_{it})+\alpha_i+\varepsilon_{it},\quad i=1,\cdots,n,\quad t=1,\cdots,T,\tag{8.1.2}$$

其中 X_{it} 是 $p\times 1$ 的向量, Z_{it} 是 [0,1] 上的外生变量, β 是 $p\times 1$ 的未知参数向量, $g(\cdot)$ 是光滑的未知函数, ε_{it} 是模型的随机误差. 在模型 (8.1.2) 中, 假定个体固定效应 α_i 是 i.i.d. 的随机变量, 并具有零均值和有界方差 σ_α^2. 如果个体固定效应 α_i 与协变量 $\{X_{it},Z_{it}\}$ 具有某种相关结构, 则模型 (8.1.2) 为部分线性固定效应模型. 为保证模型的可识别性, 假设 $\sum\limits_{i=1}^n\alpha_i=0$. 另外, 如果个体固定效应 α_i 与协变量 $\{X_{it},Z_{it}\}$ 不相关, 则模型 (8.1.2) 为部分线性随机效应模型.

对于面板数据固定效应模型 (8.1.1) 和 (8.1.2), 尽管模型中加入个体固定效应, 可以很好地刻画个体之间的差异性, 并且该模型可以更好地拟合实际数据, 但是固定效应的存在也给模型中参数和非参数的估计和统计推断提出了很多的挑战.

(1) 面板数据固定效应模型的可识别性问题. 如果在估计过程中忽略个体固定效应, 则会导致估计量的不相合性. 但是考虑个体固定效应, 由于个体固定效应的维数与样本容量大小相同, 并且个体固定效应未知, 所以会存在模型不可估计的问题, 这时需要施加一些模型可识别性条件, 保证模型的可识别性. 通常施加的可识别性条件是 $\sum\limits_{i=1}^n\alpha_i=0$. 一些学者对这个问题进行了研究, 例如, Bai (2009) 在研究面板数据交互固定效应模型中也讨论了模型的可识别性、估计方法、迭代算法及估计量的渐近性质; Li 等 (2011a) 研究系数随时间变化的具有固定效应的面板数据非参数时间变系数模型时, 考虑模型的可识别性条件为 $\sum\limits_{i=1}^n\alpha_i=0$; 苏良军 (2005) 在研究面板数据部分线性固定效应模型的一致性估计时, 也讨论了模型可识别性条件.

(2) 如何处理模型中的固定效应问题. 固定效应的维数与样本容量 n 相同, 是 n 维的未知变量, 随着 $n\to\infty$, 固定效应的维数也趋于无穷大, 则容易得知个体固定效应的相合估计很难得到. 因此为了获得模型中参数分量 β 或非参数分量 $g(\cdot)$ 的相合估计, 需要提出处理或消除个体固定效应的有效方法. 在现有文献中, 当面板数据线性模型中存在个体固定效应时, 通常采用以下三种方法进行处理个体固定效应: ①根据模型的特点, 采用一阶差分方法消除个体固定效应, 该方法不需要施加模型的约束条件 $\sum\limits_{i=1}^n\alpha_i=0$; ② 如果模型中考虑了可识别条件 $\sum\limits_{i=1}^n\alpha_i=0$, 则可以使用截面平均方法消除个体固定效应; ③ 基于模型的可识别条件, 还可以采用最小二乘虚拟变量 (least-squares dummy-variables) 方法来消除固定效应, 详细的讨论可见文献 Baltagi (2005) 和 Hsiao (2003). 但是对于面板数据半参数或非参数固定效应模型, 这些方法不能直接用来处理和消除个体固定效应, 根据模型的特点, 需要结合参数和非参数的估计方法, 以及这些处理固定效应的方法, 发展适应半参数固定效应模型的方法.

对于面板数据半参数固定效应模型的研究, 目前统计学者和计量经济学者也提出一些消除固定效应的方法, 如 Baltagi 和 Li(2002) 研究了面板数据部分线性固定效应模型的序列估计, 采用一阶差分消除固定效应, 从而形成一个具有约束的半参数可加模型, 约束条件为可加函数有相同的函数形式, 证明了参数分量估计的 $\sqrt{n}$ 相合性, 以及非参数分量的估计以标准的非参数速度一致收敛. Sun 等 (2009) 考虑了面板数据变系数固定效应模型的估计问题, 提出用核函数加权方法消除固定效应部分并使用局部线性光滑方法估计系数函数. Su 和 Ullah (2006) 提出 profile 似然方法研究了面板数据部分线性固定效应模型, 证明了参数估计量和非参数估计量的渐近性质. Zhang 等 (2011b) 研究了面板数据部分线性固定效应模型的经验似然推断, 用核函数加权方法消除固定效应, 并证明了所提出的经验对数似然比统计量能够渐近收敛到一个标准 χ^2 分布, 所得理论结果可对模型的参数和非参数分量进行统计推断. Li 等 (2011a) 研究了系数随时间变化的具有固定效应的面板数据非参数时间变系数模型, 提出两种方法消除反应个体差异的固定效应, 第一种是通过取截面平均消除固定效应, 另一种方法是采用 profile 最小二乘方法消除固定效应, 该文献进一步讨论了估计量的渐近性质. Chen 等 (2013) 进一步把具有固定效应的面板数据模型推广到部分线性单指标模型, 提出用核函数加权方法消除固定效应, 讨论了模型中兴趣参数和联系函数的渐近性质, 并把所提模型和方法用于研究 1963~1992 年美国烟草需求的实际数据分析, 发现考虑个体效应并用部分线性单指标模型拟合该数据具有很好的效果. Lai 等 (2013) 进一步对面板数据单指标固定效应模型进行了研究, 证明了所得估计量的渐近性质.

8.2 非参数固定效应模型的同时置信带

Li 等 (2013b) 研究面板数据非参数固定效应模型 (8.1.1) 的同时置信带的构造问题. 首先把面板数据非参数固定效应模型转化成部分线性模型, 然后使用 profile 最小二乘方法消除固定效应, 并得到非参数函数的估计. 最后基于所得的渐近理论结果构造了非参数函数的同时置信带, 具体细节如下.

8.2.1 估计程序

为了简单, 令 $Y=(Y_{11},\cdots,Y_{1T},\cdots,Y_{n1},\cdots,Y_{nT})^{\mathrm{T}}$, $G=(g(X_{11}),\cdots,g(X_{1T}),\cdots,g(X_{n1}),\cdots,g(X_{nT}))^{\mathrm{T}}$, $\varepsilon=(\varepsilon_{11},\cdots,\varepsilon_{1T},\cdots,\varepsilon_{n1},\cdots,\varepsilon_{nT})^{\mathrm{T}}$ 和 $\alpha_0=(\alpha_1,\cdots,$

$\alpha_n)^{\mathrm{T}}$, 则模型 (8.1.1) 可以表示成下面的矩阵形式

$$Y=(I_n\otimes e_T)\alpha_0+G+\varepsilon, \tag{8.2.1}$$

其中 I_n 是一个 $n\times n$ 的单位矩阵, e_T 是一个所有元素为 1 的 T 维列向量, 且符号 "$\otimes$" 表示 Kronecker 乘积. 进一步, 由可识别性假设 $\sum\limits_{i=1}^{n}\alpha_i=0$, 有 $\alpha_1=-\sum\limits_{i=2}^{n}\alpha_i$. 定义 $(nT)\times(n-1)$ 的设计矩阵 $Z=(Z_{11},\cdots,Z_{1T},\cdots,Z_{n1},\cdots,Z_{nT})^{\mathrm{T}}=[-e_{n-1},I_{n-1}]^{\mathrm{T}}\otimes e_T$, 且 $\alpha=(\alpha_2,\cdots,\alpha_n)^{\mathrm{T}}$, 其中 $\{Z_{it}\}$ 表示 $n-1$ 维的列向量, 则模型 (8.2.1) 可进一步表示为

$$Y=Z\alpha+G+\varepsilon. \tag{8.2.2}$$

此时模型 (8.2.2) 可看成是具有未知参数向量 α 和未知非参数函数 $g(\cdot)$ 的部分线性模型. 因此, 可以利用半参数模型的 profile 最小二乘估计方法对 α 和 $g(\cdot)$ 进行估计. 估计程序如下: 首先假定 α 已知, 则模型 (8.2.2) 退化为非参数回归模型

$$Y_{it}-Z_{it}^{\mathrm{T}}\alpha=g(X_{it})+\varepsilon_{it},\quad i=1,\cdots,n,\quad t=1,\cdots,T. \tag{8.2.3}$$

这时可用不同的非参数方法对非参数函数 $g(\cdot)$ 进行拟合. 本节采用局部线性光滑方法估计非参数函数 $g(\cdot)$. 对于在 $x\in[0,1]$ 的邻域内的点 X_{it}, 采用如下的局部线性逼近

$$g(X_{it})\approx g(x)+g'(x)(X_{it}-x).$$

给定 α 值, $\theta(x)=(g(x),g'(x))^{\mathrm{T}}$ 的估计可通过极小化下式得到

$$\sum_{i=1}^{n}\sum_{t=1}^{T}\Big(Y_{it}-Z_{it}^{\mathrm{T}}\alpha-g(x)-g'(x)(X_{it}-x)\Big)^2K_h(X_{it}-x), \tag{8.2.4}$$

其中 $K_h(\cdot)=K(\cdot/h)/h$, $K(\cdot)$ 是一个核函数, $h=h_n$ 是窗宽. 令

$$D_x=\begin{pmatrix}1&\cdots&1&\cdots&1&\cdots&1\\ X_{11}-x&\cdots&X_{1T}-x&\cdots&X_{n1}-x&\cdots&X_{nT}-x\end{pmatrix}^{\mathrm{T}}$$

和 $W_x=\mathrm{diag}\Big(K_h(X_{11}-x),\cdots,K_h(X_{1T}-x),\cdots,K_h(X_{n1}-x),\cdots,K_h(X_{nT}-x)\Big)$ 是一个 $(nT)\times(nT)$ 的对角矩阵, 则目标函数 (8.2.4) 变成

$$\Big(Y-D_x\theta(x)-Z\alpha\Big)^{\mathrm{T}}W_x\Big(Y-D_x\theta(x)-Z\alpha\Big). \tag{8.2.5}$$

极小化式 (8.2.5), 可得 $\theta(x)$ 的 "伪估计" 为

$$\widetilde{\theta}(x,\alpha)=(D_x^{\mathrm{T}}W_xD_x)^{-1}D_x^{\mathrm{T}}W_x(Y-Z\alpha). \tag{8.2.6}$$

特别地, 非参数函数 $g(x)$ 的 "伪估计" 定义为

$$\widetilde{g}(x,\alpha)=(1,0)(D_x^{\mathrm{T}}W_xD_x)^{-1}D_x^{\mathrm{T}}W_x(Y-Z\alpha), \tag{8.2.7}$$

其中 $(1,0)$ 是一个二维的行向量. 注意到 $g(x)$ 的 "伪估计" $\widetilde{g}(x,\alpha)$ 依赖于未知的个体效应向量 α. 现在考虑使用参数面板数据模型分析中的最小二乘虚拟变量方法消除个体效应向量 α. 通过求解下面的最优化问题, 得到 α 的估计

$$\min_\alpha\Big(Y-\widetilde{G}_\alpha-Z\alpha\Big)^{\mathrm{T}}\Big(Y-\widetilde{G}_\alpha-Z\alpha\Big)=\min_\alpha\Big(Y^*-Z^*\alpha\Big)^{\mathrm{T}}\Big(Y^*-Z^*\alpha\Big), \tag{8.2.8}$$

其中 $\widetilde{G}_\alpha=(\widetilde{g}(x_{11},\alpha),\cdots,\widetilde{g}(x_{1T},\alpha),\cdots,\widetilde{g}(x_{n1},\alpha),\cdots,\widetilde{g}(x_{nT},\alpha))^{\mathrm{T}}=S(Y-Z\alpha)$, $Y^*=(I_{nT}-S)Y$, $Z^*=(I_{nT}-S)Z$, S 是一个具有下面形式的 $(nT)\times(nT)$ 的矩阵

$$S=\begin{pmatrix}(1,0)(D_{X_{11}}^{\mathrm{T}}W_{X_{11}}D_{X_{11}})^{-1}D_{X_{11}}^{\mathrm{T}}W_{X_{11}}\\(1,0)(D_{X_{12}}^{\mathrm{T}}W_{X_{12}}D_{X_{12}})^{-1}D_{X_{12}}^{\mathrm{T}}W_{X_{12}}\\\vdots\\(1,0)(D_{X_{nT}}^{\mathrm{T}}W_{X_{nT}}D_{X_{nT}})^{-1}D_{X_{nT}}^{\mathrm{T}}W_{X_{nT}}\end{pmatrix}.$$

α 的 profile 最小二乘估计为

$$\hat{\alpha}=[Z^{*\mathrm{T}}Z^*]^{-1}Z^{*\mathrm{T}}Y^*=(Z^{\mathrm{T}}QZ)^{-1}Z^{\mathrm{T}}QY, \tag{8.2.9}$$

其中 $Q=(I_{nT}-S)^{\mathrm{T}}(I_{nT}-S)$. 给定 $\hat{\alpha}$, 由可识别性条件 $\sum\limits_{i=1}^n\alpha_i=0$, 则 α_1 的估计为 $\hat{\alpha}_1=-\sum\limits_{i=2}^n\hat{\alpha}_i$. 最后, 由式 (8.2.7) 和式 (8.2.9), 得 $g(\cdot)$ 的估计为

$$\begin{aligned}\hat{g}(x)&=(1,0)(D_x^{\mathrm{T}}W_xD_x)^{-1}D_x^{\mathrm{T}}W_x(Y-Z\hat{\alpha})\\&=(1,0)(D_x^{\mathrm{T}}W_xD_x)^{-1}D_x^{\mathrm{T}}W_xMY,\end{aligned} \tag{8.2.10}$$

其中 $M=I_{nT}-Z(Z^{\mathrm{T}}QZ)^{-1}Z^{\mathrm{T}}Q$ 是一个 $(nT)\times(nT)$ 的矩阵, 且有 $MZ=0$.

8.2.2 渐近性质

本节定义 $\kappa_j=\int u^jK(u)\mathrm{d}u$ 和 $\nu_j=\int u^jK^2(u)\mathrm{d}u$, $j=0,1,2$. 此外, 定义 $\mathcal{X}=\{X_{it},1\leqslant i\leqslant n,1\leqslant t\leqslant T\}$ 表示协变量数据集. 对于任意的函数 $g(u)$, 定义

$\|g\|_\infty = \sup_{u\in[0,1]}|g(u)|$, 并且对任意的矩阵 $A(u) = (a_{ij}(u))_p$, 定义

$$\|A\|_\infty = \left(\sum_{i=1}^{p}\sum_{j=1}^{p}\|a_{ij}\|_\infty^2\right)^{1/2}.$$

为了建立渐近性质, 需要下面的正则条件.

(C8.2.1) 假设 $(\alpha_i, X_i, \varepsilon_i)$ 是 i.i.d., $i = 1,\cdots,n$, 其中 $\varepsilon_i = (\varepsilon_{i1},\cdots,\varepsilon_{iT})^{\mathrm{T}}$ 和 $X_i = (X_{i1},\cdots,X_{iT})^{\mathrm{T}}$. 进一步, 对一些参数 $\delta > 0$, 假设 $E(|\varepsilon_{it}|^{2+\delta}) < \infty$. 令 $\sigma^2(x) = \mathrm{Var}(\varepsilon_{it}^2|X_{it} = x)$, 其中 $\sigma^2(x)$ 是一致有界的, 且 $0 < c_1 \leqslant \sigma^2(x) \leqslant c_2 < \infty$.

(C8.2.2) 非参数函数 $g(\cdot)$ 在支撑集 [0,1] 上是连续二阶可导的.

(C8.2.3) 令 $f(x) = \sum_{t=1}^{T} f_t(x)$, 其中 $f_t(\cdot)$ 表示 X_{it} 的概率密度函数, 并假设对于任意的 $t = 1,\cdots,T$, $f_t(\cdot)$ 在区间 [0,1] 上是连续并正的. 进一步, 令 $\widetilde{\varepsilon}_{it} = \varepsilon_{it} - \frac{1}{T}\sum_{s=1}^{T}\varepsilon_{is}$, $\sigma_t^2(x) = E[\widetilde{\varepsilon}_{it}^2|X_{it} = x]$, 和 $\overline{\sigma}^2(x) = \sum_{t=1}^{T}\sigma_t^2(x)f_t(x)$.

(C8.2.4) 核函数 $K(\cdot)$ 是一个对称的密度函数, 且在支撑集 $[-A, A]$ 是绝对连续的. 进一步, $K(A) = 0, K(u)$ 是绝对连续的, 且 $K^2(u)$, $(K'(u))^2$ 在 $(-\infty,\infty)$ 上是可积的.

(C8.2.5) 当 $n\to\infty$ 时, 窗宽 h 满足 $nh^3/\log n\to\infty$ 和 $nh^5\log n\to 0$.

定理 8.2.1 假设正则条件 (C8.2.1)~条件 (C8.2.5) 成立. 令 $b(x) = h^2\kappa_2 g''(x)/2$ 和 $\Sigma_{g(x)} = \nu_0\overline{\sigma}^2(x)f^{-2}(x)$. 当 $n\to\infty$ 时, 一致地对 $x\in[0,1]$, 则有

$$\sqrt{nh}\Big\{\hat{g}(x) - g(x) - b(x)\Big\} \xrightarrow{L} N\Big(0, \Sigma_{g(x)}\Big). \tag{8.2.11}$$

定理 8.2.2 假设正则条件 (C8.2.1)~条件 (C8.2.5) 成立, 且 $h = O(n^{-\rho})$, $1/5 \leqslant \rho < 1/3$. 当 $n\to\infty$ 时, 对所有的 $x\in[0,1]$, 则有

$$\begin{aligned}&P\bigg\{(-2\log h)^{1/2}\Big(\sup_{x\in[0,1]}\Big|\Big(nh\Sigma_{g(x)}^{-1}\Big)^{1/2}\Big(\hat{g}(x) - g(x) - b(x)\Big)\Big| - d_n\Big) < z\bigg\}\\ &\longrightarrow \exp\Big(-2\exp(-z)\Big),\end{aligned}$$

其中 $d_n = (-2\log h)^{1/2} + \dfrac{1}{(-2\log h)^{1/2}}\log\left\{\dfrac{1}{4\nu_0\pi}\displaystyle\int(K'(t))^2\mathrm{d}t\right\}$.

定理 8.2.1 中 $\hat{g}(x)$ 的渐近正态性结果是类似于 Su 和 Ullah (2006) 部分线性面板数据模型中非参数函数估计的渐近结果. 定理 8.2.2 给出了非参数估计 $\hat{g}(\cdot)$ 和真实曲线 $g(\cdot)$ 之间最大绝对偏差的渐近分布. 值得注意的是, 如果定理 8.2.2 中的区间 $[0,1]$ 扩展到一般区间 $[c_1, c_2]$ 时, 定理 8.2.2 的结果在一定条件下仍然是成立的,

渐近结果可以表示为

$$\begin{aligned}&P\Big\{\Big(-2\log\big(h/(c_2-c_1)\big)\Big)^{1/2}\\&\times\Big(\sup_{x\in[c_1,c_2]}\Big|\Big(nh\Sigma_{g(x)}^{-1}\Big)^{1/2}\Big(\hat{g}(x)-g(x)-b(x)\Big)\Big|-\widetilde{d}_n\Big)<z\Big\}\\\longrightarrow&\exp\Big(-2\exp(-z)\Big),\end{aligned}$$

其中 $\widetilde{d}_n$ 是把定理 8.2.2 中 d_n 表达式中的 h 用 $h/(c_2-c_1)$ 进行替换.

8.2.3 非参数函数的同时置信带

注意到非参数函数的估计量 $\hat{g}(\cdot)$ 的渐近偏差和方差中包含有未知量, 因此不能直接利用定理 8.2.2 构造非参数函数 $g(\cdot)$ 的同时置信带. 由定理 8.2.1, $\hat{g}(x)$ 的渐近偏差为 $(h^2\kappa_2/2)g''(x)(1+o_P(1))$. 由 plug-in 方法可得渐近偏差的估计为 $\widehat{\text{Bias}}(\hat{g}(x))=h^2\kappa_2\hat{g}''(x)/2$, 其中 $g''(x)$ 的估计 $\hat{g}''(x)$ 可以使用局部三次多项式拟合方法进行估计. 进行局部三次多项式拟合时采用辅助窗宽 $h_*=O(n^{-1/7})$, 因为它是估计 $g''(x)$ 时的最优窗宽且它可以通过最小残差平方准则得到 (Fan and Gijbels, 1996).

现在估计 $\hat{g}(x)$ 的渐近方差. 为了简单, 对所有的 i 和 t, 假设 ε_{it} 是 i.i.d. 的. 由定理 8.2.1 的证明, 则有

$$\text{Var}\{\hat{g}(x)|\mathcal{X}\}=(1,0)(D_x^{\mathrm{T}}W_xD_x)^{-1}(D_x^{\mathrm{T}}W_xM\varPhi MW_xD_x)(D_x^{\mathrm{T}}W_xD_x)^{-1}(1,0)^{\mathrm{T}},$$

其中 $\varPhi=\text{diag}(\sigma^2(X_{11}),\cdots,\sigma^2(X_{1T}),\cdots,\sigma^2(X_{n1}),\cdots,\sigma^2(X_{nT}))$. 由局部同方差逼近, 能够进一步得到 $\hat{g}(x)$ 的渐近方差估计为

$$\widehat{\text{Var}}\{\hat{g}(x)|\mathcal{X}\}=(1,0)(D_x^{\mathrm{T}}W_xD_x)^{-1}(D_x^{\mathrm{T}}W_xMW_xD_x)(D_x^{\mathrm{T}}W_xD_x)^{-1}(1,0)^{\mathrm{T}}\sigma^2(x).$$

令 $\hat{\varepsilon}=Y-\hat{G}-Z\hat{\alpha}=(\hat{\varepsilon}_{11},\cdots,\hat{\varepsilon}_{1T},\cdots,\hat{\varepsilon}_{n1},\cdots,\hat{\varepsilon}_{nT})^{\mathrm{T}}$ 是残差向量. 由式 (8.2.9) 和式 (8.2.10), 有

$$\begin{aligned}Y&=\hat{G}+Z\hat{\alpha}+\hat{\varepsilon}=SMY+Z(Z^{\mathrm{T}}QZ)^{-1}Z^{\mathrm{T}}QY+\hat{\varepsilon}\\&=SMY+(I_{nT}-M)Y+\hat{\varepsilon}=\hat{Y}+\hat{\varepsilon},\end{aligned}\tag{8.2.12}$$

其中 $\hat{Y}=[I_{nT}+(S-I_{nT})M]Y$ 是拟合值, 且 $\hat{\varepsilon}=(I_{nT}-S)MY$. 最后由标准化加权残差平方和, 能够得到 $\sigma^2(x)$ 的估计为

$$\hat{\sigma}^2(x)=\frac{\hat{\varepsilon}^{\mathrm{T}}\hat{\varepsilon}}{\text{tr}(M^{\mathrm{T}}QM)}=\frac{Y^{\mathrm{T}}(M^{\mathrm{T}}QM)Y}{\text{tr}(M^{\mathrm{T}}QM)}.$$

定理 8.2.3 假设 $g^{(3)}(\cdot)$ 在区间 $[0,1]$ 上是连续的, 且辅助窗宽 $h_* = O(n^{-1/7})$. 在定理 8.2.2 的条件下, 当 $n \to \infty$ 时, 对所有的 $x \in [0,1]$, 则有

$$P\left\{(-2\log h)^{1/2}\left(\sup_{x\in[0,1]}\left|\frac{\hat{g}(x)-g(x)-\widehat{\text{Bias}}(\hat{g}(x))}{[\widehat{\text{Var}}\{\hat{g}(x)|\mathcal{X}\}]^{1/2}}\right|-d_n\right)<z\right\}\to\exp\Big(-2\exp(-z)\Big),$$

其中 d_n 在定理 8.2.2 中给定.

为了区别固定效应, 此处用 α^* 表示显著性水平. 由定理 8.2.3, 能够构造非参数函数 $g(\cdot)$ 的 $(1-\alpha^*)\times 100\%$ 的同时置信带为

$$\Big(\hat{g}(x) - \widehat{\text{Bias}}(\hat{g}(x)) \pm \Delta_{1,\alpha^*}(x)\Big),$$

其中 $\Delta_{1,\alpha^*}(x) = \Big(d_n + [\log 2 - \log\{-\log(1-\alpha^*)\}](-2\log h)^{-1/2}\Big)[\widehat{\text{Var}}\{\hat{g}(x)|\mathcal{X}\}]^{1/2}$.

8.2.4 Bootstrap 方法

尽管定理 8.2.3 的渐近分布结果可以用来构造非参数分量的同时置信带, 但是渐近分布包含了渐近偏差和条件渐近方差的估计. 由 8.2.3 节可知, 对渐近偏差的估计, 需要估计非参数分量的二阶导数, 首先非参数函数二阶导数估计的收敛速度慢, 另外需要选取窗宽 h_*, 窗宽 h_* 的选取对 $g''(\cdot)$ 的估计非常敏感, 进而影响 $g''(\cdot)$ 的估计的效果. 对条件渐近方差的估计是一个棘手的问题, 本节在假定模型误差 ε_{it} 的方差为同方差, 给出了条件渐近方差的估计量. 但在实际问题研究中, 同方差的假定是不合理的. 此外, 基于定理 8.2.3 构造同时置信带时, 临界值 c_{α^*} 的确定也依赖于定理 8.2.3 中的渐近分布与渐近偏差和条件渐近方差的相合估计量, 这样会产生计算的累积误差, 进而降低非参数分量同时置信带的精度. 为了克服和避免这些问题, 本节推荐使用应用统计推断中一种非常有用的工具 ——bootstrap 方法, 来构造非参数分量的同时置信带.

令

$$W = \sup_{x\in[0,1]} \frac{|\hat{g}(x) - g(x)|}{\{\text{Var}(\hat{g}(x)|\mathcal{X})\}^{1/2}},$$

假设 c_{α^*} 是 W 的上侧 α^* 分位数. 如果 c_{α^*} 和 $\text{Var}(\hat{g}(x)|\mathcal{X})$ 是已知的, $g(\cdot)$ 在区间 [0,1] 上的置信带应该为

$$\Big(\hat{g}(x) \pm \{\text{Var}(\hat{g}(x)|\mathcal{X})\}^{1/2} c_{\alpha^*}\Big).$$

然而, c_{α^*} 和 $\text{Var}(\hat{g}(x)|\mathcal{X})$ 通常在实际应用中都是未知的. 假设 $\hat{c}_{\alpha^*}$ 和 $\text{Var}^*(\hat{g}(x)|\mathcal{X})$ 分别是 c_{α^*} 和 $\text{Var}(\hat{g}(x)|\mathcal{X})$ 的估计量, 则能够构造如下 $g(\cdot)$ 的 $(1-\alpha^*)\times 100\%$ 的置信带

$$\Big(\hat{g}(x) \pm \{\text{Var}^*(\hat{g}(x)|\mathcal{X})\}^{1/2} \hat{c}_{\alpha^*}\Big). \tag{8.2.13}$$

下面采用 bootstrap 方法去估计 c_{α^*} 和 $\mathrm{Var}(\hat{g}(x)|\mathcal{X})$, 类似的 bootstrap 方法见参考文献 Goncalves 和 Kilian (2004), Su 和 Chen (2013). 提出的估计算法如下.

(1) 由式 (8.2.12), 计算残差向量 $\hat{\varepsilon}=(I_{nT}-S)MY$, 其中 $\hat{\varepsilon}=(\hat{\varepsilon}_{11},\cdots,\hat{\varepsilon}_{1T},\cdots,\hat{\varepsilon}_{n1},\cdots,\hat{\varepsilon}_{nT})^{\mathrm{T}}$.

(2) 对每一个 $i=1,\cdots,n$ 和 $t=1,\cdots,T$, 产生 bootstrap 误差 $\varepsilon_{it}^*=\hat{\varepsilon}_{it}v_{it}$, 其中对于 i 和 t, v_{it} 是 i.i.d. 来自于 $N(0,1)$. 产生样本 Y_{it}^*, 即 $Y_{it}^*=\hat{Y}_{it}+\varepsilon_{it}^*$, $i=1,\cdots,n$ 和 $t=1,\cdots,T$, 且 $\hat{Y}_{it}$ 是 Y_{it} 的拟合值, 见式 (8.2.12).

(3) 给定 bootstrap 样本, 基于 8.2.1 节的估计方法, 得到 $g(\cdot)$ 的估计, 记为 $\hat{g}^*(\cdot)$.

(4) 重复步骤 (2)–(3) m 次, 得到 $\hat{g}(\cdot)$ 的 m 个 bootstrap 估计样本: $\hat{g}_k^*(\cdot),k=1,\cdots,m$. 这时 $\mathrm{Var}(\hat{g}(\cdot))$ 的估计 $\mathrm{Var}^*(\hat{g}(\cdot))$ 可以取 $\hat{g}_k^*(\cdot)(k=1,\cdots,m)$ 的样本方差.

(5) 重复步骤 (2)–(3) M 次, 得到 $\hat{g}(\cdot)$ 的 M 个 bootstrap 估计样本: $\hat{g}_k^*(\cdot),k=1,\cdots,M$. 计算

$$W_k^*=\sup_{x\in[0,1]}\frac{|\hat{g}_k^*(x)-\hat{g}(x)|}{\{\mathrm{Var}^*(\hat{g}(x)|\mathcal{X})\}^{1/2}},\quad k=1,\cdots,M.$$

(6) 计算 $W_k^*(k=1,\cdots,M)$ 的上侧 α^* 分位点, 并用其作为 W 的上侧 α^* 分位点 c_{α^*} 的估计量.

得到 c_{α^*} 和 $\mathrm{Var}(\hat{g}(x)|\mathcal{X})$ 的 bootstrap 估计以后, 可以利用式 (8.2.13) 构造非参数分量 $g(\cdot)$ 的同时置信带.

8.2.5 定理的证明

本节给出 8.2.2 节定理的证明. 令 $s(X_{it},x)=(1,0)(D_x^{\mathrm{T}}W_xD_x)^{-1}D_{it}(x)K_h(X_{it}-x)$ 是 $(1,0)(D_x^{\mathrm{T}}W_xD_x)^{-1}D_x^{\mathrm{T}}W_x$ 的一个元素, 其中 $D_{it}(x)$ 是矩阵 D_x^{T} 的一个列. 为叙述方便, 以下始终假设 C 表示任一不依赖于样本量的绝对常数, C 每次出现可以取不同的值.

引理 8.2.1 假设正则条件 (C8.2.1)~条件 (C8.2.5) 成立, 则有

(a) $s(X_{it},x)=n^{-1}K_h(X_{it}-x)f^{-1}(x)\{1+o_P(1)\}$, 其中 $f(x)=\sum\limits_{t=1}^{T}f_t(x)$.

(b) $\lim\limits_{n\to\infty}P_n\left\{\sup\limits_{x\in[0,1]}\max\limits_{1\leqslant i\leqslant n,1\leqslant t\leqslant T}|s(X_{it},x)|\leqslant C(nh)^{-1}\right\}=1$, 其中 C 是一个正常数.

证明 文献 Su 和 Ullah (2006) 给了引理 8.2.1 的详细证明, 此处省略了证明细节. □

引理 8.2.2 假设正则条件 (C8.2.1)~条件 (C8.2.5) 成立, 对充分大的 n, 有

$$(Z^{\mathrm{T}}QZ)^{-1}=(Z^{\mathrm{T}}Z)^{-1}+O_P(\varsigma_n)=T^{-1}I_{n-1}+O_P(\varsigma_n),$$

其中 $\varsigma_n = (e_{n-1}e_{n-1}^{\mathrm{T}})(nh)^{-1}\sqrt{\ln n}$.

证明　通过一些简单计算, 有

$$\begin{aligned}Z^{\mathrm{T}}QZ &= Z^{\mathrm{T}}(I_{nT}-S)^{\mathrm{T}}(I_{nT}-S)Z\\ &= Z^{\mathrm{T}}Z - Z^{\mathrm{T}}SZ - Z^{\mathrm{T}}S^{\mathrm{T}}Z + Z^{\mathrm{T}}S^{\mathrm{T}}SZ\\ &=: T(I_{n-1}+e_{n-1}e_{n-1}^{\mathrm{T}}) - A_{11} - A_{12} + A_{13}.\end{aligned}$$

由引理 8.2.1, 容易证明 A_{1l} 的第 (i,j) 个元素的收敛速度为 $[A_{1l}]_{ij} = O_P((nh)^{-1}), l = 1,2,3$. 注意到 $(Z^{\mathrm{T}}Z)^{-1} = T^{-1}(I_{n-1} - n^{-1}e_{n-1}e_{n-1}^{\mathrm{T}})$, 并由 Opsomer 和 Ruppert (1997) 中引理 3.2 的证明, 能够证明 $(Z^{\mathrm{T}}QZ)^{-1} = T^{-1}I_{n-1} + O_P(\varsigma_n)$. □

定理 8.2.1 的证明　由式 (8.2.2), 式 (8.2.10) 和 $MZ=0$, 有

$$\begin{aligned}\hat{g}(x) &= (1,0)(D_x^{\mathrm{T}}W_xD_x)^{-1}D_x^{\mathrm{T}}W_xMY\\ &= (1,0)(D_x^{\mathrm{T}}W_xD_x)^{-1}D_x^{\mathrm{T}}W_xMG + (1,0)(D_x^{\mathrm{T}}W_xD_x)^{-1}D_x^{\mathrm{T}}W_xM\varepsilon.\end{aligned} \tag{8.2.14}$$

使用二阶 Taylor 展式, 有

$$g(X_{it}) \approx g(x) + g'(x)(X_{it}-x) + \frac{1}{2}g''(x)(X_{it}-x)^2. \tag{8.2.15}$$

为了简单, 令 $S_x = (1,0)(D_x^{\mathrm{T}}W_xD_x)^{-1}D_x^{\mathrm{T}}W_x$. 由式 (8.2.14) 和式 (8.2.15), 以及一些简单的计算, 则有下面的分解

$$\begin{aligned}\sqrt{nh}\Big(\hat{g}(x)-g(x)\Big) &\approx \sqrt{nh}S_xg'(x)X_x + \frac{\sqrt{nh}}{2}S_xg''(x)X_x^2 + \sqrt{nh}S_xM\varepsilon\\ &\quad -\sqrt{nh}S_xZ(Z^{\mathrm{T}}QZ)^{-1}Z^{\mathrm{T}}QG\\ &=: A_{21} + A_{22} + A_{23} - A_{24},\end{aligned} \tag{8.2.16}$$

其中 $X_x = (X_{11}-x, X_{12}-x, \cdots, X_{nT}-x)^{\mathrm{T}}$. 由引理 8.2.1 和引理 8.2.2 的结果, 容易证明 $A_{21} = o_P(1)$ 和 $A_{24} = o_P(1)$. 下面将分别处理 A_{22} 和 A_{23}. 对于 A_{22}, 再次使用引理 8.2.1, 有

$$\begin{aligned}A_{22} &= \frac{\sqrt{nh}}{2}\frac{1}{nf(x)}\sum_{i=1}^{n}\sum_{t=1}^{T}K_h(X_{it}-x)g''(x)(X_{it}-x)^2 + o_P(1)\\ &= \frac{\sqrt{nh}}{2}g''(x)h^2\int u^2K(u)\mathrm{d}u + o_P(h^2)\\ &=: \sqrt{nh}b(x) + o_P(h^2).\end{aligned} \tag{8.2.17}$$

由引理 8.2.2, 和 A_{23} 相同的证明方法, 一些简单计算能够证明

$$\begin{aligned}A_{23} &= \sqrt{nh}S_xM\varepsilon\\&= \sqrt{nh}\frac{1}{nf(x)}\sum_{i=1}^{n}\sum_{t=1}^{T}K_h(X_{it}-x)\widetilde{\varepsilon}_{it}+o_P(1)\\&\xrightarrow{L} N(0,\Sigma_{g(x)}),\end{aligned}\tag{8.2.18}$$

其中 $\widetilde{\varepsilon}_{it}=\varepsilon_{it}-\frac{1}{T}\sum_{s=1}^{T}\varepsilon_{is}$, 并且 $\Sigma_{g(x)}=\nu_0\overline{\sigma}^2(x)f^{-2}(x)$ 的定义见定理 8.2.1. 由式 (8.2.16)~式 (8.2.18), 完成了定理 8.2.1 的证明. □

定理 8.2.2 的证明 由定理 8.2.1 的证明, 容易证明

$$\begin{aligned}\hat{g}(x)-g(x)-b(x) &= (1,0)(D_x^{\mathrm{T}}W_xD_x)^{-1}D_x^{\mathrm{T}}W_x\widetilde{\varepsilon}+o_P(1)\\&=: I_1(x)+o_P(1),\end{aligned}\tag{8.2.19}$$

其中 $\widetilde{\varepsilon}=(\widetilde{\varepsilon}_{11},\widetilde{\varepsilon}_{12},\cdots,\widetilde{\varepsilon}_{nT})^{\mathrm{T}}$ 和 $\widetilde{\varepsilon}_{it}=\varepsilon_{it}-\frac{1}{T}\sum_{s=1}^{T}\varepsilon_{is}$.

逼近过程 $I_1(x)$ 如下. 注意到

$$D_x^{\mathrm{T}}W_xD_x=\begin{pmatrix}\sum_{i=1}^{n}\sum_{t=1}^{T}K_h(X_{it}-x) & \sum_{i=1}^{n}\sum_{t=1}^{T}K_h(X_{it}-x)(X_{it}-x)\\ \sum_{i=1}^{n}\sum_{t=1}^{T}K_h(X_{it}-x)(X_{it}-x) & \sum_{i=1}^{n}\sum_{t=1}^{T}K_h(X_{it}-x)(X_{it}-x)^2\end{pmatrix},$$

上面矩阵的每一个元素都是核回归的形式. 由引理 8.2.1 相同的证明方法, 能够证明

$$nH(D_x^{\mathrm{T}}W_xD_x)^{-1}H=f^{-1}(x)\Omega^{-1}+O_P\Big(h+(\log n/nh)^{1/2}\Big),\tag{8.2.20}$$

其中 $H=\begin{pmatrix}1&0\\0&h\end{pmatrix}$ 和 $\Omega=\begin{pmatrix}1&0\\0&\kappa_2\end{pmatrix}$. 由定理 8.2.1 渐近正态性的证明, 有

$$\left\|\frac{1}{n}H^{-1}D_x^{\mathrm{T}}W_x\widetilde{\varepsilon}\right\|_\infty=O_P\Big((\log n/nh)^{1/2}\Big).\tag{8.2.21}$$

因此, 使用式 (8.2.20) 和式 (8.2.21), 容易证得

$$\left\|I_1(x)-\frac{1}{nf(x)}(1,0)\Omega^{-1}H^{-1}D_x^{\mathrm{T}}W_x\widetilde{\varepsilon}\right\|_\infty=O_P\Big(h(\log n/nh)^{1/2}+(\log n/nh)\Big).\tag{8.2.22}$$

下面考虑

$$I_2(x) =: \frac{1}{nf(x)}(1,0)\Omega^{-1}H^{-1}D_x^{\mathrm{T}}W_x\widetilde{\varepsilon} = \frac{1}{nf(x)}\sum_{i=1}^{n}\sum_{t=1}^{T}K_h(X_{it}-x)\widetilde{\varepsilon}_{it}.$$

由定理 8.2.1 和文献 Fan 和 Zhang (2000) 的引理 1 知, 当 $h = n^{-\rho}, 1/5 \leqslant \rho < 1/3$ 时, 有

$$P\Big\{(-2\log h)^{1/2}\Big(\Big\|\Big(nh\Sigma_{g(x)}^{-1}\Big)^{1/2}I_2(x)\Big\|_\infty - d_n\Big) < z\Big\} \longrightarrow \exp\big(-2\exp(-z)\big), \tag{8.2.23}$$

其中 $\Sigma_{g(x)} = \nu_0\overline{\sigma}^2(x)f^{-2}(x)$, d_n 的定义见定理 8.2.2. 由式 (8.2.19), 式 (8.2.22) 和式 (8.2.23), 完成了定理定理 8.2.2 的证明.

定理 8.2.3 的证明 为了证明定理 8.2.3, 需要得到渐近偏差和方差估计的收敛速度. 首先考虑 $\widehat{\mathrm{Bias}}(\hat{g}(x))$ 和 $b(x) = \dfrac{h^2\kappa_2}{2}g''(x)$ 之间的差. 由式 (8.2.20) 和其相同的证明方法, 有

$$\|\widehat{\mathrm{Bias}}(\hat{g}(x)) - b(x)\|_\infty = O_P\big(h^2\sqrt{\log n/nh_*^5}\big) = O_P\Big(h^2(n^{-1/7}\log^{1/2}n)\Big), \tag{8.2.24}$$

其中 $h_* = O(n^{-1/7})$, 该窗宽是用于 $g''(\cdot)$ 的估计.

进一步, 由引理 8.2.1 和引理 8.2.2, 以及式 (8.2.21) 的类似证明方法, 有

$$\Big\|\frac{h}{n}H^{-1}(D_x^{\mathrm{T}}W_xMW_xD_x)H^{-1} - f(x)\Lambda\Big\|_\infty = o_P(1),$$

其中 $\Lambda = \begin{pmatrix}\nu_0 & 0\\ 0 & \nu_2\end{pmatrix}$. 使用类似的证明方法, 可以证得 $\|\hat{\sigma}^2(x) - \sigma^2(x)\|_\infty = o_P(1)$.

由这些结果和定理 8.2.2, 以及一些简单计算可证得

$$\Big\|nh\widehat{\mathrm{Var}}\{\hat{g}(x)|\mathcal{X}\} - \Sigma_{g(x)}\Big\|_\infty = o_P(1) \tag{8.2.25}$$

一致对 $x \in [0,1]$ 成立. 由式 (8.2.24) 和式 (8.2.25), 以及定理 8.2.2 的结果, 完成了定理 8.2.3 的证明. □

8.3 部分线性模型的同时置信带

Yang 等 (2014d) 研究了面板数据下部分线性固定效应模型 (8.1.2) 中非参数分量同时置信带的构造问题. 首先提出了 profile 最小二乘虚拟变量方法, 消除固定效应, 并在适当条件下证明了参数分量估计的相合性和非参数估计的渐近正态性, 建

立了非参数分量估计曲线和真实曲线之间最大绝对偏差的渐近分布, 用来构造非参数分量的同时置信带. 为了克服和避免渐近分布构造同时置信带时遇到的困难, 把 8.2 节的 bootstrap 方法推广到了面板数据部分线性固定效应模型 (8.1.2) 中非参数分量同时置信带的研究中.

8.3.1 估计方法

为方便介绍, 令

$$
\begin{aligned}
&Y=(Y_{11},\cdots,Y_{1T},Y_{21},\cdots,Y_{2T},\cdots,Y_{n1},\cdots,Y_{nT})^{\mathrm{T}},\\
&\mathbb{G}=\Big(g(Z_{11}),\cdots,g(Z_{1T}),g(Z_{21}),\cdots,g(Z_{2T}),\cdots,g(Z_{n1}),\cdots,g(Z_{nT})\Big)^{\mathrm{T}},\\
&\varepsilon=(\varepsilon_{11},\cdots,\varepsilon_{1T},\varepsilon_{21},\cdots,\varepsilon_{2T},\cdots,\varepsilon_{n1},\cdots,\varepsilon_{nT})^{\mathrm{T}},\\
&\alpha_0=(\alpha_1,\cdots,\alpha_n)^{\mathrm{T}}
\end{aligned}
$$

和 $\mathbb{X}=(X_{11},\cdots,X_{1T},X_{21},\cdots,X_{2T},\cdots,X_{n1},\cdots,X_{nT})^{\mathrm{T}}$ 为 $nT\times p$ 矩阵, 其中 $X_{it}=(X_{it1},\cdots,X_{itp})^{\mathrm{T}}$, 则模型 (8.1.2) 可以写成下面的向量形式

$$
Y=\mathbb{X}\beta+\mathbb{G}+(I_n\otimes e_T)\alpha_0+\varepsilon, \tag{8.3.1}
$$

其中 I_n 是 $n\times n$ 的单位矩阵, e_T 是 $T\times 1$ 的所有元素为 1 的向量, $\otimes$ 表示 Kronecker 乘积. 由可识别性条件 $\sum\limits_{i=1}^{n}\alpha_i=0$, 有 $\alpha_1=-\sum\limits_{i=2}^{n}\alpha_i$. 定义 $(nT)\times(n-1)$ 矩阵 $D=[-e_{n-1},I_{n-1}]^{\mathrm{T}}\otimes e_T$ 和 $\alpha=(\alpha_2,\cdots,\alpha_n)^{\mathrm{T}}$, 则模型 (8.3.1) 可重新写成

$$
Y=\mathbb{X}\beta+\mathbb{G}+D\alpha+\varepsilon. \tag{8.3.2}
$$

假设 α 和 β 已知, 则模型 (8.3.2) 变成了非参数回归模型

$$
Y-\mathbb{X}\beta-D\alpha=\mathbb{G}+\varepsilon. \tag{8.3.3}
$$

非参数函数可以采用局部线性拟合方法进行估计, 如果 Z_{it} 在 z 的邻域内时, 对 $g(Z_{it})$ 进行局部线性展开, 有

$$
g(Z_{it})\approx g(z)+g'(z)(Z_{it}-z). \tag{8.3.4}
$$

令 $K(\cdot)$ 是 $\mathbb{R}$ 上的核函数, h 表示窗宽, 并令 $K_h(z)=K(z/h)/h$, 进一步, 令

$$
Z_z=\begin{pmatrix} 1 & \cdots & 1 & \cdots & 1 & \cdots & 1\\ Z_{11}-z & \cdots & Z_{1T}-z & \cdots & Z_{n1}-z & \cdots & Z_{nT}-z\end{pmatrix}^{\mathrm{T}},
$$

$W_z = \mathrm{diag}(K_h(Z_{11}-z), \cdots, K_h(Z_{1T}-z), K_h(Z_{21}-z), \cdots, K_h(Z_{2T}-z), \cdots, K_h(Z_{n1}-z), \cdots, K_h(Z_{nT}-z))$ 为 $(nT)\times(nT)$ 的对角矩阵. 设 $G(z)=(g(z),(hg'(z)))^{\mathrm{T}}$ 是 2×1 的向量, 令 $\eta=(\alpha^{\mathrm{T}},\beta^{\mathrm{T}})^{\mathrm{T}}$.

下面给出 β 和 $g(\cdot)$ 的估计步骤.

(1) 给定参数 $\eta=(\alpha^{\mathrm{T}},\beta^{\mathrm{T}})^{\mathrm{T}}$, 能够极小化下面局部加权最小二乘目标函数, 获得 $G(z)$ 的估计

$$(Y-\mathbb{X}\beta-Z_zG(z)-D\alpha)^{\mathrm{T}}W_z(Y-\mathbb{X}\beta-Z_zG(z)-D\alpha). \tag{8.3.5}$$

通过关于 $G(z)$ 极小化式 (8.3.5), 得 $G(z)$ 的“伪估计”为

$$\widetilde{G}(z,\eta)=(Z_z^{\mathrm{T}}W_zZ_z)^{-1}Z_z^{\mathrm{T}}W_z(Y-\mathbb{X}\beta-D\alpha). \tag{8.3.6}$$

定义光滑矩阵

$$M(z)=(Z_z^{\mathrm{T}}W_zZ_z)^{-1}Z_z^{\mathrm{T}}W_z,$$

则 $g(z)$ 的“伪估计”可表示为

$$\widetilde{g}(z,\eta)=m^{\mathrm{T}}(z)(Y-\mathbb{X}\beta-D\alpha), \tag{8.3.7}$$

其中 $m^{\mathrm{T}}(z)=e^{\mathrm{T}}M(z)$, $e=(1,0)^{\mathrm{T}}$ 是 2×1 向量.

(2) 消除固定效应, 并获得参数分量和非参数分量的估计. 由于固定效应的维数与样本容量 n 相同, 是 n 维的未知变量, 随着 $n\to\infty$, 固定效应的维数也趋于无穷大, 则容易可知个体固定效应的相合估计很难得到. 需要消除固定效应, 获得参数分量和非参数分量不依赖于固定效应的相合估计.

有了 $g(z)$ 的 “伪估计” 式 (8.3.7) 之后, 可构造如下的目标函数

$$\begin{aligned}
&(Y-\mathbb{X}\beta-\widetilde{\mathbb{G}}_\eta(z)-D\alpha)^{\mathrm{T}}(Y-\mathbb{X}\beta-\widetilde{\mathbb{G}}_\eta(z)-D\alpha)\\
=&[Y-\mathbb{X}\beta-M(Y-\mathbb{X}\beta-D\alpha)-D\alpha]^{\mathrm{T}}\\
&[Y-\mathbb{X}\beta-M(Y-\mathbb{X}\beta-D\alpha)-D\alpha]\\
=&(\widetilde{Y}-\widetilde{\mathbb{X}}\beta-\widetilde{D}\alpha)^{\mathrm{T}}(\widetilde{Y}-\widetilde{\mathbb{X}}\beta-\widetilde{D}\alpha),
\end{aligned} \tag{8.3.8}$$

其中 $\widetilde{\mathbb{G}}_\eta(z)=(\widetilde{g}(Z_{11},\eta),\cdots,\widetilde{g}(Z_{1T},\eta),\cdots,\widetilde{g}(Z_{n1},\eta),\cdots,\widetilde{g}(Z_{nT},\eta))^{\mathrm{T}}$, $\widetilde{Y}=(I_{nT}-M)Y$, $\widetilde{\mathbb{X}}=(I_{nT}-M)\mathbb{X}$, $\widetilde{D}=(I_{nT}-M)D$, $\widetilde{Q}=I_{nT}-\widetilde{D}(\widetilde{D}^{\mathrm{T}}\widetilde{D})^{-1}\widetilde{D}^{\mathrm{T}}$, M 为一个 $(nT)\times(nT)$ 的光滑矩阵, 定义为

$$M=\begin{pmatrix}(1,0)(Z_{Z_{11}}^{\mathrm{T}}W_{Z_{11}}Z_{Z_{11}})^{-1}Z_{Z_{11}}^{\mathrm{T}}W_{Z_{11}}\\ \vdots\\ (1,0)(Z_{Z_{1T}}^{\mathrm{T}}W_{Z_{1T}}Z_{Z_{1T}})^{-1}Z_{Z_{1T}}^{\mathrm{T}}W_{Z_{1T}}\\ \vdots\\ (1,0)(Z_{Z_{n1}}^{\mathrm{T}}W_{Z_{n1}}Z_{Z_{n1}})^{-1}Z_{Z_{n1}}^{\mathrm{T}}W_{Z_{n1}}\\ \vdots\\ (1,0)(Z_{Z_{nT}}^{\mathrm{T}}W_{Z_{nT}}Z_{Z_{nT}})^{-1}Z_{Z_{nT}}^{\mathrm{T}}W_{Z_{nT}}\end{pmatrix}.$$

进一步定义 $P=(I_{nT}-M)^{\mathrm{T}}(I_{nT}-M)$ 为一个 $(nT)\times(nT)$ 的矩阵. 对式 (8.3.8) 关于 α 求偏导, 并等于 0 获得估计方程, 求解估计方程有

$$\widetilde{\alpha}(\beta)=(\widetilde{D}^{\mathrm{T}}\widetilde{D})^{-1}\widetilde{D}^{\mathrm{T}}(\widetilde{Y}-\widetilde{\mathbb{X}}\beta). \tag{8.3.9}$$

由式 (8.3.9), 可以看出固定效应的估计依赖于 β. 借助于面板数据参数固定效应模型的最小二乘虚拟变量方法和半参数模型的 profile 最小二乘估计方法, 提出 profile 最小二乘虚拟变量方法对参数分量 β 进行估计. 把式 (8.3.9) 代入式 (8.3.8) 中, 关于 β 极小化 profile 最小二乘目标函数, 得到 β 的估计量为

$$\hat{\beta}=(\widetilde{\mathbb{X}}^{\mathrm{T}}\widetilde{Q}\widetilde{\mathbb{X}})^{-1}\widetilde{\mathbb{X}}^{\mathrm{T}}\widetilde{Q}\widetilde{Y}. \tag{8.3.10}$$

由式 (8.3.10) 和式 (8.3.9), 则

$$\hat{\alpha}=(\hat{\alpha}_2,\cdots,\hat{\alpha}_n)=(\widetilde{D}^{\mathrm{T}}\widetilde{D})^{-1}\widetilde{D}^{\mathrm{T}}(\widetilde{Y}-\widetilde{\mathbb{X}}\hat{\beta}). \tag{8.3.11}$$

由可识别性条件 $\sum\limits_{i=1}^{n}\alpha_i=0$, 则可得 α_1 的估计为 $\hat{\alpha}_1=-\sum\limits_{i=2}^{n}\hat{\alpha}_i$.

(3) 在得到参数分量 β 和固定效应 α 的估计量后, 由式 (8.3.10), 式 (8.3.11) 和式 (8.3.6) 可得 $\mathbb{G}(z)$ 的估计量

$$\begin{aligned}\hat{\mathbb{G}}(z)=\hat{\mathbb{G}}(z,\hat{\eta})&=M(z)(Y-\mathbb{X}\hat{\beta}-D\hat{\alpha})\\&=M(z)[Y-\mathbb{X}\hat{\beta}-D(\widetilde{D}^{\mathrm{T}}\widetilde{D})^{-1}\widetilde{D}^{\mathrm{T}}(\widetilde{Y}-\widetilde{\mathbb{X}}\hat{\beta})]\\&=M(z)(I_{nT}-D(D^{\mathrm{T}}PD)^{-1}D^{\mathrm{T}}P)(Y-\mathbb{X}\hat{\beta}).\end{aligned} \tag{8.3.12}$$

进一步, 由式 (8.3.12) 和式 (8.3.7), 则 $g(z)$ 的估计为

$$\hat{g}(z)=m^{\mathrm{T}}(z)(I_{nT}-D(D^{\mathrm{T}}PD)^{-1}D^{\mathrm{T}}P)(Y-\mathbb{X}\hat{\beta}). \tag{8.3.13}$$

从式 (8.3.10), 式 (8.3.12) 和式 (8.3.13) 可以看出, 参数 β, 非参数 $g(\cdot)$ 和它的导数 $g'(\cdot)$ 的最终估计量不依赖于固定效应 $\alpha_i(i=1,\cdots,n)$ 的估计量.

8.3.2 渐近性质

令 $\kappa_l = \int z^l K(z)\mathrm{d}z$ 和 $\nu_l = \int z^l K^2(z)\mathrm{d}z$, $l = 0, 1, 2$. 定义 $\mathcal{D} = \{X_{it}, Z_{it}, 1 \leqslant i \leqslant n, 1 \leqslant t \leqslant T\}$ 为可观测协变量组成的数据集.

为了建立估计量的渐近性质, 需要下面的正则条件.

(C8.3.1) $(\alpha_i, \varepsilon_i, \mathbb{X}_i, Z_i), i = 1, \cdots, n$, 独立同分布, 其中 $\varepsilon_i = (\varepsilon_{i1}, \varepsilon_{i2}, \cdots, \varepsilon_{iT})^{\mathrm{T}}$, $\mathbb{X}_i, Z_i$ 有类似的定义. $E\|X_{it}\|^{2+\delta} < \infty, E\|\varepsilon_{it}\|^{2+\delta} < \infty, \delta > 0$. 定义 $\sigma^2(x, z) = \mathrm{Var}(Y_{it}|X_{it} = x, Z_{it} = z)$, $\sigma^2(z) = \mathrm{Var}(Y_{it}|Z_{it} = z)$, 且 $0 < \sigma^2(x, z), \sigma^2(z) < \infty$.

(C8.3.2) $E(Y_{it}|\mathbb{X}_i, Z_i, \alpha_i) = E(Y_{it}|X_{it}, Z_{it}, \alpha_i) = X_{it}^{\mathrm{T}}\beta + g(Z_{it}) + \alpha_i$.

(C8.3.3) 设 $f(z) = \sum_{t=1}^{T} f_t(z)$, 其中 $f_t(z)$ 为 Z_{it} 的概率密度函数, 假设对于任意 $t = 1, \cdots, T$, $f_t(z)$ 在 $[0, 1]$ 上是连续的, 并且是取值在 $(0, +\infty)$ 内一致有界的函数. 设 $\widetilde{\varepsilon}_{it} = \varepsilon_{it} - \frac{1}{T}\sum_{s=1}^{T}\varepsilon_{is}$, $\sigma_t^2(z) = E[\widetilde{\varepsilon}_{it}|Z_{it} = z]$, $\bar{\sigma}^2(z) = \sum_{t=1}^{T}\sigma_t^2(z)f(z)$.

(C8.3.4) 定义 $p(z) = E(X_{it}|Z_{it} = z)$, 函数 $g(\cdot)$ 和 $p(\cdot)$ 都是在支撑集 $[0, 1]$ 上二阶连续可导函数.

(C8.3.5) $K(\cdot)$ 是非负对称的核函数, 并在其支撑集 $[-A, A]$ 上是绝对连续的, 且有

(C8.3.5a) $K(A) \neq 0$;

(C8.3.5b) $K(A) = 0$, $K^2(t)$, $[K'(t)]^2$ 在 $(-\infty, +\infty)$ 上可积.

(C8.3.6) 窗宽 h 满足: 当 $n \to \infty$ 时, $nh^3/\log n \to \infty$, $nh^5 \log n \to 0$.

定理 8.3.1 假设正则条件 (C8.3.1)～条件 (C8.3.6) 成立, 设 $b(z) = h^2\kappa_2 g''(z)/2$, $\Sigma_g = \nu_0\bar{\sigma}^2(z)f^{-2}(z)$, $\Sigma_{g'} = \nu_2\bar{\sigma}^2(z)/(f^2(z)\kappa_2^2)$, 当 $n \to \infty$ 时, 有

$$\|\hat{\beta} - \beta\| = O_P(n^{-1/2})$$

和

$$\sqrt{nh}\{\hat{g}(z) - g(z) - b(z)\} \xrightarrow{L} N(0, \Sigma_g),$$
$$\sqrt{nh^3}\{\hat{g}'(z) - g'(z)\} \xrightarrow{L} N(0, \Sigma_{g'}).$$

定理 8.3.2 假设正则条件 (C8.3.1)～条件 (C8.3.6) 成立, 且对于 $1/5 \leqslant \rho < 1/3$, $h = O(n^{-\rho})$. 当 $n \to \infty$ 时, 对所有 $z \in [0, 1]$, 有

$$P\left\{(-2\log h)^{1/2}\Big(\sup_{z\in[0,1]}\left|(nh\Sigma_g^{-1})^{1/2}(\hat{g}(z) - g(z) - b(z))\right| - d_n\Big) < u\right\}$$
$$\longrightarrow \exp\left(-2\exp(-u)\right),$$

其中 d_n 的表示如下, 当 $K(A)\neq 0$ 时, 有

$$d_n=(-2\log h)^{1/2}+\frac{1}{(-2\log h)^{1/2}}\left\{\log\frac{K^2(A)}{\nu_0\pi^{1/2}}+\frac{1}{2}\log\log h^{-1}\right\},$$

当 $K(A)=0$ 时, 有

$$d_n=(-2\log h)^{1/2}+\frac{1}{(-2\log h)^{1/2}}\left\{\log\frac{1}{4\nu_0\pi}\int(K'(z))^2\mathrm{d}z\right\}.$$

注 8.3.1 当 Z_{it} 的取值范围在 $[c,d]$ 上时, 只要作些简单的变换, 定理 8.3.2 仍然成立, 即

$$P\left\{\Big(-2\log\big(h/(d-c)\big)\Big)^{1/2}\Big(\sup_{z\in[c,d]}\Big|(nh\Sigma_g^{-1})^{1/2}(\hat{g}(z)-g(z)-b(z))\Big|-\widetilde{d}_n\Big)<u\right\}$$
$$\longrightarrow\exp\left(-2\exp(-u)\right),$$

其中 $\widetilde{d}_n$ 与定理 8.3.2 中 d_n 的定义形式一样, 只需要把 h 换成 $h/(d-c)$ 即可.

下面定理给出 $g(\cdot)$ 的导数的估计曲线与真实曲线之间最大绝对偏差的渐近分布.

定理 8.3.3 假设正则条件 (C8.3.1)~条件 (C8.3.6) 成立, $\Sigma_{g'}=\nu_2\bar{\sigma}^2(z)/(f^2(z)\kappa_2^2)$. 当 $n\to\infty$ 时, 对所有 $z\in[0,1]$, 有

$$P\left\{(-2\log h)^{1/2}\Big(\sup_{z\in[0,1]}\Big|(nh^3\Sigma_{g'}^{-1})^{1/2}(\hat{g}'(z)-g'(z))\Big|-d_{n_1}\Big)<u\right\}$$
$$\longrightarrow\exp\left(-2\exp(-u)\right),$$

其中 $d_{n_1}=(-2\log h)^{1/2}+\dfrac{1}{(-2\log h)^{1/2}}\left\{\log\dfrac{1}{2\pi\sqrt{\nu_2}}\displaystyle\int(z^2(K'(t))^2\mathrm{d}t)^{1/2}\right\}$. 如果 $K(c_0)=0$, 则 $K(z)$ 绝对连续, 且 $K^2(z)$ 和 $(K'(z))^2$ 在 $(-\infty,+\infty)$ 上可积.

8.3.3 同时置信带的构造

在定理 8.3.2 中, 因 $\hat{g}(\cdot)$ 的偏差和方差中含有未知量, 故不能直接用定理 8.3.2 构造非参数分量 $g(\cdot)$ 的同时置信带. 根据定理 8.3.1, 可知 $\hat{g}(z)$ 的渐近偏差为

$$(h^2\kappa_2/2)g''(z)(1+o_P(1)).$$

基于窗宽 $h_*=O(n^{-1/7})$ 和局部三次多项式拟合, 可以获得 $g''(z)$ 的估计 $\hat{g}''(z)$. 因此, 由 plug-in 方法获得渐近偏差的估计为 $\widehat{\mathrm{Bias}}(\hat{g}(z))=h^2\kappa_2\hat{g}''(z)/2$. 所用窗宽 $h_*=O(n^{-1/7})$ 可以采用 Fan 和 Gijbels(1996) 提出的残差平方准则 (RSC) 来进行选取.

接下来估计 $\hat{g}(z)$ 的条件渐近方差. 假设 ε_{it} 关于 i 和 t 是独立同分布的, 则根据定理 8.3.1, 有

$$\mathrm{Var}\{\hat{g}(z)|\mathcal{D}\}=(1,0)(Z_z^{\mathrm{T}}W_zZ_z)^{-1}(Z_z^{\mathrm{T}}W_zQ_1\varPhi_1Q_1W_zZ_z)(Z_z^{\mathrm{T}}W_zZ_z)^{-1}(1,0)^{\mathrm{T}},$$

其中 $Q_1=(I_{nT}-D(D^{\mathrm{T}}PD)^{-1}D^{\mathrm{T}}P)$, $\varPhi_1=\mathrm{diag}(\sigma^2(Z_{11}),\cdots,\sigma^2(Z_{1T}),\sigma^2(Z_{21}),\cdots,\sigma^2(Z_{2T}),\cdots,\sigma^2(Z_{n1}),\cdots,\sigma^2(Z_{nT}))$. 当方差 $\sigma^2(Z_{it}),i=1,\cdots,n,t=1,\cdots,T$ 为同方差时, 可以通过下面式子估计 $\hat{g}(z)$ 的方差

$$\mathrm{Var}\{\hat{g}(z)|\mathcal{D}\}=(1,0)(Z_z^{\mathrm{T}}W_zZ_z)^{-1}(Z_z^{\mathrm{T}}W_zQ_1W_zZ_z)(Z_z^{\mathrm{T}}W_zZ_z)^{-1}(1,0)^{\mathrm{T}}\sigma^2(z).$$

设残差 $\hat{\varepsilon}=(Y-\hat{Y})$, 其中 $\hat{Y}=\hat{\mathbb{G}}+\mathbb{X}\hat{\beta}+D\hat{\alpha}$, 根据式 (8.3.10)~式 (8.3.13), 则有

$$\begin{aligned}\hat{\varepsilon}&=Y-\hat{\mathbb{G}}-\mathbb{X}\hat{\beta}-D\hat{\alpha}\\&=Y-\mathbb{X}\hat{\beta}-D\hat{\alpha}-M(Y-\mathbb{X}\hat{\beta}-D\hat{\alpha})\qquad(8.3.14)\\&=(I_{nT}-M)(Y-\mathbb{X}\hat{\beta}-D\hat{\alpha})\\&=(I_{nT}-M)(I_{nT}-D(D^{\mathrm{T}}PD)^{-1}D^{\mathrm{T}}P)(Y-\mathbb{X}\hat{\beta})\\&=(I_{nT}-M)Q_1(I_{nT}-\mathbb{X}(\mathbb{X}^{\mathrm{T}}PQ_1\mathbb{X})^{-1}\mathbb{X}^{\mathrm{T}}PQ_1)Y\\&=:(I_{nT}-M)Q_1Q_2Y,\qquad(8.3.15)\end{aligned}$$

其中 $Q_2=I_{nT}-\mathbb{X}(\mathbb{X}^{\mathrm{T}}PQ_1\mathbb{X})^{-1}\mathbb{X}^{\mathrm{T}}PQ_1$. 用加权残差平方和来估计 $\sigma^2(z)$, 有

$$\hat{\sigma}^2(z)=\frac{\hat{\varepsilon}^{\mathrm{T}}\hat{\varepsilon}}{\mathrm{tr}(Q_2^{\mathrm{T}}Q_1^{\mathrm{T}}PQ_1Q_2)}=\frac{Y^{\mathrm{T}}(Q_2^{\mathrm{T}}Q_1^{\mathrm{T}}PQ_1Q_2)Y}{\mathrm{tr}(Q_2^{\mathrm{T}}Q_1^{\mathrm{T}}PQ_1Q_2)}.$$

定理 8.3.4 假设 $\hat{g}^{(3)}(\cdot)$ 在 $[0,1]$ 上连续, 且窗宽为 $h_*=O(n^{-1/7})$, 在定理 8.3.2 的条件下, 当 $n\to\infty$ 时, 对于所有的 $z\in[0,1]$, 有

$$P\left\{(-2\log h)^{1/2}\left(\sup_{z\in[0,1]}\left|\frac{\hat{g}(z)-g(z)-\widehat{\mathrm{Bias}}(\hat{g}(z)|\mathcal{D})}{[\widehat{\mathrm{Var}}\{\hat{g}(z)|\mathcal{D}\}]^{1/2}}\right|-d_n\right)<u\right\}\longrightarrow\exp\left(-2\exp(-u)\right),$$

其中 d_n 的定义见定理 8.3.2.

基于定理 8.3.4, 可以得到 $g(z)$ 的置信水平为 $(1-\alpha^*)\times100\%$ 的同时置信带如下

$$\left(\hat{g}(z)-\widehat{\mathrm{Bias}}(\hat{g}(z)|\mathcal{D})\pm\varDelta_{1,\alpha^*}(z)\right),$$

其中 $\varDelta_{1,\alpha^*}(z)=\left(d_n+[\log2-\log\{-\log(1-\alpha^*)\}](-2\log h)^{-1/2}\right)\left[\widehat{\mathrm{Var}}\{\hat{g}(z)|\mathcal{D}\}\right]^{1/2}$.

8.3.4 Bootstrap 方法构造同时置信带

本节讨论如何把 8.2.4 节的 bootstrap 方法推广到模型 (8.1.2), 用于构造非参数分量 $g(\cdot)$ 的同时置信带. 设

$$W=\sup_{z\in[0,1]}\frac{|\hat{g}(z)-g(z)|}{\{\mathrm{Var}(\hat{g}(z|\mathcal{D}))\}^{1/2}}.$$

统计量 W 的上 α^* 分位点为 c_{α^*}, 如果 c_{α^*} 和 $\mathrm{Var}(\hat{g}(z|\mathcal{D}))$ 都是已知的, 则 $g(\cdot)$ 在 $[0,1]$ 上的置信度为 $(1-\alpha^*)\times 100\%$ 的置信区间为

$$\left(\hat{g}(z)\pm\{\mathrm{Var}(\hat{g}(z|\mathcal{D}))\}^{1/2}c_{\alpha^*}\right).$$

然而 c_{α^*} 和 $\mathrm{Var}(\hat{g}(z|\mathcal{D}))$ 都是未知的, 用 bootstrap 方法来给出 c_{α^*} 和 $\mathrm{Var}(\hat{g}(z|\mathcal{D}))$ 的估计. 设 $\hat{c}_{\alpha^*}$ 和 $\mathrm{Var}^*(\hat{g}(z|\mathcal{D}))$ 是 c_{α^*} 和 $\mathrm{Var}(\hat{g}(z|\mathcal{D}))$ 的估计, 则可以用下式构造非参数分量 $g(\cdot)$ 的置信度为 $(1-\alpha^*)\times 100\%$ 的置信带

$$\left(\hat{g}(z)\pm\{\mathrm{Var}^*(\hat{g}(z|\mathcal{D}))\}^{1/2}\hat{c}_{\alpha^*}\right).\tag{8.3.16}$$

现在给出用 bootstarp 方法估计 c_{α^*} 和 $\mathrm{Var}(\hat{g}(z|\mathcal{D}))$ 的步骤如下.

(1) 根据式 (8.3.15), 得到残差向量 $\hat{\varepsilon}=(I_{nT}-M)Q_1Q_2Y$, 其中 $\hat{\varepsilon}=(\hat{\varepsilon}_{11},\cdots,\hat{\varepsilon}_{1T},\hat{\varepsilon}_{21},\cdots,\hat{\varepsilon}_{2T},\cdots,\hat{\varepsilon}_{n1},\cdots,\hat{\varepsilon}_{nT})$.

(2) 对于 $i=1,\cdots,n,\ t=1,\cdots,T$, 生成 bootstrap 误差 $\varepsilon^*_{it}=\hat{\varepsilon}_{it}\nu_{it}$, 其中 $\nu_{it}\sim N(0,1)$, 且关于 i,t 独立. 重新产生 bootstrap 样本 Y^*_{it}: $Y^*_{it}=\hat{Y}_{it}+\varepsilon^*_{it}, i=1,\cdots,n,\ t=1,\cdots,T$.

(3) 给定 bootstrap 样本 $\{(Y^*_{it},X_{it},Z_{it}),i=1,\cdots,n,\ t=1,\cdots,T\}$, 由 8.3.1 节的估计方法得到 β 和 $g(\cdot)$ 的估计, 记为 β^* 和 $g^*(\cdot)$, 其作为 β 和 $g(\cdot)$ 的 bootstrap 估计.

(4) 重复 (2)–(3) M 次，得到样本量为 N 的 $g(\cdot)$ 的 bootstrap 样本, $g^*_k(\cdot),k=1,\cdots,M$, 则 $\mathrm{Var}(\hat{g}(\cdot))$ 的估计量 $\mathrm{Var}^*(\hat{g}(z))$ 可以用 $g^*_k(\cdot)$ 的样本方差估计.

(5) 计算

$$W^*_k=\sup_{z\in[0,1]}\frac{|\hat{g}^*(z)-g(z)|}{\{\mathrm{Var}(\hat{g}^*(z|\mathcal{D}))\}^{1/2}},\quad k=1,\cdots,M.$$

把 $W^*_k,k=1,\cdots,M$ 作为 W 的 bootstrap 样本.

(6) 用 $W^*_k,k=1,\cdots,M$, 的上 α^* 分位点 $\hat{c}_{\alpha^*}$ 作为 W 分布的上 α^* 分位点 c_{α^*} 的估计.

利用 bootstrap 方法得到方差和分位点的估计后, 可以用式 (8.3.16) 构造非参数分量的 bootstrap 同时置信带.

8.3.5 模拟研究

本节进行数值模拟来评价本章提出的方法和理论结果. 为实施模拟, 从如下模型产生数据

$$Y_{it}=X_{it}^{\mathrm{T}}\beta+0.8\cos(\pi Z_{it})+\alpha_i+\varepsilon_{it},\quad i=1,\cdots,n,\quad t=1,\cdots,T,\qquad(8.3.17)$$

其中 $\beta=(-1,3,5)^{\mathrm{T}}$, X_{it} 的每个分量都独立同分布于 $[-1,1]$ 上的均匀分布, Z_{it} 独立同分布于 [−1,1] 上的均匀分布, 且模型误差 $\varepsilon_{it}\sim N(0,1)$. 为了简单, 在本节模拟研究中仅考虑个体效应 α_i 与协变量 Z_i 具有相关性, 即考虑 $\alpha_i=\varepsilon_i+cZ_{i\cdot}, i=2,\cdots,n$, 其中 $\varepsilon_i\sim N(0,1), Z_{i\cdot}=\dfrac{1}{T}\sum\limits_{t=1}^{T}Z_{it}$ 和 $\alpha_1=-\sum\limits_{i=2}^{n}\alpha_i$. 考虑 $c=0,0.5,1$, 当 $c\neq 0$ 时, Z_{it} 与 α_i 相关, 模型 (8.3.17) 为部分线性固定效应模型; 当 $c=0$ 时, 模型 (8.3.17) 成为面板数据部分线性随机效应模型.

在下面的模拟研究中, 核函数 $K(z)=0.75(1-z^2)_+$. 并且用“去一个体”交错核实的方法来选取带宽 h_{CV}.

$$\mathrm{CV}(h)=\sum_{i=1}^{n}\sum_{t=1}^{T}(Y_{it}-\hat{Y}_{it}^{-it})^2=\sum_{i=1}^{n}\sum_{t=1}^{T}\left(\frac{Y_{it}-\hat{Y}_{it}}{1-l_{kk}}\right)^2=\sum_{i=1}^{n}\sum_{t=1}^{T}\left(\frac{\hat{\varepsilon}_{it}}{1-l_{kk}}\right)^2,\qquad(8.3.18)$$

其中 Y_{it}^{-it} 表示去掉观测值 $\{Y_{it},X_{it}\}$ 后的拟合值, $k=(i-1)T+t$, $\hat{\varepsilon}_{it}=Y_{it}-\hat{Y}_{it}$, l_{kk} 是矩阵 $[I_{nT}-(I_{nT}-M)Q_1Q_2]$ 的第 (k,k) 个元素.

在模拟过程中, 固定 $T=5$, 样本容量分别取 $n=100,150$ 和 200. 显著性水平取为 0.05, 各自作 1000 次模拟.

表 8.3.1 主要给出 $c=0$(忽略固定效应) 和 $c=1$(有固定效应) 时, 参数分量估计量的平均偏差 (Bias)、标准差 (SD) 和均方误差 (MSE). 从表 8.3.1 中可以看出:

表 8.3.1 参数分量估计量的偏差、标准差和均方误差

β	结果	$c=0$			$c=1$		
		100	150	200	100	150	200
	Bias	0.0063	0.0059	0.0048	0.0045	0.0046	0.0023
β_1	SD	0.0859	0.0720	0.0682	0.0841	0.0647	0.0635
	MSE	0.0074	0.0052	0.0046	0.0071	0.0042	0.0040
	Bias	0.0057	0.0046	0.0031	0.0053	0.0027	0.0022
β_2	SD	0.0901	0.0696	0.0620	0.0906	0.0687	0.0601
	MSE	0.0081	0.0049	0.0038	0.0082	0.0048	0.0036
	Bias	0.0062	0.0049	0.0042	0.0041	0.0029	0.0026
β_3	SD	0.0912	0.0770	0.0650	0.0857	0.0679	0.0545
	MSE	0.0083	0.0059	0.0042	0.0074	0.0046	0.0031

(1) 对给定的 c, 随着样本量的增加, 两种估计方法给出的估计量的偏差和均方误差都在减小;

(2) 对相同的样本量下, $c=1$ 时所得到的参数分量估计值的均方误差是小于 $c=0$ 情况下给出的估计量的均方误差, 原因在于所提出的方法考虑了模型中有固定效应.

表 8.3.2 给出了非参数分量 $g(\cdot)$ 的 95%的同时置信带的覆盖概率, 并且比较了基于渐近分布和 bootstrap 方法所得的覆盖概率大小, 以及 $c=0,0.5$ 和 1 三种情况下覆盖概率的大小. 表中 "method one" 表示基于渐近分布的方法, "Bootstrap" 表示 bootstrap 方法. 从表 8.3.2 中可以看出:

表 8.3.2 非参数分量的置信水平为 95%的覆盖概率

方法	n	$c=0$	$c=0.5$	$c=1$
method one	100	0.926	0.933	0.941
	150	0.933	0.940	0.949
	200	0.946	0.951	0.953
Bootstrap	100	0.928	0.934	0.942
	150	0.937	0.946	0.950
	200	0.948	0.952	0.954

(1) 随着样本容量 n 的增大, 所得到的覆盖概率都趋近于真实的置信水平 0.95;

(2) 对于给定的 c, 随着样本量的增加, 两种方法的覆盖概率都有所增大, 并接近于置信水平 0.95;

(3) bootstrap 方法所构造的同时置信带覆盖概率要略优于渐近分布所构造的置信带, 这是由于 bootstrap 方法构造的同时置信带计算上更稳定.

图 8.3.1 给出在不同情况下非参数分量的真实曲线、估计曲线和两种方法下构造的同时置信带. 实线表示真实曲线 $g(\cdot)$, 点线代表估计曲线 $\hat{g}(\cdot)$, 虚线 "method one" 代表本节所用的渐近分布方法算出的同时置信带, 点虚线 "Bootstrap" 代表用 bootstrap 方法算出的同时置信带. 从左到右分别是 $n=100,150,200$, 从上到下是 $c=0,0.5,1$ 的结果.

从图 8.3.1 可以看出:

(1) 在 c 相同的情况下, 随着样本量 n 的增加, 非参数分量同时置信带变得越来越窄;

(2) 在样本量相同的情况下, 随着 c 的增加, 非参数分量拟合曲线有变好的趋势, 原因是所提方法考虑了模型中存在固定效应的情况.

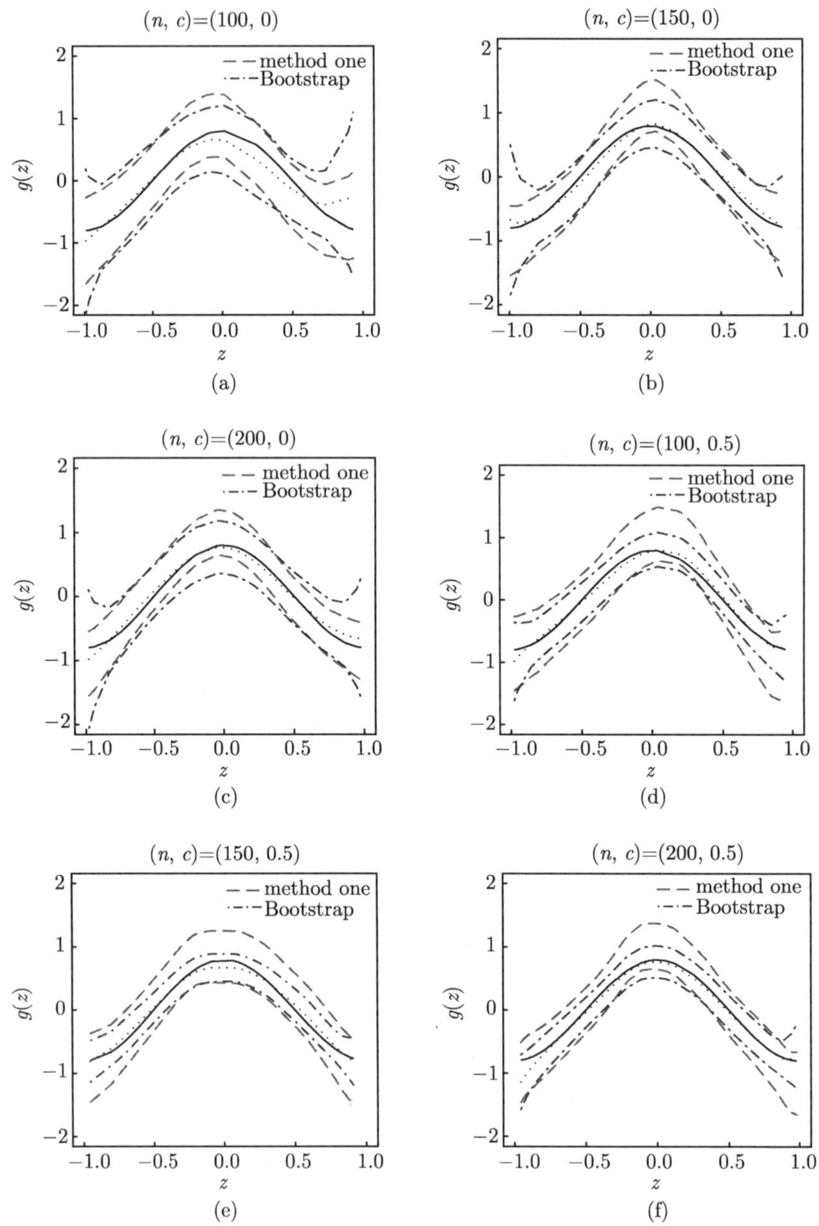
(n, c)=(100, 0)
method one
Bootstrap
g(z)
z
(a)
(n, c)=(150, 0)
method one
Bootstrap
g(z)
z
(b)
(n, c)=(200, 0)
method one
Bootstrap
g(z)
z
(c)
(n, c)=(100, 0.5)
method one
Bootstrap
g(z)
z
(d)
(n, c)=(150, 0.5)
method one
Bootstrap
g(z)
z
(e)
(n, c)=(200, 0.5)
method one
Bootstrap
g(z)
z
(f)

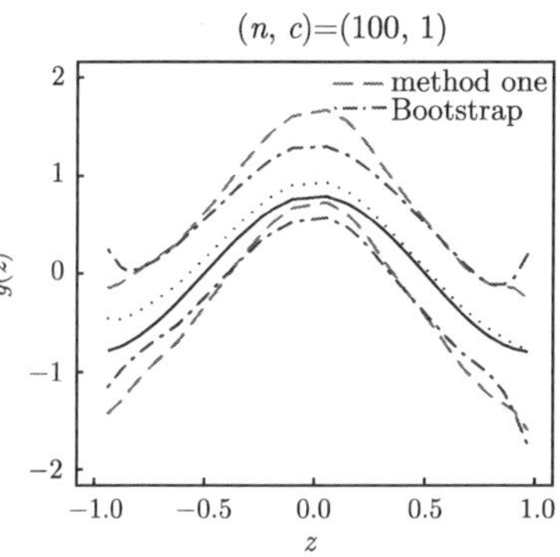

(g)

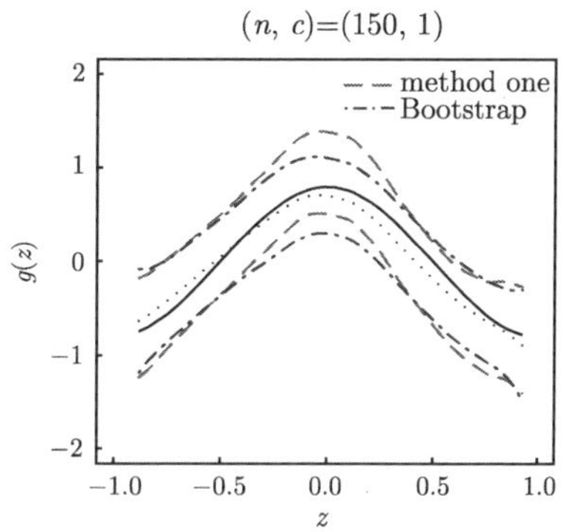

(h)

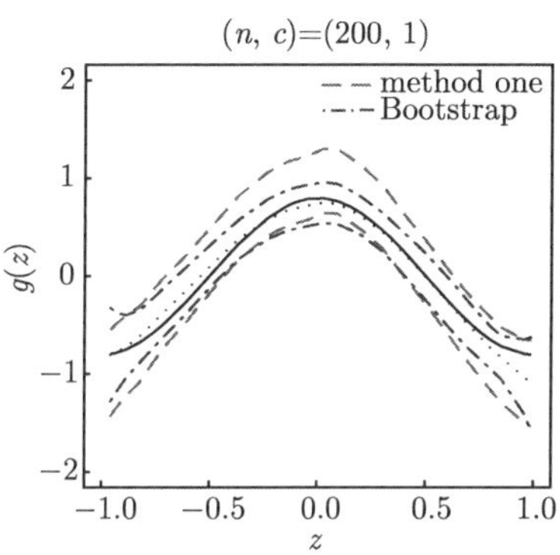

(i)

图 8.3.1 $n=100,150,200$, $c=0,0.5,1$ 时, $g(\cdot)$ 的置信水平为 0.95 的同时置信带

8.3.6 定理的证明

设 $P=(I_{nT}-M)^{\mathrm{T}}(I_{nT}-M)$, $\varPhi=\sum_{t=1}^{T}\sum_{s=1}^{T}E\{(\widetilde{X}_{it}[\widetilde{X}_{is}-\varSigma_l\widetilde{X}_{il}/T]^{\mathrm{T}}\varepsilon_{it}\varepsilon_{is}\}$. 首先给出几个引理, 下面引理 8.3.1~引理 8.3.5 对定理 8.3.1~定理 8.3.4 的证明具有重要的作用. 这些引理来自于 Su 和 Ullah (2006) 和 Zhang 等 (2011b), 详细证明可见这两个文献, 此处省略详细证明.

引理 8.3.1 假设正则条件 (C8.3.1)~条件 (C8.3.5) 成立, 设

$$m(Z_{it},z)=e^{\mathrm{T}}(Z_z^{\mathrm{T}}W_zZ_z)^{-1}Z_{z_{it}}K_h(Z_{it}-z),$$

其中 $Z_{z_{it}}$ 是 Z_z 的第 it 列, 则有

(1) $m(Z_{it},z)=n^{-1}K_h(Z_{it}-z)f^{-1}(z)\{1+o_P(1)\},\ f(z)=\sum_{t=1}^{T}f_t(z)$.

(2) 存在常数 $C>0$, 使得

$$\lim_{n\to\infty} P_n\Big\{\sup_{z\in[0,1]}\max_{1\leqslant i\leqslant n,1\leqslant t\leqslant T}|m(Z_{it},z)|\leqslant C(nh)^{-1}\Big\}=1.$$

引理 8.3.2　假设正则条件 (C8.3.1)~条件 (C8.3.6) 成立, 则有

$$(D^{\mathrm T}PD)^{-1}=(D^{\mathrm T}D)^{-1}+O_P(\zeta_n)=T^{-1}I_{n-1}+O_P(\zeta_n),$$

其中 $\zeta_n=(e_{n-1}e_{n-1}^{\mathrm T})(nh)^{-1}\sqrt{\ln n}$.

引理 8.3.3　假设正则条件 (C8.3.1)~条件 (C8.3.6) 成立, 当 $n\to\infty$ 时, 则有

(1) $\dfrac{1}{n}\mathbb{X}^{\mathrm T}P\mathbb{X}\xrightarrow{P}\sum\limits_{t=1}^{T}E[(X_{it}-p(Z_{it}))(X_{it}-p(Z_{it}))^{\mathrm T}]$,

(2) $\dfrac{1}{n}\mathbb{X}^{\mathrm T}PD(D^{\mathrm T}D)^{-1}D^{\mathrm T}P\mathbb{X}\xrightarrow{P}\dfrac{1}{T}\sum\limits_{t=1}^{T}\sum\limits_{s=1}^{T}E[(X_{it}-p(Z_{it}))(X_{is}-p(Z_{is}))^{\mathrm T}]$,

(3) $\dfrac{1}{n}\widetilde{\mathbb{X}}^{\mathrm T}\widetilde{Q}\widetilde{\mathbb{X}}\xrightarrow{P}\varPhi$.

引理 8.3.4　假设正则条件 (C8.3.1)~条件 (C8.3.6) 成立, 当 $n\to\infty$ 时, 则有

$$\frac{1}{\sqrt{n}}\widetilde{\mathbb{X}}^{\mathrm T}\widetilde{Q}(I_n-M)g(Z)=o_P(1).$$

引理 8.3.5　假设正则条件 (C8.3.1)~条件 (C8.3.6) 成立, 当 $n\to\infty$ 时, 则有

(1) $\dfrac{1}{\sqrt{n}}\mathbb{X}^{\mathrm T}P\varepsilon=\dfrac{1}{\sqrt{n}}\sum\limits_{i=1}^{n}\sum\limits_{t=1}^{T}(X_{it}-p(Z_{it}))\varepsilon_{it}+o_P(1)$,

(2) $\dfrac{1}{\sqrt{n}}\mathbb{X}^{\mathrm T}PD(D^{\mathrm T}D)^{-1}D^{\mathrm T}P\varepsilon=\dfrac{1}{\sqrt{n}T}\sum\limits_{i=1}^{n}\sum\limits_{t=1}^{T}\sum\limits_{s=1}^{T}(X_{it}-p(Z_{it}))\varepsilon_{is}+o_P(1)$.

定理 8.3.1 的证明　由引理 8.3.1~引理 8.3.5 可以证明定理 8.3.1. 定理 8.3.1 类似的证明可以参考文献 Su 和 Ullah(2006) 和 Zhang 等 (2011b), 故此处省略详细证明. □

定理 8.3.2 的证明　注意到 $(I_{nT}-D(D^{\mathrm T}PD)^{-1}D^{\mathrm T}P)D\alpha=0$, 并根据式 (8.1.2), 式 (8.3.13) 和引理 8.3.2, 有

$$\begin{aligned}\hat g(z)&=m^{\mathrm T}(z)(Y-D\hat\alpha-\mathbb{X}\hat\beta)\\&=m^{\mathrm T}(z)(I_{nT}-D(D^{\mathrm T}PD)^{-1}D^{\mathrm T}P)(Y-\mathbb{X}\hat\beta)\\&=m^{\mathrm T}(z)(I_{nT}-D(D^{\mathrm T}PD)^{-1}D^{\mathrm T}P)(\mathbb{G}+\varepsilon-\mathbb{X}(\hat\beta-\beta))\\&=m^{\mathrm T}(z)Q_1(\mathbb{G}+\varepsilon-\mathbb{X}(\hat\beta-\beta)).\end{aligned}\tag{8.3.19}$$

由 Taylor 展开公式, 有

$$g(Z_{it})\approx g(z)+g'(z)(Z_{it}-z)+\frac{1}{2}g''(z)(Z_{it}-z)^2,\tag{8.3.20}$$

其中 Z_{it} 在 z 的一个小邻域内, 则根据式 (8.3.19) 和式 (8.3.20), 有

$$\begin{aligned}\hat{g}(z)\approx &m^{\mathrm{T}}(z)Q_1g(z)e_{nT}+m^{\mathrm{T}}(z)Q_1g'(z)Z_z+\frac{1}{2}m^{\mathrm{T}}(z)Q_1g''(z)Z_z^2\\&+m^{\mathrm{T}}(z)Q_1\varepsilon-m^{\mathrm{T}}(z)Q_1\mathbb{X}(\hat{\beta}-\beta).\end{aligned}\tag{8.3.21}$$

根据式 (8.3.21), 经简单运算, 有

$$\begin{aligned}&\sqrt{nh}(\hat{g}(z)-g(z))\\&\approx\sqrt{nh}m^{\mathrm{T}}(z)Q_1g'(z)Z_z+\frac{\sqrt{nh}}{2}m^{\mathrm{T}}(z)Q_1g''(z)Z_z^2+\sqrt{nh}m^{\mathrm{T}}(z)Q_1\varepsilon\\&\quad-\sqrt{nh}D(D^{\mathrm{T}}PD)^{-1}D^{\mathrm{T}}Pg(z)e_{nT}-\sqrt{nh}m^{\mathrm{T}}(z)Q_1\mathbb{X}(\hat{\beta}-\beta)\\&=:J_{11}+J_{12}+J_{13}-J_{14}-J_{15},\end{aligned}\tag{8.3.22}$$

其中 $Z_z=(Z_{11}-z,\cdots,Z_{1T}-z,Z_{21}-z,\cdots,Z_{2T}-z,\cdots,Z_{n1}-z,\cdots,Z_{nT}-z)^{\mathrm{T}}$. 由引理 8.3.1~引理 8.3.4, 可得 $J_{11}=o_P(1)$, $J_{14}=o_P(1)$. 并由引理 8.3.1~引理 8.3.3, 以及定理 8.3.1 的结果 $\|\hat{\beta}-\beta\|=O_P(n^{-1/2})$, 容易证明 $J_{15}=o_P(1)$.

下面考虑 J_{12} 和 J_{13}. 设 $M(Z_{it},z)$ 为 $M(z)$ 的第 (it) 列, 其中 $M(z)=(M(Z_{11},z),\cdots,M(Z_{1T},z),M(Z_{21},z),\cdots,M(Z_{2T},z),\cdots,M(Z_{n1},z),\cdots,M(Z_{nT},z))$, 对 J_{12}, 由引理 8.3.1 以及一些简单计算, 有

$$\begin{aligned}J_{12}&\approx\frac{\sqrt{nh}}{2}\sum_{i=1}^{n}\sum_{t=1}^{T}(1,0)M(Z_{it},z)g''(z)(Z_{it}-z)^2\\&=\frac{\sqrt{nh}}{2}\frac{1}{nf(z)}\sum_{i=1}^{n}\sum_{t=1}^{T}K_h(Z_{it}-z)g''(z)(Z_{it}-z)^2+o_P(1)\\&=\frac{\sqrt{nh}}{2}\frac{1}{nf(z)}g''(z)\int z^2K(z)\mathrm{d}z+o_P(h^2)\\&=\frac{\sqrt{nh}}{2}b(z)+o_P(h^2).\end{aligned}\tag{8.3.23}$$

对 J_{13}, 由引理 8.3.2 和引理 8.3.5, 经简单计算, 可得

$$\begin{aligned}J_{13}&=\sqrt{nh}m^{\mathrm{T}}(z)Q_1\varepsilon\\&=\sqrt{nh}\frac{1}{nf(z)}\sum_{i=1}^{n}\sum_{t=1}^{T}K_h(Z_{it}-z)\widetilde{\varepsilon}_{it}+o_P(1)\\&\xrightarrow{L}N(0,\varSigma_g),\end{aligned}\tag{8.3.24}$$

其中 $\widetilde{\varepsilon}_{it}=\varepsilon_{it}-\dfrac{1}{T}\sum_{s=1}^{T}\varepsilon_{is}$, $\varSigma_g=\nu_0\bar{\sigma}^2(z)f^{-2}(z)$.

根据式 (8.3.22) 和式 (8.3.23), 容易得到

$$\begin{aligned}\hat{g}(z)-g(z)-b(z) &= m^{\mathrm{T}}(z)(I_{nT}-D(D^{\mathrm{T}}PD)^{-1}D^{\mathrm{T}}P)\varepsilon+o_P(1)\\ &\approx m^{\mathrm{T}}(z)\widetilde{\varepsilon}+o_P(1)\\ &=(1,0)(Z_z^{\mathrm{T}}W_zZ_z)^{-1}Z_z^{\mathrm{T}}W_z\widetilde{\varepsilon}+o_P(1)\\ &=: I_1(z)+o_P(1),\end{aligned}\tag{8.3.25}$$

其中 $\widetilde{\varepsilon}=(\widetilde{\varepsilon}_{11},\cdots,\widetilde{\varepsilon}_{1T},\widetilde{\varepsilon}_{21},\cdots,\widetilde{\varepsilon}_{2T},\cdots,\widetilde{\varepsilon}_{n1},\cdots,\widetilde{\varepsilon}_{nT})^{\mathrm{T}}$, $\widetilde{\varepsilon}_{it}=\varepsilon_{it}-\dfrac{1}{T}\sum\limits_{s=1}^{T}\varepsilon_{is}$.

为了证明非参数分量估计值与真实曲线之间最大偏差的渐近分布, 下面先证明 $I_1(z)$ 的性质.

$$Z_z^{\mathrm{T}}W_zZ_z=\begin{pmatrix}\sum\limits_{i=1}^{n}\sum\limits_{t=1}^{T}K_h(Z_{it}-z) & \sum\limits_{i=1}^{n}\sum\limits_{t=1}^{T}K_h(Z_{it}-z)(Z_{it}-z)\\ \sum\limits_{i=1}^{n}\sum\limits_{t=1}^{T}K_h(Z_{it}-z)(Z_{it}-z) & \sum\limits_{i=1}^{n}\sum\limits_{t=1}^{T}K_h(Z_{it}-z)(Z_{it}-z)^2\end{pmatrix},$$

根据引理 8.3.1 有

$$nH(Z_z^{\mathrm{T}}W_zZ_z)^{-1}H=f^{-1}(z)\varOmega^{-1}+O_P(h+(\log n/nh)^{1/2}),\tag{8.3.26}$$

其中 $H=\begin{pmatrix}1&0\\0&h\end{pmatrix}$, $\varOmega=\begin{pmatrix}1&0\\0&\kappa_2\end{pmatrix}$.

由引理 8.3.1, 有

$$\left\|\frac{1}{n}H^{-1}Z_z^{\mathrm{T}}W_z\widetilde{\varepsilon}\right\|_\infty=O_P(h+(\log n/nh)^{1/2}).\tag{8.3.27}$$

利用式 (8.3.26) 和式 (8.3.27), 容易求得

$$\left\|I_1(z)-\frac{1}{nf(z)}(1,0)\varOmega^{-1}H^{-1}Z_z^{\mathrm{T}}W_z\widetilde{\varepsilon}\right\|_\infty=O_P\Big(h(\log n/nh)^{1/2}+(\log n/nh)\Big).\tag{8.3.28}$$

接下来, 设

$$I_2(z)=:\frac{1}{nf(z)}(1,0)\varOmega^{-1}H^{-1}Z_z^{\mathrm{T}}W_z\widetilde{\varepsilon}=\frac{1}{nf(z)}\sum_{i=1}^{n}\sum_{t=1}^{T}K_h(Z_{it}-z)\widetilde{\varepsilon}_{it}.$$

根据 Fan 和 Zhang (2000) 中的定理 1 和引理 8.3.1, 当 $h=n^{-\rho}$, $1/5\leqslant\rho\leqslant1/3$, 有

$$P\Big\{(-2\log h)^{1/2}\left(\left\|(nh\varSigma_g^{-1})^{1/2}I_2(z)\right\|_\infty-d_n\right)<u\Big\}\longrightarrow\exp\left(-2\exp(-u)\right),\tag{8.3.29}$$

其中 $\Sigma_g = \nu_0\bar{\sigma}^2(z)f^{-2}(z)$ 在定理 8.3.1 中给出, d_n 的定义也在定理 8.3.2 中给出. 根据式 (8.3.27), 式 (8.3.28) 和式 (8.3.29) 可以完成定理 8.3.2 的证明. □

定理 8.3.3 的证明 类似于定理 8.3.2 的证明过程, 定理 8.3.3 很容易得证. 在此省略详细的证明过程. □

定理 8.3.4 的证明 为了证明定理 8.3.4, 需要先给出偏差和方差的估计的收敛速度. 首先考虑偏差的估计 $\text{Bias}(\hat{g}(z))$ 与 $b(z) = \dfrac{1}{2}h^2\kappa_2 g''(z)$ 之间的差异. 根据式 (8.3.17) 和它的渐近理论. 当 $h_* = O(n^{-1/7})$, 能够得到

$$\left\|\widehat{\text{Bias}}(\hat{g}(z)|\mathcal{D}) - b(z)\right\|_\infty = O_P\big(h^2\sqrt{\log n/nh_*^5}\big) = O_P\Big(h^2(n^{-1/7}\log^{1/2} n)\Big). \quad (8.3.30)$$

而且, 根据引理 8.3.1 和引理 8.3.2 和式 (8.3.27), 有

$$\left\|\frac{h}{n}H^{-1}(Z_z^{\mathrm{T}}W_zQ_1W_zZ_z)H^{-1} - f(z)\Lambda\right\|_\infty = o_P(1),$$

其中 $\Lambda = \begin{pmatrix} \nu_0 & 0 \\ 0 & \nu_2 \end{pmatrix}$. 容易得出 $\left\|\hat{\sigma}^2(z) - \sigma^2(z)\right\|_\infty = o_P(1)$. 根据这些结果, 结合定理 8.3.2, 再经过一些简单的运算, 在 $z \in [0,1]$ 上一致的有

$$\left\|nh\widehat{\text{Var}}\{\hat{g}(z)|\mathcal{D}\} - \Sigma_g\right\|_\infty = o_P(1), \quad (8.3.31)$$

根据式 (8.3.30), 式 (8.3.31) 和定理 8.3.2, 定理 8.3.4 得证. □

参 考 文 献

柏杨. 2005. 基于二次推断函数的纵向数据半参数模型的估计. 上海：华东师范大学硕士学位论文.

柴根象, 洪圣岩. 1995. 半参数回归模型. 合肥: 安徽教育出版社.

李高荣, 冯三营, 薛留根. 2010. 纵向数据单指标模型中参数的经验似然置信域. 应用概率统计, 26(2): 190–206.

李高荣. 2007. 一类半参数回归模型的经验似然推断. 北京：北京工业大学博士学位论文.

李海斌, 田瑞琴, 李高荣. 2014. 纵向数据部分线性测量误差模型的二次推断函数估计. 应用概率统计, 30(2): 151–168.

钱伟民, 柴根象, 蒋凤英. 2000. 半参数回归模型的误差方差的小波估计. 数学年刊, 21A(3): 341–350.

钱伟民. 2003. 纵向数据统计模型中的估计方法. 上海：同济大学博士学位论文.

苏良军. 2005. 部分线性固定效应面板数据模型的一致性估计. 中国经济学年会, 厦门.

田萍. 2006. 纵向数据半参数回归模型的估计理论. 北京：北京工业大学博士学位论文.

王启华. 2004. 经验似然统计推断方法发展综述. 数学进展, 33(2): 141–151.

魏传华, 吴喜之. 2009. 非参数固定效应 Panel Data 模型的统计推断. 数理统计与管理, 28(4): 632–636.

薛留根. 2002. 半参数回归模型随机加权 M 估计的强逼近. 应用数学学报, 25(4): 591–603.

薛留根. 2003. 半参数回归模型中小波估计的随机加权逼近速度. 应用数学学报, 26(1): 11–25.

薛留根. 2012a. 单指标模型的统计推断. 数理统计与管理, 31(1): 55–78.

薛留根. 2012b. 单指标模型的统计推断. 数理统计与管理, 31(2): 226–246.

薛留根. 2012c. 现代统计模型. 北京: 科学出版社.

薛留根, 朱力行. 2007. 纵向数据下部分线性模型的经验似然推断. 中国科学 A 辑, 37(1): 31–44.

杨随根. 2014. 复杂数据半参数模型的统计推断研究. 北京：北京工业大学博士学位论文.

杨秀娟, 樊明智, 李高荣. 2013. 部分线性模型非参数分量的同时置信带. 数理统计与管理, 32(5): 830–838.

张日权, 卢一强. 2004. 变系数模型. 北京: 科学出版社.

张涛. 2011. 含有测量误差的纵向数据的统计推断. 上海：复旦大学博士学位论文.

Agresti A. 2002. Categorical Data Analysis. 2nd ed. Hoboken: Wiley Interscience.

Albright S C, Winston W L, Zappe C J. 1999. Data Analysis and Decision Making with Microsoft Excel. Pacific Grove, CA: Duxbury.

Antoniadis A. 1997. Wavelets in statistics: a review (with discussion). Journal of the Italian

Statistical Society, 6: 97–144.

Arellano M. 2003. Panel Data Econometrics. Oxford: Oxford University Press.

Bae W, Hwang S, Kim C. 2009. Influence diagnostics in the varying coefficient model with longitudinal data. Journal of Nonparametric Statistics, 21: 815–825.

Baggerly K. 1998. Empirical likelihood as a goodness-of-fit measure. Biometrika, 85(3): 535–547.

Bai J. 2009. Panel data models with interactive fixed effects. Econometrica, 77: 1229–1279.

Bai Y, Fung W K, Zhu Z Y. 2009. Penalized quadratic inference functions for single-index models with longitudinal data. Journal of Multivariate Analysis, 100: 152–161.

Bai Y, Zhu Z, Fung W. 2008. Partially linear models for longitudinal data based on quadratic inference functions. Scandinavian Journal of Statistics, 35: 104–118.

Balan R M, Schiopu-Kratina I. 2005. Asymptotic results with generalized estimating equations for longitudinal data. The Annals of Statistics, 32: 522–541.

Baltagi B. 2005. Econometrics Analysis of Panel Data. 2nd ed. New York: Wiley.

Baltagi B, Li D. 2002. Series estimation of partially linear panel data models with fixed effects. Annals of Economic and Finance, 3: 103–116.

Bickel P L, Rosenblatt M. 1973. On some global measures of the derivations of density function estimates. The Annals of Statistics, 1: 1071–1095.

Boor C. 1978. A Practical Guide to Splines. New York: Springer.

Bura E, Cook R D. 2001. Extending sliced inverse regression: the weighted chi-squared test. Journal of the American Statistical Association, 96: 996–1003.

Cai Z W. 2002. Two-step likelihood estimation procedure for varying-coefficient models. Journal of Multivariate Analysis, 82: 189–209.

Cai Z W, Fan J Q, Li R Z. 2000a. Efficient estimation and inferences for varying-coefficient models. Journal of the American Statistical Association, 95: 888–902.

Cai Z W, Fan J Q, Yao Q W. 2000b. Functional-coefficient regression models for nonlinear time series. Journal of the American Statistical Association, 95: 941–956.

Candes E, Tao T. 2007. The dantzig selector: statistical estimation when p is much larger than n (with discussion). The Annals of Statistics, 35: 2313–2404.

Cantoni E, Mills Flemming J, Ronchetti E. 2005. Variable selection for marginal longitudinal generalized linear models. Biometrics, 61(2): 507–514.

Carroll R J, Fan J, Gijbels I, et al. 1997. Generalized partially linear single-index models. Journal of American Statistical Association, 92: 477–489.

Carroll R J, Ruppert D, Stefansk L A. 1995. Measurement Error in Nonlinear Models. New York: Chapman and Hall.

Carroll R J, Ruppert D, Stefanski L A, et al. 2006. Measurement Error in Nonlinear Models: A Modern Perspective. 2nd ed. New York: Chapman and Hall.

Chang J Y, Tang C Y, Wu Y C. 2013. Marginal empirical likelihood and sure independence feature screening. The Annals of Statistics, 41(4): 2123–2148.

Chaudhuri P, Doksum K, Samarov A. 1997. On average derivative quantitle regression. The Annals of Statistics, 25: 715–744.

Chen J, Gao J, Li D. 2013. Estimation in a single-index panel data model with heterogeneous link functions. Econometric Reviews, 33: 928–955.

Chen J, Lazar N. 2012. Selection of working correlation structure in generalized estimating equations via empirical likelihood. Journal of Computational and Graphical Statistics, 21(1): 18–41.

Chen J H, Qin J. 1993. Empirical likelihood estimation for finite populations and the effective usage of auxiliary information. Biometrika, 80: 107–116.

Chen K, Jin Z. 2005. Local polynomial regression analysis of clustered data. Biometrika, 92: 59–74.

Chen S X. 1993. On the accuracy of empirical likelihood confidence regions for linear regression model. Annals of the Institute of Statistical Mathematics, 45: 621–637.

Chen S X. 1994. Empirical likelihood confidence intervals for linear regression coefficients. Journal of Multivariate Analysis, 49: 24–40.

Chen S X. 1996. Empirical likelihood confidence intervals for nonparametric density estimation. Biometrika, 83(2): 329–341.

Chen S X, Peng L, Qin Y L. 2009. Effects of data dimension on empirical likelihood. Biometrika, 96: 711–722.

Chen S X, Cui H J. 2003. An extended empirical likelihood for generalized linear models. Statistica Sinica, 13: 69–81.

Chen S X, Qin Y S. 2000. Empirical likelihood confidence intervals for local smoother. Biometrika, 87: 946–953.

Chiang C T, Rice J A, Wu C O. 2001. Smoothing spline estimation for varying coefficient models with repeatedly measured dependent variables. Journal of the American Statistical Association, 96(454): 605–619.

Chiou J, Müller H G. 2005. Estimated estimating equations: semiparametric inference for clustered and longitudinal data. Journal of the Royal Statistical Society, Series B (Statistical Methodology), 67: 531–553.

Chiou J M, Müller H G. 1998. Quasi-likelihood regression with unknown link and variance functions. Journal of American Statistical Association, 93: 1376–1387.

Claeskens G, Van Keilegom I. 2003. Bootstrap confidence bands for regression curves and their derivatives. The Annals of Statistics, 31(6): 1852–1884.

Cleveland W S, Grosse E, Shyu W M. 1992. Local regression models. Statistical models in S, 309–376.

Cook R D, Ni L. 2005. Sufficient dimension reduction via inverse regression: A minimum discrepancy approach. Journal of the American Statistical Association, 100: 410–428.

Csörgö M, Révész P. 1981. Strong Approximations in Probability and Statistics. New York: Academic Press.

Cui H J, Chen S X. 2003. Empirical likelihood confidence region for parameter in the Errors-in-Variable models. Journal of Multivariate Analysis, 84: 101–115.

Cui X, Härdle W K, Zhu L X. 2011. The EFM approach for single-index models. The Annals of Statistics, 39: 1658–1688.

Darling D A, Erdös P. 1956. A limit theorem for the maximum of normalized sums of independent random variables. Duke Mathematical Journal, 23: 143–155.

Delecroix M, Härdle W, Hristache M. 2003. Efficient estimation in conditional single-index regression. Journal of Multivariate Analysis, 862: 213–226.

Delecroix M, Hristache M, Patilea V. 2006. On semiparametric M-estimation in single-index regression. Journal of Statistical Planning and Inference, 136(3): 730–769.

DiCiccio T J, Hall P, Romano J P. 1991. Bartlett adjustment for empirical likelihood. The Annals of Statistics, 19: 1053–1061.

Diggle P J, Heagerty P, Liang K, et al. 2002. Analysis of Longitudinal Data. 2nd ed. Oxford: Oxford University Press.

Dziak J J. 2006. Penalized quadratic inference functions for variable selection in longitudinal research. Harrisburg: the Pennsylvania State University Ph.D Thesis.

Dziak J J, Li R Z. 2006. An overview on variable selection for longitudinal data//Hong D, ed. Quantitative Medical Data Analysis, chapter Submitted. Singapore: World Sciences Publisher.

Eggermont P P B, Eubank R L, LaRiccia V N. 2010. Convergence rates for smoothing spline estimators in varying coefficient models. Journal of Statistical Planning and Inference, 140: 369–381.

Engle R F, Granger C W J, Rice J, et al. 1986. Semiparametric estimates of the relation between weather and electricity scales. Journal of the American Statistical Association, 81: 310–320.

Eubank R L, Huang C F, Buchanan R J. 2004. Smoothing spline estimation in varying-coefficient models. Journal of the Royal Statistical Society, Series B, 66: 653–667.

Eubank R L, Kambour E L, Kim J T, et al. 1998. Estimation in partially linear models. Computational Statistics and Data Analysis, 29: 27–34.

Eubank R L, Speckman P L. 1993. Confidence bands in nonparametric regression. Journal of the American Statistical Association, 88: 1287–1301.

Eubank R L. 1988. Spline Smoothing and Nonparametric Regression. New York: Marcel Dekker.

Fan J. 1996. Test of significance based on Wavelet thresholding and Neyman's truncation. Journal of the American Statistical Association, 91: 674–688.

Fan J, Huang L S. 2001. Goodness-of-fit tests for parametric regression models. Journal of the American Statistical Association, 96: 640–652.

Fan J, Peng H. 2004. Nonconcave penalized likelihood with a diverging number of parameters. The Annals of Statistics, 32: 928–961.

Fan J, Zhang C, Zhang J. 2001. Generalized likelihood ratio statistics and Wilks phenomenon. The Annals of Statistics, 29: 153–193.

Fan J Q, Huang T, Li R Z. 2007. Analysis of longitudinal data with semiparametric estimation of covariance function. Journal of the American Statistical Association, 102: 632–641.

Fan J Q, Gijbels I. 1996. Local Polynomial Modeling and Its Application. London: Chapman & Hall.

Fan J Q, Li R Z. 2001. Variable selection via nonconcave penalized likelihood and its oracle properties. Journal of the American Statistical Association, 96: 1348–1360.

Fan J Q, Li R Z. 2004. New estimation and model selection procedures for semiparametric modeling in longitudinal data analysis. Journal of the American Statistical Association, 99: 710–723.

Fan J Q, Lv J. 2008. Sure independence screening for ultra-high dimensional feature space (with discussion). Journal of the Royal Statistical Society, Series B, 70: 849–911.

Fan J Q, Zhang J. 2000. Two-step estimation of functional linear models with applications to longitudinal data. Journal of the Royal Statistical Society, Series B, 62: 303–322.

Fan J Q, Zhang W Y. 1999. Statistical estimation in varying coefficient models. The Annals of Statistics, 27: 1491–1518.

Fan J Q, Zhang W Y. 2000. Simultaneous confidence bands and hypothesis testing in varying-coefficient models. Scandinavian Journal of Statistics, 27: 715–731.

Faraway J, Sun J. 1995. Simultaneous confidence bands for linear regression with heteroscedastic errors. Journal of American Statistical Association, 90(431): 1094–1098.

Field C A, Pang Z, Welsh A H. 2008. Bootstrapping data with multiple levels of variation. The Canadian Journal of Statistics, 36: 521–539.

Frank I E, Friedman J H. 1993. A statistical view of some chemometrics regression tools (with discussion). Technometrics, 35: 109–148.

Fu W J. 2003. Penalized estimating equations. Biometrics, 59: 126–132.

Fung K F, He X, Liu L, et al. 2002. Dimension reduction based on canonical correlation. Statistica Sinica, 12: 1093–1113.

Goncalves S, Kilian L. 2004. Bootstrapping autoregressions with conditional heteroskedasticity of unknown form. Journal of Econometrics, 123: 89–120.

Green P, Silverman B W. 1994. Nonparametric Regression and Generalized Linear Models: a Roughness Penalty Approach. New York: Chapman and Hall.

Gsteiger S, Bretz F, Liu W. 2011. Simultaneous confidence bands for nonlinear regression models with application to population pharmacokinetic analyses. Journal of Biopharmaceutical Statistics, 21(4): 708–725.

Härdle W, Bowman A. 1988. Bootstrapping in nonparametric regression: Local adaptive smoothing and confidence bands. Journal of American Statistical Association, 83(401): 102–110.

Härdle W, Hall P, Ichimura H. 1993. Optimal smoothing insingle-index models. The Annals of Statistics, 21: 157–178.

Härdle W, Liang H, Gao J T. 2000. Partially Linear Models. Heidelberg: Physica Verlag.

Härdle W, Stoker T M. 1989. Investigating smooth multiple regression by method of average derivatives. Journal of the American Statistical Association, 84: 986–995.

Härdle W, Tsybakov A B. 1993. How sensitive are average derivative. Journal of Econometrics, 58: 31–48.

Hall P, La Scala B. 2001. Methodology and algorithms of empirical likelihood. International Statistical Review, 58: 109–127.

Hall P, Maiti T. 2006. Nonparametric estimation of mean-squared prediction error in nested-error regression models. The Annals of Statistics, 34: 1733–1750.

Hamilton S A, Truong Y K. 1997. Local linear estimation in partly models. Journal of Multivariate Analysis, 60: 1–9.

Hansen L. 1982. Large sample properties of generalized method of moments estimators. Econometrica: Journal of the Econometric Society, 50: 1029–1054.

Hastie T, Tibshirani R. 1990. Generalized Additive Models. London: Chapman and Hall.

He X M, Fung W K, Zhu Z Y. 2005. Robust estimation in a generalized partial linear model for clustered data. Journal of the American Statistical Association, 100: 1176–1184.

He X M, Zhu Z Y, Fung W K. 2002. Estimation in a semiparametric model for longitudinal data with unspecified dependence structure. Biometrika, 89(3): 579–590.

Heckman N. 1986. Spline smoothing in a partly linear model. Journal of the Royal Statistical Society, Series B, 48: 244–248.

Henderson D J, Carroll R J, Li Q. 2008. Nonparametric estimation and testing of fixed effects panel data models. Journal of Econometrics, 144: 257–275.

Henderson D J, Ullah A. 2005. A nonparametric random effects estimator. Economics Letters, 88: 403–407.

Hjort N L, McKeague L W, Van Keilegom I. 2009. Extending the scope of empirical likelihood. The Annals of Statistics, 37: 1079–1111.

Honda T. 2004. Quantile regression in varying coefficient models. Journal of Statistical Planning and Inference, 121: 113–125.

Hoover D R, Rice J A, Wu C O, et al. 1998. Nonparametric smoothing estimates of time-varying coefficient models with longitudinal data. Biometrika, 85: 809–822.

Horowitz J L, Härdle W. 1996. Direct semiparametric estimation of single-index models with discrete covariates. Journal of the American Statistical Association, 58: 31–48.

Hristache M, Juditsky A, Spokoiny V. 2001. Direct estimation of the index coefficient in a single-index model. The Annals of Statistics, 29: 595–623.

Hsiao C. 2003. Analysis of Panel Data. 2nd ed. Cambridge: Cambridge University Press.

Hsing T, Carroll R J. 1992. An asymptotic theory for sliced inverse regression. The Annals of Statisitcs, 20: 1040–1061.

Hu Z H, Wang N Y, Carroll R J. 2004. Profile-kernel versus backfitting in the partially linear models for longitudinal/clustered data. Biomeitrka, 91: 251–262.

Hua X, Wang Z, Zhao Z. 2009. Empirical likelihood for semiparametric varying-coefficient partially linear errors-in-variables models. Statistics & Probability Letters, 79: 1044–1052.

Huang Z S, Zhang R Q. 2009. Empirical likelihood for nonparametric parts in semiparametric varying-coefficient partially linear models. Statistics & Probability Letters, 79: 1798–1808.

Huang J Z, Wu C O, Zhou L. 2002. Varying-coefficient models and basis function approximations for the analysis of repeated measurements. Biometrika, 89: 111–128.

Huang J Z, Wu C O, Zhou L. 2004. Polynomial spline estimation and inference for varying coefficient models with longitudinal data. Statistica Sinica, 14(3): 763–788.

Huang J Z, Zhang L Y, Zhou L. 2007. Efficient estimation in marginal partially linear models for longitudinal/clustered data using splines. Scandinavian Journal of Statistics, 34(3): 451–477.

Ichimura H. 1993. Semiparametric least squares (SLS) and weighted SLS estimation of single-index models. Journal of Econometrics, 58: 71–120.

Ip W C, Wong H, Zhang R Q. 2007. Generalized likelihood ratio test for varying-coefficient models with different smoothing variables. Computational Statistics & Data Analysis, 51: 4543–4561.

Jiang J. 2007. Linear and Generalized Linear Mixed Models and Their Applications. New York: Springer.

Johnson B, Lin D, Zeng D. 2008. Penalized estimating functions and variable selection in semiparametric regression models. Journal of the American Statistical Association, 103(482): 672–680.

Kaslow R A, Ostrow D G, Detels R, et al. 1987. The multicenter AIDS cohort study: rationale, organization and selected characteristics of the participants. American Journal of Epidemiology, 126: 310–318.

Ke C L, Wang Y D. 2001. Semiparametric nonlinear mixed-effects models and their applications (with discussion). Journal of the American Statistical Association, 96: 1272–1298.

Kitamura Y. 1997. Empirical likelihood methods with weakly dependent processes. The Annals of Statistics, 25: 2084–2102.

Kolaczyk E D. 1994. Empirical likelihood for generalized linear models. Statistica Sinica,

4: 199–218.

Kong E F, Xia Y C. 2007. Variable selection for the single-index model. Biometrika, 941: 217–229.

Kong E F, Xia Y C. 2011. Quantile estimation of a general single-index model. arXiv:0803. 2474, http://arxiv.org/pdf/0803.2474.pdf.

Krivobokova T, Kneib T, Claeskens G. 2010. Simultaneous confidence bands for penalized spline estimators. Journal of American Statistical Association, 105(490): 852–863.

Lai P, Li G R, Lian H. 2013. Quadratic inference functions for partially linear single-index models with longitudinal data. Journal of Multivariate Analysis, 118: 115–127.

Lai P, Wang Q H, Lian H. 2012. Bias-corrected GEE estimation and smooth-threshold GEE variable selection for single-index models with clustered data. Journal of Multivariate Analysis, 105: 422–432.

Lam C, Fan J. 2008. Profile-kernel likelihood inference with diverging number of parameters. The Annals of Statistics, 36: 2232–2260.

Leng C. 2009. A simple approach for varying-coefficient model selection. Journal of Statistical Planning and Inference, 139: 2138–2146.

Li D, Pan J X. 2013. Empirical likelihood for generalized linear models with longitudinal data. Journal of Multivariate Analysis, 114: 63–73.

Li D G, Chen J, Gao J T. 2011a. Non-parametric time-varying coefficient panel data models with fixed effects. Econometrics Journal, 14: 387–408.

Li G R, Lian H, Feng S Y, et al. 2013a. Automatic variable selection for longitudinal generalized linear models. Computational Statistics and Data Analysis, 61: 174–186.

Li G R, Lin L, Zhu L X. 2012a. Empirical likelihood for varying coefficient partially linear model with diverging number of parameters. Journal of Multivariate Analysis, 105: 85–111.

Li G R, Peng H, Dong K, et al. 2014. Simultaneous confidence bands and hypothesis testing in single-index models. Statistica Sinica, 24: 937–955.

Li G R, Peng H, Tong T J. 2013b. Simultaneous confidence band for nonparametric fixed-effects panel data models. Economics Letters, 119: 229–232.

Li G R, Peng H, Zhang J, et al. 2012b. Robust rank correlation based screening. The Annals of Statistics, 40: 1285–1933.

Li G R, Peng H, Zhu L X. 2011b. Nonconcave penalized M-estimation with a diverging number of parameters. Statistica Sinica, 21: 391–419.

Li G R, Tian P, Xue L G. 2008. Generalized empirical likelihood inference in semiparametric regression model for longitudinal data. Acta Mathematica Sinica, English Series, 24(12): 2029–2040.

Li G R, Zhu L P, Zhu L X. 2010b. Adaptive confidence region for the direction in semiparametric regressions. Journal of Multivariate Analysis, 101: 1364–1377.

Li G R, Zhu L X, Xue L G, et al. 2010a. Empirical likelihood inference in partially linear single-index models for longitudinal data. Journal of Multivariate Analysis, 101: 718–732.

Li K C. 1989. Data visualization with SIR: a transformation based projection pursuit method. UCLA Statistical Series 24.

Li K C. 1991. Sliced inverse regression for dimension reduction (with discussion). Journal of the American Statistical Association, 86: 316–342.

Li L, Greene T. 2007. Varying coefficients model with measurement error. Biometrika, 84: 1–8.

Li Q, Stengos T. 1996. Semiparametric estimation of partially linear panel data models. Journal of Econometrics, 71: 289–397.

Li R Z, Liang H. 2008. Variable selection in semiparametric regression modeling. The Annals of Statistics, 36: 261–286.

Liang H, Härdle W, Carroll R J. 1999. Estimation in a semiparametric partially linear errors-in-variables model. The Annals of Statistics, 27(5): 1519–1535.

Liang H, Li R Z. 2009. Variable selection for partially linear models with measurement errors. Journal of the American Statistical Association, 104: 234–248.

Liang H, Liu X, Li R, et al. 2010. Estimation and testing for partially linear single-index models. The Annals of Statistics, 38: 381–3836.

Liang K-Y, Zeger S L. 1986. Longitudinal data analysis using generalized linear models. Biometrika, 73: 13–22.

Lin D Y, Ying Z. 2001. Semiparametric and nonparametric regression analysis of longitudinal data. Journal of the American Statistical Association, 96(453): 103–113.

Lin H Z, Song P X, Zhou Q M. 2007. Varying-coefficient marginal models and applications in longitudinal data analysis. The Indian Journal of Statistics, 69: 581–614.

Lin X, Wang S, Raymond J C. 2000. Nonparametric function estimation for clustered data when the predictor is measured without/with error. Journal of the American Statistical Association, 95: 520–534.

Lin X H, Carrol R J. 2000. Nonparametric function estimation for clustered data when the predictor is measured without/with error. Journal of the American Statistical Association, 95: 520–534.

Lin X H, Carrol R J. 2001. Semiparametric regression for clustered data using generalized estimating equations. Journal of the American Statistical Association, 96: 1045–1056.

Lin X H, Carroll R J. 2006. Semiparametric estimation in general repeated measures problems. Journal of the Royal Statistical Society, Series B, 68: 69–88.

Liu Q. 2011. Asymptotic normality for the partially linear EV models with longitudinal data. Communications in Statistics-Theory and Methods, 40: 1149–1158.

Liu W, Ah-kine P. 2010. Optimal simultaneous confidence bands in simple linear regression.

Journal of Statistical Planning and Inference, 140: 1225–1235.

Liu W, Hayter A J, Piegorsch W W, et al. 2009. Comparison of hyperbolic and constant width simultaneous confidence bands in multiple linear regression under MVCS criterion. Journal of Multivariate Analysis, 100: 1432–1439.

Liu Y K, Chen J H. 2010. Adjusted empirical likelihood with high-order precision. The Annals of Statistics, 38(3): 1341–1362.

Lu Y Q, Mao S S. 2004. Local asymptotics for B-spline estimators of the varying coeffiient model. Communications in Statistics-Theory and Methods, 33: 1119–1138.

Lu Y Q, Zhang R Q, Zhu L P. 2008. Penalized spline estimation for varying coefficient models. Communications in Statistics-Theory and Methods. 37: 2249–2261.

Ma S, Yang L, Carroll R J. 2012. A simultaneous confidence band for sparse longitudinal regression. Statistica Sinica, 22: 95–122.

Ma Y Y, Chiou J M, Wang N. 2006. Efficient semiparametric estimator for heteroscedastic partially linear models, Biometrika, 93(1): 75–84.

Mack Y P, Silverman B W. 1982. Weak and strong uniform consistency of kernel regression estimates. Zeitschrift für Wahrscheinlichkeitstheorie und Verwandte Gebiete, 61: 405–415.

Mammen E, van de Geer S. 1997. Penalized estimation in partial linear models. The Annals of Statistics, 25: 1014–1035.

Martins-Filho C, Yao F. 2007. Nonparametric frontier estimation via local linear regression. Journal of Econometrics, 141: 283–319.

McCullagh P, Nelder J A. 1989. Generalized Linear Models. 2nd ed. London: Chapman & Hall.

Naik P, Tsai C L. 2001. Single-index model selections. Biometrika, 88: 821–832.

Nelder J A, Wedderbum R W M. 1972. Generalized linear models. Journal of the Royal Statistical Soeiety, Series A, 135(3): 370–384.

Neumann M, Polzehl J. 1998. Simultaneous bootstrap confidence bands in nonparametric regression. Journal of Nonparametric Statistics, 9(4): 307–333.

Newey W K, Stoker T M. 1993. Efficiency of weighted average derivative estimators and index models. Econometrica, 61: 1199–1223.

Ni L, Cook R D. 2007. A robust inverse regression estimator. Statistics & Probability Letters, 77: 343–349.

Ni X, Zhang D W, Zhang H. 2010. Variable selection for semiparametric mixed models in longitudinal studies. Biometrics, 66: 79–88.

Ni X, Zhang H, Zhang D W. 2009. Automatic model selection for partially linear models. Journal of Multivariate Analysis, 100(9): 2100–2111.

Oman S D. 2009. Easily simulated multivariate binary distributions with given positive and negative correlations. Computational Statistics and Data Analysis, 53: 999–1005.

Opsomer J D, Ruppert D. 1997. Fitting a bivariate additive model by local polynomial regression. The Annals of Statistics, 25: 186–211.

Owen A B. 1988. Empirical Likelihood ratio confidence intervals for a single function. Biometrika, 75(2): 237–249.

Owen A B. 1990. Empirical likelihood ratio confidence regions. The Annals of Statistics, 18: 90–120.

Owen A B. 1991. Empirical Likelihood for linear models. The Annals of Statistics, 19(4): 1725–1747.

Owen A B. 1992. Empirical likelihood and generalized projection pursuit. Technical Report 393, Department of Statistics, Standford University.

Owen A B. 2001. Empirical Likelihood. New York: Chapman & Hall/CRC.

Pan W. 2001. Akaike's information criterion in generalized estimating equations. Biometrics, 57: 120–125.

Pan W, Connett J. 2002. Selecting the working correlation structure in generalized estimating equations with application to the lung health study. Statistica Sinica, 12: 475–490.

Pang Z, Xue L G. 2012. Estimation for the single-index models with random effects. Computational Statistics and Data Analysis, 56: 1837–1853.

Peng H, Huang T. 2011. Penalized least squares for single index models. Journal of Statistical Planning and Inference, 141: 1362–1379.

Petkau A J, White R A. 2003. Statistical approaches to assessing the effects of neutralizing antibodies: IFNbeta-1b in the pivotal trial of relapsing-remitting multiple sclerosis. Neurology, 61: 35–37.

Petkau A J, White R A, Ebers G C, et al. 2004. Longitudinal analyses of the effects of neutralizing antibodies on interferon beta-1b in relapsing-remitting multiple sclerosis. Multiple Sclerosis, 10: 126–138.

Powell J L, Stock J H, Stoker T M. 1989. Semiparametric estimation of index coefficients. Econometrica, 57: 474–523.

Qian W M. 2003. Method of estimation in statistical models for longitudinal data. Shanghai: Tongji University Ph. D. Thesis.

Qin J. 1993. Empirical likelihood in biased sample problems. The Annals of Statistics, 21(3): 1182–1196.

Qin J, Lawless J. 1994. Empirical likelihood and general estimating equations. The Annals of Statistics, 22(1): 300–325.

Qu A, Li R. 2006. Quadratic inference functions for varying-coefficient models with longitudinal data. Biometrics, 62: 379–391.

Qu A, Lindsay B. 2003. Building adaptive estimating equations when inverse of covariance estimation is difficult. Journal of the Royal Statistical Society, Series B (Statistical Methodology), 65: 127–142.

Qu A, Lindsay B, Li B. 2000. Improving generalised estimating equations using quadratic inference functions. Biometrika, 87: 823–836.

Rao J N K, Scott A J. 1981. The analysis of categorical data from complex sample surveys: chi-squared tests for goodness of fit and independence in two-way tables. Journal of the American Statistical Association, 76: 221–230.

Rice J. 1986. Convergence rates for partial linear models. Statistics & Probability Letters, 4: 203–208.

Rice J A, Silverman B W. 1991. Estimating the mean and covariance structure nonparametrically when the data are curves. Journal of the Royal Statistical Society, Series B, 53: 233–243.

Rice J A, Wu C O. 2001. Nonparametric mixed effects models for unequally sampled noisy curves. Biometrics, 57: 253–259.

Robinson P M. 1988. Root-n-consistent semiparametric regression. Econometrica, 56: 931–954.

Ruckstuhl A F, Welsh A H, Carroll R J. 2000. Nonparametric function estimation of the relationship between two repeatedly measured variables. Statistica Sinica, 10: 51–71.

Ruppert D, Sheather S J, Wand M P. 1995. An effective bandwidth selector for local least squares regression. Journal of the American Statistical Association, 90: 1257–1270.

Sampsona A R, Singh H, Whitaker L. 2009. Simultaneous confidence bands for isotonic functions. Journal of Statistical Planning and Inference, 139: 828–842.

Schumaker L L. 1981. Spline Functions: Basic Theory. New York: Wiley.

Setodji C M, Cook R D. 2004. K-means inverse regression. Techonometrics, 46: 421–429.

Severini T A, Staniswalis J G. 1994. Quasilikelihood estimation in semiparametric models. Journal of the American Statistical Association, 89: 501–511.

Shao J, Xiao Z, Xu R. 2010. Estimation with unbalanced panel data having covariate measurement error. Journal of Statistical Planning and Inference, 141: 800–808.

Shi J, Lau T S. 2000. Empirical likelihood for partially linear models. Journal of Multivariate Analysis, 72(1): 132–148.

Song P X-K. 2007. Correlated Data Analysis: Modeling, Analytics and Applications. New York: Springer.

Song P X-K, Jiang Z, Park E, et al. 2009. Quadratic inference functions in marginal models for longitudinal data. Statistics in Medicine, 28: 3683–3696.

Speckman P. 1988. Kernel smoothing in partial linear models. Journal of the Royal Statistical Society, Series B, 50: 413–436.

Stoker T M. 1986. Consistent estimation of scaled coefficients. Econometrica, 546: 1461–1481.

Stute W, Xue L G, Zhu L X. 2007. Empirical likelihood inference in nonlinear error in covariables models with validation data. Journal of the American Statistical Association,

102 (477): 332–346.

Su L, Chen Q. 2013. Testing homogeneity in panel data models with interactive fixed effects. Econometric Theory, 29: 1079–1135.

Su L, Ullah A. 2006. Profile likelihood estimation of partially linear panel data models with fixed effects. Economics Letters, 92: 75–81.

Su L, Ullah A. 2007. More efficient estimation of nonparametric panel data models with random effects. Economics Letters, 96: 375–380.

Su L, Ullah A. 2011. Nonparametric and Semiparametric Panel Econometric Models: Estimation and Testing//Ullah A, Giles D E A ed. Handbook of Empirical Economics and Finance. New York: Taylor & Francis Group: 455–497.

Sun J, Loader C. 1994. Simultaneous confidence bands for linear regression and smoothing. The Annals of Statistics, 22(3): 1328–1345.

Sun X Q, You J H. 2003. Iterative weighted partial spline least squares estimation in semiparametric modeling of longitudinal data. Science in China Series A: Mathematics, 46(5): 724–735.

Sun Y, Carroll R J, Li D. 2009. Semiparametric estimation of fixed effects panel data varying coefficient models. Advances in Econometrics, 25: 101–129.

Tang Q G, Cheng L S. 2008. M-estimation and B-spline approximation for varying coefficient models with longitudinal data. Journal of Nonparametric Statistics, 20: 611–625.

Thall P, Vail S C. 1990. Some covariance models for longitudinal count data with over dispersion. Biometrics, 46: 657–671.

Tibshirani R. 1996. Regression shrinkage and selection via the Lasso. Journal of the Royal Statistical Society, Series B, 58: 267–288.

Tong T J, Wang Y D. 2005. Estimating residual variance in nonparametric regression using least squares. Biometrika, 92: 821–830.

Ueki M. 2009. A note on automatic variable selection using smooth-threshold estimating equations. Biometrika, 96 (4): 1005–1011.

van der Vaart A W. 2000. Asymptotic Statistics (Cambridge Series in Statistical and Probabilistic Mathematics). Cambridge: Cambridge University Press.

Wahha C. 1975. Smoothing noisy data with spline functions. Numerische Mathematik, 24: 383–393.

Wang H S. 2009. Rank reducible varying coefficient model. Journal of Statistical Planning and Inference, 139: 999–1011.

Wang H S, Li B, Leng C L. 2009. Shrinkage tuning parameter selection with a diverging number of parameters. Journal of the Royal Statistical Society, Series B, 71: 671–683.

Wang H S, Li R Z, Tsai C L. 2007. Tuning parameter selectors for the smoothly clipped absolute deviation method. Biometrika, 94: 553–568.

Wang H S, Xia Y C. 2009. Shrinkage estimation of the varying coefficient model. Journal of the American Statistical Association, 104: 747–757.

Wang H S, Xia Y. 2008. Sliced regression for dimension reduction. Journal of the American Statistical Association, 103: 811–821.

Wang J L, Xue L G, Zhu L X, et al. 2010b. Partial-linear single-index model with noised variable. The Annals of Statistics, 38: 246–272.

Wang L. 2011. GEE analysis of clustered binary data with diverging number of covariates. The Annals of Statistics, 39: 389–417.

Wang L, Li H, Huang J Z. 2008. Variable selection in nonparametric varying-coefficient models for analysis of repeated measurements. Journal of the American Statistical Association, 103: 1556–1569.

Wang L, Qu A. 2009. Consistent model selection and data-driven smooth tests for longitudinal data in the estimating equations approach. Journal of the Royal Statistical Society, Series B (Statistical Methodology), 71(1): 177–190.

Wang L, Zhou J, Qu A. 2012. Penalized generalized estimating equations for high-dimensional longitudinal data analysis. Biometrics, 68: 353–360.

Wang N Y, Carroll R J, Lin X H. 2005a. Effiient semiparametric marginal estimation for longitudinal/clustered data. Journal of the American Statistical Association, 100(469): 147–157.

Wang N. 2003. Marginal nonparametric kernel regression accounting for within-subject correlation. Biometrika, 90: 43–52.

Wang Q H, Jing B Y. 1999. Empirical likelihood for partially linear models with fixed design. Statistics & Probability Letters, 41(4): 425–433.

Wang Q H, Rao J N K. 2002. Empirical likelihood-based inference in linear errors-in-covariables models with validation data. Biometrika, 89(2): 345–357.

Wang Q H, Zhang R Q. 2009. Statistical estimation in varying coefficient models with surrogate data and validation sampling. Journal of Multivariate Analysis, 100: 2389–2405.

Wang S, Qian L, Carroll R J. 2010a. Generalized empirical likelihood methods for analyzing longitudinal data. Biometrika, 97: 79–93.

Wang X L, Li G R, Lin L. 2011. Empirical likelihood inference for semiparametric varying-coefficient partially linear EV models. Metrika, 73: 171–185.

Wang Y G, Lin X H, Zhu M. 2005b. Robust estimating functions and bias correction for longitudinal data analysis. Biometrics, 61: 684–691.

Wedderburn R W M. 1974. Quasi-likelihood functions, generalized linear models, and the Gauss-Newton method. Biometrika, 61: 439–447.

Wei F, Huang J, Li H. 2011. Variable selection and estimation in high-dimensional varying-coefficient models. Statistica Sinica, 21(4): 1515–1540.

Weisberg S, Welsh A H. 1994. Adapting for the missing link. The Annals of Statistics, 22:

1674–1700.

Whaba G. 1990. Spline Models for Observational Data. CBMS-NSF Regional Conference Series in Applied Mathematics, Philadelphia.

Wu C O, Chiang C T. 2000. Kernel smoothing on varying coefficient models with longitudinal dependent variable. Statistica Sinica, 10: 433–456.

Wu C O, Chiang C T, Hoover D R. 1998. Asymptotic confidence regions for kernel smoothing of a varying-coefficient model with longitudinal data. Journal of the American Statistical Association, 93: 1388–1402.

Wu C O, Yu K F, Chiang C T. 2000. A two-step smoothing method for varying-coefficient models with repeated measurements. Annals of the Institute of Statistical Mathematics, 52(3): 519–543.

Wu H L, Zhang J T. 2002. Local polynomial mixed-effects models for longitudinal data. Journal of the American Statistical Association, 97: 883–897.

Wu T Z, Yu K M, Yu Y. 2010. Single-index quantitle regression. Journal of Multivariate Analysis, 101(7): 1607–1621.

Xia Y. 1998. Bias-corrected confidence bands in nonparametric regression. Journal of the Royal Statistical Society, Series B, 60: 797–811.

Xia Y, Li W K. 1999. On single-index coefficient regression models. Journal of the American Statistical Association, 94: 1275–1285.

Xia Y, Li W K, Tong H, et al. 2004. A goodness-of-fit test for single-index models. Statistica Sinica, 14: 1–39.

Xia Y, Härdle W. 2006. Semi-parametric estimation of partially linear single-index models. Journal of Multivariate Analysis, 97: 1162–1184.

Xia Y, Tong H, Li W K, et al. 2002. An adaptive estimation of dimension reduction space (with discussion). Journal of the Royal Statistical Society, Series B, 64: 363–410.

Xia Y C. 2007. A constructive approach to the estimation of dimension reduction directions. The Annals of Statistics, 35(6): 2654–2690.

Xia Y C. 2008. A multiple-index model and dimension reduction. Journal of the American Statistical Association, 103: 1631–1640.

Xie H L, Huang J. 2009. SCAD-penalized regression in high-dimensional partially linear models. The Annals of Statistics, 37: 673–696.

Xu P R, Fu W, Zhu L X. 2013. Shrinkage estimation analysis of correlated binary data with a diverging number of parameters. Science in China Series A: Mathematics, 56: 359–377.

Xue L G. 2009a. Empirical likelihood confidence intervals for response mean with data missing at random. Scandinavian Journal of Statistics, 36: 671–685.

Xue L G. 2009b. Empirical likelihood for linear models with missing responses. Journal of Multivariate Analysis, 100: 1353–1366.

Xue L G, Zhu L X. 2005. Empirical likelihood confidence regions of the parameters in a partially linear single-index model. Science in China Series A: Mathematics, 48(10): 1333–1348.

Xue L G, Zhu L X. 2006. Empirical likelihood for single-index models. Journal of Multivariate Analysis, 97(6): 1295–1312.

Xue L G, Zhu L X. 2007a. Empirical likelihood semiparametric regression analysis for longitudinal data. Biometrika, 94: 921–937.

Xue L G, Zhu L X. 2007b. Empirical likelihood for a varying coefficient model With longitudinal data. Journal of the American Statistical Association, 102: 642–654.

Xue L G, Zhu L X. 2008. Empirical likelihood-based inference in a partially linear model for longitudinal data. Science in China Series A: Mathematics, 51(1): 115–130.

Xue L G, Zhu L X. 2010. Empirical Likelihood in Nonparametric and Semiparametric Models. Beijing: Science Press.

Yang S G, Xue L G, Li G R. 2014c. Simultaneous confidence bands for single-index random effects models with longitudinal data. Statistics and Probability Letters, 85: 6–14.

Yang X J, Yang S G, Li G R. 2014d. Simultaneous confidence band for partially linear panel data models with fixed effects. Acta Mathematicae Applicatae Sinica, English Series. in press.

Yang Y P, Li G R, Lian H. 2014a. Nonconcave penalized estimation for partially linear models with longitudinal data. (Manuscript)

Yang Y P, Li G R, Peng H. 2014b. Empirical likelihood of varying coefficient errors-in-variables models with longitudinal data. Journal of Multivariate Analysis, 127: 1–18.

You J H, Chen G M. 2007. Semiparametric generalized least squares estimation in partially linear regression models with correlated errors. Journal of Statistical Planning and Inference, 137(1): 117–132.

You J H, Chen G M, Zhou Y. 2006. Block empirical likelihood for longitudinal partially linear regression models. The Canadian Journal of Statistics, 34(1): 79–96.

You J H, Chen G M, Zhou Y. 2007. Statistical inference of partially linear regression models with heteroscedastic errors. Journal of Multivariate Analysis, 98: 1539–1557.

You J H, Zhou Y. 2006. Empirical likelihood for semiparametric varying-coefficient partially linear regression models. Statistics& Probability Letters, 76: 412–422.

Yu Y, Ruppert D. 2002. Penalized spline estimation for partially linear single index models. Journal of the American Statistical Association, 97: 1042–1054.

Yuan M, Lin Y. 2006. Model selection and estimation in regression with grouped variables. Journal of the Royal Statistical Society, Series B, 68: 49–67.

Zeger S L, Diggle P J. 1994. Semiparametric models for longitude data with application to CD4 cell numbers in HIV seroconverters. Biometrics, 50: 689–699.

Zeger S L, Liang K-Y. 1986. Longitudinal data analysis for discrete and continuous outcomes. Biometrics, 42: 121–130.

Zeger S L, Liang K-Y, Albert P S. 1988. Models for longitudinal data: a generalized estimating equation approach. Biometrics, 44: 1049–1060.

Zhang H H, Cheng G, Liu Y. 2011a. Linear of nonlinear? Automatic structure discovery for partially linear models. Journal of the American Statistical Association, 106: 1099–1112.

Zhang J H, Feng S Y, Li G R, Lian H. 2011b. Empirical likelihood inference for partially linear panel data models with fixed effects. Economics Letters, 113: 165–167.

Zhang J H, Tian R Q, Yang S G, Feng S Y. 2014. The empirical Cressie-Read test statistics for longitudinal generalized linear models. Journal of Applied Mathematics, Volume 2014, Article ID738953, 13 pages.

Zhang R. 2007. Tests for nonparametric parts on partially linear single index models. Science in China Series A: Mathematics, 50: 439–449.

Zhang W W, Li G R, Xue L G. 2011c. Profile inference on partially linear varying-coefficient errors-in-variables models under restricted condition. Computational Statistics and Data Analysis, 55: 3027–3040.

Zhang W Y, Fan J Q, Sun Y. 2009. A semiparametric model for cluster data. The Annals of Statistics, 37: 2377–2408.

Zhang W Y, Peng H. 2010. Simultaneous confidence band and hypothesis test in generalized varying-coefficient models. Journal of Multivariate Analysis, 101: 1656–1680.

Zhao P X, Xue L G. 2009. Empirical likelihood inferences for semiparametric varying-coefficient partially linear errors-in-variables models with longitudinal data. Journal of Nonparametric Statistics, 21: 907–923.

Zhao P X, Xue L G. 2011. Variable selection for varying coefficient models with measurement errors. Metrika, 74(2): 231–245.

Zhou J, Qu A. 2012. Informative estimation and selection of correlation structure for longitudinal data. Journal of the American Statistical Association, 107: 701–710.

Zhou Y, Liang H. 2009. Statistical inference for semiparametric varying-coefficient partially linear models with error-prone linear covariates. The Annals of Statistics, 37: 427–458.

Zhu L X, Fang K T. 1996. Asymptotics for kernel estimate of sliced inverse regression. The Annals of Statistics, 24: 1053–1068.

Zhu L X, Ng K W. 1995. Asymptotics for sliced inverse regression. Statistica Sinica, 5: 727–736.

Zhu L X, Xue L G. 2006. Empirical likelihood confidence regions in a partially linear single-index model. Journal of the Royal Statistical Society, Series B, 68: 549–570.

Zou H. 2006. The adaptive Lasso and its oracle properties. Journal of the American Statistical Association, 101: 1418–1429.

Zou H, Hastie T. 2005. Regularization and variable selection via the elastic net. Journal of the Royal Statistical Society, Series B, 67: 301–320.

Zou H, Li R Z. 2008a. One-step sparse estimates in nonconcave penalized likelihood models. The Annals of Statistics, 36: 1509–1533.

Zou H, Li R Z. 2008b. Rejoinder: One-step sparse estimates in nonconcave penalized likelihood models. The Annals of Statistics, 36: 1561–1566.

索　引

(按拼音字母排序)